"十三五"职业教育规划教材

土方与基础工程施工

主　编　钟汉华　张　彬

副主编　鲍喜蕊　张天俊　刘能胜　胡　斌

参　编　胡金光　黄煜煜　黄兆东　徐燕丽　张红梅
　　　　余丹丹　张少坤　薛　艳　余燕君　罗　中
　　　　侯　琴　唐贤秀　方怀霞　李翠华　金　芳
　　　　王中发　邵元纯

主　审　张亚庆　鲁立中

中国电力出版社
CHINA ELECTRIC POWER PRESS

内容提要

本书为“十三五”职业教育规划教材。全书按照高等职业教育土建施工类专业的教学要求，以最新的建设工程标准、规范和规程为依据，以施工员、二级建造师等职业岗位能力的培养为导向，根据编者多年的工作经验和教学实践编写而成。全书共分9个学习情境，包括基本知识、场地平整、土方工程施工、基坑支护施工、降水施工、地基处理、浅基础施工、灌注桩基础施工、预制桩基础施工等。本书对基础工程施工工序、工艺、质量标准等做了详细的阐述，坚持以就业为导向，突出实用性、实践性；吸取了基础工程施工的新技术、新工艺、新方法，其内容的深度和难度按照高等职业教育的特点，重点讲授理论知识在工程实践中的应用，培养高等职业学校学生的职业能力；内容通俗易懂，叙述规范、简练，图文并茂。

本书可作为高等职业教育土建类各专业的教学用书，也可供建筑安装企业各类人员学习参考。

图书在版编目（CIP）数据

土方与基础工程施工 / 钟汉华，张彬主编．—北京：中国电力出版社，2015.8（2020.11重印）
“十三五”职业教育规划教材
ISBN 978-7-5123-7890-2

Ⅰ．①土…　Ⅱ．①钟…②张…　Ⅲ．①土方工程－工程施工－高等职业教育－教材②地基－基础（工程）－工程施工－高等职业教育－教材　Ⅳ．①TU75

中国版本图书馆CIP数据核字（2015）第132114号

出版发行：中国电力出版社
地　　址：北京市东城区北京站西街19号（邮政编码100005）
网　　址：http://www.cepp.sgcc.com.cn
责任编辑：霍文婵
责任校对：黄　蓓
装帧设计：张俊霞
责任印制：钱兴根

印　　刷：北京雁林吉兆印刷有限公司
版　　次：2015年8月第一版
印　　次：2020年11月北京第五次印刷
开　　本：787毫米×1092毫米　16开本
印　　张：18.25
字　　数：319千字
定　　价：54.00元

前　言

本书根据高等职业教育土建类各专业人才培养目标，以施工员、二级建造师等职业岗位能力的培养为导向，同时遵循高等职业院校学生的认知规律，以专业知识和职业技能、自主学习能力及综合素质培养为课程目标，紧密结合职业资格考试中的相关考核要求，确定本书的内容。本书按照基本知识、场地平整、土方工程施工、基坑支护施工、降水施工、地基处理、浅基础施工、灌注桩基础施工、预制桩基础施工的顺序进行内容安排。

"土方与基础工程施工"是一门实践性很强的课程。为此，在编写本书时始终坚持"素质为本、能力为主、需要为准、够用为度"的原则。本书对场地平整、土石方工程施工、基坑支护施工、降水施工、地基处理、浅基础施工、预制桩基础施工、灌注桩基础施工等施工工艺做了详细阐述。本书结合我国基础工程施工的实际精选内容，力求理论联系实际，注重实践能力的培养，突出针对性和实用性，以满足学生学习的需要。同时，本书还在一定程度上反映了国内外基础工程施工的先进经验和技术成就。

本书是依据最新的技术规范、施工及验收标准、规范要求进行编写，建议安排80～100学时进行教学。

本书由钟汉华、张彬任主编，由鲍喜蕊、张大俊、刘能胜、胡斌任副主编，由张亚庆、鲁立中主审。具体分工如下：钟汉华、张彬编写学习情境1，鲍喜蕊、张天俊编写学习情境2，刘能胜、胡斌编写学习情境3，胡金光、黄煜煜、黄兆东编写学习情境4，徐燕丽、张红梅、余丹丹编写学习情境5，张少坤、薛艳、余燕君编写学习情境6，罗中、侯琴、唐贤秀编写学习情境7，方怀霞、李翠华、张少坤编写学习情境8，金芳、王中发、邵元纯编写学习情境9。

本书参考和引用了有关专业文献和资料，未在书中一一注明出处，在此对有关文献的作者表示感谢。

限于编者水平，书中难免存在不足之处，诚恳希望读者与同行批评指正。

编　者

2015年6月

[illegible]

[illegible]

[illegible]

[illegible]

[illegible]

[illegible]

[illegible]

[illegible]

目　录

绪　　论

1. 本课程的学习目标

"土方与基础工程施工"课程主要培养学生从事土方与基础工程施工的能力，本课程主要学习土方与基础工程施工基本知识、场地平整、土方工程施工、基坑支护施工、降水施工、地基处理、浅基础施工、预制桩基础施工、灌注桩基础施工等内容。

能力目标

(1) 能够根据工程实际正确选择土方开挖机械与作业方法，能读懂土方开挖方案，并能根据方案实施土方开挖的技术交底。

(2) 能正确选择基坑支护结构，能正确进行支护结构的施工。

(3) 能进行基础工程识图放样。

(4) 具有制定地基处理方案的初步能力。

(5) 能判断基坑支护方案的合理性。

(6) 能正确阅读和理解基础工程的施工方案。

(7) 能够协调基础工程施工中的常见问题。

知识目标

(1) 掌握基坑、基槽及场地平整土方量的计算方法。

(2) 掌握土方开挖、填筑与压实方法，冬期施工和雨期施工的措施。

(3) 熟悉常用支护结构形式，掌握常用支护结构的施工技术。

(4) 掌握明沟、集水井排水布置及水泵的选用方法，掌握基坑涌水量计算、降水井（井点或管井）数量计算，以及井点结构和施工的技术要求。

(5) 掌握灰土地基、砂和砂石地基、粉煤灰地基、夯实地基、挤密桩地基、注浆地基、预压地基、土工合成材料地基等材料要求和施工工艺方法。

(6) 掌握无筋扩展基础、扩展基础、柱下条形基础、柱下交叉条形基础、筏形基础、箱形基础等浅基础构造，掌握浅基础的施工要求和方法。

(7) 掌握锤击沉桩、静力压桩、振动沉桩等预制桩的施工要求、方法。

(8) 掌握泥浆护壁成孔灌注桩、干作业钻孔灌注桩、人工挖孔灌注桩、沉管灌注桩、夯扩桩、PPG灌注桩后压浆法等灌注桩基础的施工要求和方法。

素质目标

(1) 具有收集信息和编制工作计划的能力。

(2) 具有观察、分析、判断、解决问题的能力和创新能力。

(3) 具有组织、协调和沟通能力。

(4) 具有较强的活动组织实施能力。

(5) 具有良好的工作态度、责任心、团队意识、协作能力，并能吃苦耐劳。

2. 基础工程的概念

在建筑工程中，基础工程技术是一门综合性、应用性很强的工程技术科学，是建筑工程技术的重要组成部分，对提高建筑物的使用功能和生产、生活质量，改善人居环境发挥着重要的作用。广义的基础工程是指采用工程措施改变或改善基础的天然条件，使之符合设计要求的工程。基础是建筑底部与地基接触的承重构件，它的作用是把建筑上部的荷载传给地基。因此，地基必须坚固、稳定而可靠。工程结构物地面以下部分的结构构件，用来将上部结构荷载传给地基，是房屋、桥梁、码头及其他构筑物的重要组成部分。

基础是建筑物的组成部分，是建筑物地面以下的承重构件，它支撑着其上部建筑物的全部荷载，并将这些荷载及自重传给下面的地基。因此，基础必须坚固、稳定而可靠。

地基不是建筑物的组成部分，是承载建筑物全部荷载的土层或岩层。建筑物必须建造在坚实的地基上。

基础工程一般包括地基和基础两个部分，施工时应综合考虑。

3. 基础工程的重要性

基础工程是建筑物的根本，直接关系到上部结构的稳定。从工程费用上看，基础造价占土建工程总造价的比例随着复杂地基的开发利用而呈上升趋势，有的高达30%；如果勘察、设计和施工正确，不仅能确保工程顺利完成和正常运行，同时也能节省工程投资。反之，由于地基变形或不均匀变形过大、地基强度不足或基础设计施工问题等原因造成的地基失稳事故也很多。有的发生在施工过程中，如基坑失稳，危及周围建筑；有的发生在建筑物施工后，如整体倾斜，不能正常使用，甚至不得不拆除或炸毁，其代价是巨大的；或者由于地基的不均匀变形，基础之间产生差异沉降，发生挠曲或倾斜，上部结构受到影响，也会产生倾斜、扭转、挠曲，并可能造成结构损坏。这些情况不仅影响到结构的正常使用，有时还会危及建筑物的安全。因此，事故的预防和事故发生前的补救措施也属于基础工程的范围。

基础工程是土木工程中非常重要的工程内容，由于它是隐蔽工程，而且工程建设中的大部分事故都是由地基基础问题引起的，因此，基础工程的勘察、设计和施工质量直接关系到上部结构的安危。只有做到严格遵循基本建设的原则，精心设计、精心施工，并且每位土木工程技术人员本着事前积极预防，事中认真分析，事后吸取教训的高度责任感，才能将基础工程建设好。

基础工程施工过程中常见的事故类型有以下几种：

（1）地基失稳造成的工程事故。当建筑物作用在地基上的荷载密度超过地基承载力时，地基将产生剪切破坏。地基产生剪切破坏将使建筑物下沉、倒塌或破坏。

（2）地基变形造成的工程事故。地基在建筑物荷载的作用下产生沉降，当总沉降量或不均匀沉降超过建筑物的允许沉降量时，会引发工程事故。

（3）地基渗流造成的工程事故。渗流造成潜蚀，在地基中形成土洞、溶洞或土体结构改变，导致地基破坏。渗流形成流土、管涌导致地基破坏。地下水位下降引起地基中有效应力改变，导致地基沉降，严重的可引发工程事故。

（4）土坡滑动造成的工程事故。建在土坡上或土坡顶和土坡坡趾附近的建（构）筑物会因为土坡滑动产生破坏。

（5）特殊土地基工程事故。特殊土主要指湿陷性黄土地基、膨胀土地基、冻土地基及盐渍土地基等。特殊土的工程性质与一般土不同，故特殊土地基工程事故也有其特殊性。

（6）其他地基工程事故。地下工程（地铁、地下商场、地下车库和人防工程等）的兴建，地下采矿造成的采空区及地下水位的变化，均可能导致影响范围内的地面下沉，引发地基工程事故。另外，各种原因的地表裂缝也会引发工程事故。

4. 基础工程的施工特点

本课程主要学习土方与基础工程施工基本知识、场地平整、土石方工程施工、基坑支护施工、降水施工、地基处理、浅基础施工、预制桩基础施工、灌注桩基础施工等内容。

基础工程的施工特点有如下几个：

（1）复杂性。中国幅员广阔，工程地质条件非常复杂，如淤泥质土、杂填土、湿陷性黄土、冻土、季节性冻土等。此外，熔岩地质主要在我国的西南地区，在其他地区也有所分布；同时，中国又是个多地震、高震级的国家，而地震对地基基础的影响是非常大的。这种复杂的地质条件对地基基础工程的勘察设计处理及工程施工增加了难度，提出了大量且复杂的技术难题。

（2）多发性。由于地基基础设计或施工方案不当而导致房裂屋倒，导致严重损失的实例时有发生，造成工程建设浪费惊人。

（3）潜在性。从主体结构本身复杂的工序衔接来看，后一道工序都在不同程度上覆盖前一道工序，工序质量具有明显的隐蔽性，这也是主体结构工程必须加强隐蔽工程的检查验收，存放完整的隐蔽验收资料的原因所在。

（4）严重性。从一定程度上讲，建设工程一旦建成投入使用，地基基础出现质量事故问题往往是无法弥补的，因它所导致的损失远比地基基础工程建设所要投入的成本大得多。不管是选择场地、勘察设计，还是施工质量问题，地基基础工程一旦出现质量问题，往往会引起地基失稳，建设工程整体结构的破坏，是建设工程致命性、毁灭性的重大质量事故，不仅造成经济上的巨大损失，而且直接危及人们的生命和财产安全。由于地基基础承受上部建筑实体的全部荷载，因此一旦出现局部损坏，其损坏程度扩散很快，而事故的发生又往往是突发性的，常常不易被人们发现，这就更加剧了其危害性和严重性。

（5）困难性。地基基础工程质量事故处理难度大是指它与建设工程其他部位事故处理相比而言，造成的原因是和它的地位与作用密切相关的。

1）地基基础工程是地下工程，事故处理的施工操作困难性较大。

2）一旦地基基础承担了上部荷载，对它本身的处理，必然影响建筑物上部结构性能，尤其是对于建成交付使用的工程，它承受了所有建设工程的全部荷载，再加上地基基础工程质量事故的连锁性，因此处理是非常困难的。

“百年大计，质量为本”。建筑工程的质量关系到人们的日常生活和生命、财产安全。因此，在基础工程施工中，质量管理是关键和核心，只有做好工程质量管理，才能造出更多的优质工程，从而保障建筑的耐久性和人们的生命、财产安全。

学习情境1　基 本 知 识

【学习目标】

- 了解建筑识图的基本知识；掌握基础平面图和基础详图的图示内容和识读方法
- 了解土的组成和结构；熟悉土的物理性质、土的工程分类和土的鉴别方法
- 了解工程地质和地基承载力的基本概念；掌握工程地质勘察的任务、要求、方法；能够阅读和使用工程地质勘察报告

【引例导入】（略）

1.1　基础施工图的识读

基础是房屋施工图的图示内容之一，要熟练地识读基础施工图首先要掌握房屋施工图的图示方法和相关制图规定。

1.1.1　建筑识图概述

1. 房屋施工图的产生、分类

（1）房屋施工图的产生。建筑工程施工图是由设计单位根据设计任务书的要求、有关的设计资料、计算数据及建筑艺术等多方面因素设计绘制而成的。根据建筑工程的复杂程度，其设计过程分两阶段设计和三阶段设计两种，一般情况都按两阶段进行设计，对于较大的或技术上较复杂、设计要求高的工程，才按三阶段进行设计。

两阶段设计包括初步设计和施工图设计两个阶段。

初步设计的主要任务是根据建设单位提出的设计任务和要求，进行调查研究、搜集资料，提出设计方案，其内容包括必要的工程图纸、设计概算和设计说明等。初步设计的工程图纸和有关文件只是作为提供方案研究和审批之用，不能作为施工的依据。

施工图设计的主要任务是满足工程施工各项具体技术要求，提供一切准确可靠的施工依据，其内容包括工程施工所有专业的基本图、详图及其说明书、计算书等。此外，还应有整个工程的施工预算书。整套施工图纸是设计人员的最终成果，是施工单位进行施工的依据。

当工程项目比较复杂，许多工程技术问题和各工种之间的协调问题在初步设计阶段无法确定时，就需要在初步设计和施工图设计之间插入一个技术设计阶段，形成三阶段设计。技术设计的主要任务是在初步设计的基础上，进一步确定各专业间的具体技术问题，使各专业之间取得统一，达到相互配合协调。

（2）房屋施工图的分类。

1）建筑施工图（简称建施）。建筑施工图主要表达建筑物的外部形状、内部布置、装饰构造、施工要求等。这类基本图有首页图、建筑总平面图、平面图、立面图、剖面图及墙

身、楼梯、门、窗详图等。

2）结构施工图（简称结施）。结构施工图主要表达承重结构的构件类型、布置情况及构造做法等。这类基本图有基础平面图、基础详图、楼层及屋盖结构平面图、楼梯结构图和各构件的结构详图等（梁、柱、板）。

3）设备施工图（简称设施）。设备施工图主要表达房屋各专用管线和设备布置及构造等情况。这类基本图有给水排水、采暖通风、电气照明等设备的平面布置图、系统图和施工详图。

（3）房屋施工图的编排顺序。建筑工程施工图一般的编排顺序是首页图、建筑施工图、结构施工图、给水排水施工图、采暖通风施工图、电气施工图等。如果是以某专业工种为主体的工程，则应突出专业的施工图而另外编排。

2. 房屋施工图识读方法和步骤

在识读整套图纸时，应按照“总体了解、顺序识读、前后对照、重点细读”的读图方法。

（1）总体了解。一般是先看目录、总平面图和施工总说明，以大致了解工程的概况，如工程设计单位、建设单位、新建房屋的位置、周围环境、施工技术要求等。对照目录检查图纸是否齐全，采用了哪些标准图并准备齐全这些标准图。然后看建筑平、立面图和剖面图，大致想象一下建筑物的立体形象及内部布置。

（2）顺序识读。在总体了解建筑物的情况以后，根据施工的先后顺序，从基础、墙体（或柱）、结构平面布置、建筑构造及装修的顺序，仔细阅读有关图纸。

（3）前后对照。读图时，要注意平面图、剖面图对照读，建筑施工图和结构施工图对照读，土建施工图与设备施工图对照读，做到对整个工程施工情况及技术要求心中有数。

（4）重点细读。根据工种的不同，将有关专业施工图再有重点地仔细读一遍，并将遇到的问题记录下来，及时向设计部门反映。识读一张图纸时，应按由外向里、由大到小、由粗至细、图样与说明交替、有关图纸对照看的方法，重点看轴线及各种尺寸关系。

3. 识读房屋施工图的相关规定

房屋施工图是按照正投影的原理及视图、剖面、断面等基本方法绘制而成。它的绘制应遵守《房屋建筑制图统一标准》（GB/T 50001—2017）、《建筑制图标准》（GB/T 50104—2010）、《建筑结构制图标准》（GB/T 50105—2010）及相关专业图的规定和制图标准。

（1）图线。在房屋工程图中，无论是建筑施工图还是结构施工图，为反映不同的内容，表明内容的主次及增加图面效果，图线宜采用不同的线型和线宽。建筑、结构施工图中图线的选用见表1-1。

（2）定位轴线。定位轴线是用来确定建筑物主要结构及构件位置的尺寸基准线。它是施工时定位放线及构件安装的依据。按规定，定位轴线采用细点画线表示。通常应编号，轴线编号的圆圈用细实线，一般直径为8mm，详图直径为10mm。在圆圈内写上编号，水平方向的编号用阿拉伯数字，从左至右顺序编写。垂直方向的编号，用大写拉丁字母，从下至上顺序编写。这里应注意的是拉丁字母中的I、O、Z不得用为轴线编号，以免与数字1、0、2混淆。定位轴线的编号宜注写在图的下方和左侧。

两条轴线之间如有附加轴线，编号要用分数表示。如(1/2)所示，其中分母表示前一轴线的编号，分子表示附加轴线的编号。各种定位轴线见表1-2所示。

表 1-1 建筑、结构施工图中图线的选用

名称		线型	线宽	在建筑施工图中的用途	在结构施工图中的用途
实线	粗		b	(1) 平、剖面图中被剖切的主要建筑构造（包括构配件）的轮廓线。 (2) 建筑立面图或室内立面图的外轮廓线。 (3) 建筑构造详图中被剖切的主要部分的轮廓线。 (4) 建筑构配件详图中的外轮廓线。 (5) 平、立、剖面图的剖切符号	螺栓、主钢筋线、结构平面图中的单线结构构件线、钢木支撑线及系杆线，图名下横线、剖切线
	中粗		$0.7b$	(1) 平、剖面图中被剖切的次要建筑构造（包括构配件）的轮廓线。 (2) 建筑平、立、剖面图中建筑构配件的轮廓线。 (3) 建筑构造详图及建筑构配件详图中的一般轮廓线	结构平面图及详图中剖到或可见的墙身轮廓线、基础轮廓线、钢、木结构轮廓线、钢筋线
	中		$0.5b$	小于 $0.7b$ 的图形线、尺寸线、尺寸界线、索引符号、标高符号、详图材料做法引出线、粉刷线、保温层线、地面、墙面的高差分界线等	结构平面图及详图中剖到或可见的墙身轮廓线、基础轮廓线、可见的钢筋混凝土构件轮廓线、钢筋线
	细		$0.25b$	图例填充线、家具线、纹样线等	标注引出线、标高符号线、索引符号线、尺寸线
虚线	粗		b	—	不可见的钢筋线、螺栓线、结构平面图中的不可见的单线结构构件线及钢、木支撑线
	中粗		$0.7b$	(1) 建筑构造详图及建筑构配件不可见的轮廓线。 (2) 平面图中的起重机（吊车）轮廓线。 (3) 拟建、扩建的建筑物轮廓线	结构平面图中的不可见构件、墙身轮廓线及钢、木结构构件线、不可见的钢筋线
	中		$0.5b$	投影线、小于 $0.7b$ 的不可见的轮廓线	结构平面图中的不可见构件、墙身轮廓线及钢、木结构构件线、不可见的钢筋线
	细		$0.25b$	图例填充线、家具线等	基础平面图中的管沟轮廓线、不可见的钢筋混凝土构件轮廓线
单点长画线	粗		b	起重机（吊车）轨道线	柱间支撑、垂直支撑、设备基础轴线图中的中心线
	细		$0.25b$	中心线、对称线、定位轴线	中心线、对称线、定位轴线、重心线

续表

名称		线型	线宽	在建筑施工图中的用途	在结构施工图中的用途
双点长画线	粗	—— ·· ——	b	—	预应力钢筋线
	细	—— ·· ——	$0.25b$	—	原有结构轮廓线
折断线		——⋀——	$0.25b$	部分省略表示时的断开界线	断开界线
波浪线		～～	$0.25b$	部分省略表示时的断开界线，曲线形构件断开界限 构造层次的断开界限	断开界线

注　地坪线的线宽可用 $1.4b$。

表 1-2　　**定 位 轴 线**

名　称	符　号	用　途	符　号	用　途
一般轴线	○	通用详图的编号，只有圆圈，不注编号	1/3；1　3	表示详图用于 2 根轴线
	1	水平方向轴线编号，用 1、2、3…编写		
	B	垂直方向轴线编号，用 A、B、C…编写		
附加轴线	1/5	表示 5 号轴线之后附加的第一根轴线	1　2,4…	表示详图用于 3 根或 3 根以上轴线
	2/B	表示 B 号轴线之后附加的第二根轴线	1～12	表示详图用于 3 根以上连续编号的轴线

（3）尺寸及标高。施工图上的尺寸可分为总尺寸、定位尺寸及细部尺寸三种。细部尺寸表示各部位构造的大小，定位尺寸表示各部位构造之间的相互位置，总尺寸应等于各分尺寸之和。尺寸除了总平面图尺寸及标高尺寸以米（m）为单位外，其余一律以毫米（mm）为单位。

在施工图上，常用标高符号表示某一部位的高度。标高符号用细实线绘制，符号中的三角形为等腰直角三角形，90°角所指为实际高度线。长横线上下用来注写标高数值，数值以 m 为单位，一般注至小数点后三位（总平面图中为两位数）。如标高数字前有“－”号的，表示该处完成面低于零点标高。如数字前没有符号的，表示高于零点标高。

标高符号形式如图 1-1 所示。标高符号画法如图 1-2 所示。立面图与剖面图上的标高符号注法如图 1-3 所示。

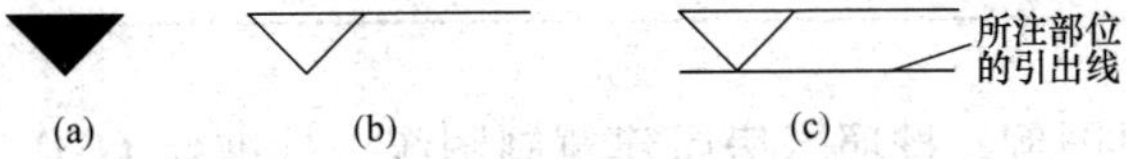

图 1-1　标高符号形式图

（a）总平面图上的室外地坪标高符号；（b）平面图上的楼地面标高符号；（c）立面图、剖面图各部位的标高符号

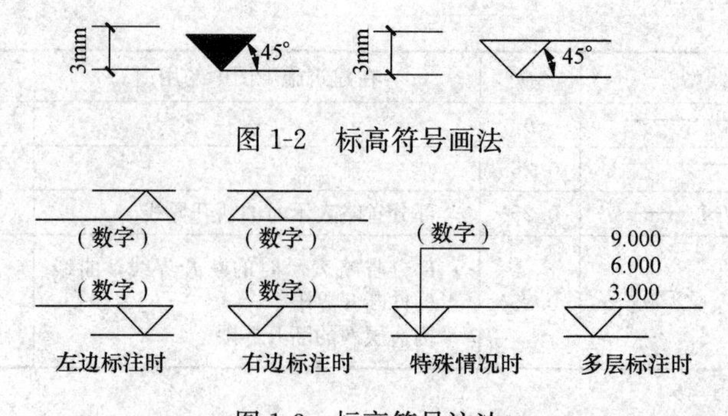

图 1-2 标高符号画法

图 1-3 标高符号注法

（4）索引符号和详图符号。在施工图中，由于房屋体形大，房屋的平、立、剖面图均采用小比例绘制，因而某些局部无法表达清楚，需要另绘制其详图进行表达。

对需用详图表达部分应标注索引符号，并在所绘详图处标注详图符号。

索引符号由直径为 10mm 的圆和其水平直径组成，圆及其水平直径均应以细实线绘制。

索引符号如用于索引剖面详图，应在被剖切的部位绘制剖切位置线，并以引出线引出索引符号，引出线所在的一侧应为投射方向，见表 1-3。

表 1-3　　索引符号与详图符号

名称	符　号	说　明
详图的索引符号	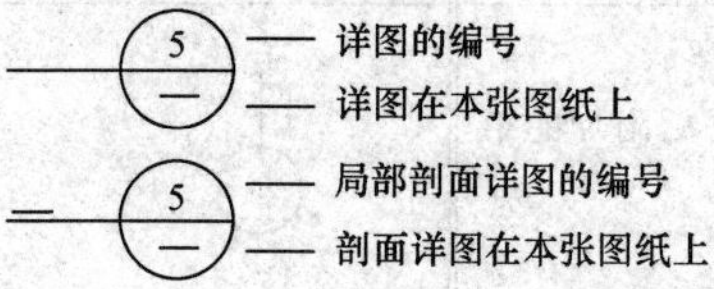 5/— — 详图的编号 — 详图在本张图纸上 5/— — 局部剖面详图的编号 — 剖面详图在本张图纸上	细实线单圆圈直径应为 10mm、详图在本张图纸上、剖开后从上往下投影
	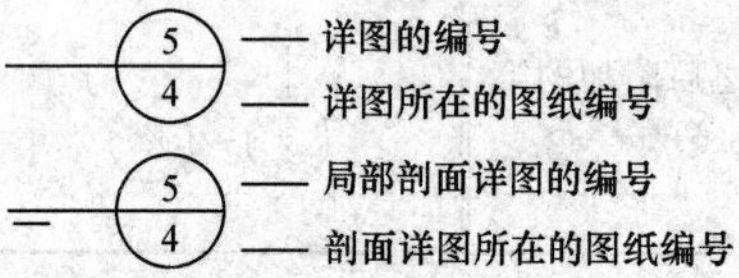 5/4 — 详图的编号 — 详图所在的图纸编号 5/4 — 局部剖面详图的编号 — 剖面详图所在的图纸编号	详图不在本张图纸上、剖开后从下往上投影
详图的索引符号	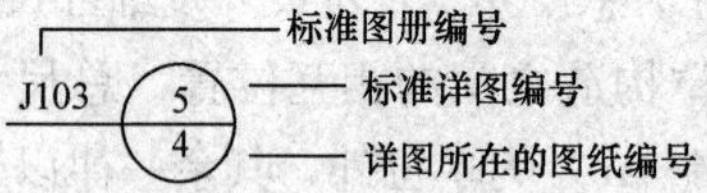 J103 5/4 — 标准图册编号 — 标准详图编号 — 详图所在的图纸编号	标准详图
详图的符号	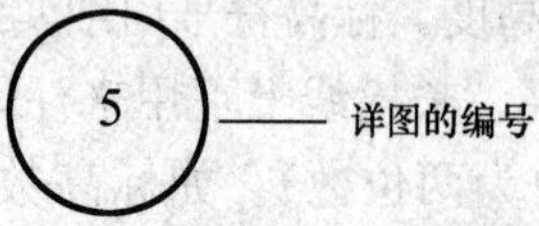 5 — 详图的编号	粗实线单圆圈直径应为 14mm、被索引的在本张图纸上
详图的符号	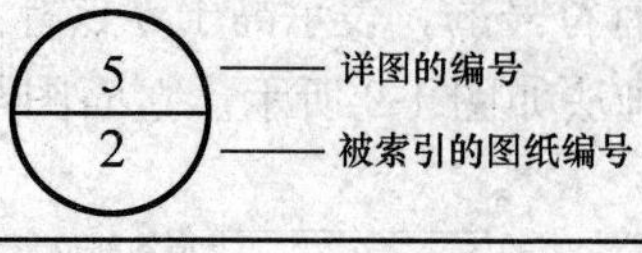 5/2 — 详图的编号 — 被索引的图纸编号	被索引的不在本张图纸上

（5）常用建筑材料图例。按照《房屋建筑制图统一标准》（GB/T 50001—2017）的规定，常用建筑材料应按表 1-4 所示图例画法绘制。

表 1-4　**常用建筑材料图例**

名　称	图　例	说　明	名　称	图　例	说　明
自然土壤		包括各种自然土壤	混凝土		
夯实土壤			钢筋混凝土		断面图形小，不易画出图例线时，可涂黑
砂、灰土		靠近轮廓线绘较密的点	玻璃		
毛石			金属		包括各种金属图形小时，可涂黑
普通砖		包括砌体、砌块，断面较窄不易画图例线时，可涂红	防水材料		构造层次多或比例较大时，采用上面图例
空心砖		指非承重砖砌体	胶合板		应注明×层胶合板
木材		上图为横断面，下图为纵断面	液体		注明液体名称

4. 钢筋混凝土结构的基本知识

用钢筋和混凝土制成的梁、板、柱、基础等构件，称为钢筋混凝土构件。全部由钢筋混凝土构件组成的房屋结构，称为钢筋混凝土结构。

（1）钢筋混凝土结构中的材料。

1）混凝土。由水泥、石子、砂和水及其他掺和料按一定比例配合，经过搅拌、捣实、养护而形成的一种人造石。它是一种脆性材料，抗压能力好，抗拉能力差，一般仅为抗压强度的1/10～1/20。混凝土的强度等级按《混凝土结构设计规范（2015年版）》（GB 50010—2010）规定分为14个不同的等级：C15、C20、C25、C30、C35、C40、C45、C50、C55、C60、C65、C70、C75、C80等。工程上常用的混凝土有C20、C25、C30、C35、C40等。

2）钢筋。钢筋是建筑工程中用量最大的钢材品种之一。按钢筋的外观特征可分为光面钢筋和带肋钢筋，按钢筋的生产加工工艺可分为热轧钢筋、冷拉钢筋、钢丝和热处理钢筋，按钢筋的力学性可分为：有明显屈服点钢筋和没有明显屈服点钢筋。建筑结构中常用热轧钢筋，其种类有HPB300、HRB400、HRB500，分别用符号Φ、Φ、Φ表示。

配置在钢筋混凝土构件中的钢筋，按其所起的作用主要有以下几种：

a. 受力筋，构件中承受拉力或压力的钢筋。如图1-4（a）中钢筋混凝土梁底部的2Φ20；图1-4（b）中单元入口处的雨篷板中靠近顶面的Φ10@140等钢筋，均为受力筋。

b. 箍筋，构件中承受剪力和扭矩的钢筋，同时用来固定纵向钢筋的位置，形成钢筋骨架，多用于梁和柱内。如图1-4（a）所示钢筋混凝土梁中的Φ8@200便是箍筋。

c. 架立筋，一般用于梁内，固定箍筋位置，并与受力筋、箍筋一起构成钢筋骨架。如图 1-4（a）所示钢筋混凝土梁中的 2Φ10 便是架立筋。

d. 分布筋，一般用于板、墙类构件中，与受力筋垂直布置，用于固定受力筋的位置，与受力筋一起形成钢筋网片，同时将承受的荷载均匀地传给受力筋。如图 1-4（b）所示单元入口处雨篷板内位于受力筋之下的Φ6@200 便是分布筋。

e. 构造筋，包括架立筋、分布筋、腰筋、拉接筋、吊筋等由于构造要求和施工安装需要而配置的钢筋，统称为构造筋。

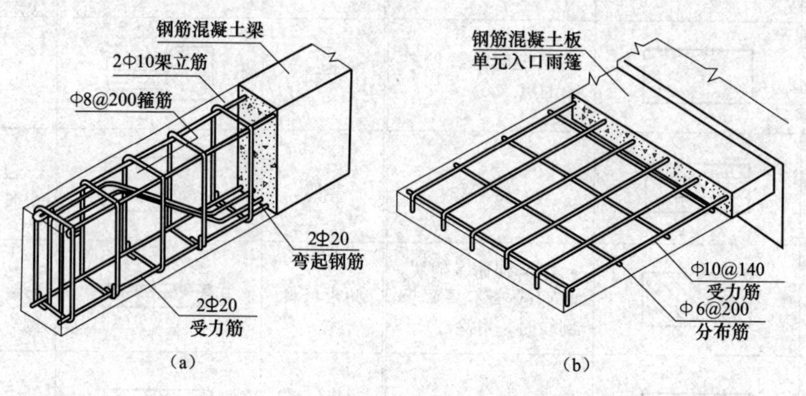

图 1-4　钢筋混凝土构件的钢筋配置

表 1-5　　一般钢筋图例

图例	名称
•	钢筋横断面
	无弯勾的钢筋及端部
	带半圆弯勾的钢筋端部
	长短钢筋重叠时，短钢筋端部用 45°短划表示
	带直勾的钢筋端部
	带丝扣的钢筋端部
	无弯勾的钢筋搭接
	带直勾的钢筋搭接
	带半圆勾的钢筋搭接
	套管接头（花篮螺栓）

（2）钢筋混凝土构件的图示方法。

1）钢筋图例。为规范表达钢筋混凝土构件的位置、形状、数量等参数，在钢筋混凝土构件的立面图和断面图上，构件轮廓用细实线画出，钢筋用粗实线及黑圆点表示，图内不画材料图例。一般钢筋图例，见表 1-5。

2）钢筋的标注。钢筋的标注方法有以下两种：

a. 钢筋的根数、级别和直径的标注，如图 1-5 所示。

b. 钢筋级别、直径和相邻钢筋中心距离的标注，主要用来表示分布钢筋与箍筋，标注方法如图 1-6 所示。

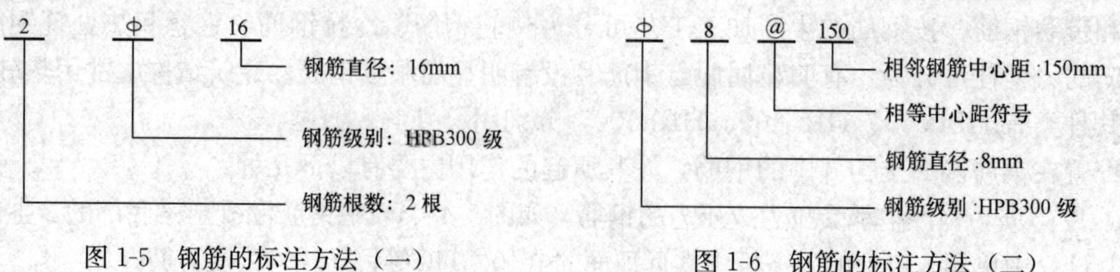

图 1-5　钢筋的标注方法（一）　　图 1-6　钢筋的标注方法（二）

（3）常用结构构件代号。建筑结构的基本构件种类繁多，布置复杂，为了便于制图图示、施工查阅和统计，常用构件代号用各构件名称的汉语拼音的第一个字母表示，详见表 1-6。

表 1-6　　常用构件代号

序号	名　称	代号	序号	名　称	代号	序号	名　称	代号
1	板	B	15	吊车梁	DL	29	基础	J
2	屋面板	WB	16	圈梁	QL	30	设备基础	SJ
3	空心板	KB	17	过梁	GL	31	桩	ZH
4	槽形板	CB	18	连系梁	LL	32	柱间支撑	ZC
5	折板	ZB	19	基础梁	JL	33	垂直支撑	CC
6	密肋板	MB	20	楼梯梁	TL	34	水平支撑	SC
7	楼梯板	TB	21	檩条	LT	35	梯	T
8	盖板或沟盖板	GB	22	屋架	WJ	36	雨篷	YP
9	挡雨板或檐口板	YB	23	托架	TJ	37	阳台	YT
10	吊车安全走道板	DB	24	天窗架	CJ	38	梁垫	LD
11	墙板	QB	25	框架	KJ	39	预埋件	M
12	天沟板	TGB	26	刚架	GJ	40	天窗端壁	TD
13	梁	L	27	支架	ZJ	41	钢筋网	W
14	屋面梁	WL	28	柱	Z	42	钢筋骨架	G

1.1.2　基础平面布置图的识读

基础是位于墙或柱下面的承重构件，它承受建筑的全部荷载，并传递给基础下面的地基。根据上部结构的形式和地基承载能力的不同，基础可做成条形基础、独立基础、联合基础等。基础图是表示房屋地面以下基础部分的平面布置和详细构造的图样，通常包括基础平面图和基础详图两部分。

1. 基础平面图的形成与作用

假想用一个水平剖切面，沿建筑物首层室内地面把建筑物水平剖开，移去剖切面以上的建筑物和回填土，向下作水平投影，所得到的图称为基础平面图。基础平面图主要表达基础的平面位置、形式及其种类，是基础施工时定位、放线、开挖基坑的依据。

2. 基础平面图的图示方法

（1）图线。应符合结构施工图图线的有关要求。如基础为条形基础或独立基础，被剖切平面剖切到的基础墙或柱用粗实线表示，基础底部的投影用细实线表示。如基础为筏板基础，则用细实线表示基础的平面形状，用粗实线表示基础中钢筋的配置情况。

（2）绘制比例。基础平面图绘制，一般采用1∶100、1∶200等比例，常采用与建筑平面图相同的比例。

（3）轴线。在基础平面布置中，基础墙、基础梁及基础底面的轮廓形状与定位轴线有着密切的关系。基础平面图上的轴线和编号应与建筑平面图上的轴线一致。

（4）尺寸标注。基础平面图中应标注出基础的定型尺寸和定位尺寸。定型尺寸包括基础墙宽度、基础底面尺寸等，可直接标注，也可用文字加以说明和用基础代号等形式标注。定位尺寸包括基础梁、柱等轴线尺寸，必须与建筑平面图的定位轴线及编号相一致。

（5）剖切符号。基础平面图主要用来表达建筑物基础的平面布置情况，对于基础的具体做法是用基础详图来加以表达的，详图实际上是基础的断面图，不同尺寸和构造的基础需加画断面图，与其对应在基础平面图上要标注剖切符号并对其进行编号。

3. 基础平面图的阅读方法

（1）了解图名、比例。

（2）与建筑平面图对照，了解基础平面图的定位轴线。

（3）了解基础的平面布置，结构构件的种类、位置、代号。

（4）了解剖切编号，通过剖切编号了解基础的种类、各类基础的平面尺寸。

(5) 阅读基础设计说明，了解基础的施工要求、用料。

(6) 联合阅读基础平面图与设备施工图，了解设备管线穿越基础的准确位置、洞口的形状、大小以及洞口上方的过梁要求。

4. 几种常见的基础平面图

(1) 条形基础。图 1-7 所示为办公楼的基础平面图，它表示出条形基础的平面布置情况。在基础图中，被剖切到的基础墙轮廓要画成粗实线，基础底部的轮廓画成细实线。图 1-7 中的材料图例可与建筑平面图的画法一致。

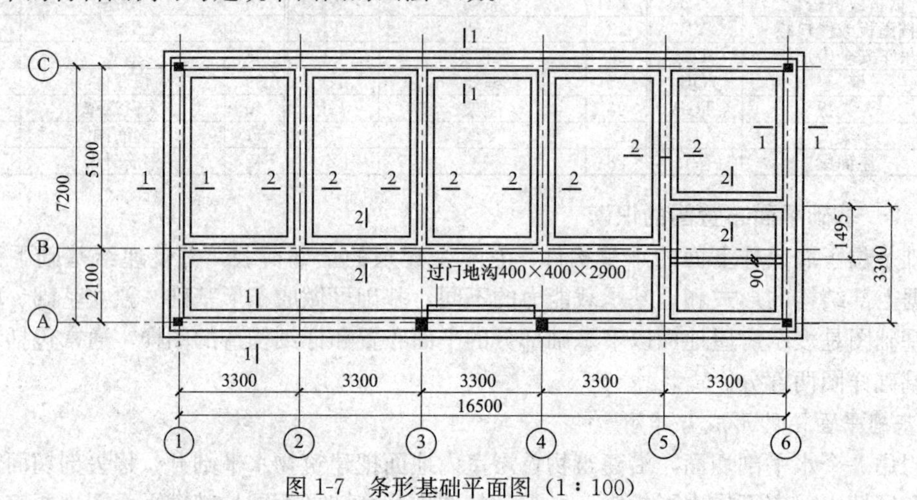

图 1-7 条形基础平面图（1∶100）

(2) 独立基础。采用框架结构的房屋及工业厂房的基础常用柱下独立基础，如图 1-8 所示。

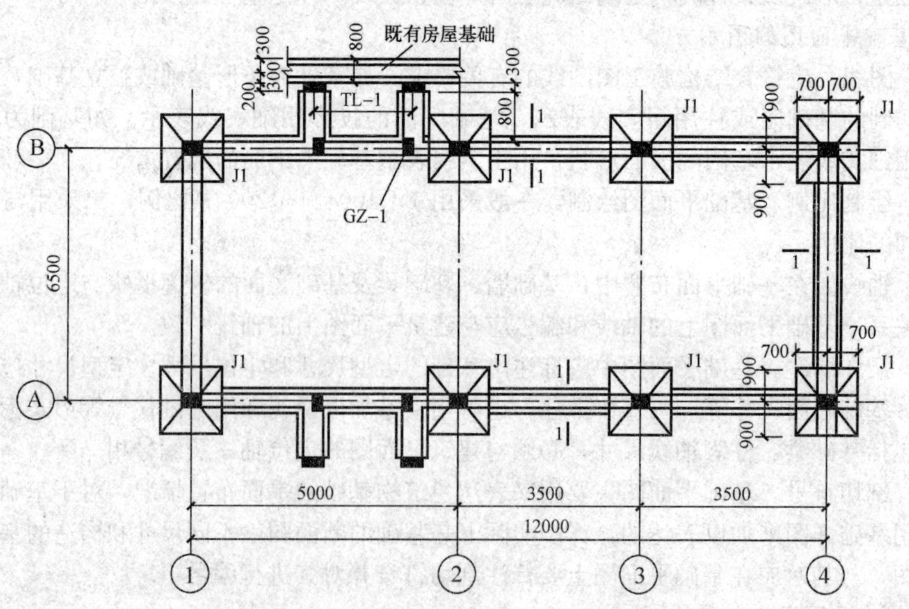

图 1-8 独立基础平面图（1∶100）

1.1.3 基础详图的识读

1. 基础详图的形成与作用

假想用剖切平面垂直剖切基础，用较大比例画出的断面图称为基础详图。基础详图主要表达基础的形状、大小、材料和构造做法，是基础施工的重要依据。

2. 基础详图的图示方法

基础详图实际上是基础平面图的配合图，通过平面图与详图配合来表达完整的基础情况。基础详图尽可能与基础平面图画在同一张图纸上，以便对照施工。

(1) 图线。基础详图中的基础轮廓、基础墙及柱轮廓等均用中实线（0.5*b*）绘制。

(2) 绘制比例。基础详图是局部图样，它采用比基础平面图要放大的比例，一般常用比例为 1∶10、1∶20 或 1∶50。

(3) 轴线。为了便于对照阅读，基础详图的定位轴线应与对应的基础平面图中定位轴线的编号一致。

(4) 图例。剖切的断面需要绘制材料图例。通常材料图例按照制图规范的规定绘制，如果是钢筋混凝土结构，一般不绘制材料图例，而直接绘制相应的配筋图，由配筋图代表材料图例。

(5) 尺寸标注。主要标注基础的定形尺寸，另外，还应标注钢筋的规格、防潮层位置、室内地面、室外地坪及基础底面标高。

(6) 文字说明。有关钢筋、混凝土、砖、砂浆的强度和防潮层材料及施工技术要求等说明。

3. 基础详图的阅读方法

(1) 了解图名与比例，因基础的种类往往比较多，读图时，将基础详图的图名与基础平面图的剖切符号、定位轴线对照，了解该基础在建筑中的位置。

(2) 了解基础的形状、大小与材料。

(3) 了解基础各部位的标高，计算基础的埋置深度。

(4) 了解基础的配筋情况。

(5) 了解垫层的厚度尺寸与材料。

(6) 了解基础梁的配筋情况。

(7) 了解管线穿越洞口的详细做法。

4. 几种常见的基础详图

(1) 条形基础。图 1-9 所示为墙下钢筋混凝土条形基础。混凝土采用 C20，钢筋采用 HPB300 钢筋。

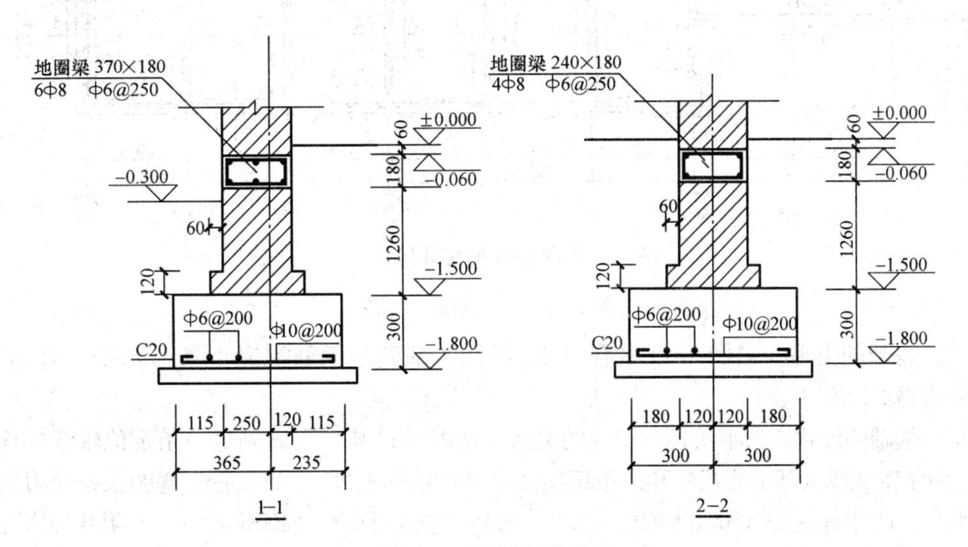

图 1-9　条形基础详图

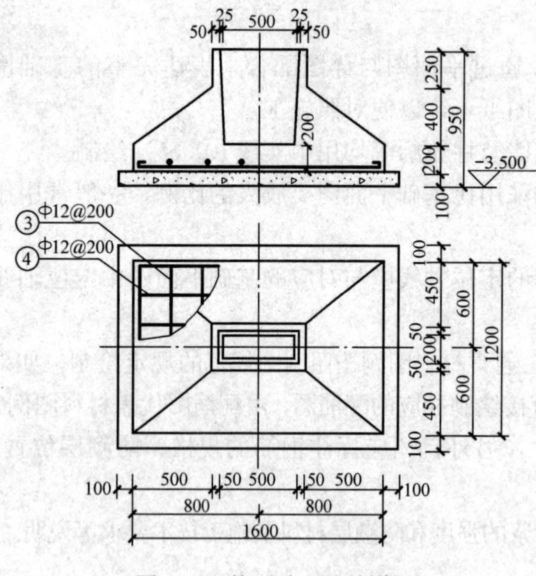

图 1-10　柱下独立基础详图

（2）柱下独立基础。图 1-10 所示为柱下独立基础详图，图中的柱轴线、外形尺寸、钢筋配置等标注清楚。基础底部通常浇筑 100mm 厚混凝土垫层。柱的钢筋在柱的详图中注明，基础底板纵横双向配置Φ12@200 的钢筋网。立面图采用全剖面，平面图采用局部剖面表示钢筋网配置情况。

1.1.4　基础施工图识读案例

图 1-11 和图 1-12 分别是某房屋的基础平面布置图和详图。平面图中粗实线表示墙体，细实线表示基础底面轮廓，读图时应该弄清楚以下几个问题：

（1）轴线网及其尺寸。应将基础平面图和建筑平面图对照看，两者的轴线网及其尺寸应该完全一致。

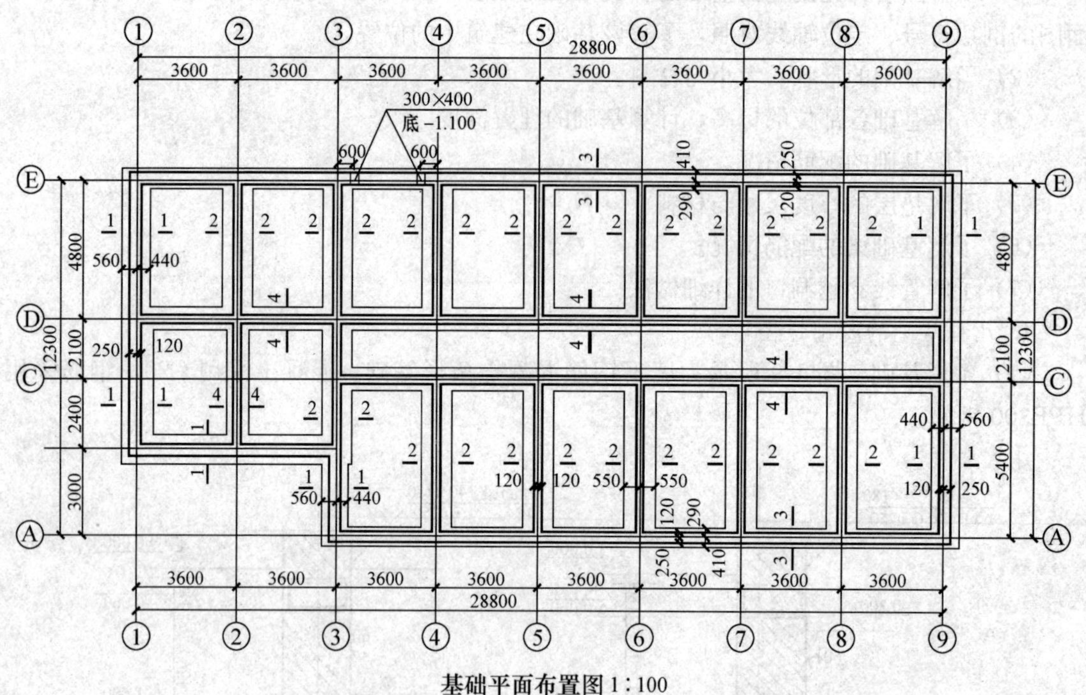

图 1-11　条形基础平面图

（2）基础的类型。由图 1-11 和图 1-12 可知，基础是钢筋混凝土条形基础。外墙为 37 墙，内墙为 24 墙。

（3）基础的形状、大小及其与轴线的关系。从图 1-11 中，可看到每一条定位轴线处均有四条线，两条粗实线（基础墙宽）和两条细实线（基础底面宽度）。基础底面宽度根据受力情况而定，如图 1-11 中标注的（560，440）、（550，550）、（290，410）、（400，400），说明基础宽度分别为 1000、1100、700、800mm。从图 1-12 中，可看出基础断面为矩形，基础高度为 0.3m。

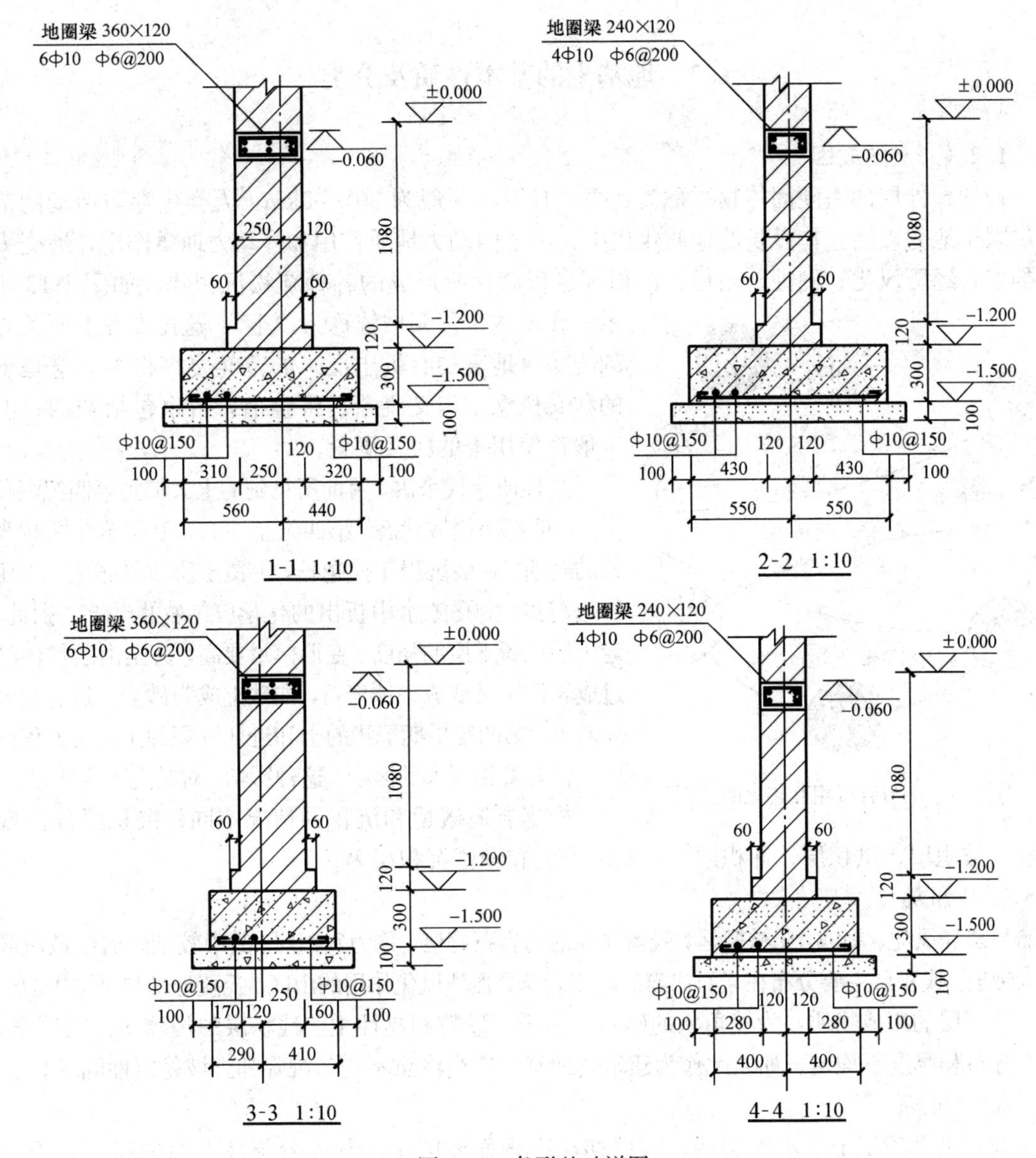

图 1-12　条形基础详图

（4）基础中有无地沟与孔洞。由图 1-11 可知，Ⓔ轴线上③轴到④轴间的基础墙上两处画有两段虚线，在引出线上注有：300×400/底-1.100，其中 300 表示洞口宽度，400 表示洞口高度，洞深同基础墙厚，不用表示。−1.100 表示洞底标高为−1.1m。

（5）基础底面的标高和室内、外地面的标高。从图 1-12 断面看出，基础顶面标高为−1.200m，底面标高为−0.150m，室内地面标高为±0.000，由此得知基础的埋深小于 1.5m。

（6）基础的详细构造。由图 1-12 可知，基础底面有 100mm 厚的素混凝土垫层，每边比基础宽出 100mm。基础顶面墙体做了 60mm 宽大放脚，大放脚高 120mm。基础内配有Φ 10@150 双向钢筋网片。外墙圈梁的配筋为 6 Φ 10，内墙圈梁的配筋为 4 Φ 10，箍筋为Φ 6@200。圈梁顶面标高为−0.060m。

1.2 地基土的基本性质及分类

1.2.1 土的成因

地球最外层的坚硬固体物质称为地壳，其厚度一般为30～60km，人类生存与活动的范围仅限于地壳表层。在漫长的地质年代中，由于内动力地质作用和外动力地质作用，地壳表层的岩石经历风化、剥蚀、搬运、沉积等过程后，所形成的各种疏松沉积物，如图1-13所示，在土木工程领域统称为“土”。这比农业上所关心的土壤（地表的有机土层）的范畴要广得多。这是土的狭义概念，广义概念是将整个岩石也包括在内；但一般都使用土的狭义概念。

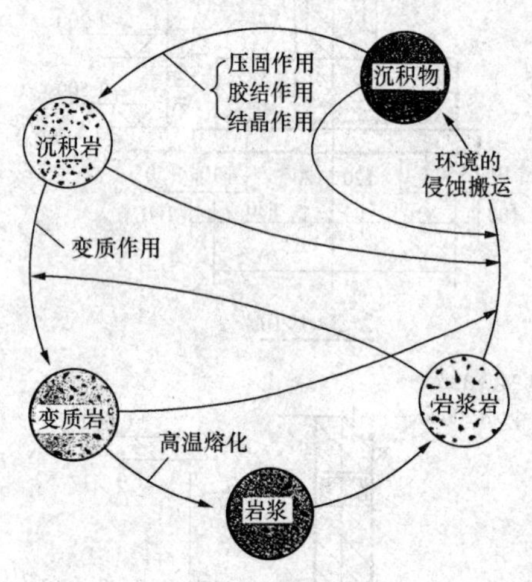

图1-13 土与岩石相互转化的关系

从地质年代来讲，目前所见到的土大都是第四纪沉积层，一般都呈松散状态。第四纪是约250万年至今的相当长的时期。一般沉积年代越长，上覆土层重量越大，土压得越密实，由孔隙水中析出的化学胶结物也越多。因此，老土层比新土层的强度、变形模量要高，甚至由散粒体经过成岩作用又变成整体岩石，如砂土成为砂岩，黏土变成页岩等。第四纪早期沉积的土和近期沉积的土，在工程性质上就有着相当大的区别。这种影响，对黏土尤为明显。

根据岩屑搬运和沉积的情况不同，沉积层分为残积层、坡积层、洪积层、冲积层、海相沉积层和湖沼沉积层等。

1. 残积层

母岩经风化、剥蚀，未被搬运，残留在原地的岩石碎屑，称为残积层。其中较细碎屑已被风或雨水带走。残积层主要分布在岩石出露的地表，经受强烈风化作用的山区、丘陵地带与剥蚀平原。

残积层的组成物质，为棱角状的碎石、角砾、砂粒和黏性土。残积层的裂隙多，无层次，平面分布和厚度不均匀。如以此作为建筑物地基，应当注意不均匀沉降和土坡稳定性问题。

2. 坡积层

坡积土是残积土经水流搬运，顺坡移动堆积而成的土。其成分与坡上的残积土基本一致。由于地形的不同，其厚度变化大，新近堆积的坡积土，土质疏松，压缩性较高。如作为建筑物地基，应注意不均匀沉降和地基稳定性问题。

3. 洪积层

洪积土是山洪带来的碎屑物质，在山沟的出口处堆积而成的土。山洪流出沟谷后，由于流速骤减，被搬运的粗碎屑物质首先大量堆积下来，离山渐远，洪积物的颗粒随之变细，其分布范围也逐渐扩大。其地貌特征，靠山近处窄而陡，离山较远宽而缓，形如锥体，故称为洪积扇。山洪是周期性发生的，每次的大小不尽相同，堆积下来的物质也不一样，因此，洪积土常呈现不规则交错的层理。由于靠近山地的洪积土的颗粒较粗，地下水位埋藏较深，土的承载力一般较高，常为良好地基；离山较远地段较细的洪积土，土质软弱而承载力较低。另外，洪积层中往往存在黏性土夹层、局部尖灭和透镜体等产状。若以此作为建筑地基时，应注意土层的尖灭和透镜体引起的不均匀沉降。为此，需要精心进行工程地质勘察，并针对具体情况妥善处理。

4. 冲积层

冲积层是由于河流的流水作用，将碎屑物质搬运堆积在它流经的区域内，随着从上游到下游水动力的不断减弱，搬运物质从粗到细逐渐沉积下来，一般在河流的上游及出山口，沉积有粗粒的碎石土、砂土，在中游丘陵地带沉积有中粗粒的砂土和粉土，在下游平原三角洲地带，沉积了最细的黏土。冲积土分布广泛，特别是冲积平原是城市发达、人口集中的地带。对于粗粒的碎石土、砂土，是良好的天然地基，但如果作为水工建筑物的地基，由于其透水性好会引起严重的坝下渗漏；而对于压缩性高的黏土，一般都需要处理地基。

5. 海相沉积层

海相沉积层是由水流挟带到大海沉积起来的堆积物，其颗粒细，表层土质松软，工程性质较差。海相沉积层按分布地带不同，可分为：

（1）滨海沉积物。海水高潮与低潮之间的地区，称为滨海地区。此地区的沉积物主要为卵石、圆砾和砂土，有的地区存在黏性土夹层。

（2）大陆架浅海沉积物。海水的深度为0～200m，平均宽度为75km的地区，称为大陆架浅海区。此地区的沉积物主要是细砂、黏性土、淤泥和生物沉积物。离海岸越近，颗粒越粗；离海岸越远，沉积物的颗粒越细。此种沉积物具有层理构造，密度小，压缩性高。

（3）陆坡沉积物。浅海区与深海区的过渡带，称为陆坡地区或次深海区，水深可达3000m。此地区的沉积物主要是有机质软泥。

（4）深海沉积物。海水深度超过3000m的地区，称为深海区。此地区的沉积物为有机质软泥。

6. 湖沼沉积层

（1）湖相沉积层。湖泊沉积物称为湖相沉积层。湖相沉积层由两部分组成：

1）湖边沉积层：以粗颗粒土为主。

2）湖心沉积层：为细颗粒土，包括黏土和淤泥，有时夹粉细砂薄层的带状黏土。通常湖心沉积层的强度低、压缩性高。

（2）沼泽积层。湖泊逐渐淤塞和陆地沼泽化，演变成沼泽。当然沉积物即沼泽土，主要由半腐烂的植物残余物一年年积累起来形成的泥炭组成。泥炭的含水率极高，透水性很小，压缩性很大，不宜作为永久建筑物的地基。

1.2.2　土的组成

土是一种松散的颗粒堆积物。它是由固体颗粒、液体和气体三部分组成。土的固体颗粒一般由矿物质组成，有时含有胶结物和有机物，该部分构成土的骨架。土的液体部分是指水和溶解于水中的矿物质。空气和其他气体构成土的气体部分。土骨架间的孔隙相互连通，被液体和气体充满。土的三相组成决定了土的物理力学性质。

1. 土的固体颗粒

土骨架对土的物理力学性质起决定性的作用。分析研究土的状态，就要研究固体颗粒的状态指标，即粒径的大小及其级配、固体颗粒的矿物成分、固体颗粒的形状。

（1）固体颗粒的大小与粒径级配。土中固体颗粒的大小及其含量，决定了土的物理力学性质。颗粒的大小通常用粒径表示。实际工程中常按粒径大小分组，粒径在某一范围之内的分为一组，称为粒组。粒组不同其性质也不同。常用的粒组有：砾石粒、砂粒、粉粒、黏粒、胶粒。以砾石和砂粒为主要组成成分的土称为粗粒土。以粉粒、黏粒和胶粒为主的土，称为细粒土。土的粒组划分方法和各粒组土的特性见表1-7。

表 1-7　　土的粒组划分方法和各粒组土的特性

粒组统称	粒组划分		粒径范围 d（mm）	主要特性
巨粒组	漂石		$d>200$	透水性大，无黏性，无毛细水，不易压缩
	卵石		$200\geqslant d>60$	透水性大，无黏性，无毛细水，不易压缩
粗粒组	砾粒	粗砾	$60\geqslant d>20$	透水性大，无黏性，不能保持水分，毛细水止升高度很小，压缩性较小
		中砾	$20\geqslant d>5$	
		细砾	$5\geqslant d>2$	
	砂粒	粗砂	$2\geqslant d>5$	易透水，无黏性，毛细水上升高度不大，饱和松细砂在振动荷载作用下会产生液化，一般压缩性较小，随颗粒减小，压缩性增大
		中砂	$0.5\geqslant d>0.25$	
		细砂	$0.25\geqslant d>0.075$	
细粒组	粉粒		$0.075\geqslant d>0.005$	透水性小，湿时有微黏性，毛细管上升高度较大，有冻胀现象，饱和并很松时在振动荷载作用下会产生液化
	黏粒		$d\leqslant 0.005$	透水性差，湿时有黏性和可塑性，遇水膨胀，失水收缩，性质受含水量的影响较大，毛细水上升高度大

土中各粒组的相对含量称土的粒径级配。土粒含量的具体含义是指一个粒组中的土粒质量与干土总质量之比，一般用百分比表示。土的粒径级配直接影响土的性质，如土的密实度、土的透水性、土的强度、土的压缩性等。要确定各粒组的相对含量，需要将各粒组分离开，再分别称重。这就是工程中常用的颗粒分析方法，实验室常用的有筛分法和密度计法。

筛分法适用粒径大于 0.075mm 的土。利用一套孔径大小不同的标准筛子，将称过质量的干土过筛，充分筛选，将留在各级筛上的土粒分别称重，然后计算小于某粒径的土粒含量。

密度计法适用于粒径小于 0.075mm 的土。基本原理是颗粒在水中下沉速度与粒径的平方成正比，粗颗粒下沉速度快，细颗粒下沉速度慢。根据下沉速度就可以将颗粒按粒径大小分组（详见土工试验书籍）。

当土中含有颗粒粒径大于 0.075mm 和小于 0.075mm 的土粒时，可以联合使用密度计法和筛分法。

工程中常用粒径级配曲线直接了解土的级配情况。曲线的横坐标为土颗粒粒径的对数，单位为 mm；纵坐标为小于某粒径土颗粒的累积含量，用百分比（%）表示，如图 1-14 所示。

颗粒级配曲线在土木、水利水电等工程中经常用到。从曲线中可直接求得各粒组的颗粒含量及粒径分布的均匀程度，进而估测土的工程性质。其中一些特征粒径，可作为选择建筑材料的依据，并评价土的级配优劣。特征粒径有：

d_{10}——土中小于此粒径土的质量占总土质量的 10%，也称有效粒径；

d_{30}——土中小于此粒径土的质量占总土质量的 30%；

d_{50}——土中小于此粒径土的质量和大于此粒径的土的质量各占 50%，也称平均粒径，用来表示土的粗细；

d_{60}——土中此粒径土的质量占总土质量的 60%，也称限制粒径。

粒径分布的均匀程度由不均匀系数 C_u 表示

$$C_u = d_{60}/d_{10} \tag{1-1}$$

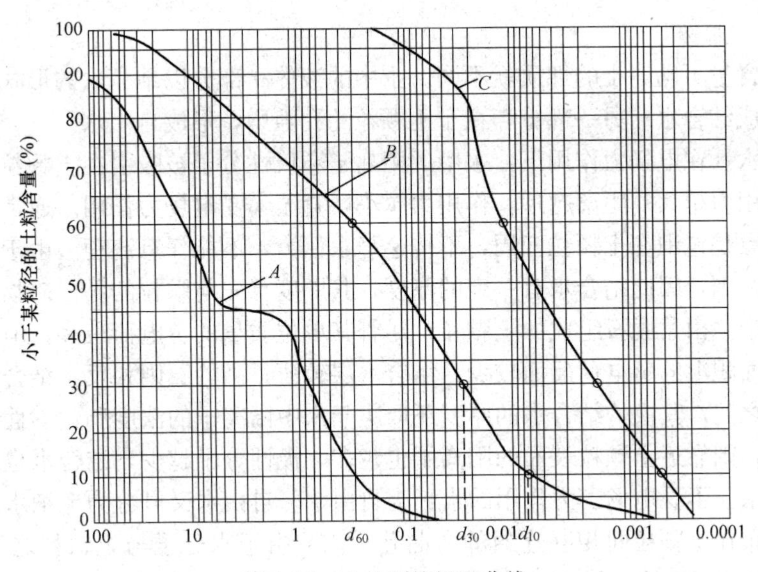

图 1-14　土的颗粒级配曲线

A、B、C—不同土样的级配曲线

C_u 越大，土越不均匀，也即土中粗、细颗粒的大小相差越悬殊。

若土的颗粒级配曲线是连续的，C_u 越大，d_{60} 与 d_{10} 相距越远，则曲线越平缓，表示土中的粒组变化范围宽，土粒不均匀；反之，C_u 越小，d_{60} 与 d_{10} 相距越近，曲线越陡，表示土中的粒组变化范围窄，土粒均匀。工程中，把 $C_u>5$ 的土称为不均匀土，$C_u\leqslant5$ 的土称为均匀土。

若土的颗粒级配曲线不连续，在该曲线上出现水平段，如图 1-14 曲线 A 所示，水平段粒组范围不包含该粒组颗粒。这种土缺少中间某些粒径，粒径级配曲线呈台阶状，土的组成特征是颗粒粗的较粗，细的较细，在同样的压实条件下，密实度不如级配连续的土高，其他工程性质也较差。

土的粒径级配曲线的形状，尤其是确定其是否连续，可用曲率系数 C_c 反映

$$C_c=\frac{d_{30}^2}{d_{60}\times d_{10}} \tag{1-2}$$

若曲率系数过大，表示粒径分布曲线的台阶出现在 d_{10} 和 d_{30} 范围内。反之，若曲率系数过小，表示台阶出现在 d_{30} 和 d_{60} 范围内。经验表明，当级配连续时，C_c 的范围为 1～3。因此，当 $C_c<1$ 或 $C_c>3$ 时，均表示级配曲线不连续。

由上可知，土的级配优劣可由土中土粒的不均匀系数和粒径分布曲线的形状曲率系数衡量。《土的分类标准》（GBJ 145—1990）规定：对于纯净的砂、砾石，当实际工程中，$C_u\geqslant5$，且 $C_c=1$～3 时，级配是良好的；不能同时满足上述条件时，级配是不良的。

（2）固体颗粒的成分。土中固体颗粒的成分绝大多数是矿物质，或有少量有机物。颗粒的矿物成分一般有两大类，一类是原生矿物，另一类是次生矿物。

（3）固体颗粒的形状。原生矿物的颗粒一般较粗，多呈粒状；次生矿物的颗粒一般较细，多呈片状或针状。土的颗粒越细，形状越扁平，其表面积与质量之比越大。

对于粗颗粒，比表面积没有很大意义。对于细颗粒，尤其是黏性土颗粒，比表面积的大小直接反映土颗粒与四周介质的相互作用，是反映黏性土性质特征的一个重要指标。

2. 土的液体部分

土中液体含量不同，土的性质就不同。土中的液体一部分以结晶水的形式存在于固体颗粒的内部，形成结合水；另一部分存在于土颗粒的孔隙中，形成自由水。

（1）结合水。在电场力作用下，水中的阳离子和极性分子被吸引在土颗粒周围，距离土颗粒越近，作用力越大；距离越远，作用力越小，直至不受电场力作用。通常称这一部分水为结合水。特点是包围在土颗粒四周，不传递静水压力，不能任意流动。由于土颗粒的电场有一定的作用范围，因此结合水有一定的厚度，其厚度首先与颗粒的黏土矿物成分有关。在三种黏土矿物中，由蒙脱石组成的土颗粒，尽管其单位质量的负电荷最多，但其比表面积较大，因而单位面积上的负电荷反而较少，结合水层较薄；高岭石则相反，结合水层较厚。伊利石介于两者之间。其次，结合水的厚度还取决于水中阳离子的浓度和化学性质，如水中阳离子浓度越高，则靠近土颗粒表面的阳离子也越多，极性分子越少，结合水也就越薄。

（2）自由水。不受电场引力作用的水称为自由水。自由水又可分为毛细水和重力水。

毛细水分布在土颗粒间相互连通的弯曲孔道内。由于水分子与土颗粒之间的附着力和水、气界面上的表面张力，地下水将沿着这些孔道被吸引上来，而在地下水位以上形成一定高度的毛细管水带。它与土中孔隙的大小、形状、土颗粒的矿物成分及水的性质有关。

在潮湿的粉、细砂中，由于孔隙中的气与大气相通，孔隙水中的压力也小于大气压力，此时孔隙水仅存于土颗粒接触点周围。

在重力本身作用下的水称重力水。重力水能在土体中自由流动，具有溶解能力，能传递水压力。

水是土的重要成分之一。一般认为水不能承受剪力，但能承受压力和一定的吸力；一般情况下，水的压缩量很小，可以忽略不计。

3. 土的气体部分

在非饱和土中，土颗粒间的孔隙由液体和气体充满。土中气一般以两种形式存在于土中：一种是四周被颗粒和水封闭的封闭气体；另一种是与大气相通的自由气体。

当土的饱和度较低，土中气体与大气相通时，土体在外力作用下，气体很快从孔隙中排出，则土的强度和稳定性提高。当土的饱和度较高，土中出现封闭气体时，土体在外力作用下，则体积缩小；外力减小，则体积增大。因此，土中封闭气体增加了土的弹性。同时，土中封闭气体的存在还能阻塞土中的渗流通道，减小土的渗透性。

1.2.3 土的构造

土的结构主要是指土体中土粒的排列与连接。土的结构有单粒结构、蜂窝结构和絮状结构（见图 1-15），蜂窝结构和絮状结构又称海绵结构。

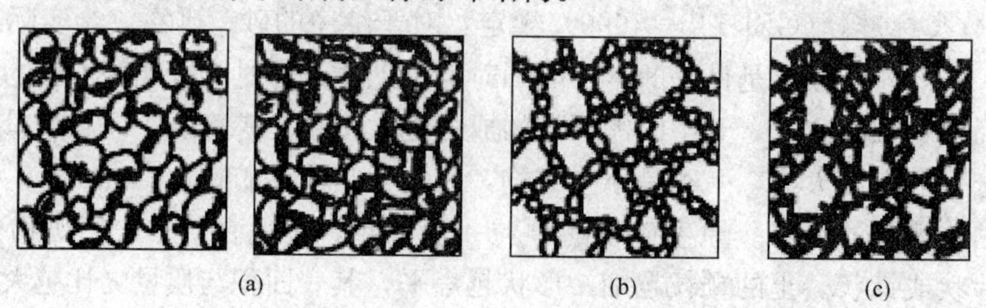

图 1-15 土的结构类型

（a）单粒结构；（b）蜂窝结构；（c）絮状结构

1. 单粒结构

单粒结构是无黏性土的基本组成形式，由较粗土粒砾石、砂粒在重力作用下沉积而成[见图 1-15 (a)]。土粒排列成密实状态时，称为紧密的单粒结构，这种结构土的强度大，压缩性小，是良好的天然地基；反之，当土粒排列疏松时，称为疏松的单粒结构，因其土的孔隙大，土粒骨架不稳定，未经处理，不宜作建筑物地基。因此，以单粒结构为基本结构特征的无黏性土的工程性质主要取决于土体的密实程度。

2. 蜂窝结构

蜂窝结构主要是由较细的土粒（粉粒）组成的结构形式。其形成机理为：当粉粒在水中下沉碰到已经沉积的土粒时，由于粒间引力大于其重力，而停留在接触面上不再下沉，逐渐形成链环状单元。很多这样的链环连接起来，便形成孔隙较大的蜂窝结构，如图 1-15 (b) 所示。蜂窝结构是以粉粒为主的土所具有的结构形式。

3. 絮状结构

絮状结构是由黏粒集合体组成的结构形式。其形成机理为：黏粒能够在水中长期悬浮，不因重力而下沉，当悬浮液介质发生变化（如黏粒被带到电解质浓度较大的海水中）时，土粒表面的弱结合水厚度减薄，黏粒相互接近便凝聚成类似海绵絮状的集合体而下沉，并和已沉积的絮状集合体接触，形成孔隙较大的絮状结构，如图 1-15 (c) 所示。絮状结构是黏性土的主要结构形式。

蜂窝结构和絮状结构的土中存在大量孔隙，压缩性高，抗剪强度低，但土粒间的连接强度会由于压密和胶结作用而逐渐得到加强，称为结构强度。天然条件下，任何一种土粒的结构并不是单一的，往往呈现以某种结构为主，混杂各种结构的复合形式。此外，当土的结构受到破坏和扰动时，在改变了土粒排列的同时，也不同程度地破坏了土粒间的连接，从而影响土的工程性质，对于蜂窝和絮状结构的土，往往会大大降低其结构强度。其结构强度降低越显著，结构性越强。一般采用灵敏度 S_t 来表征土的结构性强弱，土的灵敏度越高，其结构性越强，受扰动后土的强度降低就越明显，即

$$S_t = \frac{q_u}{q_0} \tag{1-3}$$

式中：q_u 为原状土的无侧限抗压强度，即单轴受压的抗压强度；q_0 为具有与原状土相同的密度和含水量并彻底破坏其结构的重塑土的无侧限抗压强度。

按灵敏度的大小，黏性土可分为：低灵敏 $S_t=1\sim2$；中灵敏 $S_t=2\sim4$；高灵敏 $S_t>4$。

软黏土在重塑后甚至不能维持自己的形状，无侧限抗压强度几乎等于零，灵敏度很大。对于灵敏度大的土，在基坑开挖时须特别注意保护基槽，使其结构不受扰动。

土的构造是指在同一土层剖面中，颗粒或颗粒集合体相互间的特征。土的构造最大特征就是成层性，即具有层理构造。这是由于不同阶段沉积土的物质成分、颗粒大小和颜色的不同，而使竖向呈现成层的性状。常见有水平层理和交错层理构造，带有夹层、尖灭和透镜体等（见图 1-16）。土的构造的另一特征是土的裂隙性，即裂隙构造。土中裂隙的存在会大大降低土体的强度和稳定性，对工程不利。

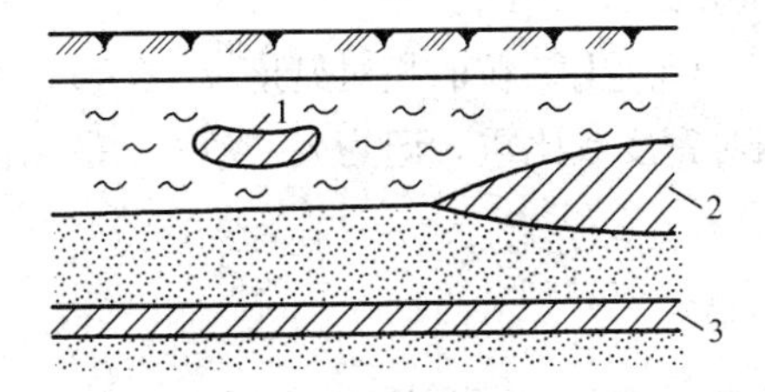

图 1-16　土的层理构造

1—淤泥夹黏土透镜体；2—黏土尖灭层；3—砂土夹黏土层

此外，也应注意到土中有无腐殖质、贝壳、结核体等包裹物及天然或人为的孔洞的存在。这些构造特征都会造成土的不均匀性，从而影响土的工程性质。

1.2.4 土的物理性质指标

如前所述土是三相体，是由土的固体颗粒、水和气体三相体组成，随着土中三相之间的质量与体积的比例关系的变化，土的疏密性、软硬性、干湿性等物理性质随之变化。为了定量了解土的这些物理性质，就需要研究土的三相比例指标。因此，所谓土的物理性质指标就是表示土中三相比例关系的一些物理量。图1-17为土的三相简图。

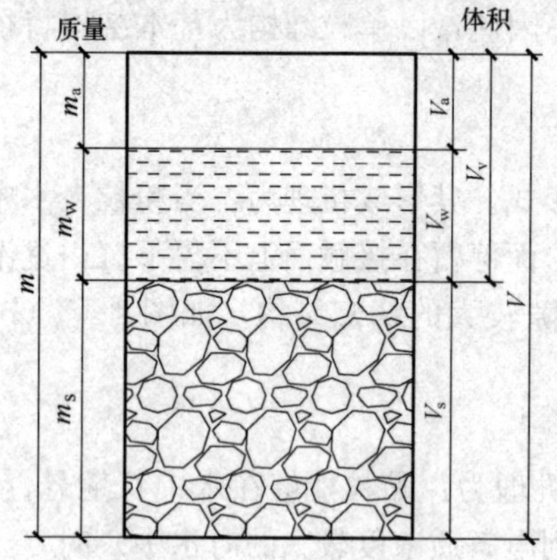

图1-17 土的三相简图

m_s—土粒质量；m_w—土中水质量；m_a—土中气体质量（$m_a \approx 0$）；m—土的总质量，$m=m_s+m_w+m_a$；V_s—土粒体积；V_w—土中水体积；V_a—土中气体积；V_v—土中孔隙体积，$V_v=V_a+V_w$；V—土的总体积，$V=V_a+V_w+V_s$

1. 土的三相基本指标

土的物理性质指标中土的天然密度、含水量和土粒的相对密度三相指标，是由实验室直接测定的，称为三相基本指标。其他物理性质指标可由这三项指标推算得到。

(1) 土的天然密度ρ和天然重度γ。单位体积天然土的质量，称为土的天然密度，简称土的密度，记为ρ，单位为g/cm^3。

天然密度表达式

$$\rho=\frac{m}{V} \tag{1-4}$$

在计算土体自重时，常用到天然重度的概念，即$\gamma=\rho g$，单位为kN/m^3。

密度的测定方法：黏性土用环刀法，环刀内径和高度为已知数，因此，土样的体积是已知的。如先称空环刀的质量为m_1，试样加环刀的质量为m_2，则土的质量$m=m_2-m_1$，土的密度为$\rho=\frac{m_2-m_1}{V}=\frac{m}{V}$。

砂和砾石等粗颗粒土，不能用环刀法，可采用灌水法或灌砂法，根据试样的最大粒径确定试坑尺寸，参见《土工试验方法标准》(GB/T 50123—1999)，称出从试坑中挖出的试样的质量m，在试坑中铺上塑料薄膜，灌水或砂测量试坑的体积V。得到土的密度为$\rho=\frac{m}{V}$。

天然状态下的土的密度变化范围较大，黏性土和粉土为1.8～2.0g/cm^3，砂性土为1.6～2.0g/cm^3。

(2) 土颗粒的相对密度d_s (G_s)。土颗粒的密度与4℃纯水的密度之比，称为土颗粒的相对密度或比重，记为d_s或G_s，是无量纲数值，即

$$d_s=\frac{\frac{m_s}{V_s}}{\rho_w}=\frac{\rho_s}{\rho_w} \tag{1-5}$$

式中 ρ_s——土颗粒密度，取1g/cm^3；

ρ_w——4℃纯水的密度，$\rho_w=1$g/cm^3。

4℃纯水的密度为已知条件，故测定土颗粒的相对密度，实质就是测定土颗粒的密度。

粒径小于5.0mm的土常用相对密度瓶法测定；粒径大于5.0mm的土，其中粒径大于20mm的颗粒含量小于10%时，采用浮称法；粒径大于5.0mm的土，其中粒径大于20mm的颗粒含量大于或等于10%时，采用虹吸筒法。具体方法可参见《土工试验方法标准》(GB/T 50123—1999)。

同一种土，其土粒相对密度变化范围很小，砂土为2.65～2.69，粉土为2.70～2.71，黏性土为2.72～2.75。当无条件进行试验时，可参考同一地区、同一种土的多年实测积累的经验数据。

(3) 土的含水量w。土中水的质量和土颗粒质量的比值称为含水量，也称含水率，用百分数表示，即

$$w=\frac{m_{\mathrm{w}}}{m}\times 100\% \tag{1-6}$$

含水量的试验方法通常用烘干法，用天平称湿土质量为m，放入烘干箱内，控制温度为105～110℃，恒温8h左右，称干土质量为m_{s}，计算土的含水量，即

$$w=\frac{m-m_{\mathrm{s}}}{m_{\mathrm{s}}}\times 100\%$$

在野外没有烘干箱或需要快速测定含水量时，可用酒精燃烧法或红外线烘干法。

天然土层的含水量变化范围很大，与土的种类、埋藏条件及所处的自然地理环境有关。一般砂土的含水量为0～40%，黏性土为20%～60%，淤泥土含水量更大。黏性土的工程性质很大程度上由其含水量决定，并随含水量的大小发生状态变化，含水量越大的土压缩性越大，强度越低。

2. 导出指标

测出上述三个基本试验指标后，就可根据三相图，计算出三相组成各自的体积和质量上的含量，根据其他相应指标的定义便可以导出其他物理性质指标，即导出指标。

(1) 反映土的松密程度的指标。

1) 孔隙比e。土中孔隙体积与固体土颗粒体积之比，以小数表示，记为e，即

$$e=\frac{V_{\mathrm{v}}}{V_{\mathrm{s}}} \tag{1-7}$$

孔隙比是评价土的密实程度的重要物理性质指标。

一般砂土的孔隙比为0.5～1.0，黏性土和粉土为0.5～1.2，淤泥土大于或等于1.5。$e<0.6$的砂土为密实状态，是良好的地基；$1.0<e<1.5$的黏性土为软弱淤泥质地基。

2) 孔隙率n。土中孔隙体积与总体积之比，即单位土体中孔隙所占的体积，用百分数表示，记为n，即

$$n=\frac{V_{\mathrm{v}}}{V}\times 100\% \tag{1-8}$$

孔隙率也可用来表示同一种土的松、密程度，其值随土形成过程中所受的压力、粒径级配和颗粒排列的状况而变化。一般粗粒土的孔隙率小，细粒土孔隙率大。例如，砂类土的孔隙率一般是28%～35%；黏性土的孔隙率有时可高达60%～70%。

(2) 反映土中含水程度的指标。饱和度S_{r}为土中水的体积与孔隙总体积之比，记为S_{r}，以百分数表示，即

$$S_r = \frac{V_w}{V_v} \times 100\% \tag{1-9}$$

饱和度表示土孔隙内充水的程度，反映土的潮湿程度，当 $S_r=0$ 时，土是完全干的；当 $S_r=100\%$时，土是完全饱和的。

砂土与粉土以饱和度作为湿度划分的标准，分为稍湿、很湿及饱和三种湿度状态：$S_r \leqslant 50\%$，稍湿；$50\% < S_r \leqslant 80\%$，很湿；$S_r > 80\%$，饱和。而对于天然黏性土，一般将 S_r 大于 95%才视为完全饱和土。

（3）几种特定状态下的密度和重度。

1）干密度 ρ_d 和干重度 γ_d。单位体积土中固体颗粒的质量，称为土的干密度，记为 ρ_d，单位为 g/cm^3，即

$$\rho_d = \frac{m_s}{V} \tag{1-10}$$

单位体积土中固体颗粒的重力，称为土的干重度，记为 γ_d，单位为 kN/m^3，即

$$\gamma_d = \frac{m_s g}{V} = \rho_d g \tag{1-11}$$

干密度反映了土的密实程度，工程上常用来作为填方工程中土体压实质量的检查标准。干密度越大，土体越密实，工程质量越好。

2）饱和密度 ρ_{sat} 和饱和重度 γ_{sat}。土的孔隙中充满水时的单位体积质量，称为土的饱和密度，记为 ρ_{sat}，单位为 g/cm^3，即

$$\rho_{sat} = \frac{m_s + V_v \rho_w}{V} \tag{1-12}$$

一般土的饱和密度的范围为 $1.8 \sim 2.3 g/cm^3$。

土中孔隙完全被水充满时，单位体积土所受的重力称为土的饱和重度，记为 γ_{sat}，即

$$\gamma_{sat} = \frac{m_s g + V_v \rho_w g}{V} = \rho_{sat} g \tag{1-13}$$

3）有效重度（浮重度）γ'。地下水位以下的土，扣除水浮力后单位体积土所受的重力称为土的有效重度（浮重度），记为 γ'，单位 kN/m^3，即

$$\gamma' = \frac{m_s g - V_s p_w g}{V} = \frac{m_s g - (V - V_v) p_w g}{V} = \gamma_{sat} - \gamma_w \tag{1-14}$$

式中：γ_w 为水的重度，$\gamma_w = 10kN/m^3$。

3. 三相指标的换算

上面仅给出了导出指标的定义式，实际上都可以依据三个基本试验指标（土的密度 ρ、土粒相对密度 d_s、含水量 w）推导得出。

推导时，通常假定土体中土颗粒的体积 $V_s=1$（也可假定其他两相体积为 1），根据各指标的定义可得到 $V_v=e$，$V=1+e$，$m_w=\rho_s$，$m_s=w\rho_s$，$m=(1+w)\rho_s$，如图 1-18 所示。具体的换算公式可查阅表 1-8。

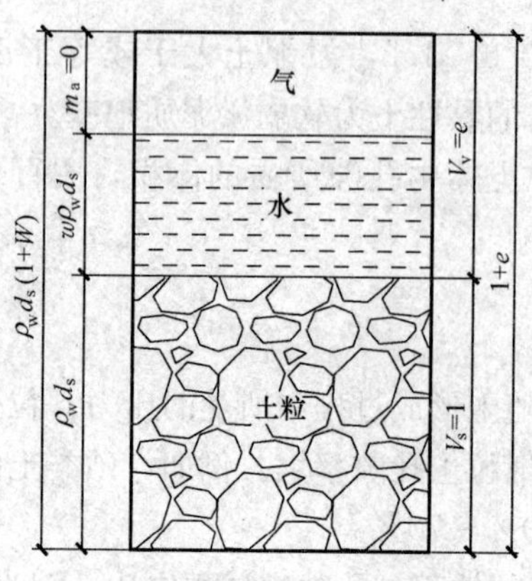

图 1-18 三相比例指标换算图

表 1-8 土的三相比例指标常用换算公式

导出指标	符号	表达式	与试验指标的换算公式
干重度	γ_d	$\gamma_d=\frac{m_s g}{V}=\rho_d g$	$\gamma_d=\frac{\gamma}{1+w}$
饱和重度	γ_{sat}	$\gamma_{sat}=\frac{m_s g+V_v\rho_w g}{V}=\rho_{sat} g$	$\gamma_{sat}=\frac{\gamma(\rho_s g-\gamma_w)}{\gamma_s(1+w)}+\gamma_w$
有效重度	γ'	$\gamma'=\frac{m_s g-V_s\rho_w g}{V}=\gamma_{sat}-\gamma_w$	$\gamma'=\frac{\gamma_w(d_s-1)\gamma}{\rho_s(1+w)g}$
孔隙比	e	$e=\frac{V_v}{V_s}$	$e=\frac{\gamma_w d_s(1+w)}{\gamma}-1$
孔隙率	n	$n=\frac{V_v}{V}\times100\%$	$n=1-\frac{\gamma}{\rho_s g(1+w)}$
饱和度	S_r	$S_r=\frac{V_w}{V_v}\times100\%$	$S_r=\frac{\gamma\rho_s g w}{\gamma_w[\rho_s g(1+w)-\gamma]}$

注 表中 g 为重力加速度，$g\approx10\text{m/s}^2$。

1.2.5 土的物理状态指标

1. 黏性土（细粒土）的物理状态指标

（1）界限含水量。黏性土最主要的特征是它的稠度，稠度是指黏性土在某一含水量下的软硬程度和土体对外力引起的变形或破坏的抵抗能力。当土中含水量很低时，水被土颗粒表面的电荷吸着于颗粒表面，土中水为强结合水，土呈现固态或半固态。当土中含水量增加，吸附在颗粒周围的水膜加厚，土粒周围除强结合水外还有弱结合水。弱结合水不能自由流动，但受力时可以变形，此时土体受外力作用可以被捏成任意形状，外力取消后仍保持改变后的形状，这种状态称为塑态。当土中含水量继续增加，土中除结合水外已有相当数量的水处于电场引力范围外，这时，土体不能承受剪应力，呈现流动状态。实质上，土的稠度就是反映土体的含水量。而黏性土的含水量又决定其工程性质。土从一种状态转变成另一种状态的界限含水量，称为稠度界限。因此，根据含水量和该土的稠度界限可以定性判断其工程性质。工程上常用的稠度界限有液限和塑限。

液限是指土从塑性状态转变为液性状态时的界限含水量，用 w_L 表示。

塑限是指土从半固体状态转变为塑性状态时的界限含水量，用 w_P 表示。

我国采用锥式液限仪测定液限和塑限。测定时，将调成不同含水量的试样（制成3个不同含水量试样）先后分别装满盛样杯内，刮平杯口表面，将76g重圆锥（锥角30°）放在试样表面中心，使其在重力作用下徐徐沉入试样，测定圆锥仪在5s时的入土深度。在双对数坐标纸上绘出圆锥入土深度和含水量的关系直线，在直线上查得圆锥入土深度为10mm所对应的含水量，即为液限。入土深度为2mm所对应的含水量，即为塑限，取值至整数。

（2）塑性指数。液限与塑限的差值称为塑性指数，即

$$I_P = w_L - w_P \tag{1-15}$$

式中：w_L 和 w_P 用百分数表示，计算所得的塑性指数也应用百分数表示，但是习惯上 I_P 不带百分号，如 $w_L=35\%$、$w_P=23\%$，$I_P=35-23=12$。液限与塑限之差越大，说明土体处于可塑状态的含水量变化范围越大；也就是说，塑性指数的大小与土中结合水的含水量有直接关系。从土的颗粒大小来看，土粒越细，黏粒含量越高，其比表面积越大，则结合水越

多，塑性指数也越大；从土的矿物成分讲，土中含蒙脱类越多，塑性指数也越大；此外，塑性指数还与水中离子浓度和成分有关。

表 1-9 黏性土按塑性指数分类

土的名称	塑性指数
黏土	$I_P>17$
粉质黏土	$10<I_P\leqslant17$

可塑性是黏性土区别于砂性土的重要特征。由于塑性指数反映了土的塑性大小和影响黏性土特征的各种重要因素，因此，常用 I_P 作为黏性土的分类标准，见表 1-9。

(3) 液性指数。土的天然含水量与塑限之差再与塑性指数之比，称为土的液性指数，即

$$I_L=\frac{w-w_P}{I_P}=\frac{w-w_P}{w_L-w_P} \tag{1-16}$$

由式 (1-16) 可知，当天然含水量小于 w_P 时，I_L 小于 0，土体处于固体或半固体状态；当 w 大于 w_L 时，$I_L>1$，天然土体处于流动状态；当 w 在 w_P 和 w_L 之间时，I_L 在 0～1 之间，天然土体处于可塑状态。因此，可以利用液性指数 I_L 表示黏性土所处的天然状态。I_L 值越大，土体越软；I_L 值越小，土体越坚硬。

《建筑地基基础设计规范》(GB 50007—2011) 按土的液性指数的大小将黏性土划分为坚硬、硬塑、可塑、软塑和流塑五种软硬状态，见表 1-10。

表 1-10 黏性土软硬状态

液性指数	$I_L\leqslant0$	$0<I_L\leqslant0.25$	$0.25<I_L\leqslant0.75$	$0.75<I_L\leqslant1$	$I_L>1$
状态	坚硬	硬塑	可塑	软塑	流塑

2. 无黏性土（粗粒土）的物理状态指标

砂土、碎石土统称为无黏性土，无黏性土的密实程度是影响其工程性质的重要指标。当其处于密实状态时，结构较稳定，压缩性小，强度较大，可作为建筑物的良好地基；而处于疏松状态时（特别对细、粉砂来说），稳定性差，压缩性大，强度偏低，属于软弱土之列。如它位于地下水位以下，在动荷载作用下还可能由于超静孔隙水压力的产生而发生砂土液化。例如，我国海城 1975 年 7.3 级地震，震中以西 25～60km 的下辽河平原，发生强烈砂土液化，大面积喷砂冒水，许多道路、桥梁、工业设施、民用建筑遭受破坏。2008 年，汶川 8 级地震同样在德阳等地出现大量严重的砂土液化现象，液化震害对农田、公路、桥梁、建筑物及工厂、学校等造成较大影响。因此，弄清无黏性土的密实程度是评价其工程性质的前提。

(1) 砂土的密实度。砂土的密实度可用天然孔隙比衡量，当 $e<0.6$ 时，属密实砂土，强度高，压缩性小。当 $e>0.95$ 时，属松散状态，强度低，压缩性大。这种测定方法简单，但没有考虑土颗粒级配的影响。例如，同样孔隙比的砂土，当颗粒不均匀时较密实（级配良好），当颗粒均匀时较疏松（级配不良）。换言之，孔隙比用于同一级配的砂土密实度的判断，不适合用于不同级配砂土之间的密实度比较。

考虑土颗粒级配影响，通常采用砂土的相对密度 D_r 来划分砂土的密实度。

$$D_r=\frac{e_{max}-e}{e_{max}-e_{min}} \tag{1-17}$$

式中：D_r 为砂土的相对密度；e_{max} 为砂土的最大孔隙比，即最疏松状态的孔隙比，其测定方法是将疏松的风干土样通过长颈漏斗轻轻倒入容器，求其最小重度，进而换算得到最大孔隙

比；e_{min}为砂土的最小孔隙比，即最密实状态的孔隙比，其测定方法是将疏松的风干土样分几次装入金属容器，并加以振动和锤击，直到密度不变为止，求其最大重度，进而换算得到最小孔隙比；e 为砂土在天然状态下的孔隙比。

由式（1-17）可知，若砂土的天然孔隙比 e 接近于 e_{min}，D_r 接近 1，土呈密实状态；当 e 接近 e_{max}时，D_r 接近 0，土呈疏松状态。按照 D_r 的大小将砂土分成三种状态：密实，$1 \geqslant D_r > 0.67$；中密，$0.67 \geqslant D_r > 0.33$；松散，$0.33 \geqslant D_r > 0$。

相对密实度从理论上说是砂土的一种比较完善的密实度指标，反映了粒径级配、颗粒形状等因素，但由于测定 e_{max}和 e_{min}时，因人而异，平行试验反映出误差大，因此，在实际应用中有一定困难。此外，上述两种方法均需测得原状砂土的 e 值，但由于原状砂样难以取得（特别是地下水位以下的砂），这就一定程度上限制了上述两种方法的应用。

因此，《建筑地基基础设计规范》（GB 50007—2011）和《岩土工程勘察规范》（GB 50021—2001）用标准贯入试验锤击数来划分砂土的密实度，见表 1-11。标准贯入试验是将质量为 63.5kg 的重锤，从 76cm 高处自由落下，测得将贯入器击入土中 30cm 所需的锤击数来衡量砂土的密实度。

表 1-11　　砂土的密实度

标准贯入试验锤击数 N	密实度
$N \leqslant 10$	松散
$10 < N \leqslant 15$	稍密
$15 < N \leqslant 30$	中密
$N > 30$	密实

（2）碎石土的密实度。碎石土既不易获得原状土样，也难以将贯入器击入土中。对这类土可根据《建筑地基基础设计规范》（GB 50007—2011）和《岩土工程勘察规范（2009 年版）》（GB 50021—2001）的要求，用重型动力触探击数来划分碎石土的密实度，见表 1-12。

表 1-12　　碎石土的密实度

重型圆锥动力触探锤击数 $N_{63.5}$	密实度	重型圆锥动力触探锤击数 $N_{63.5}$	密实度
$N_{63.5} \leqslant 5$	松散	$10 < N_{63.5} \leqslant 20$	中密
$5 < N_{63.5} \leqslant 10$	稍密	$N_{63.5} > 20$	密实

注　本表适用于平均粒径等于或小于 50mm，且最大粒径小于 100mm 的碎石土。对于平均粒径大于 50mm，或最大粒径大于 100mm 的碎石土，可用超重型动力触探或用野外观察鉴别。

1.2.6　土的渗透性

1. 达西定律

土的渗透性（透水性）是指水流通过土中孔隙的难易程度。地下水的补给（流入）与排泄（流出）条件，以及土中水的渗透速度都与土的渗透性有关。在考虑地基土的沉降速率和地下水的涌水量时都需要了解土的渗透性指标。

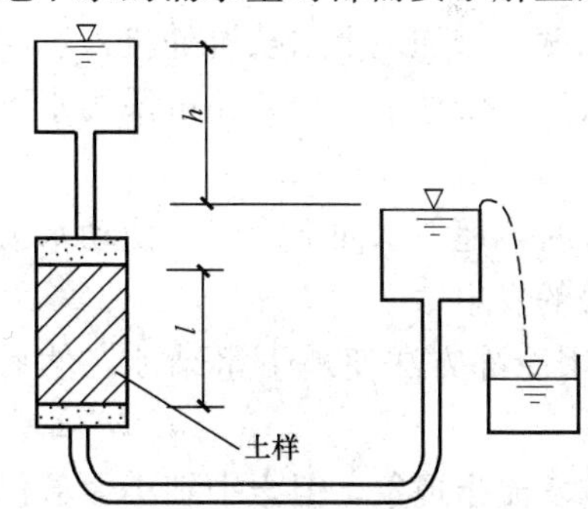

图 1-19　砂土渗透试验示意图

为了说明水在土中渗流时的一个重要规律，可进行如图 1-19 所示的砂土渗透试验。试验时将土样装在长度为 l 的圆柱形容器中，水从土样上端注入并保持水头不变。由于土样两端存在着水头差 h，故水在土样中产生渗流。试验证明，水在土中的渗透速度与水头差 h 成正比，而与水流过土样的距离 l 成反比，即

$$v = k\frac{h}{l} = ki \tag{1-18}$$

式中：v 为水在土中的渗透速度，(mm/s)，它不是地下

水在孔隙中流动的实际速度，而是在单位时间（s）内流过土的单位截面面积（mm^2）的水量（mm^3）；i 为水力梯度，或称水力坡降，$i=h/l$，即土中两点水头差 h 与水流过距离 l 的比值；k 为土的渗透系数（mm/s），表示土的透水性质的常数。

在式（1-18）中，当 $i=1$ 时，$k=v$，即土的渗透系数数值等于水力梯度为 1 时的地下水的渗透速度。k 值的大小反映了土透水性的强弱。

式（1-18）是达西（H. Darcy）根据砂土的渗透试验得出的，故称为达西定律，或称为直线渗透定律。土的渗透系数可以通过室内渗透试验或现场抽水试验来测定。各种土的渗透系数见表 1-13。

表 1-13　各种土的渗透系数

土的名称	渗透系数（cm/s）	土的名称	渗透系数（cm/s）
致密黏土	$<10^{-7}$	粉砂、细砂	$10^{-2}\sim10^{-4}$
粉质黏土	$10^{-6}\sim10^{-7}$	中砂	$10^{-1}\sim10^{-2}$
粉土、裂隙黏土	$10^{-4}\sim10^{-6}$	粗砂、砾石	$10^{2}\sim10^{-1}$

2. *动水力及渗流破坏*

地下水的渗流对土单位体积内的骨架所产生的力称为动水力，或称为渗透力。它是一种体积力，单位为 kN/m^3。动水力可按下式计算，即

$$j=\gamma_w i \tag{1-19}$$

式中：j 为动水力（kN/m^3）；γ_w 为水的重度；i 为水力梯度。

当渗透水流自下而上运动时，动水力方向与重力方向相反，土粒间的压力将减小。当动水力等于或大于土的有效重度 γ'时，土粒间的压力被抵消，于是土粒处于悬浮状态，土粒随水流动。这种现象称为流土。

动水力等于土的有效重度时的水力梯度叫做临界水力梯度 i_{cr}，$i_{cr}=\gamma'/\gamma_w$。土的有效重度 γ'一般在 8～12kN/m^3 之间，因此 i_{cr}可近似地取 1。

在地下水位以下开挖基坑时，如从基坑中直接抽水，将导致地下水从下向上流动而产生向上的动水力。当水力梯度大于临界值时，就会出现流土现象。这种现象在细砂、粉砂、粉土中较常发生，给施工带来很大的困难，严重的还将影响邻近建筑物地基的稳定。如果水自上而下渗流，动水力使土粒间应力即有效应力增加，从而使土密实。

防治流土的原则及措施：

（1）沿基坑四周设置连续的截水帷幕，阻止地下水流入基坑内。

（2）减小或平衡动水力，例如，将板桩打入坑底一定深度，增加地下水从坑外流入坑内的渗流路线，减小水力梯度，从而减小动水力；也可采取人工降低地下水位，还可采用水下开挖的方法。

（3）使动水力方向向下，例如，采用井点降低地下水位时，地下水向下渗流，使动水力方向向下，增大了土粒间的压力，从而有效地制止流土现象的发生。

（4）冻结法，对重要工程，若流土较严重，可考虑采用冷冻方法使地下水结冰，然后开挖。

当土中渗流的水力梯度小于临界水力梯度时，虽不致诱发流土现象，但土中细小颗粒仍有可能穿过粗颗粒之间的孔隙被渗流挟带而去，时间长了，在土层中将形成管状空洞。这种

现象称为管涌或潜蚀。流土和管涌是土的两种主要的渗透破坏形式。其中流土的渗流方向是向上的，而管涌是沿着渗流方向发生的，不一定向上；流土一般发生在地表，也可能发生在两层土之间，而管涌可以发生在渗流溢出处，也可能发生在土体内部；不管黏性土还是粗粒土都可能发生流土，而管涌不会发生在黏性土中。我国工程界常将砂土的流土叫流沙，而将黏土的流土叫突涌。准确地讲，流沙的内涵更广一些，不限于流土。

1.2.7　土的工程分类

地基土的合理分类具有重要的工程实际意义。自然界土的成分、结构及性质千变万化，表现的工程性质也各不相同。如果能把工程性质接近的一些土归在同一类，那么就可以大致判断这类土的工程特性，评价这类土作为建筑物地基或建筑材料的适用性及结合其他物理性质指标确定该地基的承载力。对于无黏性土，同等密实度条件下，颗粒级配对其工程性质起着决定性的作用，因此颗粒级配是无黏性土工程分类的依据和标准；而对于黏性土，由于它与水作用十分明显，土粒的比表面积和矿物成分在很大程度上决定这种土的工程性质，而体现土的比表面积和矿物成分的指标主要有液限和塑性指数，所以液限和塑性指数是对黏性土进行分类的主要依据。

《建筑地基基础设计规范》（GB 50007—2011）中关于土的分类原则，对粗颗粒土，考虑了其结构和颗粒级配；对细颗粒土，考虑了土的塑性和成因，并且给出了岩石的分类标准。它将天然土分为岩石、碎石土、砂土、粉土、黏性土和人工填土 6 大类。

1. 岩石

岩石是颗粒间牢固连接，呈整体或具有节理裂隙的岩体。它作为建筑场地和建筑地基可按下列原则分类：

（1）按成因不同可分为岩浆岩、沉积岩、变质岩。

（2）按岩石的坚硬程度即岩块的饱和单轴抗压强度 f_{rk} 可分为坚硬岩、较硬岩、较软岩、软岩和极软岩 5 类，见表 1-14。

表 1-14　岩石坚硬程度的划分

坚硬程度类别	坚硬岩	较硬岩	较软岩	软岩	极软岩
饱和单轴抗压强度标准值 f_{rk}（MPa）	$f_{rk} \geqslant 60$	$60 \geqslant f_{rk} > 30$	$30 \geqslant f_{rk} > 15$	$15 \geqslant f_{rk} > 5$	$f_{rk} \leqslant 5$

（3）按岩土完整程度可划分为完整、较完整、较破碎、破碎和极破碎 5 类，见表 1-15。

表 1-15　岩体完整程度划分

完整程度等级	完整	较完整	较破碎	破碎	极破碎
完整性指数	>0.75	0.75～0.55	0.55～0.35	0.35～0.15	<0.15

注　完整性指数为岩体纵波波速与岩块纵波波速之比的平方。选定岩体、岩块测定波速时应有代表性。

（4）按风化程度可分为未风化、微风化、中风化、强风化和全风化 5 种。其中微风化或未风化的坚硬岩石为最优良地基。强风化或全风化的软岩石，为不良地基。

2. 碎石土

粒径大于 2mm 的颗粒含量超过全部质量 50％的土称为碎石土。

根据颗粒形状和粒组含量，碎石土又可细分为漂石、块石、卵石、碎石、圆砾和角砾 6 种，详见表 1-16。

表 1-16 碎石土分类

土的名称	颗粒形状	粒组含量
漂石	圆形及亚圆形为主	粒径大于 200mm 的颗粒含量超过全部质量 50%
块石	棱角形为主	
卵石	圆形及亚圆形为主	粒径大于 20mm 的颗粒含量超过全部质量 50%
碎石	棱角形为主	
圆砾	圆形及亚圆形为主	粒径大于 2mm 的颗粒含量超过全部质量 50%
角砾	棱角形为主	

注 分类时应根据粒组含量栏从上到下以优先符合者确定。

常见的碎石土，强度高、压缩性低、透水性好，为优良地基。

3. 砂土

粒径大于 2mm 的颗粒含量不超过全部质量的 50%，且粒径大于 0.075mm 的颗粒含量超过全部质量 50%的土，称为砂土。砂类土根据粒组含量的不同又细分为砾砂、粗砂、中砂、细砂和粉砂 5 种，详见表 1-17。

表 1-17 砂土的分类

土的名称	粒组含量
砾砂	粒径大于 2mm 的颗粒含量占全部质量 25%～50%
粗砂	粒径大于 0.5mm 的颗粒含量超过全部质量 50%
中砂	粒径大于 0.25mm 的颗粒含量超过全部质量 50%
细砂	粒径大于 0.075mm 的颗粒含量超过全部质量 85%
粉砂	粒径大于 0.075mm 的颗粒含量超过全部质量 50%

注 分类时应根据粒组含量栏从上到下以最先符合者确定。

砂土的密实度标准详见表 1-11。其中，密实与中密状态的砾砂、粗砂、中砂为优良地基；稍密状态的砾砂、粗砂、中砂为良好地基；密实状态的细砂、粉砂为良好地基；饱和疏松状态的细砂、粉砂为不良地基。

4. 粉土

粒径大于 0.075mm 的颗粒含量不超过全部质量的 50%，且塑性指数 $I_P \leqslant 10$ 的土，称为粉土。粉土的性质介于砂土和黏性土之间，粉土的密实度一般用天然孔隙比来衡量，参考表 1-18。其中，密实的粉土为良好地基；饱和稍密的粉土在振动荷载作用下，易产生液化，为不良地基。

表 1-18 粉土的密实度标准

天然孔隙比 e	$e>0.90$	$0.75 \leqslant e<0.90$	$e<0.75$
密实度	稍密	中密	密实

5. 黏性土

塑性指数 $I_P>10$，且粒径大于 0.075mm 的颗粒含量不超过全部质量 50%的土，称为黏性土。黏性土又可细分为黏土和粉质黏土（亚黏土）两种，详见表 1-19。

表 1-19 黏性土的分类标准

塑性指数 I_P	土的名称
$I_P>17$	黏土
$10<I_P \leqslant 17$	粉质黏土

注 塑性指数由相应于 76g 圆锥体沉入土样中深度为 10mm 时测定的液限计算而得。

黏性土的工程性质与其密实度和含水量的大小密切相关。密实硬塑的黏性土为优良地基；疏松流塑状态的黏性土为软弱地基。

6. 人工填土

由人类活动堆填形成的各类堆积物，称为人工填土。人工填土按其组成物质可细分为 4

种，详见表1-20。

表1-20　人工填土按组成物质分类

组成物质	土的名称
碎石土、砂土、粉土、黏性土等	素填土
建筑垃圾、工业废料、生活垃圾等	杂填土
水力冲刷泥沙的形成物	冲填土
经过压实或夯填的素填土	压实填土

通常，人工填土的工程性质不良，强度低，压缩性大且不均匀。压实填土相对较好，杂填土工程性质最差。

除了上述6大类岩土，自然界中还分布着许多具有特殊性质的土，如淤泥、淤泥质土、红黏土、湿陷性黄土、膨胀土、冻土等。它们的性质与上述6大类岩土不同，需要区别对待。

（1）淤泥和淤泥质土。这类土在静水或缓慢的流水环境中沉积，并经生物化学作用形成。其中，天然含水量大于液限、天然孔隙比大于或等于1.5的黏性土称为淤泥；天然含水量大于液限，而天然孔隙比小于1.5但大于1.0的黏性土或粉土，称为淤泥质土。

这类土，压缩性高，强度低，透水性差，是不良地基。

（2）膨胀土。黏粒成分主要由亲水矿物组成，同时具有显著的吸水膨胀和失水收缩变形特性，自由膨胀率大于或等于40%的黏性土，称为膨胀土。

这类土虽然强度高，压缩性低；但遇水膨胀隆起，失水收缩下沉，会引起地基的不均匀沉降，对建筑物危害极大。

（3）红黏土和次生红黏土。红黏土为碳酸盐岩系的岩石经红土化作用形成的高塑性黏土，其液限一般大于50%。红黏土经再搬运后仍保留其基本特征，但液限大于45%的土为次生红黏土。

以上3类特殊土均属于黏性土的范畴。

1.3　地　质　勘　察

1.3.1　工程地质常识

1. 地质作用

在地质历史发展的过程中，由自然动力引起的地球和地壳物质组成、内部结构及地表形态不断变化发展的作用，称为地质作用。土木工程建筑场地的地形地貌和组成物质的成分、分布、厚度与工程特性，都取决于地质作用。

地质作用按其动力来源可分为内力地质作用和外力地质作用。内力地质作用是由地球内部的能量所引起的，包括地壳运动、岩浆作用、变质作用、地震作用。外力地质作用是由地球外部的能量引起的，主要来自太阳的辐射热能，它引起大气圈、水圈、生物圈的物质循环运动，形成了河流、地下水、海洋、湖泊、冰川、风等地质营力，各种地质营力在运动过程中不断地改造着地表。

地壳在内力和外力地质作用下，形成了各种类型的地形，称为地貌。地表形态可按不同的成因划分为各种相应的地貌单元。在山区，基岩常露出地表；而在平原地区，各种成因的土层覆盖在基岩之上，土层往往很厚。

2. 风化作用

地壳表层的岩石，在太阳辐射、大气、水和生物等风化营力的作用下，发生物理和化学变化，使岩石崩解破碎以致逐渐分解的作用，称为风化作用。

风化作用使坚硬致密的岩石松散破坏，改变了岩石原有的矿物组成和化学成分，使岩石的强度和稳定性大为降低，对工程建筑条件产生不良的影响。此外，如滑坡、崩塌、碎落、岩堆及泥石流等不良地质现象，大部分都是在风化作用的基础上逐渐形成和发展起来的。所以了解风化作用，认识风化现象，分析岩石风化程度，对评价工程建筑条件是必不可少的。

3. 地质构造

在漫长的地质历史发展演变过程中，地壳在内、外力地质作用下，不断运动、发展和变化，所造成的各种不同的构造形迹，如褶皱、断裂等，称为地质构造。它与场地稳定性及地震评价等关系尤为密切，因而是评价建筑场地工程地质条件所应考虑的基本因素。

(1) 褶皱构造。组成地壳的岩层，受构造应力的强烈作用，使岩层形成一系列波状弯曲而未丧失其连续性的构造，称为褶皱构造。褶皱的基本单元，即岩层的一个弯曲称为褶曲。褶曲虽然有各式各样的形式，但基本形式只有两种，即背斜和向斜（见图 1-20）。背斜由核部老岩层和翼部新岩层组成，横剖面呈凸起弯曲的形态，向斜则由核部新岩层和翼部老岩层组成，横剖面呈向下凹曲的形态。

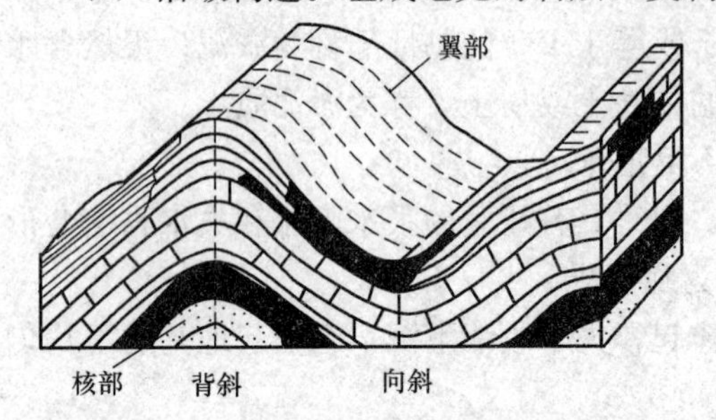

图 1-20 背斜与向斜

在褶曲山区，岩层遭受的构造变动常较大，故节理发育，地形起伏不平，坡度也大。因此，在褶曲山区的斜坡或坡脚做建筑物时，必须注意边坡的稳定问题。

(2) 断裂构造。岩体受力断裂，使原有的连续完整性遭受破坏而形成断裂构造，沿断裂面两侧的岩层未发生位移或仅有微小错动的断裂构造，称为节理；反之，如发生了相对的位移，则称为断层。断裂构造在地壳中广泛分布，它往往是工程岩体稳定性的控制性因素。

分居于断层面两侧相互错动的两个断块，其中位于断层面之上的称为上盘，位于断层面之下的称为下盘。若按断块之间相对错动的方向来划分，上盘下降、下盘上升的断层，称正断层；反之，上盘上升、下盘下降的断层称逆断层。如两断块水平互错，则称为平移断层（见图 1-21）。

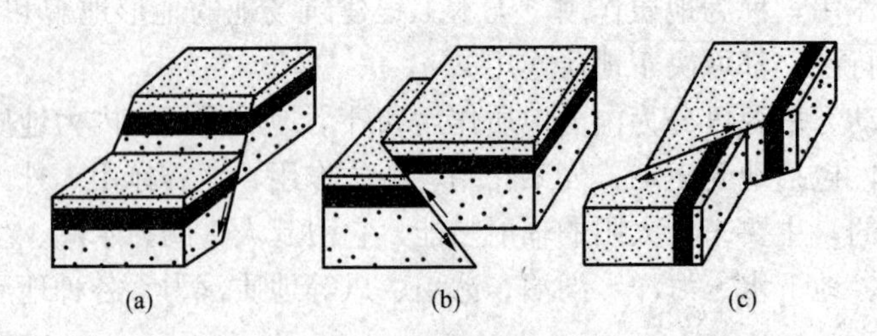

图 1-21 断层类型示意图

(a) 正断层；(b) 逆断层；(c) 平移断层

断层面往往不是一个简单的平面而是有一定宽度的断层带。断层规模越大，这个带就越宽，破坏程度也越严重。因此，工程设计原则上应避免将建筑物跨放在断层带上，尤其要注意避开近期活动的断层带。调查活动断层的位置、活动特点和强烈程度对于工程建设有着重要的实际意义。

4. 不良地质条件

建筑工程中常见的不良地质条件有山坡滑动、河床冲淤、地震、岩溶等，这些不良地质条件可能导致建筑物地基基础事故。对此，应查明其范围、活动性、影响因素、发生机理，评价其对工程的影响，制定相应的防治措施。

(1) 山坡滑动。一般天然山坡经历漫长的地质年代，已趋稳定。但由于人类活动和自然环境的因素，会使原来稳定的山坡失稳而滑动。人类活动因素包括：在山麓建房，为利用土地削去坡脚；在坡上建房，增加坡面荷载；生产与生活用水大量渗入坡积物，降低土的抗剪强度指标，导致山坡滑动。自然环境因素包括：坡脚被河流冲刷，使山坡失稳；当地连降暴雨，大量雨水渗入，降低土的内摩擦角，引起滑动；地震、风化作用等可能引发的滑坡。滑坡产生的内因是组成斜坡的岩土性质、结构构造和斜坡的外形。由软质岩层及覆盖土所组成的斜坡，在雨季或浸水后，因抗剪强度显著降低而极易产生滑动；当岩层的倾向与斜坡坡面的倾向一致时，易产生滑坡。

在工程建设中，对滑坡必须采取预防为主的原则，场址要选择在相对稳定的地段，避免大挖大填。目前整治滑坡常用排水、支挡、减重与反压护坡等措施，也可用化学加固等方法来改善岩土的性质。

(2) 河床冲淤。平原河道往往有弯曲，凹岸受水流的冲刷产生坍岸，危及岸上建筑物的安全；凸岸水流的流速慢，产生淤积，使当地的抽水站无水可抽（见图1-22）。河岸的冲淤在多沙河上尤为严重，例如，在潼关上游黄河北干流，河床冲淤频繁，黄河主干流游荡，当地有“三十年河东，三十年河西”的民谣。渭河下游华县、华阴与潼关一段河床冲淤也十分严重。

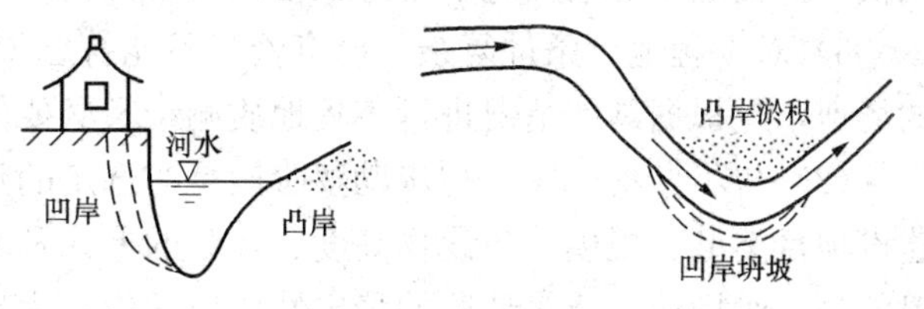

图1-22　河床冲淤示意图

1.3.2　地质勘察任务与要求

任何建筑工程都是建造在地基上的，地基岩土的工程地质条件将直接影响建筑物安全。因此，在建筑物进行设计之前，必须通过各种勘察手段和测试方法进行工程地质勘察，为设计和施工提供可靠的工程地质资料。

1. 工程地质勘察的任务

工程地质勘察是完成工程地质学在经济建设中“防灾”这一总任务的具体实践过程，其任务从总体上来说是为工程建设规划、设计、施工提供可靠的地质依据，以充分利用有利的自然和地质条件，避开或改造不利的地质因素，保证建筑物的安全和正常使用。具体而言，工程地质勘察的任务可归纳为：

(1) 查明建筑场地的工程地质条件，选择地质条件优越合适的建筑场地。

(2) 查明场区内崩塌、滑坡、岩溶、岸边冲刷等物理地质作用和现象，分析和判明它们对建筑场地稳定性的危害程度，为拟定改善和防治不良地质条件的措施提供地质依据。

(3) 查明建筑物地基岩土的地层时代、岩性、地质构造、土的成因类型及其埋藏分布规律。测定地基岩土的物理力学性质。

(4) 查明地下水类型、水质、埋深及分布变化。

(5) 根据建筑场地的工程地质条件，分析研究可能发生的工程地质问题，提出拟建建筑物的结构形式、基础类型及施工方法的建议；

(6) 对于不利于建筑的岩土层，提出切实可行的处理方法或防治措施。

2. 工程地质勘察的一般要求

建设工程项目设计一般分为可行性研究、初步设计和施工图设计三个阶段。为了提供各设计阶段所需的工程地质资料，勘察工作也相应地划分为选址勘察（可行性研究勘察）、初步勘察、详细勘察三个阶段。

下面简述各勘察阶段的任务和工作内容。

(1) 选址勘察阶段。选址勘察工作对于大型工程是非常重要的环节，其目的在于从总体上判定拟建场地的工程地质条件能否适宜工程建设项目。一般通过取得几个候选场址的工程地质资料进行对比分析，对拟选场址的稳定性和适宜性作出工程地质评价。选择场址阶段应进行下列工作：

1) 搜集区域地质、地形地貌、地震、矿产和附近地区的工程地质资料及当地的建筑经验。

2) 在收集和分析已有资料的基础上，通过踏勘，了解场地的地层、构造、岩石和土的性质、不良地质现象及地下水等工程地质条件。

3) 对工程地质条件复杂，已有资料不能符合要求，但其他方面条件较好且倾向于选取的场地，应根据具体情况进行工程地质测绘及必要的勘探工作。

(2) 初步勘察阶段。初步勘察阶段是在选定的建设场址上进行的。根据选址报告书了解建设项目类型、规模、建设物高度、基础的形式及埋置深度和主要设备等情况。初步勘察的目的是：对场地内建筑地段的稳定性作出评价；为确定建筑总平面布置、主要建筑物地基基础设计方案及不良地质现象的防治工程方案作出工程地质论证。该阶段的主要工作如下：

1) 搜集项目可行性研究报告、有关工程性质及工程规模的文件。

2) 初步查明地层、构造、岩石和土的性质；地下水埋藏条件、冻结深度、不良地质现象的成因和分布范围及其对场地稳定性的影响程度和发展趋势。当场地条件复杂时，应进行工程地质测绘与调查。

3) 对抗震设防烈度为 7 度或 7 度以上的建筑场地，应判定场地和地基的地震效应。

(3) 详细勘察阶段。在初步设计完成之后进行详细勘察，为施工图设计提供资料。此时场地的工程地质条件已基本查明。所以详细勘察的目的是：提出设计所需工程地质条件的各项技术参数，对建筑地基作出岩土工程评价，为基础设计、地基处理和加固、不良地质现象的防治工程等具体方案作出论证和结论。详细勘察阶段的主要工作要求是：

1) 取得附有坐标及地形的建筑物总平面布置图，各建筑物的地面整平标高、建筑物的性质和规模，可能采取的基础形式与尺寸和预计埋置的深度，建筑物的单位荷载和总荷载、结构特点和对地基基础的特殊要求。

2) 查明不良地质现象的成因类型，分布范围、发展趋势及危害程度，提出评价与整治所需的岩土技术参数和整治方案建议。

3) 查明建筑物范围各层岩土的类别、结构、厚度、坡度、工程特性，计算和评价地基的稳定性和承载力。

(4) 对需进行沉降计算的建筑物，提出地基变形计算参数，预测建筑物的沉降、差异沉降或整体倾斜。

（5）对抗震设防烈度大于或等于6度的场地，应划分场地土类型和场地类别。对抗震设防烈度大于或等于7度的场地，尚应分析预测地震效应，判定饱和砂土和粉土的地震液化可能性，并对液化等级作出评价。

（6）查明地下水的埋藏条件，判定地下水对建筑材料的腐蚀性。当需基坑降水设计时，尚应查明水位变化幅度与规律，提供地层的渗透性系数。

（7）提供为深基坑开挖的边坡稳定计算和支护设计所需的岩土技术参数，论证和评价基坑开挖、降水等对邻近工程和环境的影响。

（8）为选择桩的类型、长度，确定单桩承载力，计算群桩的沉降及选择施工方法提供岩土技术参数。

1.3.3　地质勘察的方法

1. 工程地质测绘

（1）工程地质测绘的内容。工程地质测绘是早期岩土工程勘察阶段的主要勘察方法。工程地质测绘实质上是综合性地质测绘，它的任务是在地形图上填绘出测区的工程地质条件。测绘成果是提供给其他工程地质工作，如勘探、取样、试验、监测等规划、设计和实施的基础。

工程地质测绘的内容包括工程地质条件的全部要素，即测绘拟建场地的地层、岩性、地质构造、地貌、水文地质条件、物理地质作用和现象；已有建筑物的变形和破坏状况及建筑经验；可利用的天然建筑材料的质量及其分布等。因此，工程地质测绘是多种内容的测绘，它有别于矿产地质或普查地质测绘。工程地质测绘是围绕工程建筑所需的工程地质问题而进行的。

（2）工程地质测绘的方法。工程地质测绘方法有相片成图法和实地测绘法。相片成图法是利用地面摄影或航空摄影的照片，先在室内进行解释，划分地层岩性、地质构造、地貌、水系及不良地质现象等，并在相片上选择若干点和路线，然后据此做实地调查、进行核对修正和补充，将调查得到的资料转绘在等高线图上而成工程地质图。

当该地区没有航测等相片时，工程地质测绘主要依靠野外工作，即实地测绘法。实地测绘法有路线法、布点法、追索法三种。

2. 工程地质勘探

工程地质勘探方法主要有钻探、井探、槽探和地球物理勘探等。勘探方法的选取应符合勘探目的和岩土的特性。当需查明岩土的性质和分布，采取岩土试样或进行原位测试时，可采用上述勘探方法。

（1）钻探。工程地质钻探是获取地表下准确的地质资料的重要方法，而且还可通过钻探的钻孔采取原状岩土样和做原位试验。钻孔的直径、深度、方向取决于钻孔用途和钻探点的地质条件。钻孔的直径一般为75～150mm，但在一些大型建筑物的工程地质勘探时，孔径往往大于150mm，有时可达到500mm。直径达500mm以上的钻孔称为钻井。钻孔的深度由数米至上百米，视工程要求和地质条件而定，一般的建筑工程地质钻探深度在数十米以内。钻孔的方向一般为垂直的，也可打成斜孔。在地下工程中有打成水平的，甚至打成直立向上的钻孔。

（2）井探、槽探。当钻探方法难以查明地下情况时，可采用探井、探槽进行勘探。探井、探槽主要是人力开挖，也有用机械开挖。利用井探、槽探可以直接观察地层结构的变化，取得准确的资料和采取原状土样。

槽探是在地表挖掘成长条形的槽子，深度通常小于3m，其宽度一般为0.8～1.0m，长度视需要而定。常用槽探来了解地质构造线，断裂破碎带的宽度、地层分界线、岩脉宽度及其延伸方向和采取原状土样等。槽探一般应垂直岩层走向或构造线布置。

井探一般是垂直向下掘进，浅者称为探坑，深者称为探井。断面一般为1.5m×1.0m的矩形或直径为0.8～1.0m的圆形。井探主要是用来查明覆盖层的厚度和性质，滑动面、断面、地下水位，以及采取原状土样等。

（3）地球物理勘探。地球物理勘探简称为物探，是利用仪器在地面、空中、水上测量物理场的分布情况，通过对测得的数据和分析判释，并结合有关的地质资料推断地质性状的勘探方法。各种地球物理场有电场、重力场、磁场、弹性波应力场、辐射场等。工程地质勘察可在下列方面采用物探：

1）作为钻探的先行手段，了解隐蔽的地质界线、界面或异常点。

2）作为钻探的辅助手段，在钻孔之间增加地球物理勘察点，为钻探成果的内插、外推提供依据。

3）作为原位测试手段，测定岩土体的波速、动弹性模量、动剪切模量、特征周期、电阻率、放射性辐射参数、土对金属的腐蚀等参数。

3. 测试

测试是工程地质勘察的重要内容。通过室内试验或现场原位试验，可以取得岩土的物理力学性质和地下水水质等定量指标，以供设计计算时使用。

（1）室内试验。室内试验项目应按岩土类别、工程类型，考虑工程分析计算要求确定。

（2）原位测试。原位测试包括地基静荷载试验、旁压试验、土的现场剪切试验、地基土动力参数的测定、桩的静荷载试验及触探试验等。有时，还要进行地下水位变化和抽水试验等测试工作。一般来说，原位测试能在现场条件下直接测定土的性质，避免试样在取样、运输及室内试验操作过程中被扰动后导致测定结果的失真，因而其结果较为可靠。

（3）长期观测。有时在建筑物建成之前或以后的一段时期内，还要对场地或建筑物进行专门的工程性质长期观测工作。这种观测的时间一般不小于1个水文年。对重要建筑物或变形较大的地基，可能要对建筑物进行沉降观测，直至地基变形稳定为止，从而观察沉降的发展过程，在必要时可及时采取处理措施，或为了积累沉降资料，以便总结经验。

1.3.4 工程地质勘察报告

在野外勘察工作和室内土样试验完成后，将工程地质勘察纲要、勘探孔平面布置图、钻孔记录表、原位测试记录表、土的物理力学试验成果、勘察任务委托书、建筑平面布置图及地形图等有关资料汇总，并进行整理、检查、分析、鉴定，经确定无误后编制成工程地质勘察成果报告。提供建设单位、设计单位和施工单位使用，是存档长期保存的技术资料。

1. 工程地质勘察报告的基本内容

（1）文字部分。包括勘察目的、任务、要求和勘察工作概况；拟建工程概述；建筑场地描述及地震基本烈度；建筑场地的地层分布、结构、岩土的颜色、密度、湿度、均匀性、层厚；地下水的埋藏深度、水质侵蚀性及当地冻结深度；各土层的物理力学性质、地基承载力和其他设计计算指标；建筑场地稳定性与适宜性的评价；建筑场地及地基的综合工程地质评价；结论与建议；根据拟建工程的特点，结合场地的岩土性质，提出的地基与基础方案设计建议；推荐持力层的最佳方案、建议采用何种地基加固处理方案；对工程施工和使用期间可能发生的岩土工程问题，提出预测、监控和预防措施的建议。

（2）图表部分。一般工程勘察报告书中所附图表有：勘探点平面布置图，工程地质剖面图，地质柱状图或综合地质柱状图，室内土工试验成果表，原位测试成果图表，其他必要的专门土建和计算分析图表。

2. 工程地质勘察报告的阅读

工程地质勘察报告的表达形式各地不统一，但其内容一般包括工程概况、场地描述、勘探点平面布置图、工程地质剖面图、土层分布、土的物理力学性质指标及工程地质评价等内容。下面根据某项目情况，介绍怎样阅读工程地质勘察报告。该项目的工程地质勘察报告摘录如下：

（1）工程概况。该项目包括兴建两幢28层塔楼及4层裙楼。场地整平高程为30.00m。塔楼底面积为73m×40m，设一层地下室，拟采用钢筋混凝土框剪结构，最大柱荷载为17000kN，采用桩基方案。裙楼底面积为73m×60m，钢筋混凝土框架结构，采用天然地基浅基础或沉管灌注桩基础方案。

（2）勘察目的与要求。某勘测单位对拟建项目进行岩土工程勘察工作，要求达到以下目的：

1）查明拟建场地的地层结构及其分布规律，提供各层土的物理力学性质指标、承载能力及变形指标。

2）提出建议基础方案并进行分析论证，提供相关的设计参数。

3）查明地下水类型、埋藏条件、有无腐蚀性等。

4）查明场地内及其附近有无影响工程稳定的不良地质情况、成因分布范围，并提出处理措施及建议。

5）查明埋藏的河道、沟浜、墓穴、防空洞、孤石等对工程不利的埋藏物。

6）划分场地土类型和场地类别，对场地土进行液化判别。

7）为基坑开挖的边坡设计和支护结构设计提供必要的参数，评价基坑开挖对周围环境的影响，建议合理的开挖方案，并对施工中应注意的问题提出建议。

8）对施工过程和使用过程中的监测方案提出建议。

（3）勘探点平面布置图。按建筑物轮廓布置钻孔25个，如图1-23所示。

（4）场地描述。拟建场地位于河流一级阶地上，由于场地基岩受河水冲刷，松散覆盖层下为坚硬的微风化砾岩。阶地上冲积层呈“二元结构”：上层颗粒细，为黏土或粉土层；下层颗粒粗，为砂砾或卵石层。根据场地岩、土样剪切波速测量结果，地表下15m范围内剪切波速平均值v_{sm}=324.4m/s，属中硬场地土类型。又据有关地震烈度区划图资料，场地一带基本地震烈度为6度。

（5）地层分布。该工程取Ⅰ-Ⅰ′～Ⅷ-Ⅷ′八个地质剖面，其中Ⅶ-Ⅶ′剖面如图1-24所示。ZK1钻孔柱状图如图1-25所示。钻探显示，场地的地层自上而下分为六层，各土层描述如下：

1）人工填土：浅黄色，松散。以中、粗砂和粉质细粒土为主。有混凝土块、碎砖、瓦片，厚约301mm。

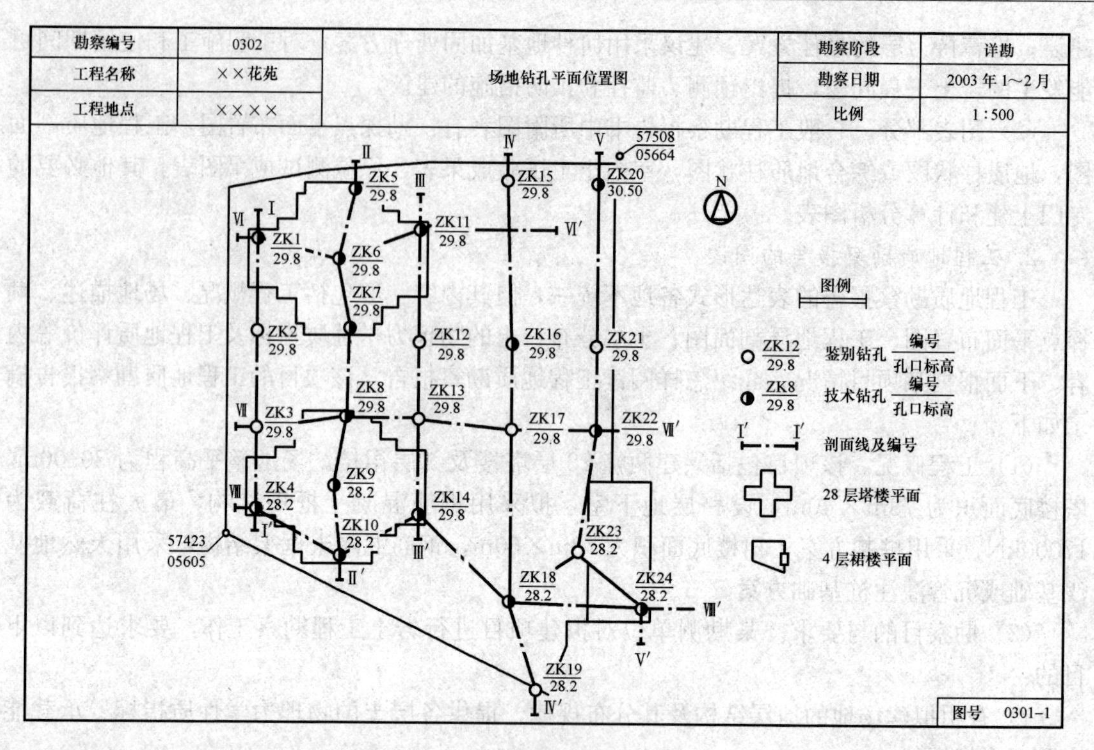

图 1-23 勘探点平面布置图

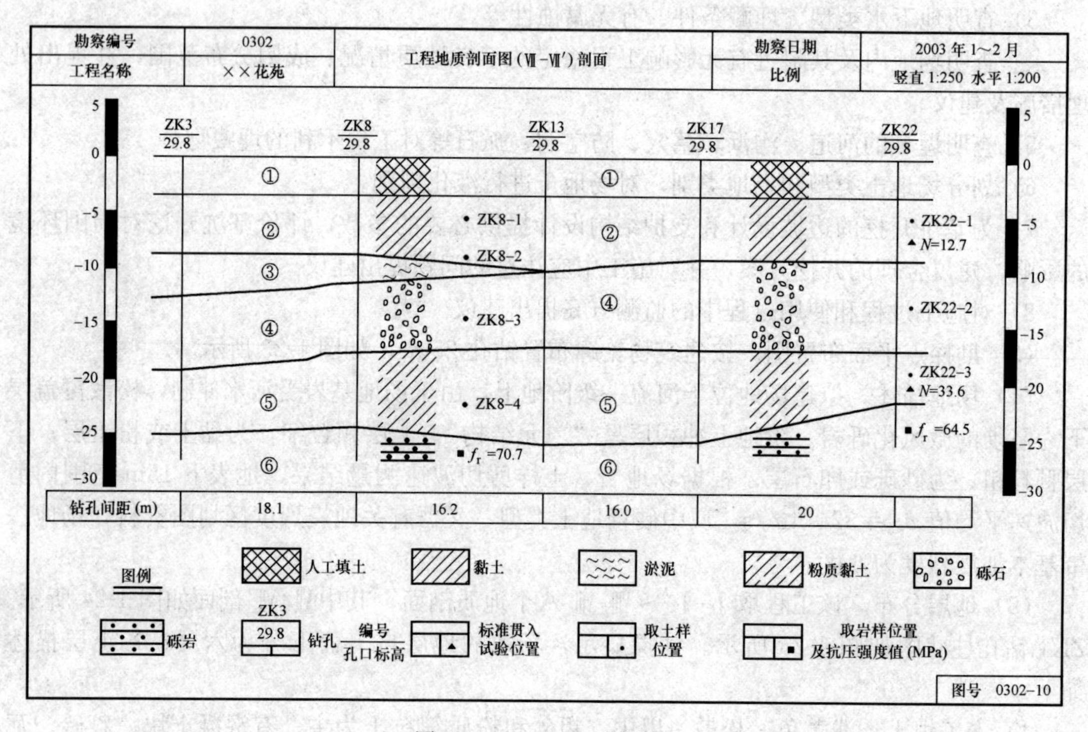

图 1-24 工程地质剖面图

勘察编号	0302	钻孔柱状图	孔口标高	29.8m
工程名称	××花苑		地下水位	27.6m
钻孔编号	ZK1		钻探日期	2003年2月7日

地质代号	层底标高(m)	层底深度(m)	分层厚度(m)	层序号	地质柱状图 1:200	岩芯采取率(%)	工程地质简述	标贯N 深度(m)	标贯N 实际击数/校正击数	岩土样 编号/深度(m)	备注
Q^{ml}		3.0	3.0	①		75	填土：杂色、松散，内有碎砖、瓦片、混凝土块、粗砂及黏性土，钻进时常遇混凝土板				
Q^{al}		10.7	7.7	②		90	黏土：黄褐色、冲积、可塑、具黏滑感，顶部为灰黑色耕作层，底部土中含较多粗颗粒			ZK1-1/10.5～10.7	
		14.3	3.6	④		70	砾石：土黄色、冲积、松散、稍密，上部以砾、砂为主，含泥量较大，下部颗粒变粗，含砾石、卵石，粒径一般2～5cm，个别达7～9cm，磨圆度好	10.85～11.15	31/25.7		
Q^{el}		27.3	13.0	⑤		85	粉质黏土：褐黄色带白色斑点，残积，为砾岩风化产物，硬塑－竖硬，土中含较多粗石英粒，局部为岩芯砾石颗粒	20.55～20.85	42/29.8	ZK1-2/20.2～20.4	
γ_5^3		32.4	5.1	⑥		80	砾岩：褐红色，铁质硅质胶结，中－微风化，岩质坚硬，性脆，砾石成分有石英、砂岩、石灰岩块，岩芯呈柱状			ZK1-3/31.2～31.3	
				⑥						图号0302-7	

▲ 标贯位置　■ 岩样位置　● 砂、土样位置

拟编：　审核：

图1-25　钻孔柱状图

2）黏土：冲积，硬塑，压缩系数 $a_{1\text{-}2}=0.29\text{MPa}^{-1}$，具有中等压缩性。地基承载力特征值 $f_a=288.5\text{kPa}$，桩侧土极限侧阻力标准值 $q_{sik}=70\text{kPa}$，厚度为4～5m。

3）淤泥：灰黑色，冲积，流塑，具有高压缩性，底夹薄粉砂层。厚度为0～3.70m，场

地西部较厚，东部缺失。

4）砾石：褐黄色，冲积，稍密，饱和，层中含卵石和粉粒，透水性强，厚度为3.70～8.20m。

5）粉质黏土：褐黄色，残积，硬塑至坚硬，为砾岩风化产物。压缩系数 $a_{1\text{-}2}=0.22\text{MPa}^{-1}$，具有中等偏低压缩性。桩侧土极限侧阻力标准值 $q_{sik}=90\text{kPa}$，桩端土极限端阻力标准值 $q_{PK}=5400\text{kPa}$，厚度为5～6m。

6）砾岩：褐红色，岩质坚硬，岩样单轴抗压强度标准值 $f_{rk}=58.5\text{kPa}$，场地东部的基岩埋藏浅，而西部较深，埋置深度一般为24～26cm。

（6）地下水情况。该区地下水为潜水，埋置深度约2.10m。表层黏土层为隔水层，渗透系数 $k=1.28\times10^{-7}\text{cm/s}$；砾石层为强透水层，渗透系数 $k=2.07\times10^{-1}\text{cm/s}$，砾石层地下水量丰富。分析水质，地下水化学成分对混凝土无腐蚀性。场地一带的地下水与邻近的河水有水力联系。

（7）土的物理力学性质指标见表1-21。

表1-21　土的物理力学性质指标

主要指标	天然含水量 w(%)	土的天然重量 γ(kN/m³)	孔隙比 e	液限 w_L(%)	塑限 w_P(%)	塑性指数 I_P	液性指数 I_L
黏土	25.3	19.1	0.710	39.2	21.2	18.0	0.23
淤泥	77.4	15.3	2.107	47.3	26.0	21.3	2.55
粉质黏土	18.1	19.5	0.647	36.5	20.3	16.2	<0
砾岩							

主要指标	压缩系数 a_{1-2} (MPa⁻¹)	压缩模量 E_{a1-2} (MPa)	饱和单轴抗压强度 f_{rk}(MPa)	抗剪强度		地基承载力特征值 f_{ak} (kPa)
				黏聚力(kPa)	内摩擦角 φ(°)	
黏土	0.29	5.90		25.7	14.8	288.5
淤泥	1.16	2.18		6	6	35
粉质黏土	0.22	7.49		30.8	17.2	355
砾岩			58.5			

注　1. 黏土层、淤泥层、粉质黏土层、砾岩承载力参考《建筑地基基础规范》(GB 50007—2011）确定。
2. 黏土层、淤泥层、粉质黏土层各取土样6～7件，除 c、φ、地基承载力、岩石抗压强度为标准值外，其余指标均为标准值。

（8）S波测试结果报告，其中ZK1孔测试结果见表1-22。

表1-22　ZK1孔测试结果

层序	层底深度（m）	岩性	层厚（m）	S波波速(m/s)	密度（g/cm³）	剪变模量（MPa）
1	3.0	填土	3.0	128	1.71	30.5
2	10.7	黏土	7.7	305	1.91	175.6
3	14.3	砾石	3.6	560	2.01	860.2
4	27.3	粉质黏土	13.0	224	1.95	105.2
5	32.4	砾岩	5.1	1018	2.2	2485.9

（9）工程地质评价。

1）该场地地层建筑条件评价。

a. 人工填土层物质成分复杂，含有分布不均的混凝土块和砖瓦等杂物，呈松散状，承载力低。

b. 黏土层呈硬塑状态，具有中等压缩性，场地内厚度变化不大，一般为 4～5m。地基承载力特征值 f_a=288.5kPa，可直接作为 5～6 层建筑物的天然地基。

c. 淤泥层含水量高，孔隙比大，具有高压缩性，厚度变化大，不宜作为建筑物地基的持力层。

d. 砾石层，呈稍密状态，厚度变化颇大，土的承载能力不高。

e. 粉质黏土，呈硬塑至坚硬状态，桩侧土极限侧阻力标准值 q_{sik}=90kPa，桩端土极限端阻力标准值 q_{PK}=5400kPa，可作为沉管灌注桩的地基持力层。

f. 微风化砾岩，岩样的单轴抗压强度标准值 f_{rk}=58.5kPa，呈整体块状结构，是理想的高层建筑桩基持力层。

2）基型与地基持力层的选择。

a. 4 层裙楼。对 4 层裙楼可采用天然地基上的浅基础方案，以硬塑黏土作为持力层。由于裙楼上部荷载较小，黏土层相对来说承载力较高，并有一定厚度，其下又没有软弱淤泥层。黏土层作为持力层具有下列有利因素：

（a）地基承载力完全可以满足设计要求（其地基承载力标准值达 288.5kPa）；

（b）该层具有一定厚度，在场地内的厚度为 4～5m，分布稳定，且其下方不存在淤泥等软弱土层；

（c）黏土层呈硬塑状态，是场地内的隔水层，预计基坑开挖后的涌水量较少，基坑边坡易于维持稳定状态；

（d）上部结构荷载不大，若柱基础的埋置深度和宽度加大，黏土层承载力还可提高。

b. 28 层塔楼。对 28 层塔楼来说，情况与裙楼完全不同：塔楼层数高，荷载大且集中，最大柱荷载为 17000kN；黏土层虽有一定承载力和厚度，但该地段下方分布有厚薄不均的软弱淤泥土层，加之塔楼设置有一层地下室，部分黏土层被挖去后，将使基底更接近软弱淤泥层顶面，正常使用过程中发生不均匀沉降的可能性很大；场地内基岩强度高，埋藏深度又不大，故选择砾岩作为桩基持力层合理可靠。从地下室底面起算的桩长为 20m 左右，施工难度不大。

选择砾岩作为桩基持力层，由于砾石层地下水量丰富，透水性强，因而不宜采用人工挖孔桩，应选用钻孔灌注桩，并以微风化砾岩作为桩端持力层。

1.3.5　地基承载力基本知识

所谓地基承载力，是指地基单位面积上所能承受荷载的能力。地基承载力一般可分为地基极限承载力和地基承载力特征值两种。地基极限承载力是指地基发生剪切破坏丧失整体稳定时的地基承载力，是地基所能承受的基底压力极限值，用 p_u 表示；地基承载力特征值则是满足土的强度稳定和变形要求时的地基承载能力，以 f_a 表示。将地基极限承载力除以安全系数 K，即为地基承载力特征值。

要研究地基承载力，首先要研究地基在荷载作用下的破坏类型和破坏过程。

1. 地基的破坏类型

现场荷载试验和室内模型试验表明，在荷载作用下，建筑物地基的破坏通常是由于承载力不足而引起的剪切破坏，地基剪切破坏随着土的性质不同而不同，一般可分为整体剪切破坏、局部剪切破坏和冲切剪切破坏三种类型。三种不同破坏类型的地基作用荷载 p 和沉降 s

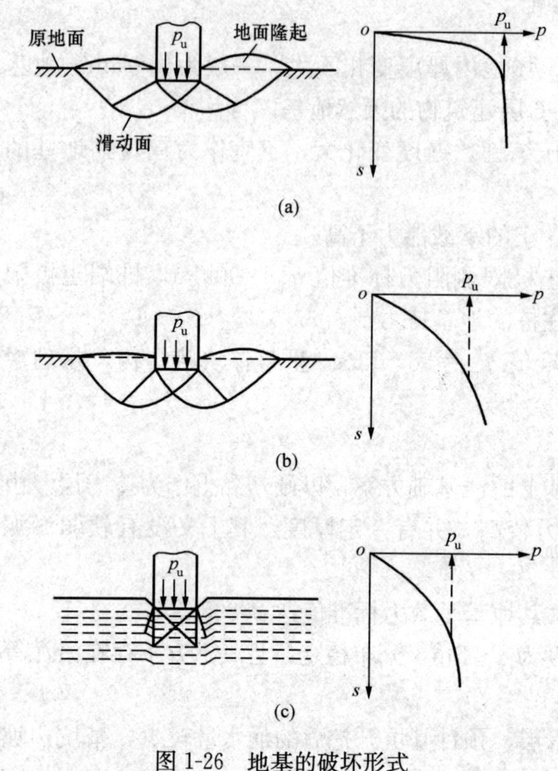

图 1-26 地基的破坏形式

（a）整体剪切破坏；（b）局部剪切破坏；（c）冲切剪切破坏

之间的关系，即 p-s 曲线如图 1-26 所示。

（1）整体剪切破坏。对于比较密实的砂土或较坚硬的黏性土，常发生这种破坏。其特点是地基中产生连续的滑动面一直延续到地表，基础两侧土体有明显隆起，破坏时基础急剧下沉或向一侧突然倾斜，p-s 曲线有明显拐点，如图 1-26（a）所示。

（2）局部剪切破坏。在中等密实砂土或中等强度的黏性土地基中都可能发生这种破坏。局部剪切破坏的特点是基底边缘的一定区域内有滑动面，类似于整体剪切破坏，但滑动面没有发展到地表，基础两侧土体微有隆起，基础下沉比较缓慢，一般无明显倾斜，p-s 曲线拐点不易确定，如图 1-26（b）所示。

（3）冲切剪切破坏。若地基为压缩性较高的松砂或软黏土时，基础在荷载作用下会连续下沉，破坏时地基无明显滑动面，基础两侧土体无隆起也无明显倾斜，基础只是下陷，就像“切入”土中一样，故称为冲切剪切破坏，或称刺入剪切破坏。该破坏形式的 p-s 曲线也无明显的拐点，如图 1-26（c）所示。

2. 地基变形的三个阶段

根据地基从加荷到整体剪切破坏的过程，地基的变形一般经过三个阶段。

（1）弹性变形阶段。相应于图 1-27（a）中 p-s 曲线的 oa 部分。由于荷载较小，地基主要产生压密变形，荷载与沉降关系接近于直线。此时土体中各点的剪应力均小于抗剪强度，地基处于弹性平衡状态。

（2）塑性变形阶段。相应于图 1-27（a）中 p-s 曲线的 ab 部分。当荷载增加到超过 a 点压力时，荷载与沉降之间呈曲线关系。此时土中局部范围内产生剪切破坏，即出现塑性变形区。随着荷载增加，剪切破坏区逐渐扩大。

（3）破坏阶段。相应于图 1-27（a）中 p-s 曲线的 bc 阶段。在这个阶段塑性区已发展到形成一连续的滑动面，荷载略有增加或不增加，沉降均有急剧变化，地基丧失稳定。

对应于上述地基变形的三个阶段，在 p-s 曲线上有两个转折点 a 和 b［见图 1-27（a）］。a 点所对应的荷载为临塑荷载，以 p_{cr} 表示，即地基从压密变形阶段转为塑性变形阶段的临界荷载。当基底压力等于该荷载时，基础边缘的土体开始出现剪切破坏，但塑性破坏区尚未发展。b 点所对应的荷载称为极限荷载，以 p_u 表示，是使地基发生整体剪切破坏的荷载。荷载从 p_{cr} 增加到 p_u 的过程是地基剪切破坏区逐渐发展的过程［见图 1-27（b）］。

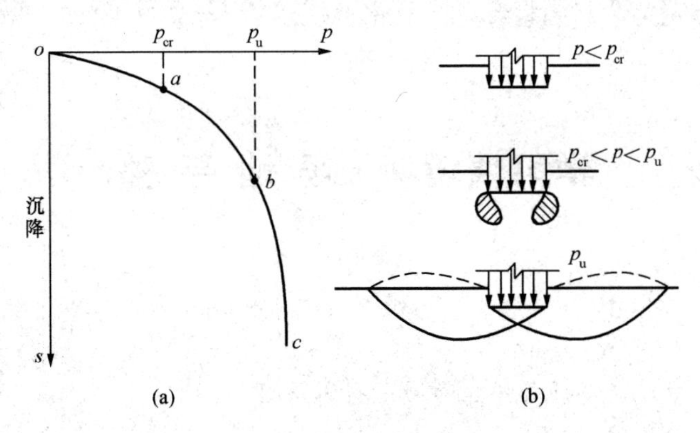

图 1-27　地基荷载试验的 p-s 曲线

（a）地基荷载试验 p-s 曲线；（b）地基剪切破坏区逐渐发展的过程

基础训练

1. 房屋施工图如何分类?
2. 简述房屋施工图识读方法和步骤。
3. 基础平面图的图示方法有哪些?
4. 基础平面图如何阅读?
5. 基础详图的图示方法有哪些?
6. 基础详图如何阅读?
7. 不良地质条件有哪些?
8. 如何进行工程地质勘探?
9. 工程地质勘察中如何进行测试?
10. 工程地质勘察报告的基本内容有哪些?
11. 地基的破坏类型有哪些?
12. 简述地基变形的三个阶段。

学习情境 2　场 地 平 整

【学习目标】

- 掌握基坑、基槽、场地平整土方量的计算方法
- 熟悉土方调配原则
- 掌握土方调配场地平整质量验收的内容及标准

【引例导入】

某工程基坑底长度为 180m、宽度为 120m、深度为 8m，工作宽度为 0.5m，四边放坡，边坡系数为 0.5。

你如何确定土方开挖工程量。

场地平整是将需进行建筑的范围内的自然地面，通过人工或机械挖填平整改造成为设计所需要的平面，以利现场平面布置和文明施工。在工程总承包施工中，"三通一平"工作常常是由施工单位来实施的，因此，场地平整也成为工程开工前的一项重要内容。

场地平整要考虑满足总体规划、生产施工工艺、交通运输和场地排水等要求，并尽量使土方的挖填平衡，减少运土量和重复挖运。

场地平整作为施工中的一个重要项目，其一般施工工艺流程是：现场勘察→清除地面障碍物→标定整平范围→设置水准基点→设置方格网，测量标高→计算土方挖填工程量→平整土方→场地碾压→验收。

当确定了平整工程后，施工人员应先到现场进行勘察，了解场地地形、地貌和周围环境，然后根据建筑总平面图及规划确定现场平整场地的大致范围。

平整前必须把场地平整范围内的障碍物（如树木、电线、电杆、管道、房屋、坟墓等）清理干净，然后根据总图要求的标高，从水准基点引进基准标高作为确定土方量计算的基点。

土方量的计算有方格网法和横截面法，具体采用哪种方法可根据地形的具体情况确定。现场抄平的程序和方法根据选定的计算方法确定。通过抄平测量，可计算出该场地按设计要求平整需挖土和回填的土方量，以及基础开挖还有多少挖出（减去回填）的土方量，并需进行挖填方的平衡计算，做好土方平衡调配，减少重复挖运，以节约运费。

大面积平整土方宜采用机械进行，如用推土机、铲运机推运平整土方；有大量挖方时应用挖土机等进行。在平整过程中要交错用压路机将地面压实。

2.1　基坑、基槽土方量计算

2.1.1　基坑土方量计算

基坑是指长宽比小于或等于 3 的矩形土体。基坑土方量可按立体几何中拟柱体（由两个

平行的平面做底的一种多面体）体积公式计算，如图 2-1 所示，即

$$V = \frac{H}{6}(A_1 + 4A_0 + A_2) \qquad (2\text{-}1)$$

式中：H 为基坑深度（m）；A_1、A_2 为基坑上、下底的面积（m^2）；A_0 为基坑截面面积（m^2）。

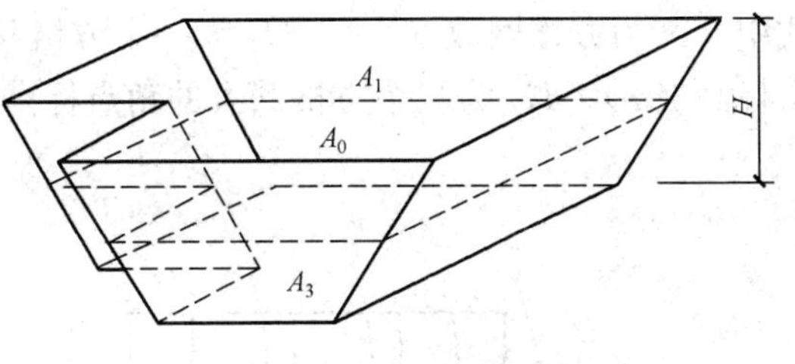

图 2-1　基坑土方量计算

2.1.2　基槽土方量计算

基槽土方量计算可沿长度方向分段后，按照上述同样的方法计算，如图 2-2 所示，即

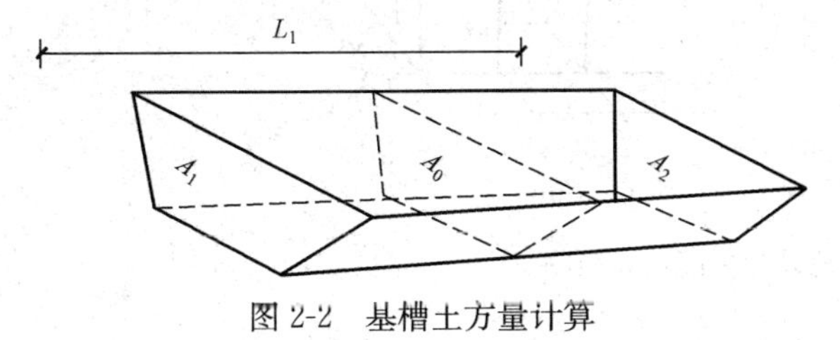

图 2-2　基槽土方量计算

$$V_1 = \frac{L_1}{6}(A_1 + 4A_0 + A_2) \qquad (2\text{-}2)$$

式中：V_1 为第一段的土方量（m^3）；L_1 为第一段的长度（m）；A_0、A_1、A_2 意义同前。

将各段土方量相加，即得总土方量

$$V = V_1 + V_2 + \cdots + V_n \qquad (2\text{-}3)$$

式中：V_1，V_2，…，V_n 为各段土方量（m^3）。

2.2　场地平整土方计算

场地平整前，要确定场地设计标高、计算挖填土方量，以便据此进行土方挖填平衡计算，确定平衡调配方案，并根据工程规模、施工期限、现场机械设备条件，选用土方机械，拟定施工方案。

2.2.1　场地平整高度的计算

对较大面积的场地平整，正确地选择场地平整高度（设计标高），对节约工程投资、加快建设速度具有重要意义。一般选择原则是：在符合生产工艺和运输的条件下，尽量利用地形，以减少挖方数量；场地内的挖方与填方量应尽可能达到互相平衡，以降低土方运输费用；同时应考虑最高洪水位的影响等。

计算场地平整高度常用的方法为“挖填土方量平衡法”，因其概念直观、计算简便、精度能满足工程要求，故应用最为广泛，其计算步骤和方法如下。

1. 计算场地设计标高

如图 2-3（a）所示，将地形图划分方格网（或利用地形图的方格网），每个方格的角点标高，一般可根据地形图上相邻两等高线的标高，用插入法求得。当无地形图时，也可在现场打设木桩定好方格网，然后用仪器直接测出。

一般要求是使场地内的土方在平整前和平整后相等而达到挖方和填方量平衡，如图 2-3（b）所示。设达到挖填平衡的场地平整标高为 H_0，则由挖填平衡条件，H_0 值可由下式求得，即

$$H_0 = \frac{\sum H_1 + 2\sum H_2 + 3\sum H_3 + 4\sum H_4}{4N} \qquad (2\text{-}4)$$

式中：N 为方格网数（个）；H_1 为一个方格共有的角点标高（m）；H_2 为两个方格共有的角点标高（m）；H_3 为三个方格共有的角点标高（m）；H_4 为四个方格共有的角点标高（m）。

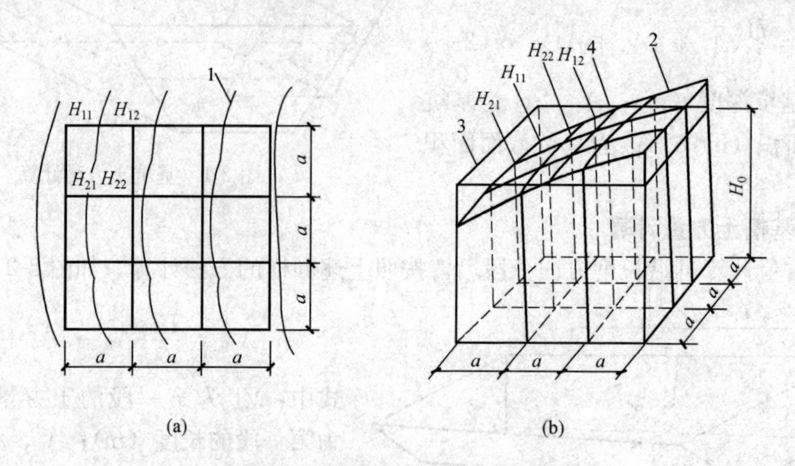

图 2-3 场地设计标高计算简图

（a）地形图上划分方格；（b）设计标高示意图

1—等高线；2—自然地坪；3—设计标高平面；4—自然地面与设计标高平面的交线（零线）；

a—方格网边长（m）；H_{11}、H_{12}、H_{21}、H_{22}—任一方格的四个角点的标高（m）

2. 考虑设计标高的调整值

式（2-4）计算的 H_0 为一理论数值，实际尚需考虑如下一些因素。

（1）土的可松性。

（2）设计标高以下各种填方工程用土量，或设计标高以上的各种挖方工程量。

（3）边坡填挖土方量不等。

（4）部分挖方就近弃土于场外，或部分填方就近从场外取土等因素。考虑这些因素所引起的挖填土方量的变化后，适当提高或降低设计标高。

3. 考虑排水坡度对设计标高的影响

式（2-4）计算的 H_0 未考虑场地的排水要求（即假定场地表面均处于同一个水平面上，但实际上均应有一定的排水坡度）。如果场地面积较大，则应有 0.2%以上的排水坡度，故应考虑排水坡度对设计标高的影响。场地内任一点实际施工时所采用的标高 H_n（m）可由下式计算。

单向排水时

$$H_n = H_0 + li \tag{2-5}$$

双向排水时

$$H = H_0 \pm l_x i_x \pm l_y i_y \tag{2-6}$$

式中：l 为该点至 H_0 的距离（m）；i 为 x 方向或 y 方向的排水坡度（不小于 0.2%）；l_x、l_y 为该点于 x-x、y-y 方向距场地中心线的距离（m）；i_x、i_y 分别为 x 方向和 y 方向的排水坡度；$\pm$ 表示该点比 H_0 高就取“+”号，反之则取“−”号。

2.2.2 场地平整土方工程量的计算

在编制场地平整土方工程施工组织设计或施工方案、进行土方的平衡调配及检查验收土方工程时，常需要进行土方工程量的计算。计算方法有方格网法和横截面法。

1. 方格网法

方格网法用于地形较平缓或台阶宽度较大的地段。该计算方法较为复杂，但精度较高，其计算步骤和方法如下。

（1）划分方格网。根据已有地形图（一般用 1∶500 的地形图）将欲计算场地划分成若干个方格网，尽量与测量的纵、横坐标网对应，方格一般采用 20m×20m 或 40m×40m，将相应设计标高和自然地面标高分别标注在方格点的右上角和右下角。将自然地面标高与设计地面标高的差值，即各角点的施工高度（挖或填）填在方格网的左上角，挖方为（－），填方为（＋）。

（2）计算零点位置。在一个方格网内同时有填方或挖方时，应先算出方格网边上零点的位置，并标注于方格网上，连接零点即得填方区与挖方区的分界线（即零线）。

零点的位置按下式计算（如图 2-4 所示），即

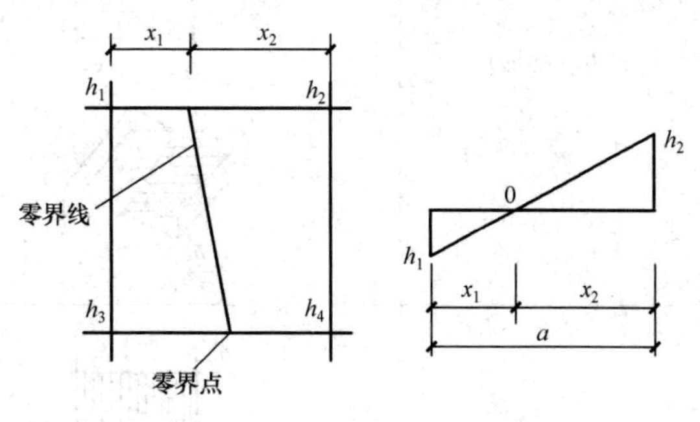

图 2-4　零点位置计算示意图

$$x_1 = \frac{h_1}{h_1 + h_2} \times a, \quad x_2 = \frac{h_2}{h_1 + h_2} \times a \tag{2-7}$$

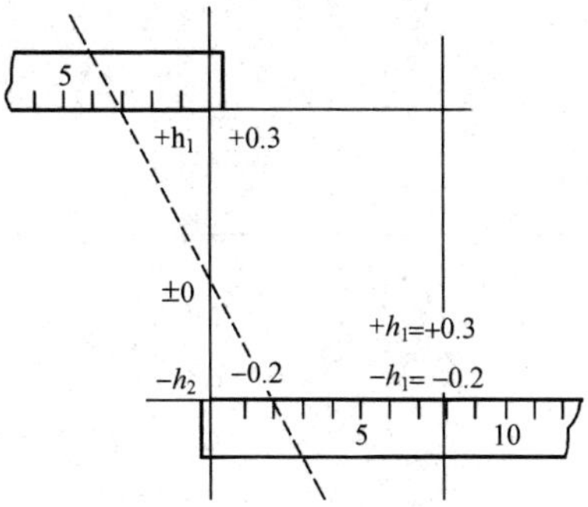

式中：x_1、x_2 为角点至零点的距离（m）；h_1、h_2 为相邻两角点的施工高度（m），均用绝对值；a 为方格网边长（m）。

为省略计算，也可采用图解法直接求出零点位置，如图 2-5 所示，方法是用尺在各角上标出相应比例，用尺相接，与方格相交点即为零点位置。这种方法可避免计算（或查表）出现的错误。

图 2-5　零点位置图解法

（3）计算土方工程量。按方格网底面积图形和表 2-1 所列体积计算公式计算每个方格内的挖方或填方量，或用查表法计算。有关计算公式见表 2-1。

表 2-1　　常用方格网点计算公式

项　目	图　示	计 算 公 式
一点填方或挖方（三角形）	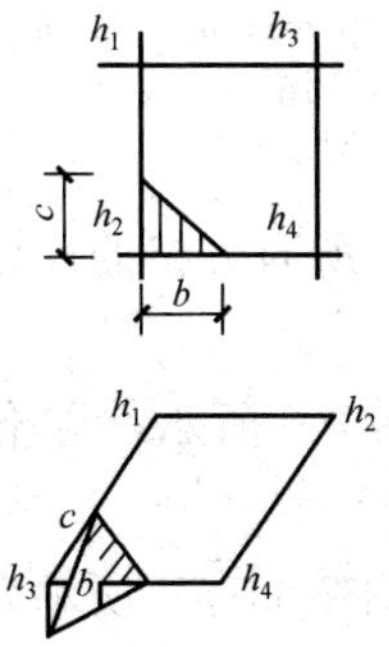	$V=\frac{bc}{2}\frac{\sum h}{3}=\frac{bch_3}{6}$ 当 $b=a=c$ 时，$V=\frac{a^2h_3}{6}$

续表

项目	图示	计算公式
二点填方或挖方（梯形）	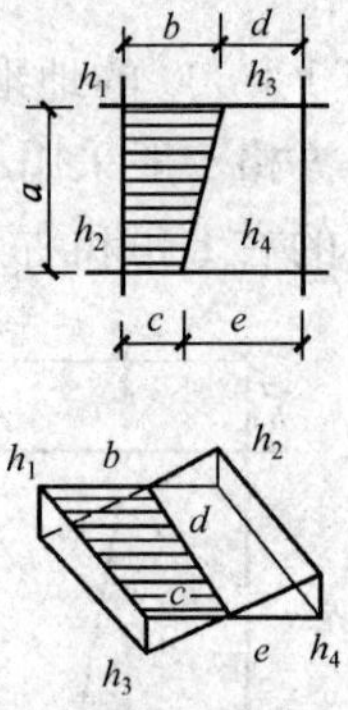	$V_{+}=\frac{b+c}{2}a\frac{\sum h}{4}=\frac{a}{8}(b+c)(h_1+h_3)$ $V_{-}=\frac{d+e}{2}a\frac{\sum h}{4}=\frac{a}{8}(d+e)(h_2+h_4)$
三点填方或挖方（五角形）	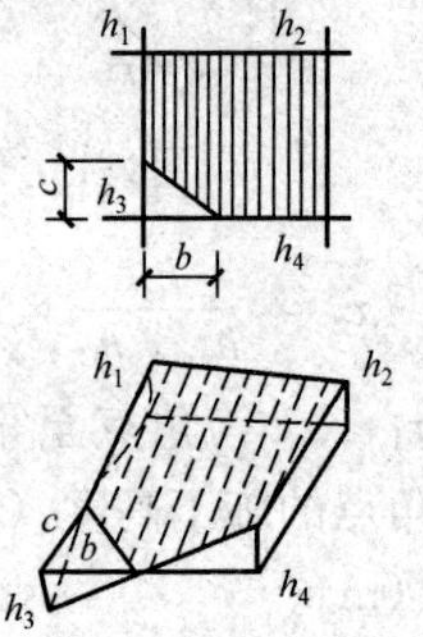	$V=\left(a^2-\frac{bc}{2}\right)\frac{\sum h}{5}$ $=\left(a^2-\frac{bc}{2}\right)\frac{h_1+h_2+h_3}{5}$
四点填方或挖方（正方形）	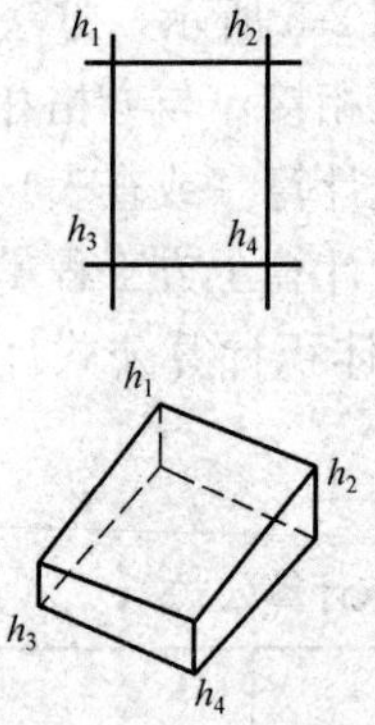	$V=\frac{a^2}{4}\sum h=\frac{a^2}{4}(h_1+h_2+h_3+h_4)$

注 1. a 为方格网的边长（m）；b、c 为零点到一角的边长（m）；h_1、h_2、h_3、h_4 为方格网四角点的施工高度，用绝对值代入（m）；Σh 为填方或挖方施工高度总和，用绝对值代入（m）；V 为填方或挖方的体积（m^3）。

2. 本表计算公式是按各计算图形底面积乘以平均施工高度得出的。

（4）计算土方总量。将挖方区（或填方区）所有方格的计算土方量汇总，即得到该场地挖方和填方的总土方量。

【例 2-1】 厂房场地平整，部分方格网如图 2-6 所示，方格边长为 20m×20m，试计算挖填总土方工程量。

【解】（1）划分方格网、标注高程。根据图 2-6（a）所示方格各点的设计标高和自然地面标高，计算方格各点的施工高度，并标注于图 2-6（b）中各点的左角上。

(2) 计算零点位置。从图 2-6 (b) 中可看出 1～2、2～7、3～8 三条方格边两端角的施工高度符号不同，表明此方格边上有零点存在，由表 2-1 第 2 项公式有如下计算结果。

1～2 线
$$x_1=\frac{0.13\times 20}{0.10+0.13}=11.30(\text{m})$$

2～7 线
$$x_1=\frac{0.13\times 20}{0.41+0.13}=4.81(\text{m})$$

3～8 线
$$x_1=\frac{0.15\times 20}{0.21+0.15}=8.33(\text{m})$$

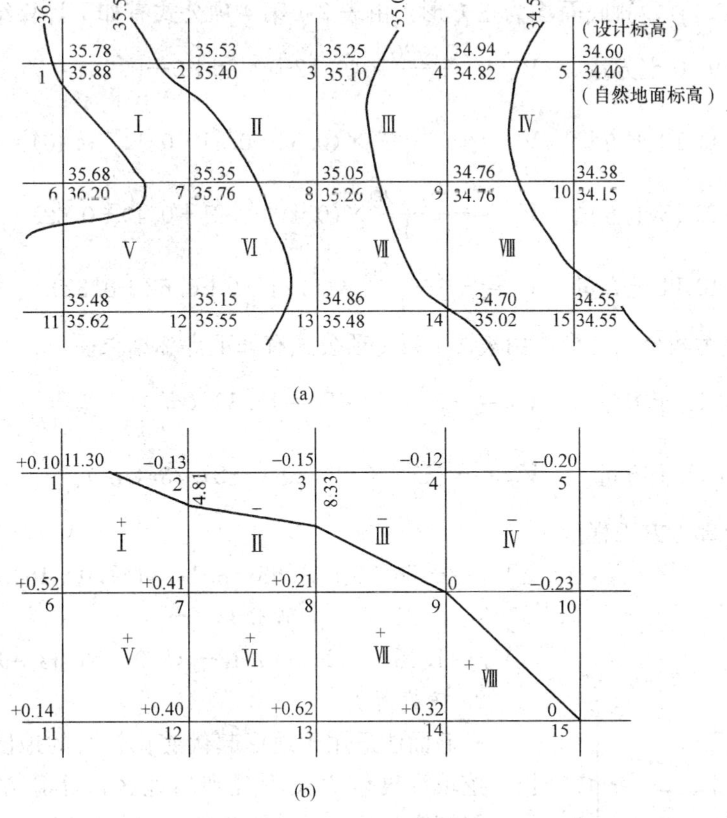

图 2-6　方格网法计算土方量

(a) 方格角点标高、方格编号、角点编号图；(b) 零线、角点挖、填高度图

注：图中Ⅰ、Ⅱ、Ⅲ等为方格编号；1、2、3 等为角点号。

将各零点标注于图 2-6 (b) 中，并将零点线连接起来。

(3) 计算土方工程量。方格Ⅰ底面为三角形和五角形，由表 2-1 第 1、3 项公式有如下计算结果。

三角形 2-0-0 土方量　　$V_{+}=\frac{0.13}{6}\times 11.30\times 4.81=1.18\ (\text{m}^3)$

五角形 1-6-7-0-0 土方量　　$V_{-}=-\left(20^2-\frac{1}{2}\times 11.30\times 4.81\right)\times\left(\frac{0.10+0.52+0.41}{5}\right)$

$$=-76.80\ (\text{m}^3)$$

方格Ⅱ底面为两个梯形，由表 2-1 第 2 项公式有如下计算结果。

梯形 2-3-0-0 土方量 $V_{+}=\frac{20}{8}\times(4.81+8.33)\times(0.13+0.15)=9.20\ (m^3)$

梯形 7-8-0-0 土方量 $V_{-}=-\frac{20}{8}\times(15.19+11.67)\times(0.41+0.21)=-41.63\ (m^3)$

方格Ⅲ底面为一个梯形和一个三角形，由表 2-1 第 1、2 项公式有如下计算结果。

梯形 3-4-0-0 土方量 $V_{+}=\frac{20}{8}\times(8.33+20)\times(0.15+0.12)=19.12\ (m^3)$

三角形 8-0-0 土方量 $V_{-}=-\frac{11.67\times20}{6}\times0.21=-8.17\ (m^3)$

方格Ⅳ、Ⅴ、Ⅵ、Ⅶ底面均为正方形，由表 2-1 第 4 项公式有如下计算结果。

正方形 4-5-9-10 土方量 $V_{+}=\frac{20\times20}{4}\times(0.12+0.20+0+0.23)=55.0\ (m^3)$

正方形 6-7-11-12 土方量 $V_{-}=-\frac{20\times20}{4}\times(0.52+0.41+0.14+0.40)=-147.0\ (m^3)$

正方形 7-8-12-13 土方量 $V_{-}=-\frac{20\times20}{4}\times(0.41+0.21+0.40+0.62)=-164.0\ (m^3)$

正方形 8-9-13-14 土方量 $V_{-}=-\frac{20\times20}{4}\times(0.21+0+0.62+0.32)=-115.0\ (m^3)$

方格Ⅲ底面为两个三角形，由表 2-1 第 1 项公式有如下计算结果。

三角形 9-10-15 土方量 $V_{+}=\frac{0.23}{6}\times20\times20=15.33\ (m^3)$

三角形 9-14-15 土方量 $V_{-}=-\frac{0.32}{6}\times20\times20=-21.33\ (m^3)$

(4) 汇总全部土方工程量。

全部挖方量 $\sum V_{-}=-76.80-41.63-8.17-147.0-164.0-115.0-21.33=-573.93\ (m^3)$

全部填方量 $\sum V_{+}=1.18+9.20+19.12+55.0+15.33=99.83\ (m^3)$

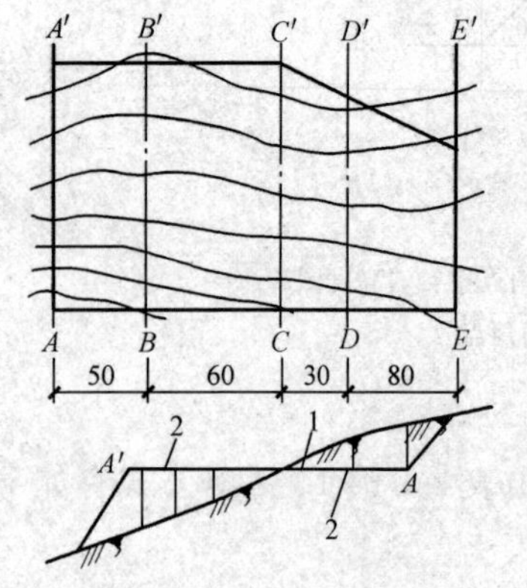

图 2-7 划分横截面

1—自然地面；2—设计地面

2. 横截面法

横截面法适用于地形起伏变化较大的地区，或者地形狭长、挖填深度较大又不规则的地区，计算方法较为简单方便，但精度较低。其计算步骤和方法如下。

(1) 划分横截面。根据地形图、竖向布置或现场测绘，将要计算的场地划分横截面 AA'、BB'、CC'…（如图 2-7 所示），使截面尽量垂直于等高线或主要建筑物的边长，各截面间的间距可以不等，一般可用 10m 或 20m，在平坦地区可用大些，但最大不大于 100m。

(2) 画横截面图形。按比例绘制每个横截面的自然地面和设计地面的轮廓线。自然地面轮廓线与设计地面轮廓线之间的面积，即为挖方或填方的截面。

(3) 计算横截面面积。按表 2-2 计算每个截面的挖方或填方截面面积。

表 2-2　**常用截面面积计算公式**

横截面图示	截面面积计算公式
	$A=h\ (b+nb)$
	$A=h\left[b+\frac{h\ (m+n)}{2}\right]$
	$A=b\frac{h_1+h_2}{2}+nh_1h_2$
	$A=h_1\frac{a_1+a_2}{2}+h_2\frac{a_2+a_3}{2}+h_3\frac{a_3+a_4}{2}+h_4\frac{a_4+a_5}{2}$
	$A=\frac{a}{2}\ (h_0+2h+h_n)$ $h=h_1+h_2+h_3+h_4+h_5$

(4) 计算土方量。根据横截面面积，按式 (2-8) 计算土方量，即

$$V=\frac{A_1+A_2}{2}\times s \tag{2-8}$$

式中：V 为相邻两横截面间的土方量 (m^3)；A_1、A_2 为相邻两横截面的挖 (－) [或填 (＋)] 的截面面积 (m^2)；s 为相邻两横截面的间距 (m)。

(5) 土方量汇总。按表 2-3 格式汇总全部土方量。

表 2-3　**土 方 量 汇 总**

截　面	填方面积 (m^2)	挖方面积 (m^2)	截面间距 (m)	填方体积 (m^3)	挖方体积 (m^3)
A-A'					
B-B'					
C-C'					
合计					

2.2.3　边坡土方量计算

平整场地、修筑路基、路堑的边坡挖、填土方量计算，常用图算法。

图算法是根据地形图和边坡竖向布置图或现场测绘，先将要计算的边坡划分为两种近似的几何形体 (如图 2-8 所示)，一种为三角棱体 (如体积①～③、⑤～⑪)；另一种为三角棱柱体 (如体积④)，然后应用表 2-4 中的公式分别进行土方计算，最后将各块汇总即得场地总挖土 (－)、填土 (＋) 的量。

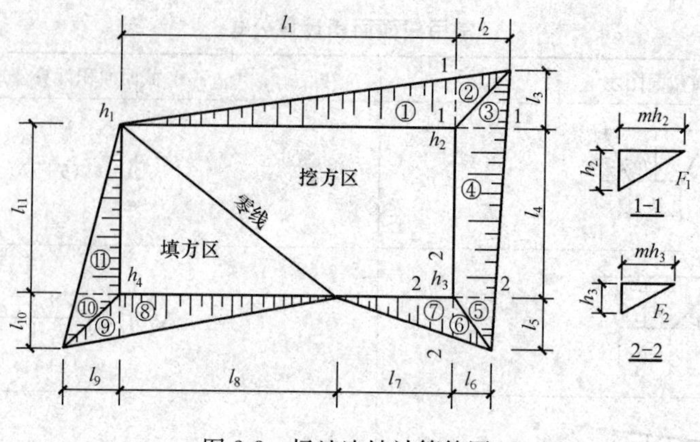

图 2-8 场地边坡计算简图

表 2-4 **常用边坡三角棱体、棱柱体计算公式**

项　目	计算公式	符号意义
边坡三角棱体体积	边坡三角棱体体积 V 可按下式计算（如图 2-8 中的①） $V_1 = \frac{1}{3}F_1 l_1$ 其中，$F_1 = \frac{h_2\ (mh_2)}{2} = \frac{mh_2^2}{2}$ V_2，V_3，V_5，…，V_{11}的计算方法同上	V_1、V_2、V_3、$V_5 \sim V_{11}$ 为边坡①、②、③、⑤～⑪三角棱体体积（m^3）；l_1 为边坡①的边长（m）；F_1 为边坡①的端面积（m^2）；h_2 为角点的挖土高度（m）；m 为边坡的坡度系数
边坡三角棱柱体体积	边坡三角棱柱体体积可按下式计算（如图 2-8 中的④） $V_4 = \frac{F_1 + F_2}{2} l_4$ 当两端横截面面积相差很大时，则 $V_4 = \frac{l_4}{6}(F_1 + 4F_0 + F_2)$ F_1、F_2、F_0 的计算方法同上	V_4 为边坡④三角棱柱体体积（m^3）；l_4 为边坡④的长度（m）；F_1、F_2、F_0 为边坡④两端及中部的横截面面积（m^2）

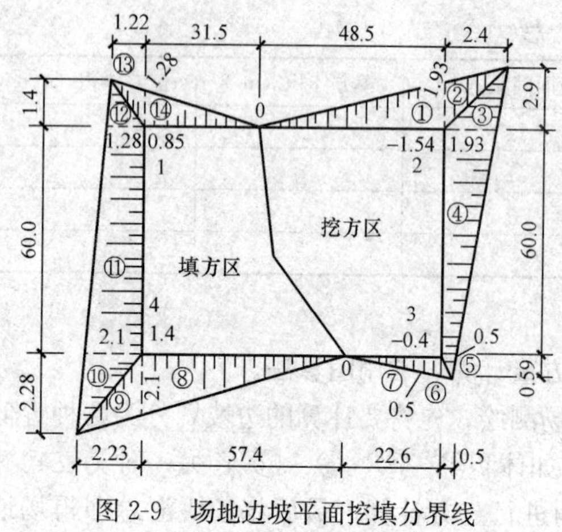

图 2-9 场地边坡平面挖填分界线尺寸及角点标高

【例 2-2】 场地整平工程，长度为 80m、宽度为 60m，土质为粉质黏土，取挖方区边坡坡度为 1∶1.25，填方边坡坡度为 1∶1.5，已知平面图挖填分界线尺寸及角点标高如图 2-9 所示，试求边坡挖、填土方量。

【解】 先求边坡角点 1～4 的挖、填方宽度。

角点 1 填方宽度 0.85×1.50＝1.28（m）

角点 2 挖方宽度 1.54×1.25＝1.93（m）

角点 3 挖方宽度 0.40×1.25＝0.50（m）

角点 4 填方宽度 1.40×1.50＝2.10（m）

按照场地四个控制角点的边坡宽度，利用作图法可得出边坡平面尺寸，如图 2-9 所示。

边坡土方工程量，可划分为三角棱体和三角棱柱体两种类型，按表 2-4 中的公式计算如下。

（1）挖方区边坡土方量

$$V_1 = -\frac{1}{3} \times \frac{1.93 \times 1.54}{2} \times 48.5 = -24.03(\mathrm{m}^3)$$

$$V_2 = -\frac{1}{3} \times \frac{1.93 \times 1.54}{2} \times 2.4 = -1.19(\mathrm{m}^3)$$

$$V_3 = -\frac{1}{3} \times \frac{1.93 \times 1.54}{2} \times 2.9 = -1.44(\mathrm{m}^3)$$

$$V_4 = -\frac{1}{2} \times \left(\frac{1.93 \times 1.54}{2} + \frac{0.4 \times 0.5}{2}\right) \times 60 = -47.58(\mathrm{m}^3)$$

$$V_5 = -\frac{1}{3} \times \frac{0.5 \times 0.4}{2} \times 0.59 = -0.02(\mathrm{m}^3)$$

$$V_6 = -\frac{1}{3} \times \frac{0.5 \times 0.4}{2} \times 0.5 = -0.02(\mathrm{m}^3)$$

$$V_7 = -\frac{1}{3} \times \frac{0.5 \times 0.4}{2} \times 22.6 = -0.75(\mathrm{m}^3)$$

挖方区边坡土方量合计 $V_{挖} = -(24.03 + 1.19 + 1.44 + 47.58 + 0.02 + 0.02 + 0.75)$

$= -75.03\ (\mathrm{m}^3)$

（2）填方区边坡土方量

$$V_8 = \frac{1}{3} \times \frac{2.1 \times 1.4}{2} \times 57.4 = 28.13(\mathrm{m}^3)$$

$$V_9 = \frac{1}{3} \times \frac{2.1 \times 1.4}{2} \times 2.23 = 1.09(\mathrm{m}^3)$$

$$V_{10} = \frac{1}{3} \times \frac{2.1 \times 1.4}{2} \times 2.28 = 1.12(\mathrm{m}^3)$$

$$V_{11} = \frac{1}{2} \times \left(\frac{2.1 \times 1.4}{2} + \frac{1.28 \times 0.85}{2}\right) \times 60 = 60.42(\mathrm{m}^3)$$

$$V_{12} = \frac{1}{3} \times \frac{1.28 \times 0.85}{2} \times 1.4 = 0.25(\mathrm{m}^3)$$

$$V_{13} = \frac{1}{3} \times \frac{1.28 \times 0.85}{2} \times 1.22 = 0.22(\mathrm{m}^3)$$

$$V_{14} = \frac{1}{3} \times \frac{1.28 \times 0.85}{2} \times 31.5 = 5.71(\mathrm{m}^3)$$

填方区边坡土方量合计 $V_{填} = 28.13 + 1.09 + 1.12 + 60.42 + 0.25 + 0.22 + 5.71$

$= 96.94\ (\mathrm{m}^3)$

2.2.4　土方的平衡与调配计算

计算出土方的施工标高、挖填区面积、挖填区土方量，并考虑各种变动因素（如土的松散率、压缩率、沉降量等）进行调整后，应对土方进行综合平衡与调配。土方平衡调配工作是土方规划设计的一项重要内容，其目的在于使土方运输量或土方运输成本为最低的条件下，确定填、挖方区土方的调配方向和数量，从而达到缩短工期和提高经济效益的目的。

进行土方平衡与调配时，必须综合考虑工程和现场情况、进度要求和土方施工方法，以及分期分批施工工程的土方堆放和调运问题，经过全面研究，确定平衡调配的原则之后，才可着手进行土方平衡与调配工作，如划分土方调配区，计算土方的平均运距、单位土方的运价，确定土方的最优调配方案。

1. 土方的平衡与调配原则

(1) 挖方与填方基本达到平衡，减少重复倒运。

(2) 挖（填）方量与运距的乘积之和尽可能为最小，即总土方运输量或运输费用最小。

(3) 好土应用在回填密实度要求较高的地区，以避免出现质量问题。

(4) 取土或弃土应尽量不占农田或少占农田，对弃土尽可能有规划地造田。

(5) 分区调配应与全场调配相协调，避免只顾局部平衡，任意挖填而破坏全局平衡。

(6) 调配应与地下构筑物的施工相结合，地下设施的填土，应留土后填。

(7) 选择恰当的调配方向、运输路线、施工顺序，避免土方运输过程中出现对流和乱流现象，同时便于机具调配、机械化施工。

2. 土方平衡与调配的步骤及方法

土方平衡与调配需编制相应的土方调配图，其步骤如下：

(1) 划分调配区。在平面图上先画出挖填区的分界线，并在挖方区和填方区适当划出若干调配区，确定调配区的大小和位置。划分时应注意以下几点：

1) 划分应与房屋和构筑物的平面位置相协调，并考虑开工顺序、分期施工顺序。

2) 调配区的大小应满足土方施工用主导机械行驶操作的尺寸要求。

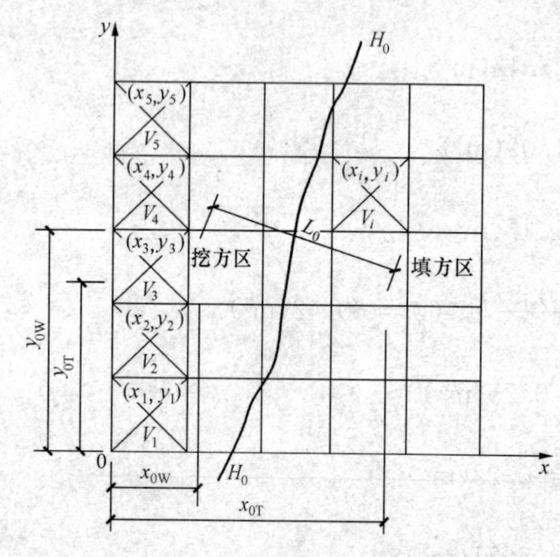

图 2-10　土方调配区间的平均运距

3) 调配区的范围应和土方工程量计算用的方格网相协调。一般可由若干个方格组成一个调配区。

4) 当土方运距较大或场地范围内土方调配不能达到平衡时，可考虑就近借土或弃土，此时一个借土区或一个弃土区可作为一个独立的调配区。

(2) 计算各调配区的土方量并标注在图上。

(3) 计算各挖、填方调配区之间的平均运距，即挖方区土方重心至填方区土方重心的距离。取场地或方格网中的纵、横两边为坐标轴，以一个角作为坐标原点（如图 2-10 所示），按下式求出各挖方或填方调配区土方重心坐标 x_0 及 y_0，即

$$x_0=\frac{\sum(x_iV_i)}{\sum V_i} \tag{2-9}$$

$$y_0=\frac{\sum(y_iV_i)}{\sum V_i} \tag{2-10}$$

式中：x_i、y_i 为 i 块方格的重心坐标；V_i 为 i 块方格的土方量。

填、挖方区之间的平均运距 L_0 为

$$L_0=\sqrt{(x_{0T}-x_{0W})^2+(y_{0T}-y_{0W})^2} \tag{2-11}$$

式中：x_{0T}、y_{0T}为填方区的重心坐标；x_{0W}、y_{0W}为挖方区的重心坐标。

一般情况下，也可用作图法近似地求出调配区的形心位置 O 以代替重心坐标。重心求

出后，标于图上，用比例尺量出每对调配区的平均运输距离（L_{11}、L_{12}、L_{13}…）。

所有填挖方调配区之间的平均运距均需一一计算，并将计算结果列于土方平衡与运距表内，见表 2-5。

表 2-5　土方平衡与运距

挖方区	填方区						
	B_1	B_2	B_3	B_j	…	B_n	挖方量（m^3）
A_1	x_{11}　L_{11}	x_{12}　L_{12}	x_{13}　L_{13}	x_{1j}　L_{1j}	…	x_{1n}　L_{1n}	a_1
A_2	x_{21}　L_{21}	x_{22}　L_{22}	x_{23}　L_{23}	x_{2j}　L_{2j}	…	x_{2n}　L_{2n}	a_2
A_3	x_{31}　L_{31}	x_{32}　L_{32}	x_{33}　L_{33}	x_{3j}　L_{3j}	…	x_{3n}　L_{3n}	a_3
A_4	x_{41}　L_{41}	x_{42}　L_{42}	x_{43}　L_{43}	x_{4j}　L_{4j}	…	x_{4n}　L_{4n}	a_4
…	…	…	…	…	…	…	…
A_m	x_{m1}　L_{m1}	x_{m2}　L_{m2}	x_{m3}　L_{m3}	x_{mj}　L_{mj}	…	x_{mn}　L_{mn}	a_m
填方量（m^3）	b_1	b_2	b_3	b_j	…	b_n	$\sum_{j=1}^{m}a_i=\sum_{j=1}^{n}b_j$

注　L_{11}、L_{12}、L_{13}…为挖填方之间的平均运距；x_{11}、x_{12}、x_{13}…为调配土方量。

当填、挖方调配区之间的距离较远，采用自行式铲运机或其他运土工具沿现场道路或规定路线运土时，其运距应按实际情况进行计算。

（4）确定土方最优调配方案。对于线性规划中的运输问题，可以用“表上作业法”来求解，使总土方运输量为最小值，即为最优调配方案。式中：L_{ij} 为各调配区之间的平均运距（m）；x_{ij} 为各调配区的土方量（m^3）。

$$W=\sum_{i=1}^{m}\sum_{j=1}^{n}L_{ij}x_{ij}$$

（5）绘出土方调配图。根据以上计算，标出调配方向、土方数量及运距（平均运距再加施工机械前进、倒退和转弯必需的最短长度）。

【例 2-3】 矩形广场各调配区的土方量和相互之间的平均运距如图 2-11 所示，试求最优土方调配方案和土方总运输量及总的平均运距。

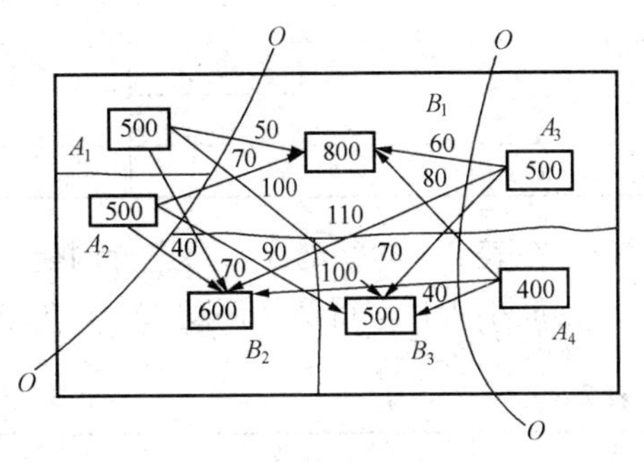

图 2-11　各调配区的土方量和平均运距

【解】（1）将图 2-11 中的数值标注在表 2-6中。

表 2-6　填挖方平衡及运距

挖方区	填方区			
	B_1	B_2	B_3	挖方量（m^3）
A_1	50	70	100	500

续表

挖方区	填方区			
	B_1	B_2	B_3	挖方量（m³）
A_2	70	40	90	500
A_3	60	110	70	500
A_4	80	100	40	400
填方量（m³）	800	600	500	1900

（2）采用“最小元素法”做初始调配方案，即根据对应于最小的 L_{ij}（平均运距）取尽可能最大的 x_{ij} 值的原则进行调配。首先在运距表内的小方格中找一个 L_{ij} 最小的数值，如表 2-6中 $L_{22}=L_{43}=40$ 最小，任取其中一个，如 L_{43}，于是先确定 x_{43} 的值，使其尽可能地大，即 $x_{43}=\max(400，500)=400$，因为 A_4 挖方区的土方全部调到 B_3 填方区，所以 $x_{41}=x_{42}=0$，将 400 填入表 2-7 中 x_{43} 格内，加一个括号，同时在 x_{41}、x_{42} 格内打个“×”号，然后在没有“()”“×”的方格内重复上面步骤，依次确定其余 x_{ij} 数值，最后得出初始调配方案，见表 2-7。

表 2-7　　　　土方初始调配方案

挖方区	填方区			
	B_1	B_2	B_3	挖方量（m³）
A_1	(500)　50	×　70	×　100	500
A_2	×　70	(550)　40	×　90	550
A_3	(300)　60	(100)　110	(50)　70	450
A_4	×　80	×　100	(400)　40	400
填方量（m³）	800	650	450	1900

（3）在表 2-7 的基础上，再进行调配、调整，用“乘数法”比较不同调配方案的总运输量，取其最小者，求得最优调配方案，见表 2-8。

表 2-8　　　　土方最优调配方案

挖方区	填方区			
	B_1	B_2	B_3	挖方量（m³）
A_1	400　50	100　70	100	500
A_2	70	550　40	90	550
A_3	400　60	110	50　70	450

续表

挖方区	填方区			
	B_1	B_2	B_3	挖方量（m^3）
A_4	80	100	400　40	400
填方量（m^3）	800	650	450	1900

该土方最优调配方案的土方总运输量为

$W=400\times50+100\times70+550\times40+400\times60+50\times70+400\times40=92\ 500$（$m^3\cdot m$）

其总的平均运距 $L_0=W/V=92\ 500/1900=48.68$（m）

最后将表 2-8 中的土方调配数值绘成土方调配图，如图 2-12 所示。

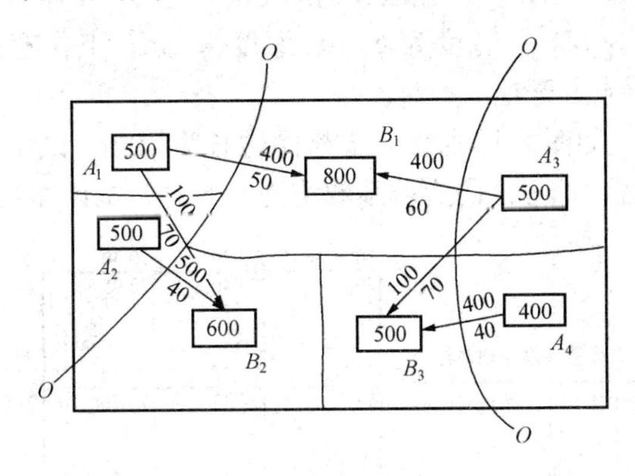

图 2-12　土方调配图

2.3　土方调配场地平整质量验收

（1）平整场地的表面坡度应符合设计要求，如设计无要求，一般应向排水沟方向作成不小于 0.2%的坡度。

（2）平整后的场地表面应逐点检查，检查点为每 100～400m^2 取 1 点，但不少于 10 点；长度、宽度和边坡均为每 20m 取 1 点，每边不少于 1 点，其质量检验标准应符合表 2-9 的要求。

表 2-9　**挖方场地平整工程质量检验标准**　mm

项目	序次	检查项目	允许偏差或允许值		检验方法
			人工	机械	
主控项目	1	标高	±30	±50	水准仪
	2	长度、宽度（由设计中心线向两边量）	+300	+500	经纬仪、用钢尺量
			−100	−150	
	3	边坡	观察或用坡度尺检查		—
一般项目	1	表面平整度	20	50	用 2m 靠尺和楔形塞尺检查
	2	基底土性	—	—	观察或土样分析

注　地（路）面基层的偏差只适用于直接在挖、填方做地（路）面的基层。

（3）场地平整应经常测量和校核其平面位置、水平标高和边坡坡度是否符合设计要求。平面控制桩和水准控制点应采取可靠措施加以保护，定期复测和检查；土方不应堆在边坡边缘。

基础训练

1. 基坑及基槽的土方量如何计算？

2. 试述方格网法计算场地平整土方量的步骤和方法。

3. 试述截面法计算场地平整土方量的步骤和方法。

4. 土方调配应遵循哪些原则？调配区如何划分？

5. 某个基坑底长度为 85m、宽度为 60m、深度为 8m，工作宽度为 0.5m，四边放坡，边坡系数为 0.5。试计算土方开挖工程量。

6. 某建筑施工场地，如图 2-13 所示，方格网边长为 40m，试用方格网法计算场地总挖方量和填方量。当填方区和挖方区的边坡系数均为 0.5 时，试计算场地边坡挖填、土方量。

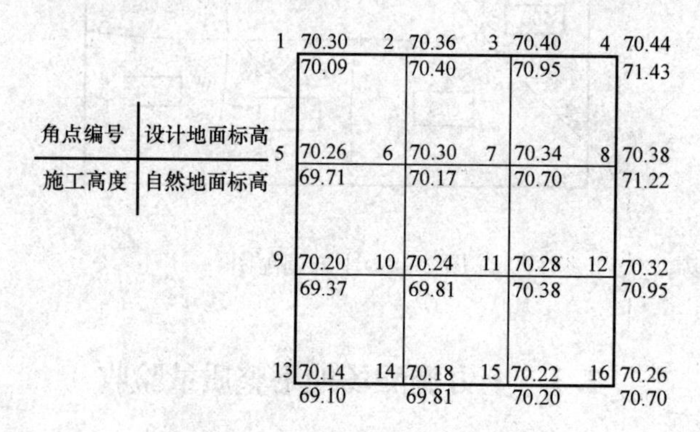

图 2-13 建筑场地方格网示意图

学习情境3 土方工程施工

【学习目标】

• 掌握土方的种类和鉴别方法

• 掌握土方开挖施工工艺和开挖质量标准，了解常用土方机械的性能及适用范围，能够根据土方工程的具体情况合理选择施工机械

• 了解土料填筑的要求；熟悉压实功、含水量和铺土厚度对填土压实的影响；掌握填土压实的技术要求

• 掌握冬期施工和雨期施工措施

• 掌握土方工程质量验收的要求和方法

【引例导入】

针对学习情境2的引例，现工程工期规定为2个月。你如何组织现场的开挖和运输？如何确定开挖和运输设备型号、数量？

土石方工程具有如下施工特点：

（1）工程量大，劳动强度高。大型建筑场地的平整，土方工程量可达数百万立方米以上，施工面积达数平方千米；大型基坑的开挖，有的深达20多米，施工工期长，任务重，劳动强度高。在组织施工时，为了减轻繁重的体力劳动，提高生产效率，加快施工进度，降低工程成本，应尽可能采用机械化施工。

（2）施工条件复杂。土方工程施工多为露天作业，受气候、水文、地质条件影响很大，施工中的不确定因素较多。因此，施工前必须进行充分的调查研究，做好各项施工准备工作，制定合理的施工方案，确保施工顺利进行，保证工程质量。

（3）受场地影响。任何建筑物基础都有一定的埋置深度，基坑（槽）的开挖、土方的留置和存放都会受到施工场地的影响，特别是在城市中施工，场地狭窄，往往由于施工方案不妥，导致周围建筑设施出现安全稳定问题。因此，施工前必须充分熟悉施工场地的情况，了解周围建筑物的结构形式和地质技术资料，科学规划，制定切实可行的施工方案，确保周围建筑物安全。

3.1 土 方 开 挖

3.1.1 施工准备

土方开挖前需要做好下列准备工作。

1. 场地清理

对施工区域内的障碍物要调查清楚，制定方案，并征得主管部门的同意，拆除影响施工

的建筑物、构筑物；拆除和改造通信及电力设施、自来水管道、煤气管道、地下管道；迁移树木。

2. 排除地面积水

尽可能利用自然地形和永久性排水设施，采用排水沟、截水沟或挡水坝等设施，把施工区域内的雨雪自然水、低洼地区的积水及时排除，使场地保持干燥，便于土方工程施工。

3. 测设地面控制点

在进行大型场地的平整工作时，利用经纬仪和水准仪将场地设计平面图的方格网在地面上测设固定下来，各角点用木桩定位，并在桩上注明桩号、施工高度，便于施工。

4. 修筑临时设施

修筑临时道路、电力、通信及供水设施，以及生活和生产用临时房屋。

3.1.2 土方开挖方式

在土方工程施工中合理选择土方机械，充分发挥机械的性能，并使各种机械相互配合，以加快施工进度，提高施工质量，降低工程成本，具有十分重要的意义。

1. 场地平整

场地平整包括土方的开挖、运输、填筑和压实等工序。对地势较平坦、含水量适中的大面积平整场地，选用铲运机较适宜；对地形起伏较大，挖方、填方量大且集中的平整场地，运距在1000m以上时，可选择正铲挖土机配合自卸车进行挖土、运土，在填方区配备推土机平整及压路机碾压施工；挖、填方高度均不大，且运距在100m以内时，采用推土机施工，灵活、经济。

2. 基坑开挖

单个基坑和中小型基础基坑，多采用抓铲挖土机和反铲挖土机开挖。抓铲挖土机适用于一、二类土质和较深的基坑，反铲挖土机适用于四类以下土质、深度在4m以内的基坑。

3. 基槽、管沟开挖

在地面上开挖具有一定截面、长度的基槽或沟槽，挖大型厂房的柱列基础和管沟，宜采用反铲挖土机挖土。如果水中取土或开挖土质为淤泥，且坑底较深，则可选择抓铲挖土机挖土。如果土质干燥、槽底开挖不深、基槽长度在30m以上，则可采用推土机或铲运机施工。

4. 整片开挖

基坑较浅，开挖面积大，且基坑土干燥，可采用正铲挖土机开挖。若基坑内土体潮湿，含水量较大，则采用拉铲或反铲挖土机作业。

5. 柱基础基坑、条形基础基槽开挖

对于独立柱基础的基坑及小截面条形基础基槽，可采用小型液压轮胎式反铲挖土机配以翻斗车来完成浅基坑（槽）的挖掘和运土。

3.1.3 土方机械开挖

土方工程施工包括土方的开挖、运输、填筑和压实等。由于土方工程量大、劳动繁重，施工时应尽量采用机械化施工，以减少繁重的体力劳动，加快施工进度。

1. 推土机施工

推土机由拖拉机和推土铲刀组成。按铲刀的操纵机构不同，推土机分为钢索式和液压式两种。目前最常用的是液压式推土机，如图3-1所示。

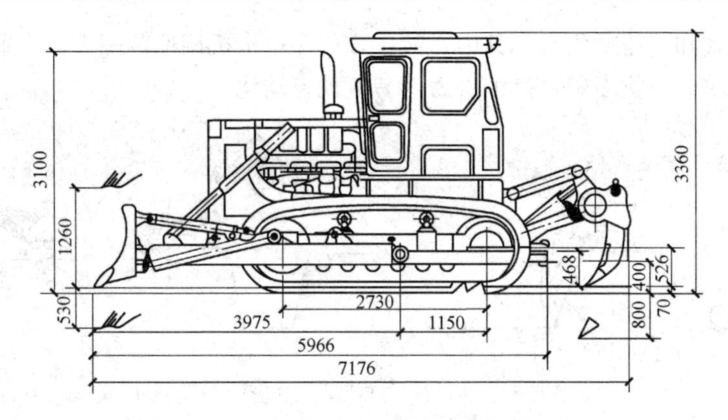

图 3-1　T-L180 型液压式推土机

推土机能够单独完成挖土、运土和卸土的工作，具有操作灵活、运转方便、所需工作面小、行驶速度快、易于转移等特点。

推土机的经济运距在 100m 以内，效率最高的运距为 60m。为提高生产效率，可采用槽形推土、下坡推土及并列推土等方法。

2. 铲运机施工

铲运机是一种能独立完成铲土、运土、卸土、填筑、场地平整的土方施工机械。其按行走方式分为牵引式铲运机和自行式铲运机，按铲斗操纵系统可分为液压操纵和机械操纵两种，如图 3-2 所示。

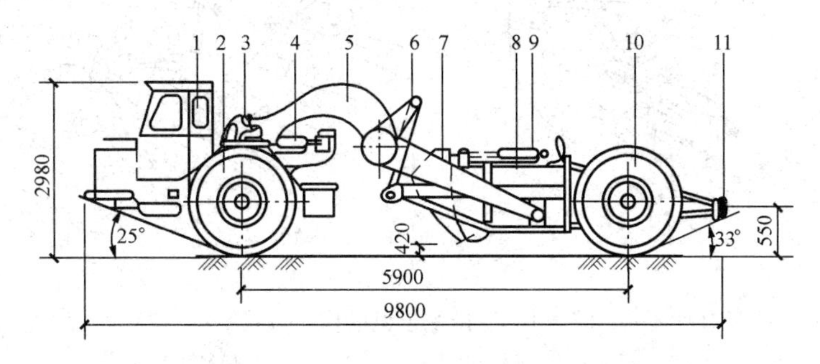

图 3-2　CL7 型自行式铲运机

1—驾驶室；2—前轮；3—中央框架；4—转角油缸；5—辕架；6—提斗油缸；7—斗门；8—铲斗；9—斗门油缸；10—后轮；11—尾架

铲运机对道路要求较低，操纵灵活，具有生产效率较高的特点。它适用于一至三类土中直接挖、运土。铲运机的经济运距为 600～1500m，当运距为 800m 时效率最高。铲运机常用于坡度在 20°以内的大面积场地平整、大型基坑开挖及填筑路基等，不适用于淤泥层、冻土地带及沼泽地区。

为了提高铲运机的生产效率，可以采用下坡铲土、推土机推土助铲等方法，缩短装土时间，使铲斗的土装得较满。铲运机在运行时，应根据填、挖方区的分布情况，结合当地的具体条件，合理选择运行路线（一般有环形路线和 8 字形路线两种形式），提高生产率。

3. 单斗挖土机施工

单斗挖土机是土方开挖常用的一种机械，按工作装置不同，可分为正铲、反铲、拉铲和抓铲 4 种，如图 3-3 所示；按其行走装置不同，分为履带式和轮胎式两类；按操纵机构的不同，可分为机械式和液压式两类。其中，液压式单斗挖土机调速范围大，作业时惯性小，转动平稳，结构简单，一机多用，操纵省力，易实现自动化。

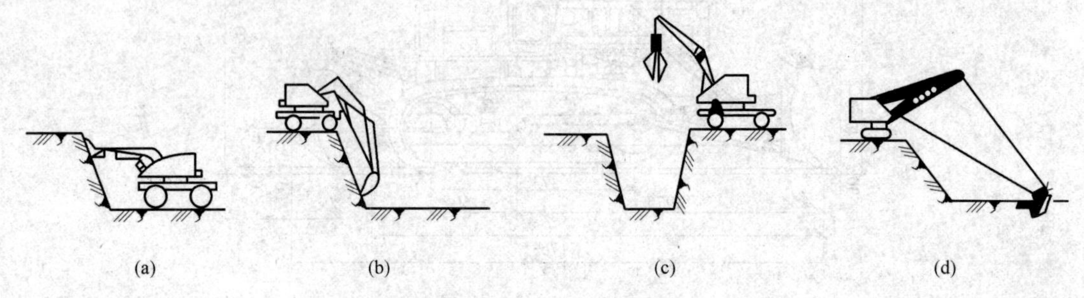

图 3-3　单斗挖土机的类型

（a）正铲；（b）反铲；（c）抓铲；（d）拉铲

（1）正铲挖土机。正铲挖土机的工作特点是前进行驶，铲斗由下向上强制切土，挖掘力大，生产效率高，适用于开挖停机面以上一至三类土，且与自卸汽车配合完成整个挖掘运输作业，可用于挖掘大型干燥的基坑和土丘等。

正铲挖土机的开挖方式，根据开挖路线与运输车辆相对位置的不同，可分为正向挖土、反向卸土和正向挖土、侧向卸土两种，如图 3-4 所示。

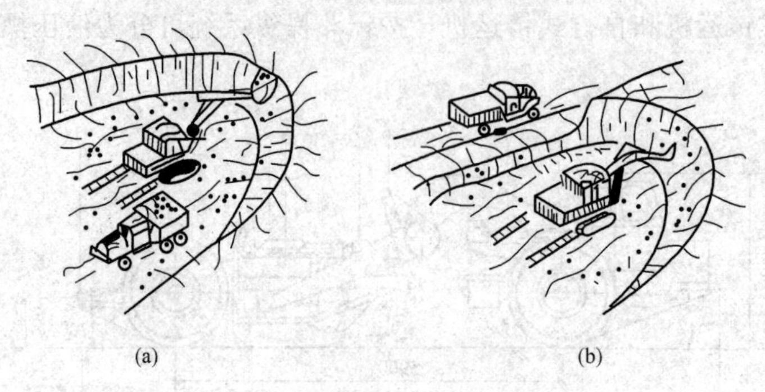

图 3-4　正铲挖土机的作业方式

（a）正向挖土、反向卸土；（b）正向挖土、侧向卸土

1）正向挖土、反向卸土。挖土机沿前进方向挖土，运输车辆停在挖土机后方装土。这种作业方式所开挖的工作面较大，但挖土机卸土时动臂回转角度大，生产率低，运输车辆要倒车开入，一般只适用于开挖工作面较小且较深的基坑。

2）正向挖土、侧向卸土。挖土机沿前进方向挖土，运输车辆停在侧面装土。采用这种作业方式，挖土机卸土时动臂回转角度小，运输工具行驶方便，生产率高，使用广泛。

（2）反铲挖土机。反铲挖土机的工作特点是机械后退行驶，铲斗由上而下强制切土；挖土能力比正铲小；用于开挖停机面以下一至三类土，适用于挖掘深度不大于 4m 的基坑、基槽、管沟开挖，也可用于湿土、含水量较大及地下水位以下的土壤开挖。

反铲挖土机的开挖方式有沟端开挖和沟侧开挖两种。沟端开挖，如图 3-5（a）所示，挖土机停在沟端，向后倒退挖土，汽车停在两旁装土，开挖工作面宽。沟侧开挖，如图 3-5（b）所示，挖土机沿沟槽一侧直线移动挖土，挖土机的移动方向与挖土方向垂直，此法能将土弃于距沟较远处，但挖土宽度受到限制。

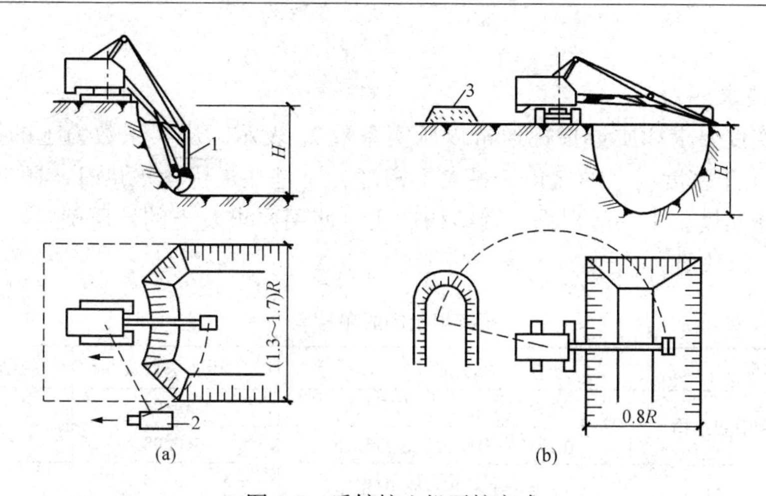

图 3-5　反铲挖土机开挖方式

（a）沟端开挖；（b）沟侧开挖

1—反铲挖土机；2—自卸汽车；3—弃土堆；H—最大挖掘深度；R—最大回转半径

（3）抓铲挖土机。抓铲挖土机主要用于开挖土质比较松软，施工面比较狭窄的基坑、沟槽和沉井等工程，特别适于水下挖土。土质坚硬时不能用抓铲施工。

（4）拉铲挖土机。拉铲挖土机工作时利用惯性，把铲斗甩出后靠收紧和放松钢丝绳进行挖土或卸土，铲斗由上而下，靠自重切土。拉铲挖土机可以开挖一、二类土壤的基坑、基槽和管沟，特别适用于含水量较大的水下松软土和普通土的挖掘。拉铲挖土机的开挖方式与反铲挖土机相似，有沟端开挖和沟侧开挖两种。

4. 装载机

装载机按行走方式分为履带式和轮胎式两种，按工作方式分为单斗式装载机、链式装载机和轮斗式装载机。土方工程中主要使用单斗式装载机，它具有操作灵活、轻便和快速等特点，既适用于装卸土方和散料，也可用于松软土的表层剥离、地面平整和场地清理等工作。

3.2　土方的填筑与压实

建筑工程的回填土主要有地基、基坑（槽）、室内地坪、室外场地、管沟和散水等，回填土一定要密实，以保证回填后的土体不会产生较大的沉陷。

3.2.1　土料填筑的要求

碎石类土、沙土和爆破石渣可用作表层以下的填料。当填方土料为黏土时，填筑前应检查其含水量是否在控制范围内。含水量大的黏土不宜作为填土用。含有大量有机质的土，吸水后容易变形，承载能力降低。含水溶性硫酸盐大于 5％的土，在地下水的作用下，硫酸盐会逐渐溶解消失，形成孔洞，影响土的密实性。这两种土及淤泥、冻土、膨胀土等均不应作为填土使用。

填土应分层进行，并尽量采用同类土填筑。如采用不同土填筑时，应将透水性较大的土层置于透水性较小的土层之下，不能将各种土混杂在一起使用，以免填方内形成水囊。

碎石类土或爆破石渣作填料时，其最大粒径不得超过每层铺土厚度的 2/3，使用振动碾时，不得超过每层铺土厚度的 3/4；铺填时，大块料不应集中，且不得填在分段接头或填方与山坡连接处。

1. 密实度要求

填方的密实度要求和质量指标通常以压实系数 λ_c 表示。压实系数为土的控制（实际）干密度 ρ_d 与最大干密度 ρ_{dmax} 的比值。最大干密度 ρ_{dmax} 是在最优含水量时，通过标准的击实方法确定的。密实度要求一般根据工程结构性质、使用要求及土的性质确定，如未作规定，可参考表 3-1 中的数值。

表 3-1　压实填土的质量控制

结构类型	填土部位	压实系数 λ_c	控制含水量（%）
砌体承重结构和框架结构	在地基主要受力层范围内	≥0.97	$w_{op}\pm2$
	在地基主要受力层范围以下	≥0.95	
排架结构	在地基主要受力层范围内	≥0.96	$w_{op}\pm2$
	在地基主要受力层范围以下	≥0.94	

注　1. 压实系数 λ_c 为压实填土的控制干密度 ρ_d 与最大干密度 ρ_{dmax} 的比值，w_{op} 为最优含水量。
2. 地坪垫层以下及基础底面标高以上的压实填土，压实系数不应小于 0.94。

压实填土的最大干密度 ρ_{dmax}（t/m^3）宜采用击实试验确定。当无试验资料时，可按下式计算，即

$$\rho_{dmax}=\eta\frac{\rho_w d_s}{1+0.01w_{op}d_s} \tag{3-1}$$

式中：η 为经验系数，对于黏土取 0.95，粉质黏土取 0.96，粉土取 0.97；ρ_w 为水的密度（t/m^3）；d_s 为土粒相对密度；w_{op} 为最优含水量（%）（以小数计），可按当地经验或取 w_P+2（w_P 为土的塑限）。

2. 含水量控制

在同一压实功条件下，填土的含水量对压实质量有直接影响。对于较为干燥的土，因其颗粒之间的摩擦阻力较大，故不易被压实。当含水量超过一定限度时，土颗粒之间的孔隙因水的填充而呈饱和状态，也不能被压实。当土的含水量适当时，水起到润滑作用，土颗粒之间的摩擦阻力减小，可以获得较好的压实效果。每种土都有其最佳含水量。土在这种含水量的条件下，使用同样的压实功进行压实，所得到的密度最大，如图 3-6 所示，不同土有不同的最佳含水量，如沙土为 8%～12%、黏土为 19%～23%、粉质黏土为 12%～15%、粉土为 15%～22%。工地上简单检验黏性土含水量的方法是以手握成团落地开花为适宜。

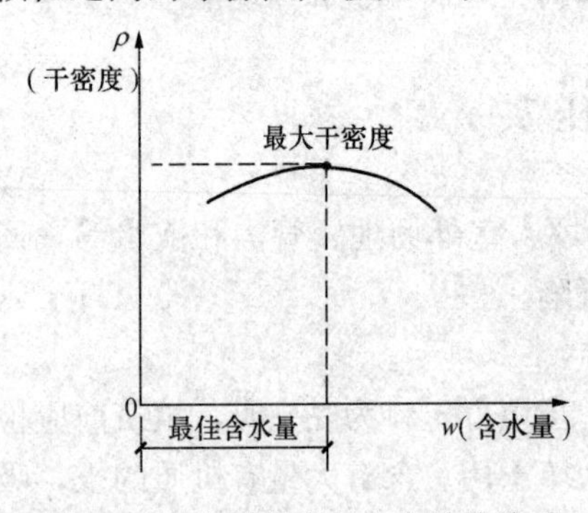

图 3-6　土的干密度与含水量的关系

为了保证填土在压实过程中处于最佳含水量状态，当土过湿时，应予翻松晾干，也可掺入同类干土或吸水性土料；当土过干时，则应预先洒水润湿。

3. 铺土厚度和压实遍数

填土每层铺土厚度和压实遍数视土的性质、设计要求的压实系数和使用的压（夯）实机具性能而定，一般应通过现场碾（夯）压试验确定。表 3-2 为压实机械和工具每层铺土厚度

与所需的碾压（夯实）遍数的参考数值，如无试验依据时，可参考使用。

表3-2　填土施工时的分层厚度及压实遍数

压实机具	分层厚度（mm）	每层压实遍数
平碾	250～300	6～8
振动压实机	250～350	3～4
柴油打夯机	200～250	3～4
人工打夯	不大于200	3～4

3.2.2　填土压实的方法

填土压实的方法一般有碾压法、夯实法和振动压实法，如图3-7所示。

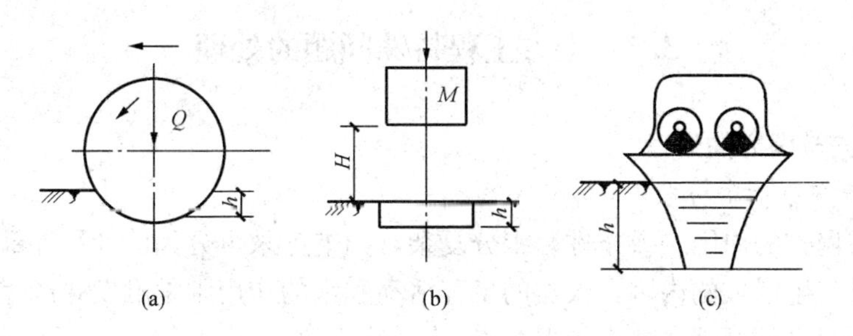

图3-7　填土压实的方法
（a）碾压法；（b）夯实法；（c）振动压实法

1. 碾压法

碾压法是利用机械滚轮的压力压实土壤，使之达到所需的密实度，此法多用于大面积填土工程。碾压机械有光面碾（平碾、压路机）、羊足碾和气胎碾。光面碾对沙土、黏性土均可压实；羊足碾需要较大的牵引力，且只宜压实黏性土，如图3-8所示；气胎碾在工作时是弹性体，其压力均匀，填土压实质量较好。还可利用运土机械进行碾压，也是较经济合理的压实方案，施工时使运土机械的行驶路线能大致均匀地分布在填土区域内，并达到一定的重复行驶遍数，使其满足填土压实质量的要求。

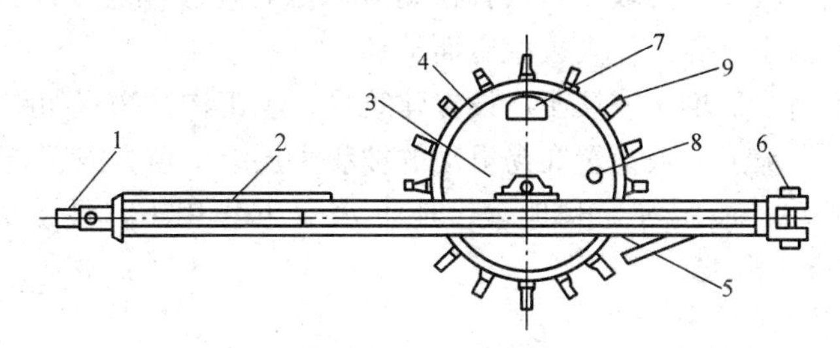

图3-8　羊足碾的构造
1—前拉头；2—机架；3—轴承座；4—碾筒；5—装沙口；
6—羊碾头；7—水口；8—后拉头；9—铲刀

碾压机械压实填方时，行驶速度不宜过快，一般光面碾控制在2km/h，羊足碾控制在3km/h，否则会影响压实效果。

2. 夯实法

夯实法是利用夯锤自由下落的冲击力来夯实土壤，主要用于小面积回填。夯实法分人工

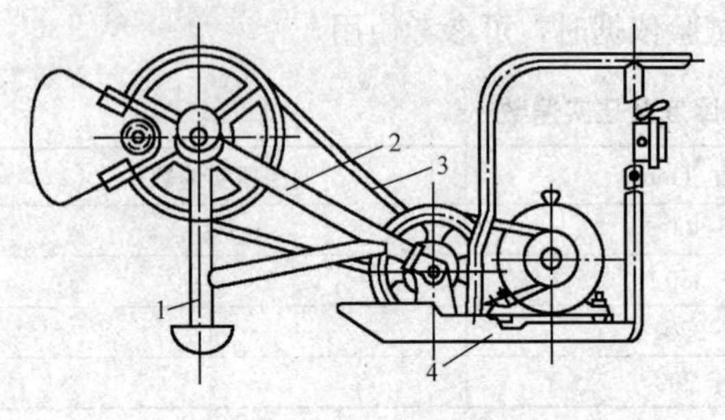

图 3-9 蛙式打夯机
1—夯头；2—夯架；3—三角带；4—底盘

夯实和机械夯实两种。常用的夯实机械有夯锤、内燃夯土机和蛙式打夯机（如图 3-9 所示）。夯实法适用于夯实砂性土、湿陷性黄土、杂填土及含有石块的填土。

3. 振动压实法

振动压实法是将振动压实机械放在土层表面，借助振动机械使压实机械振动，土颗粒在振动力的作用下发生相对位移而达到紧密状态。这种方法对振实非黏性土的效果较好。

3.3 土方工程特殊问题的处理

3.3.1 滑坡与塌方的处理

1. 滑坡与塌方原因的分析

产生滑坡与塌方的原因（或条件）十分复杂，归纳起来可分为内部和外部两个方面。不良的地质条件是产生滑坡的内因，人类的工程活动和水的作用则是触发并产生滑坡的主要外因。产生滑坡与塌方的原因主要有如下几点：

（1）斜坡土（岩）体本身存在倾向相近、层理发达、破碎严重的裂隙，或内部夹有易滑动的软弱带，如软泥、黏土质岩层，受水浸后滑动或塌落。

（2）土层下有倾斜度较大的岩层，或软弱土夹层；或土层下的岩层虽近于水平，但距边坡过近，边坡倾角过大，在堆土或堆置材料、建筑物荷载和地表水的作用下，增加了土体的负担，降低了土与土、土体与岩面之间的抗剪强度，而引起滑坡或塌方。

（3）边坡坡度不够，倾角过大，土体因雨水或地下水浸入，剪切应力增大，黏聚力减弱，使土体失稳而滑动。

（4）开堑挖方，不合理的切割坡脚；坡脚被地表、地下水掏空；斜坡地段下部被冲沟所切，地表、地下水浸入坡体；开坡放炮坡脚松动等原因，使坡体坡度加大，破坏了土（岩）体的内力平衡，使上部土（岩）体失去稳定而滑动。

（5）在坡体上不适当的堆土或填土，设置建筑物；土工构筑物（如路堤、土坝）设置在尚未稳定的古（老）滑坡上，或设置在易滑动的坡积土层上，填方或建筑物增荷后，重心改变，在外力（堆载振动、地震等）和地表、地下水双重作用下，坡体失去平衡或触发古（老）滑坡复活，而产生滑坡。

2. 处理措施和方法

（1）加强工程地质勘察，对拟建场地（包括边坡）的稳定性进行认真的分析和评价；工程和线路一定要选在边坡稳定的地段，对具备滑坡形成条件的或存在有古老滑坡的地段，一般不应选作建筑场地，或采取必要的措施加以预防。

（2）做好泄洪系统，在滑坡范围外设置多道环形截水沟，以拦截附近的地表水，在滑坡区域内，修设或疏通原排水系统，疏导地表水及地下水，阻止其渗入滑坡体内。主排水沟宜与滑坡的滑动方向一致，支排水沟宜与滑坡方向成 30°～45°斜交，防止冲刷坡脚。

（3）处理好滑坡区域附近的生活及生产用水，防止浸入滑坡地段。

（4）如因地下水活动有可能形成山坡浅层滑坡时，可设置支撑盲沟、渗水沟，排除地下水。盲沟应布置在平行于滑坡滑动方向有地下水露头处。做好植被工程。

（5）保持边坡有足够的坡度，避免随意切割坡脚。土体尽量削成较平缓的坡度，或做成台阶形，使中间有1～2个平台，以增加稳定性，如图3-10（a）所示；当土质不同时，视情况削成2～3种坡度，如图3-10（b）所示。当坡脚处有弃土条件时，将土石方填至坡脚，使其起反压作用，筑挡土堆或修筑台地，避免在滑坡地段切去坡脚或深挖方。当整平场地必须切割坡脚，且不设挡土墙时，应按切割深度将坡脚随原自然坡度由上而下削坡，逐渐挖至要求的坡脚深度，如图3-11所示。

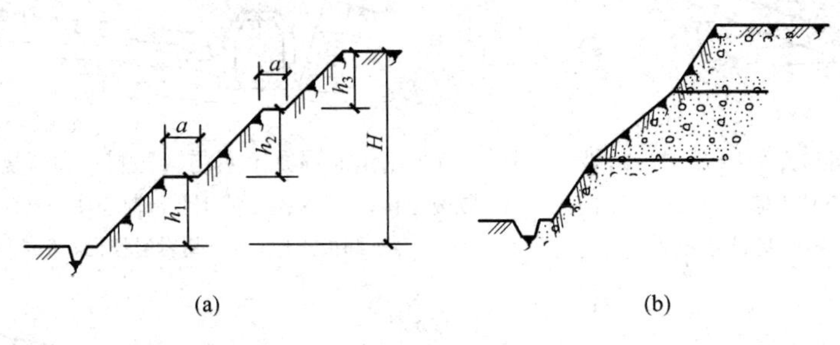

图3-10　边坡处理（a=1500～2000mm）

（a）做台阶或边坡；（b）不同土层留设不同坡度

（6）尽量避免在坡脚处取土，在坡肩上设置弃土或建筑物。在斜坡地段挖方时，应遵守由上而下分层的开挖程序。在斜坡上填方时，应遵守由下往上分层填压的施工程序，避免在斜坡上集中弃土，同时避免对滑坡体产生各种振动。

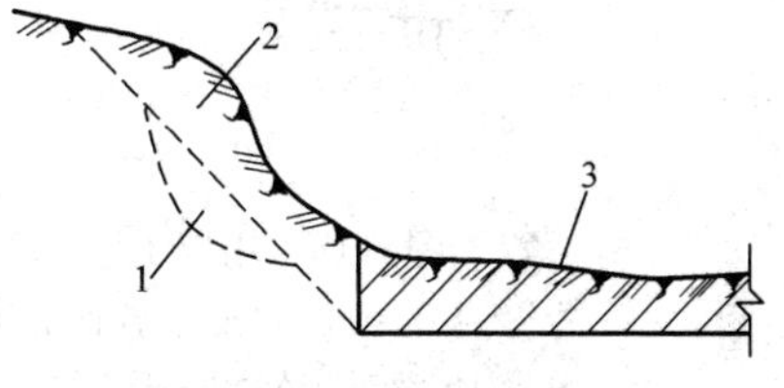

图3-11　切割坡脚措施

1—滑动面；2—应削去的不稳定部分；3—实际挖去部分

（7）对可能出现的浅层滑坡，如滑坡土方量不大，最好将滑坡体全部挖除；如土方量较大，不能全部挖除，且表层破碎含有滑坡夹层，可对滑坡体采取深翻、推压、打乱滑坡夹层、表面压实等措施，以减小滑坡的可能性。

（8）对于滑坡体的主滑地段可采取挖方卸荷、拆除已有建筑物等减重辅助措施，对抗滑地段可采取堆方加重等辅助措施。

（9）当滑坡面土质松散或有大量裂缝时，应进行填平、夯填，防止地表水下渗；在滑坡面植树、种草皮、浆砌片石等保护坡面。

（10）对已滑坡工程，在其稳定后应采用设置混凝土锚固排桩、挡土墙、抗滑明洞、抗滑锚杆或混凝土墩与挡土墙相结合的方法加固坡脚（如图3-12～图3-16所示），并在下段做截水沟、排水沟，陡坡部分采取去土减重的措施，保持适当坡度。

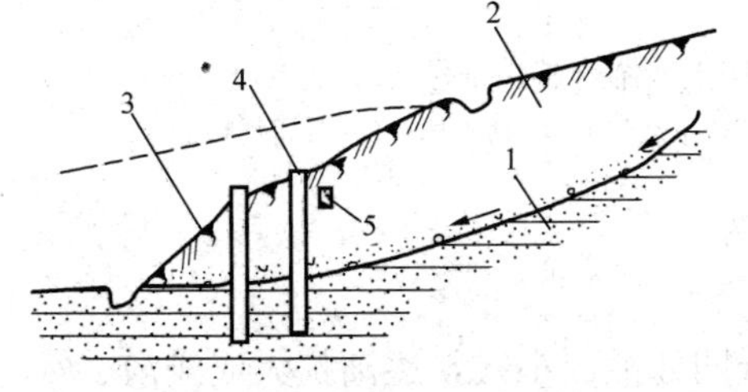

图3-12　用钢筋混凝土锚固桩（抗滑桩）整治滑坡

1—钢筋混凝土锚固排桩；2—滑动土体；3—原地面线；4—基岩滑坡面；5—排水盲沟

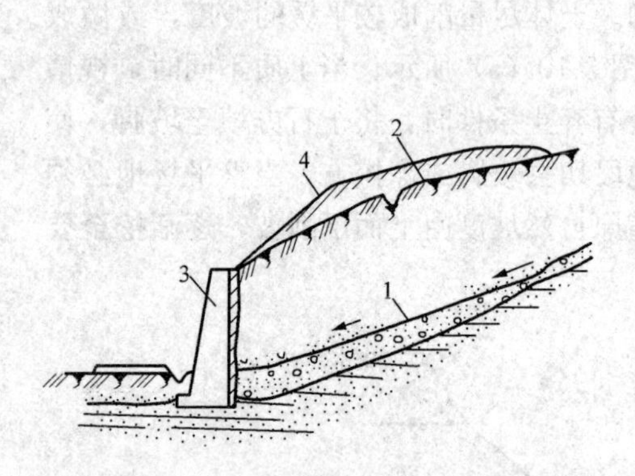

图 3-13 用挡土墙与卸荷结合整治滑坡

1—钢筋混凝土或块石挡土墙；2—卸去土体；3—滑动土体；4—基岩滑坡面

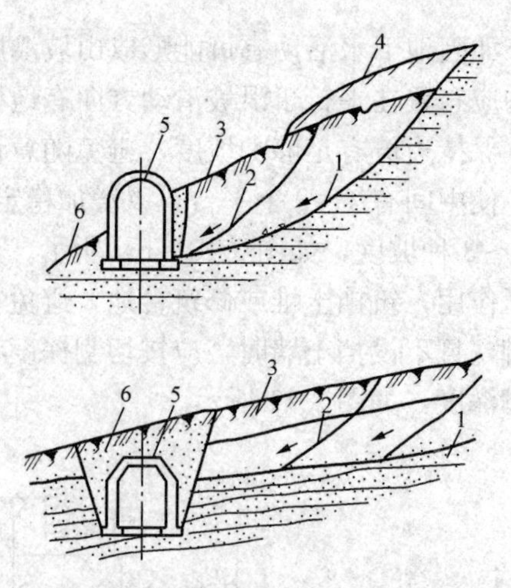

图 3-14 用钢筋混凝土明洞（涵洞）和恢复土体平衡整治滑坡

1—恢复土体；2—混凝土或钢筋混凝土明洞（涵洞）；3—滑动土体；4—卸去土体；5—基岩滑坡面；6—土体滑动面

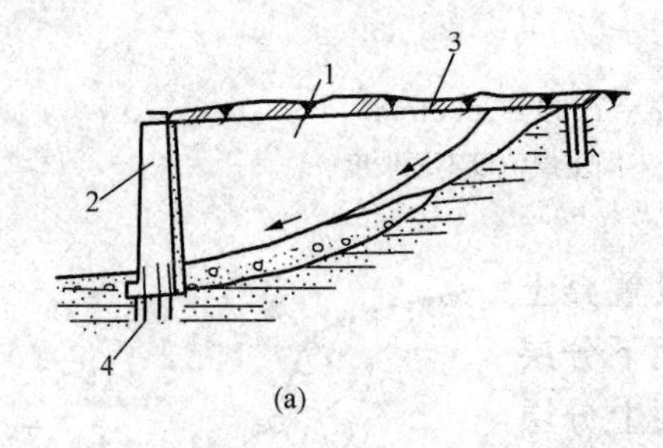

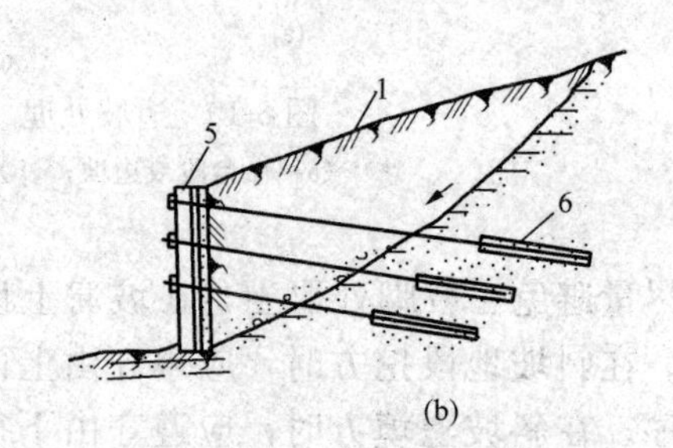

图 3-15 用挡土墙（挡土板、柱）与岩石（土层）锚杆结合整治滑坡

(a) 挡土墙与岩石锚杆结合整治滑坡；(b) 挡土板、柱与土层锚杆结合整治滑坡

1—滑动土体；2—岩石锚杆；3—锚桩；4—挡土墙；5—挡土板、柱；6—土层锚杆

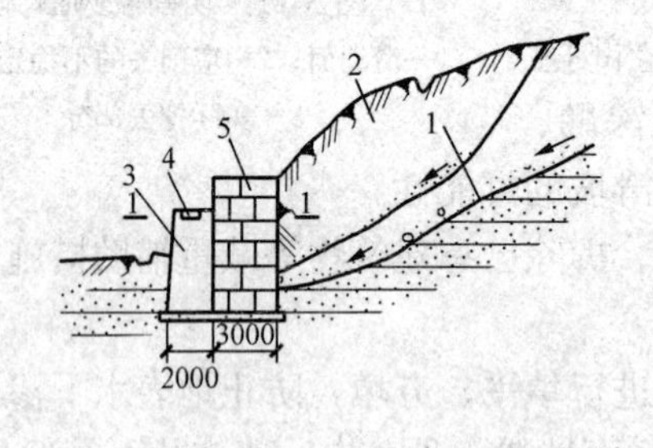

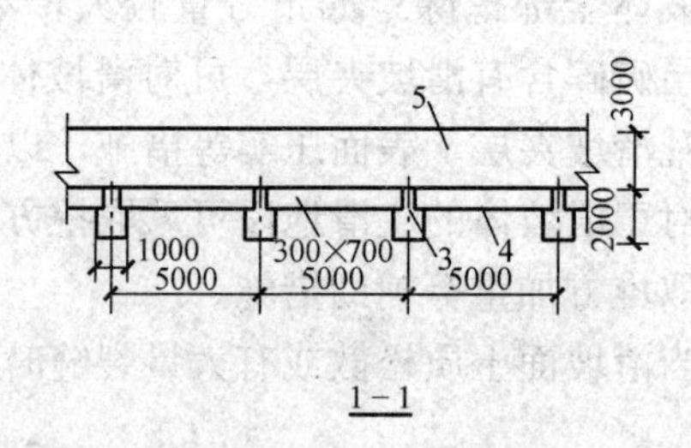

图 3-16 用混凝土墩与挡土墙结合整治滑坡

1—混凝土墩；2—钢筋混凝土横梁；3—块石挡土墙；4—滑动土体；5—基岩滑坡面

3.3.2 冲沟、土洞、故河道、古湖泊的处理

1. 冲沟的处理

冲沟多由于暴雨冲刷剥蚀坡面形成，先在低凹处蚀成小穴，逐渐扩大成浅沟，然后进一步冲刷，就成为冲沟。在黄土地区经常大量出现，有的深达 5～6m，表层土松散。

一般处理方法是对边坡上不深的冲沟，可用好土或 3∶7 灰土逐层回填夯实，或用浆砌块石填砌至坡面平齐，并在坡顶做排水沟及反水坡，以阻截地表雨水冲刷坡面；对地面冲沟用土分层夯填，因其土质结构松散，承载力低，可采用加宽基础的处理方法。

2. 土洞的处理

在黄土层或岩溶地层，由于地表水的冲蚀或地下水的潜蚀作用形成的土洞、落水洞往往十分发育，常成为排泄地表径流的暗道，影响边坡或场地的稳定，因此，必须对其进行处理，以避免其继续扩大，造成边坡坍方或地基塌陷。

处理方法是将土洞上部挖开，清除软土，分层回填好土（灰土或砂卵石）夯实，面层用黏土夯填并使之比周围地表高些，同时做好地表水的截流，将地表径流引到附近排水沟中，不使其下渗；对地下水可采用截流改道的办法；如用作地基的深埋土洞，宜用砂、砾石、片石或贫混凝土填灌密实，或用灌浆挤压法加固。对地下水形成的土洞和陷穴，除先挖除软土抛填块石外，还应做反滤层，面层用黏土夯实。

3. 故河道、古湖泊的处理

根据其成因，有年代久远经过长期大气降水及自然沉实，土质较为均匀、密实，含水量在 20%左右，含杂质较少的故河道、古湖泊；有年代近的土质结构均较松散，含水量较大，含较多碎块、有机物的故河道、古湖泊。这些都是在天然地貌低洼处由于长期积水、泥沙沉积而形成的，其土层由黏性土、细砂、粗砂、卵石和角砾构成。

对于年代久远的故河道、古湖泊，因其已被密实的沉积物填满，底部尚有砂卵石层，一般土的含水量小于 20%，且无被水冲蚀的可能性，土的承载力不低于相接天然土的承载力，故可不处理。对于年代近的故河道、古湖泊，因其土质较均匀，含有少量杂质，含水量大于 20%，如沉积物填充密实，承载力不低于同一地区的天然土，也可不处理；如为松软含水量大的土，应挖除后用好土分层夯实，或采取地基加固措施；用作地基部位用灰土分层夯实，与河、湖边坡接触部位做成阶梯形接槎，阶宽不小于 1m，接槎处应仔细夯实，回填时应按先深后浅的顺序进行。

3.3.3　橡皮土的处理

当地基为黏性土且含水量很大、趋于饱和时，夯（拍）打后，地基土将变成踩上去有一种颤动感觉的土，称为“橡皮土”。

1. 橡皮土形成的原因

在含水量很大的黏土、粉质黏土、淤泥质土、腐殖土等原状土上进行夯（压）实或回填，或采用这类土进行回填土工程时，由于原状土被扰动，颗粒之间的毛细孔遭到破坏，水分不易渗透和散发，当气温较高时，对其进行夯击或碾压，特别是用光面碾（夯锤）滚压（或夯实），表面会形成硬壳，更加阻止了水分的渗透和散发，形成软塑状的橡皮土。

2. 处理措施和方法

（1）暂停一段时间施工，避免再直接拍打，使橡皮土的含水量逐渐降低，或将土层翻起进行晾槽。

（2）如地基土已成为橡皮土，可在上面铺一层碎石或碎砖后进行夯击，将表土层挤紧。

（3）对橡皮土现象较严重的，可将土层翻起并粉碎均匀，掺加石灰粉以吸收水分水化，同时改变原土结构成为灰土，使之具有一定的强度和水稳性。

（4）当为荷载大的房屋地基，用打石桩将毛石（块度为 20～30cm）依次打入土中，或垂直打入 M10 机砖，纵距为 26cm，横距为 30cm，直至打不下去为止，最后在上面满铺厚度为 50mm 的碎石再夯实。

（5）采取换土，挖去橡皮土，重新填好土或级配砂石夯实。

3.3.4 流沙的处理

当基坑（槽）开挖深于地下水位0.5m以下，采取坑内抽水时，坑（槽）底下面的土产生流动状态随地下水一起涌进坑内，边挖、边冒，无法挖深的现象称为“流沙”。

发生流沙时，土完全失去承载力，使施工条件恶化；当流沙严重时，会引起基础边坡塌方，附近建筑物会因地基被掏空而下沉、倾斜，甚至倒塌。

1. 流沙形成的原因

（1）当坑外水位高于坑内抽水后的水位时，坑外水压向坑内流动的动水压等于或大于颗粒的浸水密度，使土粒悬浮失去稳定变成流动状态，随水从坑底或四周涌入坑内，如果施工时采取强挖，则抽水越深，动水压就越大，流沙就越严重。

（2）由于土颗粒周围附着亲水胶体颗粒，饱和时胶体颗粒吸水膨胀，使土粒密度减小，因而土颗粒在不大的水冲力下能悬浮流动。

（3）饱和沙土在振动的作用下，结构被破坏，使土颗粒悬浮于水中并随水流动。

2. 流沙的处理方法

流沙的主要处理方法是减小或平衡动水压力或使动水压力向下，使坑底土粒稳定，不受水压干扰。常用的处理措施和方法有如下几个：

（1）安排在全年最低水位季节施工，使基坑内的动水压减小。

（2）采取水下挖土（不抽水或少抽水），使坑内水压与坑外地下水压相平衡或缩小水头差。

（3）采用井点降水，使水位降至基坑底0.5m以下，使动水压力的方向朝下，坑底土面保持无水状态。

（4）沿基坑外围四周打板桩，深入坑底下面一定深度，增加地下水从坑外流入坑内的渗流路线和渗水量，减小动水压力。

（5）采用化学压力注浆或高压水泥注浆的方法，固结基坑周围的粉砂层使其形成防渗帷幕。

（6）往坑底抛大石块，增加土的压重和减小动水压力，同时组织快速施工。

（7）当基坑面积较小时，可在四周设钢板护筒，随着挖土深度的增加，直到穿过流沙层为止。

3.4 冬、雨期施工措施

3.4.1 土方工程的冬期施工

冬期施工，是指室外日平均气温连续5d稳定低于5℃即进入冬期施工，用一般的施工方法难以达到预期目的，必须采取特殊措施进行施工的方法。因土方工程冬期施工的造价高、功效低，故施工一般应在入冬前完成。如果必须在冬期施工，其施工方法应根据本地区气候、土质和冻结情况，并结合施工条件进行技术比较后确定。

1. 地基土的保温防冻

土在冬期由于受冻变得坚硬，挖掘困难。土的冻结有其自然规律，在整个冬期，土层的冻结厚度（冻结深度）可参见有关的建筑施工手册，其中未列出的地区，在地面无雪和草皮

覆盖的条件下，全年标准冻结深度 Z_0（m）可按式（3-2）计算，即

$$Z_0 = 0.28\sqrt{\sum T_m + 7} - 0.5 \tag{3-2}$$

式中：$\sum T_m$ 为低于 0℃的月平均气温的累计值（取连续 10 年以上的平均值），以正号代入。

土方工程冬期施工时应采取防冻措施，常用的方法有松土防冻法、覆盖雪防冻法和隔热材料防冻法等。

（1）松土防冻法。入冬期，在挖土的地表层先翻松 25～40cm 厚表层土并耙平，其宽度应不小于土冻结深度的两倍与基底宽度之和。在翻松的土中有许多充满空气的孔隙，可以降低土层的导热性，达到防冻的目的。

（2）覆盖雪防冻法。降雪量较大的地区，可利用较厚的雪层覆盖作保温层，防止地基土冻结。对于大面积的土方工程，可在地面上与风主导方向垂直的方向设置篱笆、栅栏或雪堤（高度为 0.5～1.0m，间距为 10～15m），人工积雪防冻。对于面积较小的基槽（坑）土方工程，在土冻结前，可以在地面上挖积雪沟（深度为 30～50cm），并随即用雪将沟填满，以防止未挖土层冻结。

（3）隔热材料防冻法。对于面积较小的基槽（坑）地基土，可在土层表面直接覆盖炉渣、锯末、草垫、树叶等保温材料，其宽度为土层冻结深度的两倍与基槽宽度之和。

2. 冻土的融化

冻结土的开挖比较困难，可用外加热能融化后再进行挖掘。这种方式只有在面积不大的工程上采用，费用较高。

（1）烘烤法。烘烤法适用面积较小、冻土不深、燃料充足的地区。常用锯末、谷壳和刨花等作燃料。在冻土上铺上杂草、木柴等引火材料，然后撒上锯末，上面再压数厘米的土，让它不起火苗地燃烧。250mm 厚的锯末经一夜燃烧可融化冻土 300mm 左右，开挖时应分层分段进行。

（2）蒸汽熔化法。当热源充足、工程量较小时，可采用蒸汽融化法，即把带有喷气孔的钢管插入预先钻好的冻土孔中，通蒸汽融化。

3. 冻土的开挖

冻土的开挖方法有人工法开挖、机械法开挖、爆破法开挖 3 种。

（1）人工法开挖。人工法开挖冻土适用于开挖面积较小、场地狭窄、不具备其他方法进行土方破碎开挖的情况。开挖时一般用大铁锤和铁楔子劈冻土。

（2）机械法开挖。机械法开挖适用于大面积的冻土开挖。破土机械根据冻土层的厚度和工程量的大小选用。当冻土层厚度小于 0.25m 时，可直接用铲运机、推土机、挖土机挖掘；当冻土层厚度为 0.6～1.0m 时，用打桩机将楔形劈块按一定顺序打入冻土层，劈裂破碎冻土，或用起重设备将质量为 3～4t 的尖底锤吊至 5～6m 高时，脱钩自由落下，击碎冻土层（击碎厚度可达 1～2m），然后用斗容量大的挖土机进行挖掘。

（3）爆破法开挖。爆破法开挖适用于面积较大、冻土层较厚的土方工程。采用打炮眼、填药的爆破方法将冻土破碎后，用机械挖掘施工。

4. 冬期回填土施工

由于冻结土块坚硬且不易破碎，回填过程中又不易被压实，待温度回升、土层解冻后会造成较大的沉降。因此，为保证冬期回填土的工程质量，在冬期回填土施工时必须按照施工及验收规范的规定组织施工。

冬期填方前，要清除基底的冰雪和保温材料，排除积水，挖除冻块或淤泥。对于基础和地面工程范围内的回填土，冻土块的含量不得超过回填土总体积的15%，且冻土块的粒径应小于15cm。填方宜连续进行，且应采取有效的保温防冻措施，以免地基土或已填土受冻。填方时，每层的虚铺厚度应比常温施工时减少20%～25%。填方的上层应用未冻的、不冻胀或透水性好的土料填筑。

3.4.2 土方工程的雨期施工

1. 雨期施工准备

在雨期到来之际，对施工现场、道路及设施必须做好有组织的排水；对施工现场临时设施、库房要做好防雨排水的准备；对现场的临时道路进行加固、加高，或在雨期加铺炉渣、砂砾或其他防滑材料；在施工现场应准备足够的防水、防汛材料（如草袋、油毡雨布等）和器材工具等。

2. 土方工程的雨期施工

雨期开挖基槽（坑）或管沟时，开挖的施工面不宜过大，应从上至下分层分段依次施工，随时将底部做成一定的坡度，应经常检查边坡的稳定性，适当放缓边坡或设置支撑。雨期不要在滑坡地段进行施工。大型基坑开挖时，为防止被雨水冲塌，可在边坡上加钉钢丝网片，再浇筑50mm厚的细石混凝土。地下的池、罐构筑物或地下室结构，完工后应抓紧基坑四周回填土施工和上部结构的继续施工，否则会引发地下室和池子上浮的事故。

3.5 土方工程质量验收

3.5.1 一般规定

（1）土方工程施工前应进行挖、填方的平衡计算，综合考虑土方运距最短、运程合理和各个工程项目的合理施工程序等，做好土方平衡调配，减少重复挖运。土方平衡调配应尽可能与城市规划和农田水利相结合，将余土一次性运到指定弃土场，做到文明施工。

（2）当土方工程挖方较深时，施工单位应采取措施防止基坑底部土隆起，并避免危害周边环境。

（3）在挖方前，应做好地面排水和降低地下水位的工作。

（4）平整场地的表面坡度应符合设计要求，如设计无要求，排水沟方向的坡度不应小于0.2%。平整后的场地表面应逐点检查。检查点为每100～400m^2取1点，但不应少于10点；长度、宽度和边坡均为每20m取1点，每边不应少于1点。

（5）在土方工程施工过程中，应经常测量和校核其平面位置、水平标高和边坡坡度。对平面控制桩和水准控制点应采取可靠的保护措施，定期复测和检查。土方不应堆在基坑边缘。

（6）在雨期和冬期施工还应遵守国家现行有关标准。

3.5.2 土方开挖质量验收

（1）土方开挖前应检查定位放线、排水和降低地下水位系数，合理安排土方运输车的行走路线及弃土场位置。

（2）施工过程中应检查平面位置、水平标高、边坡坡度、压实度、排水、降低地下水位系统，并随时观测周围的环境变化。

（3）临时性挖方的边坡值见表 3-3。

表 3-3　**临时性挖方的边坡值**

土的类别		边坡值（高∶宽）
砂土（不包括细砂、粉砂）		1∶1.25～1∶1.50
一般性黏土	硬	1∶0.75～1∶1.00
	硬、塑	1∶1.00～1∶1.25
	软	1∶1.50 或更缓
碎石类土	充填坚硬、硬塑黏性土	1∶0.50～1∶1.00
	充填沙土	1∶1.00～1∶1.50

注　1. 设计有要求时，应符合设计标准。
2. 如采取降水或其他加固措施，可不受本表限制，但应计算复核。
3. 开挖深度，对软土不应超过 4m，对硬土不应超过 8m。

（4）土方开挖工程的质量检验标准见表 3-4。

表 3-4　**土方开挖工程的质量检验标准**　mm

项目	序次	检查项目	允许偏差或允许值					检验方法
			柱基基坑基槽	挖方场地平整		管沟	地（路）面基层	
				人工	机械			
主控项目	1	标高	−50	±30	±50	−50	−50	水准仪
	2	长度、宽度（由设计中心线向两边量）	+200 −50	+300 −100	+500 −150	+100	—	经纬仪，用钢尺量
	3	边坡	设计要求					观察或用坡度尺检查
一般项目	1	表面平整度	20	20	50	20	20	用 2m 靠尺和楔形塞尺检查
	2	基底土性	设计要求					观察或土样分析

3.5.3　土方回填质量验收

（1）土方回填前应清除基底的垃圾、树根等杂物，抽除坑穴积水、淤泥，验收基底标高。如在耕植土或松土上填方，则应在基底压实后再进行。

（2）对填方土料应按设计要求验收合格后方可填入。

（3）填方施工过程中应检查排水措施，每层填筑厚度、含水量控制、压实程度。填筑厚度及压实遍数应根据土质、压实系数及所用机具确定。如无试验依据，按表 3-2 的规定执行。

（4）填方施工结束后，应检查标高、边坡坡度、压实程度等，其质量检验标准见表 3-5。

表 3-5　**填方工程的质量检验标准**　mm

项目	序次	检查项目	允许偏差或允许值					检验方法
			柱基基坑基槽	场地平整		管沟	地（路）面基础层	
				人工	机械			
主控项目	1	标高	−50	±30	±50	−50	−50	水准仪
	2	分层压实系数	设计要求					按规定方法
一般项目	1	回填土料	设计要求					取样检查或直观鉴别
	2	分层厚度及含水量	设计要求					观察或土样分析
	3	表面平整度	20	20	30	20	20	用塞尺或水准仪

基础训练

1. 土方工程施工中，根据土体开挖的难易程度，土体是如何分类的?

2. 土的可松性对土方施工有何影响?

3. 单斗挖土机有哪几种类型? 其工作特点和适用范围如何? 正铲、反铲挖土机开挖方式有哪几种? 如何选择?

4. 填土压实有哪几种方法? 各有什么特点? 影响填土压实的主要因素有哪些?

5. 什么是土的最佳含水量? 土的含水量和控制干密度对填土压实质量有何影响?

6. 土方工程冬期施工有哪些防冻措施? 雨期施工应注意哪些问题?

学习情境4 基坑支护施工

【学习目标】

- 能根据实际工程条件，选择浅基坑工程的土壁支护形式
- 掌握各种深基坑支护结构的施工工艺
- 掌握基坑支护工程施工安全要点

【引例导入】

某综合楼基坑处于高阶地垅岗斜坡地带，构成边坡的土（岩）层主要是超固结的老豁性土、残积土和风化软岩。工程设二层地下室，地下室平面呈近似正方形，周长450m，基坑面积约12000m²。场地地形呈南高北低趋势，南北高差最大达4.5m，一层地下室部分实际基坑开挖深度为5.5～10.0m，二层地下室部分实际基坑开挖深度为9.5～14.0m。基坑边坡滑塌地段支护设计为喷锚支护，分3级放坡。当基坑深度开挖至6～8m时，基坑东侧、南侧东段和北侧出现较大的水平位移，采取了加固补强措施。在基坑开挖至基底进行基础底板结构施工时，基坑南侧西段二级边坡发生变形破坏，一级边坡坡顶出现裂缝，随着时间的推移，一级边坡变形加剧，发生滑坡，滑落土体覆盖到二级边坡外已铺设的结构钢筋网上，滑坡后缘落差达1.7m左右，滑坡宽度22m左右，滑坡后缘已临近该侧4层宿舍楼，危及该楼房的安全。

你认为滑坡的原因有哪些?

4.1 支护结构构造

4.1.1 支护结构的类型

支护结构（包括围护墙和支撑）按其工作机理和围护墙的形式分为多种类型，如图4-1所示。

（1）水泥土挡墙式，依靠其本身自重和刚度保护坑壁，一般不设支撑，特殊情况下经采取措施后也可局部加设支撑。

（2）排桩与板墙式，通常由围护墙、支撑（或土层锚杆）及防渗帷幕等组成。

（3）土钉墙由密集的土钉群、被加固的原位土体、喷射的混凝土面层等组成。

4.1.2 支护结构的构造

1. 围护墙

（1）深层搅拌水泥土桩墙。深层搅拌水泥土桩墙围护墙是用深层搅拌机就地将土和输入的水泥浆强制搅拌，形成连续搭接的水泥土柱状加固体挡墙。水泥土加固体的渗透系数不大于10^{-7}cm/s，能止水防渗，因此，这种围护墙属重力式挡墙，利用其本身自重和刚度进行挡土和防渗，具有双重作用。

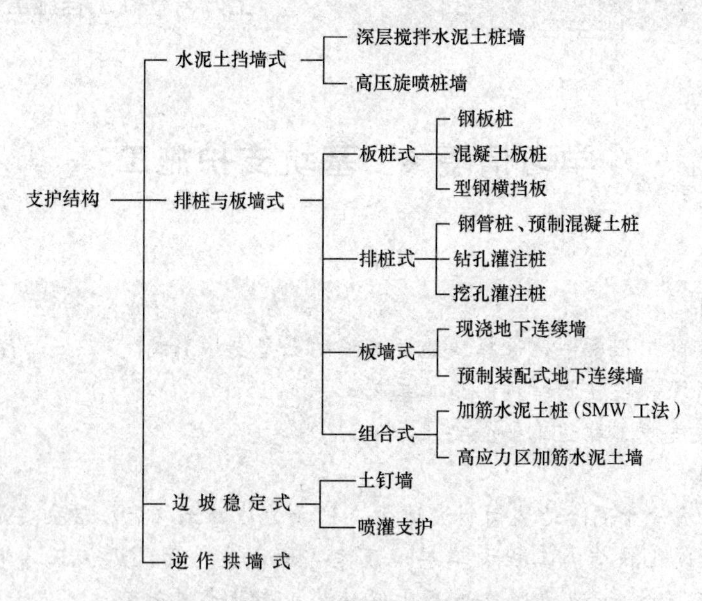

图 4-1　支护结构的类型

水泥土围护墙截面呈格栅形，相邻桩的搭接长宽不小于 200mm，截面置换率对淤泥不宜小于 0.8，淤泥质土不宜小于 0.7，一般黏性土、黏土及砂土不宜小于 0.6。格栅长度比不宜大于 2。

墙体宽度 b 和插入深度 h_d，根据坑深、土层分布及其物理力学性能、周围环境情况、地面荷载等计算确定。在软土地区，当基坑开挖深度 $h \leqslant 5$m 时，可按经验取 $b=(0.6\sim0.8)h$，$h_d=(0.8\sim1.2)h$。基坑深度一般不应超过 7m，此种情况下较经济。墙体宽度以 500mm 进位，即 b 为 2.7、3.2、3.7、4.2m 等。插入深度前后排可稍有不同。

水泥土加固体的强度取决于水泥掺入比（水泥质量与加固土体质量的比值），围护墙常用的水泥掺入比为 12％～14％。常用的水泥品种是强度等级为 32.5 的普通硅酸盐水泥。

水泥土围护墙的强度以龄期 1 个月的无侧限抗压强度 q_u 为标准，应不低于 0.8MPa。水泥土围护墙未达到设计强度前不得开挖基坑。

如为改善水泥土的性能和提高早期强度，可掺加木钙、三乙醇胺、氯化钙、碳酸钠等。

水泥土的施工质量对围护墙的性能有较大影响。要保证设计规定的水泥掺和量，要严格控制桩位和桩身垂直度；要控制水泥浆的水灰比不大于 0.45，否则桩身强度难以保证；要搅拌均匀，采用二次搅拌工艺，喷浆搅拌时控制好钻头的提升或下沉速度；要限制相邻桩的施工间歇时间，以保证搭接成整体。

水泥土围护墙的优点有：由于坑内无支撑，便于机械化快速挖土；具有挡土、挡水的双重功能；一般比较经济。其缺点是不宜用于深基坑，一般不宜大于 6m；位移相对较大，尤其在基坑长度大时，可采取中间加墩、起拱等措施以限制过大的位移；厚度较大，受红线位置和周围环境的局限性，水泥土围护墙宜用于基坑侧壁安全等级为二、三级者，地基土承载力不宜大于 150kPa。

高压旋喷桩所用的材料也为水泥浆，只是施工机械和施工工艺不同。它是利用高压经过旋转的喷嘴将水泥浆喷入土层与土体混合形成水泥土加固体，相互搭接形成桩排，用来挡土和止水。高压旋喷桩的施工费用要高于深层搅拌水泥土桩，但它可用于空间较小处。

（2）钢板桩。

1）槽钢钢板桩。槽钢钢板桩是一种简易的钢板桩围护墙，由槽钢正反扣搭接或并排组成。槽钢的长度为6～8m，型号由计算确定。打入地下后在顶部接近地面处设一道拉锚或支撑。因为其截面抗弯能力弱，故一般用于深度不超过4m的基坑。由于搭接处不严密，一般不能完全止水。如果地下水位高，需要时可用轻型井点降低地下水位。槽钢钢板桩一般只用于一些小型工程。其优点是材料来源广，施工简便，可以重复使用。

2）热轧锁口钢板桩。热轧锁口钢板桩（如图4-2所示）的形式有U形、L形、一字形、H形和组合型。钢板桩的优点是材料质量可靠，在软土地区打设方便，施工速度快而且简便；有一定的挡水能力（小趾口者挡水能力更好）；可多次重复使用；一般费用较低。其缺点是一般的钢板桩刚度不够大，用于较深的基坑时支撑（或拉锚）工作量大，否则变形较大；在透水性较好的土层中不能完全挡水；拔除时易带土，如处理不当会引起土层移动，可能危害周围的环境。

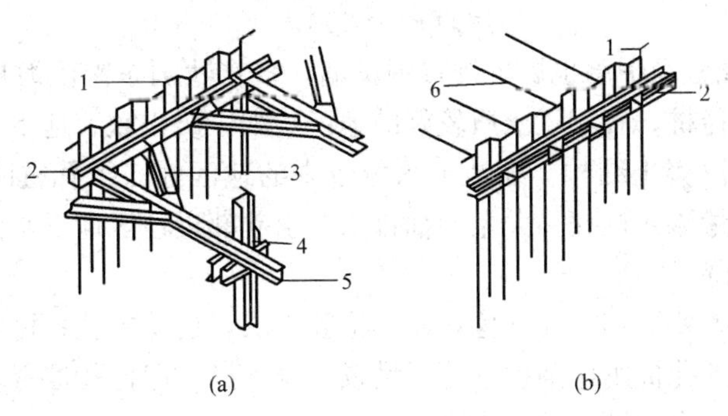

图4-2　热轧锁口钢板桩支护结构

（a）内撑方式；（b）锚拉方式

1—钢板桩；2—围檩；3—角撑；4—立柱与支撑；5—支撑；6—锚拉杆

U形钢板桩多用于对周围环境要求不很高、深度为5～8m的基坑，需视支撑（拉锚）加设情况而定。

3）型钢横挡板。型钢横挡板围护墙也称桩板式支护结构，如图4-3所示。这种围护墙由工字钢（或H形钢）桩和横挡板（也称衬板）组成，再加上围檩、支撑等则成为一种支护体系。施工时先按一定间距打设工字钢或H形钢桩，然后在开挖土方时边挖边加设横挡板。施工结束拔出工字钢或H形钢桩，并在安全允许的条件下尽可能回收横挡板。

横挡板直接承受土压力和水压力，由横挡板传给工字钢桩，再通过围檩传至支撑或拉锚。横挡板的长度取决于工字钢桩的间距和厚度，由计算确定，横挡板多用厚度为60mm的木板或预制钢筋混凝土薄板。

型钢横挡板围护墙多用于土质较好、地下水位较低的地区。

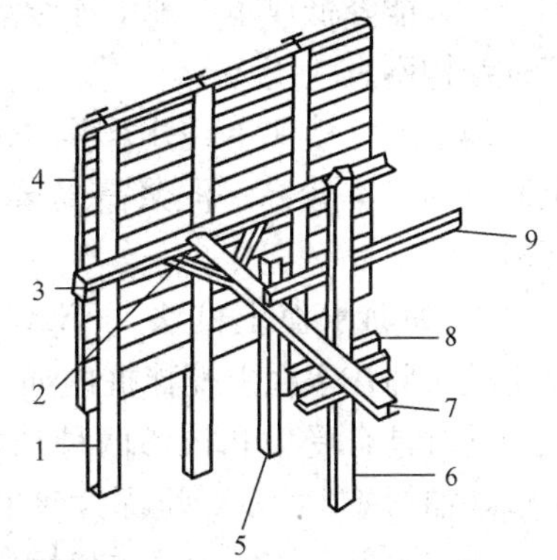

图4-3　型钢横挡板支护结构

1—工字钢（H形钢）；2—八字撑；3—腰梁；4—横挡板；5—水平联系杆；6—立柱上的支撑件；7—横撑；8—立柱；9—垂直联系杆件

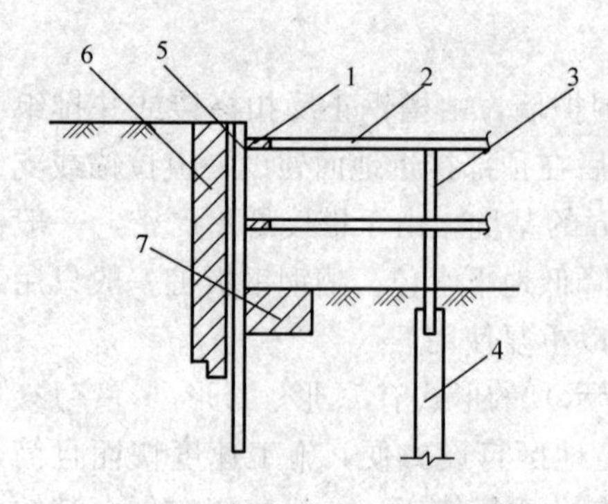

图 4-4 钻孔灌注桩排围护墙

1—围檩；2—支撑；3—立柱；4—工程桩；5—坑底水泥土搅拌桩加固；6—水泥土搅拌桩挡水帷幕；7—钻孔灌注桩围护墙

4）钻孔灌注桩。根据目前的施工工艺，钻孔灌注桩（如图 4-4 所示）为间隔排列，缝隙不小于 100mm，因此，它不具备挡水功能，需另做挡水帷幕，目前我国应用较多的是厚度为 1.2m 的水泥土搅拌桩。当钻孔灌注桩用于地下水位较低的地区时，不需要做挡水帷幕。

钻孔灌注桩施工时无噪声、无振动、无挤土，刚度大，抗弯能力强，变形较小，几乎在全国都有应用。钻孔灌注桩多用于基坑侧壁安全等级为一、二、三级，坑深为 7～15m 的工程，在土质较好的地区可设置 8～9m 的悬臂桩，在软土地区多加设内支撑（或拉锚），悬臂式结构不宜大于 5m。桩径和配筋由计算确定，常用直径为 600、700、800、900、1000mm。

5）挖孔桩。挖孔桩围护墙也属桩排式围护墙，多在我国东南沿海地区使用。其成孔是人工挖土，多为大直径桩，宜用于土质较好的地区。如土质松软、地下水位高，需边挖土边施工衬圈，衬圈多为混凝土结构。在地下水位较高的地区施工挖孔桩时，还要注意挡水问题，否则地下水会大量流入桩孔，大量的抽排水会引起邻近地区地下水位下降，因土体固结而出现较大的地面沉降。

挖孔桩时，由于人要下到桩孔开挖，便于检验土层，也易扩孔；可多桩同时施工，施工速度可保证；大直径挖孔桩用作围护桩可不设或少设支撑。但挖孔桩劳动强度高、施工条件差，如遇有流沙还有一定危险。

6）地下连续墙。地下连续墙是在基坑开挖之前，用特殊挖槽设备在泥浆护壁之下开挖深槽，然后下钢筋笼浇筑混凝土形成的地下土中的混凝土墙。

地下连续墙施工时对周围环境影响小，能紧邻建（构）筑物等进行施工；刚度大、整体性好、变形小，能用于深基坑；处理好接头能较好地抗渗止水；如用逆作法施工，可实现两墙合一，能降低成本。地下连续墙适用于基坑侧壁安全等级为一、二、三级者；在软土中悬臂式结构不宜大于 5m。

地下连续墙如单纯用作围护墙，只为施工挖土服务则成本较高；泥浆需妥善处理，否则影响环境。

7）加筋水泥土桩法（SMW 工法）。加筋水泥土桩法即在水泥土搅拌桩内插入 H 形钢，使之成为同时具有受力和抗渗两种功能的支护结构围护墙，如图 4-5 所示。坑深大时也可加设支撑。

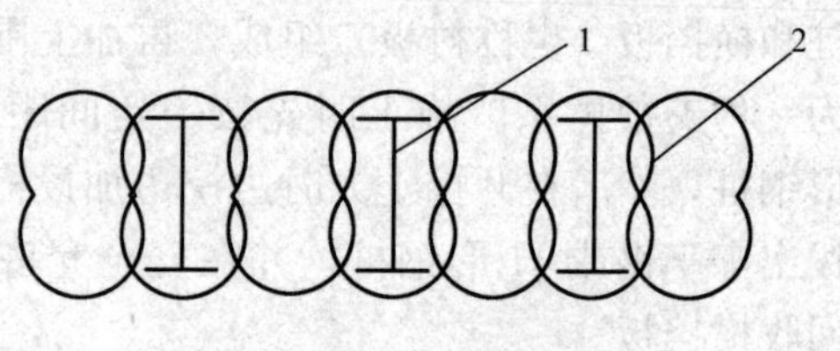

图 4-5 SMW 工法围护墙

1—插在水泥土桩中的 H 形钢；2—水泥土桩

加筋水泥土桩法的施工机械应为带有三根搅拌轴的深层搅拌机，全断面搅拌，H 形钢靠自重可顺利下插至设计标高。由于加筋水泥土桩法围护墙的水泥掺入比达 20%，因此，水泥土的强度较高，与 H 形钢黏结好，能共同作用。

8）土钉墙。土钉墙（如图 4-6 所示）是一种边坡稳定式的支护，其作用与被动起挡土作用的上述围护墙不同，它起主动嵌固作用，增加边坡的稳定性，可使基坑开挖后坡面保持稳定。

施工时，每挖深1.5m左右，挂细钢筋网，喷射细石混凝土面层（厚度为50～100mm），然后钻孔插入钢筋（长度为10～15m，纵、横间距约为1.5m×1.5m），加垫板并灌浆，依次进行直至坑底。基坑坡面有较陡的坡度。

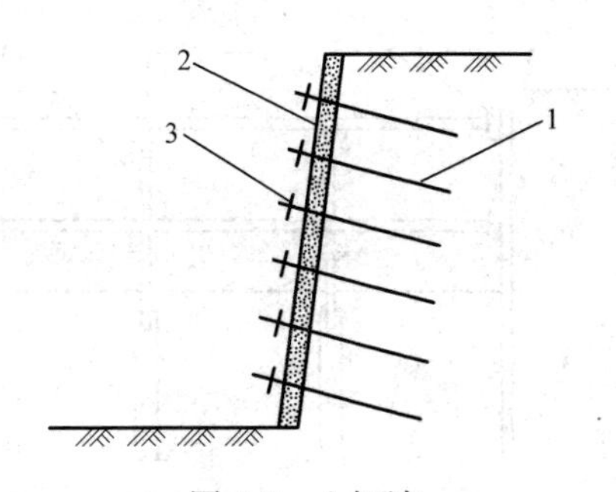

图4-6　土钉墙
1—土钉；2—垫板；3—喷射细石混凝土面层

土钉墙用于基坑侧壁安全等级为二、三级的非软土场地；基坑深度不宜大于12m；当地下水位高于基坑底面时，应采取降水或截水措施。目前，土钉墙在软土场地也有应用。

9）逆作拱墙。当基坑平面形状适合时，可采用拱墙作为围护墙。拱墙有圆形闭合拱墙、椭圆形闭合拱墙和组合拱墙。对于组合拱墙，可将局部拱墙视为两铰拱。

拱墙截面宜为Z字形（如图4-7所示），拱壁的上、下端宜加肋梁，如图4-7（a）所示；当基坑较深，一道Z字形拱墙不够时，可由数道拱墙叠合组成，如图4-7（b）所示，或沿拱墙高度设置数道肋梁，如图4-7（c）所示，肋梁的竖向间距不宜小于2.5m；也可不加设肋梁而用加厚肋壁的办法解决，如图4-7（d）所示。

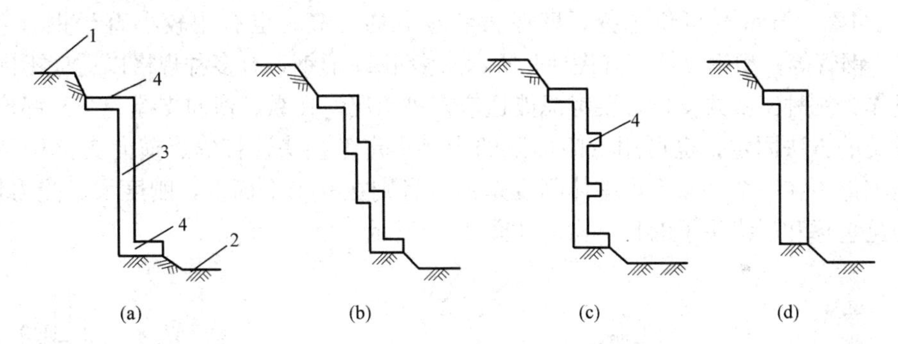

图4-7　拱墙截面
1—地面；2—肋梁；3—拱墙；4—基坑底

圆形拱墙壁的厚度不宜小于400mm，其他拱墙壁的厚度不宜小于500mm。混凝土强度等级不宜低于C25。拱墙的水平方向应通长双面配筋，钢筋总配筋率不小于0.7%。

拱墙在垂直方向应分道施工，每道施工高度视土层直立高度而定，不宜超过2.5m。待上道拱墙合拢且混凝土强度达到设计强度的70%后，才可进行下道拱墙施工。上下两道拱墙的竖向施工缝应错开，错开距离不宜小于2m。拱墙宜连续施工，每道拱墙的施工时间不宜超过36h。

逆作拱墙宜用于基坑侧壁安全等级为三级者；淤泥和淤泥质土场地不宜应用；拱墙轴线的矢跨比不宜小于1/8；基坑深度不宜大于12m；当地下水位高于基坑底面时，应采取降水或截水措施。

2. 支撑体系

对于排桩、板墙式支护结构，当基坑深度较大时，为使围护墙受力合理和受力后变形控制在一定范围内，需沿围护墙竖向增设支撑点，以减小跨度。如在坑内对围护墙加设支撑，称为内支撑；如在坑外对围护墙设拉支撑，则称为拉锚（土锚）。

内支撑受力合理、安全可靠，易于控制围护墙的变形，但内支撑的设置给基坑内挖土和

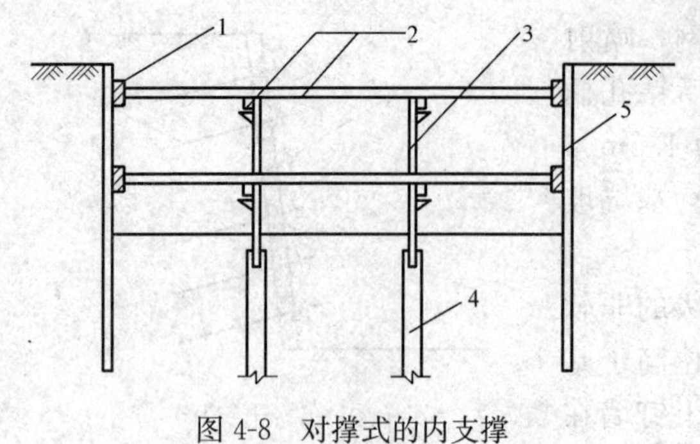

图 4-8　对撑式的内支撑

1—腰梁；2—支撑；3—立柱；

4—围护墙；5—桩（工程桩或专设桩）

地下室结构的支模和浇筑带来一些不便，需通过换撑加以解决。用土锚拉结围护墙，坑内施工时无任何阻挡，但对于软土地区土锚的变形较难控制，且土锚有一定的长度，在建筑物密集的地区如超出红线尚需专门申请。一般情况下，在土质好的地区，如具备锚杆施工设备和技术，应发展土锚；在软土地区为便于控制围护墙的变形，应以内支撑为主。对撑式的内支撑如图 4-8 所示。

支护结构的内支撑体系包括腰梁或冠梁（围檩）、支撑和立柱。腰梁固定在围护墙上，将围护墙承受的侧压力传给支撑（纵、横两个方向）。支撑是受压构件，当其长度超过一定限度时稳定性不好，所以需在中间加设立柱，立柱下端需稳固，立柱插入工程桩内，实在对不准工程桩时，需另外专门设置桩（灌注桩）。

（1）内支撑的类型。内支撑按照材料分为钢支撑和混凝土支撑两类。

1）钢支撑。钢支撑常用钢管支撑和型钢支撑两种。钢管支撑多用 ϕ609 的钢管，有多种壁厚（10、12、14mm）可供选择，壁厚大者承载能力高；也有用较小直径钢管者，如 ϕ580、ϕ406 钢管等；型钢支撑（如图 4-9 所示）多用 H 形钢，有多种规格以适应不同的承载力。不过作为一种工具式支撑，要考虑能适应多种情况。在纵、横向支撑的交叉部位，可采用上下叠交的方法固定；也可用专门加工的十字形定型接头连接纵、横向支撑构件。前者纵、横向支撑不在一个平面上，整体刚度差；后者则在一个平面上，刚度大、受力性能好。在端头的琵琶撑和活络头子的具体构造如图 4-10 所示。

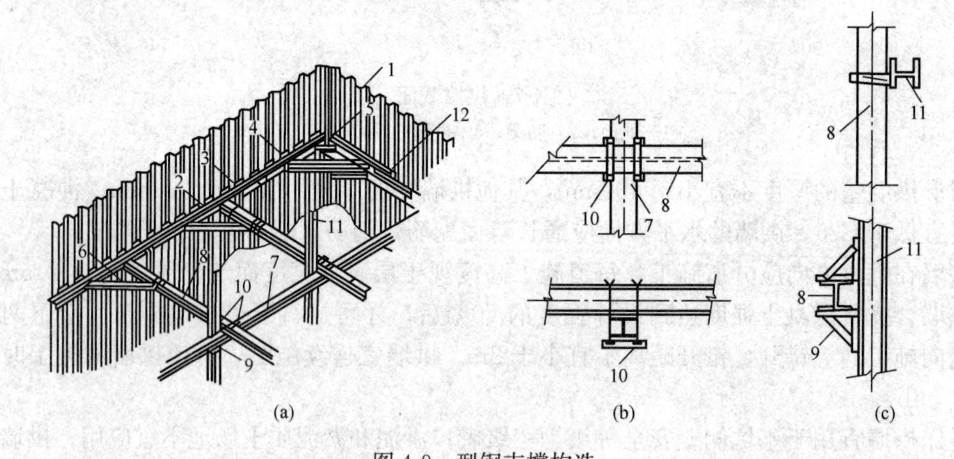

图 4-9　型钢支撑构造

（a）示意图；（b）纵横支撑连接；（c）支撑与立柱连接

1—钢板桩；2—角部连接件；3—立柱；4—横向支撑；5—交叉部紧固件；6—三角托架；

7—纵向支撑；8—斜撑；9—型钢围檩；10—连接板；11—斜撑连接件；12—角撑

钢支撑的优点是安装和拆除方便、速度快，能尽快发挥支撑的作用，减小时间效应，使围护墙因时间效应增加的变形减小；可以重复使用，多为租赁方式，便于专业化施工；可以施加预紧力，还可根据围护墙变形发展情况，多次调整预紧力值以限制围护墙变形发展。其

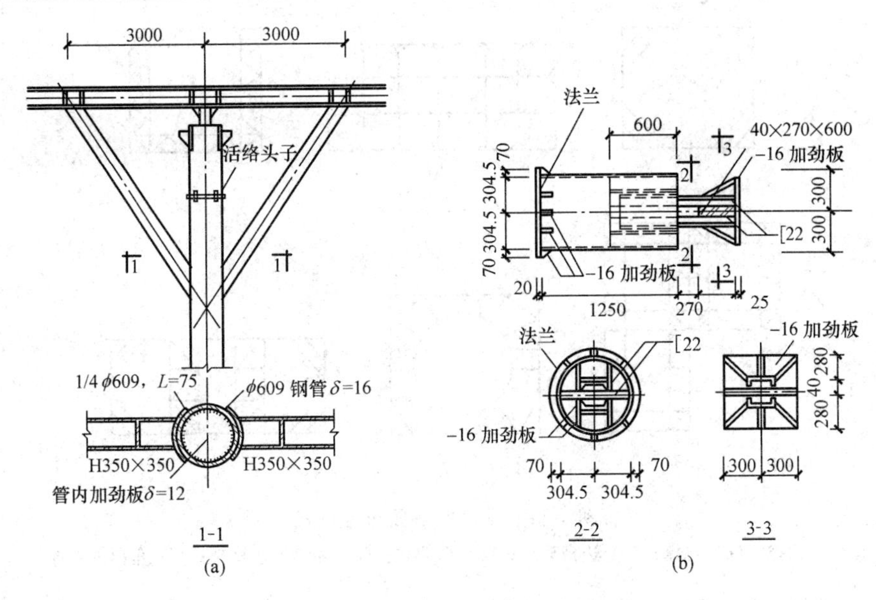

图 4-10　琵琶撑与活络头子构造

(a) 琵琶撑；(b) 活络头子

缺点是整体刚度相对较弱，支撑的间距相对较小；因为在纵、横向施加预紧力，故使两个方向支撑的连接处处于铰接状态。

2）混凝土支撑。混凝土支撑是随着挖土的加深，根据设计规定的位置，现场支模浇筑而成的。其优点是形状多样性，可浇筑成直线、曲线构件；可根据基坑平面形状，浇筑成最优化的布置形式；整体刚度大，安全可靠，可使围护墙变形小，有利于保护周围环境；可方便地变化构件的截面和配筋，以适应其内力的变化。其缺点是支撑成型和发挥作用时间长，时间效应大，使围护墙因时间效应而产生的变形增大；属一次性的，不能重复利用；拆除相对困难，如用控制爆破拆除，有时周围环境不允许，如用人工拆除，时间较长、劳动强度大。

（2）内支撑的布置要求和布置形式。

1）内支撑的布置要求。内支撑的布置要综合考虑下列因素：

a. 基坑平面形状、尺寸和开挖深度。

b. 基坑周围的环境保护要求和邻近地下工程的施工情况。

c. 主体工程地下结构的布置。

d. 土方开挖和主体工程地下结构的施工顺序和施工方法。

支撑布置不应妨碍主体工程地下结构的施工，为此应事先详细了解地下结构的设计图纸。对于大的基坑，基坑工程的施工速度在很大程度上取决于土方开挖的速度，为此，内支撑的布置应尽可能利于土方开挖，尤其是机械下坑开挖。相邻支撑之间的水平距离，在结构合理的前提下应尽可能扩大，以便挖土机运作。

2）内支撑的布置形式。内支撑体系在平面上的布置形式有角撑、对撑、边桁架式、框架式等；这些形式有时也在同一基坑中混合使用，如环梁加边桁（框）架角撑加对撑等，如图 4-11 所示。要因地制宜，根据基坑的平面形状和尺寸设置最适合的支撑。

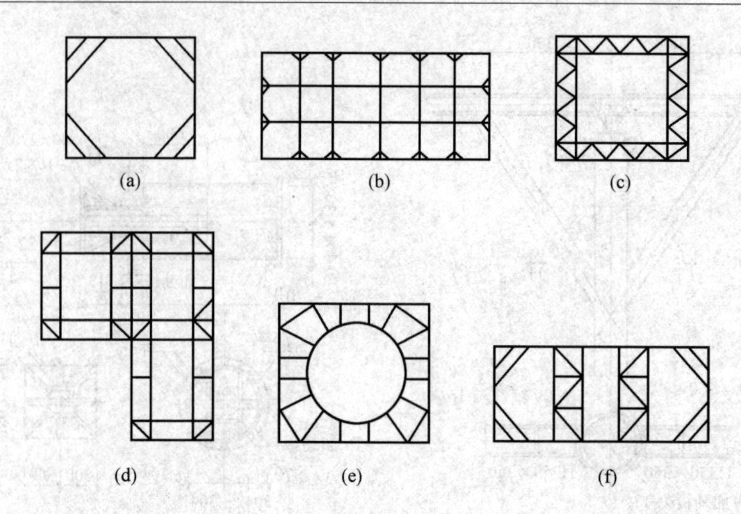

图 4-11 支撑的平面布置形式

(a) 角撑；(b) 对撑；(c) 边桁架式；(d) 框架式；(e) 环梁加边框架；(f) 角撑加对撑

一般情况下，对于平面形状接近方形且尺寸不大的基坑，宜采用角撑，使基坑中间有较大的空间，便于组织挖土。对于形状接近方形但尺寸较大的基坑，宜采用环形或边桁架式、框架式支撑，其特点是受力性能较好，也能提供较大的空间便于挖土。对于长片形的基坑宜采用对撑或角撑加对撑，其特点是安全可靠、便于控制变形。

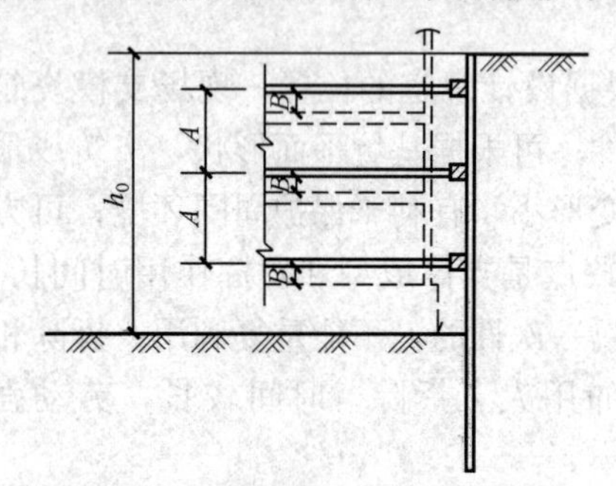

图 4-12 支撑竖向布置（h_0 为基础深）

钢支撑多为角撑、对撑等直线杆件的支撑。混凝土支撑由于为现浇，故任何形式的支撑皆便于施工。

支撑在竖向的布置，主要取决于基坑深度、围护墙种类、挖土方式、地下结构各层楼盖和底板的位置等，如图 4-12 所示。基坑深度越大，支撑层数越多，围护墙受力越合理，不会产生过大的弯矩和变形。支撑设置的标高要避开地下结构楼盖的位置，以便于支模浇筑地下结构时换撑，支撑多数布置在楼盖之下和底板之上，其间净距离 B 最好不小于 600mm。支撑竖向间距还与挖土方式有关，如人工挖土，支撑竖向间距 A 不宜小于 3m；如挖土机下坑挖土，A 最好不小于 4m，特殊情况例外。

在支模浇筑地下结构时，在拆除上面一道支撑前，应先设换撑，换撑位置在底板上表面和楼板标高处。当靠近地下室外墙附近、楼板有缺失时，为便于传力，在楼板缺失处要增设临时钢支撑。换撑时需要在换撑（多为混凝土板带或间断的条块）达到设计规定的强度且起支撑作用后才能拆除上面一道支撑。换撑工况在计算支护结构时也需加以计算。

4.2 支护结构施工

4.2.1 钢板桩施工

1. 常用钢板桩

钢板桩支护由于其施工速度快、可重复使用，因此，在一定条件下使用会取得较好的效益。常用的钢板桩有U形和Z形，除此以外还有直腹板式、H形和组合式钢板桩。

国产的钢板桩有鞍W形和包W形拉森式（U形）钢板桩，其他还有国产宽翼缘热轧槽钢（用于不太深的基坑，作为支护使用）。

2. 钢板桩施工前的准备工作

（1）钢板桩的检验。钢板桩需要进行外观检验和材质检验，对焊接钢板桩，尚需进行焊接部位的检验。对用于基坑临时支护结构的钢板桩，主要进行外观检验，并对不符合形状要求的钢板桩进行矫正，以降低打桩过程中的困难。

1）外观检验。外观检验包括表面缺陷、长度、宽度、高度、厚度、端头矩形比、平直度和锁口形状等项内容。检查中要注意以下几个方面：

a. 对打入钢板桩有影响的焊接件应予以割除。

b. 有割孔、断面缺损的应予以补强。

c. 若钢板桩有严重锈蚀，应测量其实际断面厚度，以便决定在计算时是否需要折减。原则上要对全部钢板桩进行外观检查。

2）材质检验。对钢板桩母材的化学成分及机械性能进行全面试验。它包括钢材的化学成分分析，构件的拉伸、弯曲试验，锁口强度试验和延伸率试验等项内容。每一种规格的钢板桩至少进行一个拉伸、弯曲试验。每25～50t的钢板桩应进行两个试件试验。

（2）钢板桩的矫正。钢板桩为多次周转使用的材料，在使用过程中会发生板桩的变形、损伤。对偏差超过规范数值者，使用前应进行矫正与修补。其矫正与修补的方法如下：

1）表面缺陷修补。通常先清洗缺陷附近表面的锈蚀和油污，然后用焊接修补的方法补平，再用砂轮磨平。

2）端部平面矫正。一般先用氧乙炔切割部分桩端，使端部平面与轴线垂直，然后用砂轮对切割面进行磨平修整。当修整量不大时，也可直接采用砂轮进行修理。

3）桩体挠曲矫正。腹向弯曲矫正时两端固定在支承点上，用设置在龙门式顶梁架上的千斤顶顶在钢板桩凸处进行冷弯矫正；侧向弯曲矫正通常在专门的矫正平台上进行。

4）桩体扭曲矫正。这种矫正较复杂。可视扭曲情况采用上述3）中的方法矫正。

5）桩体局部变形矫正。对局部变形处用氧乙炔热烘与千斤顶顶压、大锤敲击相结合的方法进行矫正。

6）锁口变形矫正。用标准钢板桩作为锁口整形胎具，采用慢速卷扬机牵拉调整处理，或采用氧乙炔热烘和大锤敲击胎具推进的方法进行调直处理。

（3）打桩机的选择。打设钢板桩时，使用自由落锤、汽动锤、柴油锤、振动锤等皆可，但使用较多的是振动锤。如使用柴油锤，为保护桩顶因受冲击而损伤和控制打入方向，在桩锤和钢板桩之间需设置桩帽。

振动打桩机是将机器产生的垂直振动传给桩体，使桩周围的土体因振动产生结构变化，降低了强度或产生液化，减小板桩周围的阻力，利于桩的贯入。

振动打桩机打设钢板桩的施工速度快，更有利于拔钢板桩，不易损坏桩顶，操作简单；但其对硬土层（砂质土$N>50$，黏性土$N>30$）贯入性能较差，桩体周围土层会产生振动；耗电较多。

（4）导架安装。为保证沉桩轴线位置的正确和桩的竖直，控制桩的打入精度，防止板桩的屈曲变形和提高桩的贯入能力，一般都需要设置一定刚度的、坚固的导架，也称“施工围檩”。

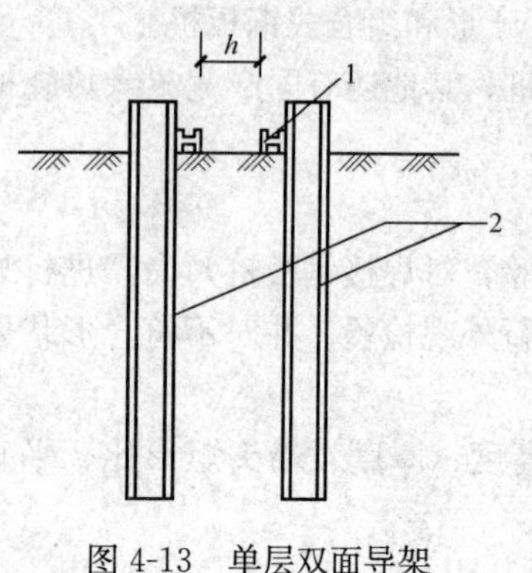

图 4-13 单层双面导架
1—导梁；2—导桩

导架通常由导梁和导桩等组成。它的形式，在平面上有单面和双面之分，在高度上有单层和双层之分，一般常用的是单层双面导架，如图 4-13 所示。导桩的间距一般为 2.5～3.5m，双面导梁之间的间距 h 一般比板桩墙高度大 8～15mm。

导架的位置不能与钢板桩相碰。导桩不能随着钢板桩的打设而下沉或变形。导梁的高度要适宜，要有利于控制钢板桩的施工高度和提高工效，要用经纬仪和水平仪控制导梁的位置和标高。

3. 钢板桩的打设和拔除

(1) 打入方式的选择。

1) 单独打入法。这种方法是从板桩墙的一角开始，逐块（或两块为一组）打设，直至工程结束。这种打入方法简便、迅速，不需要其他辅助支架，但是易使板桩向一侧倾斜，且误差积累后不易纠正。为此，这种方法只适用于板桩墙要求不高，且板桩长度较小（如小于 10m）的情况。

2) 屏风式打入法。这种方法是将 10～20 根钢板桩成排插入导架内，呈屏风状，然后分批施打。施打时先将屏风墙两端的钢板桩打至设计标高或一定深度，成为定位板桩，然后在中间按顺序分 1/3、1/2 板桩高度呈阶梯状打入，如图 4-14 所示。

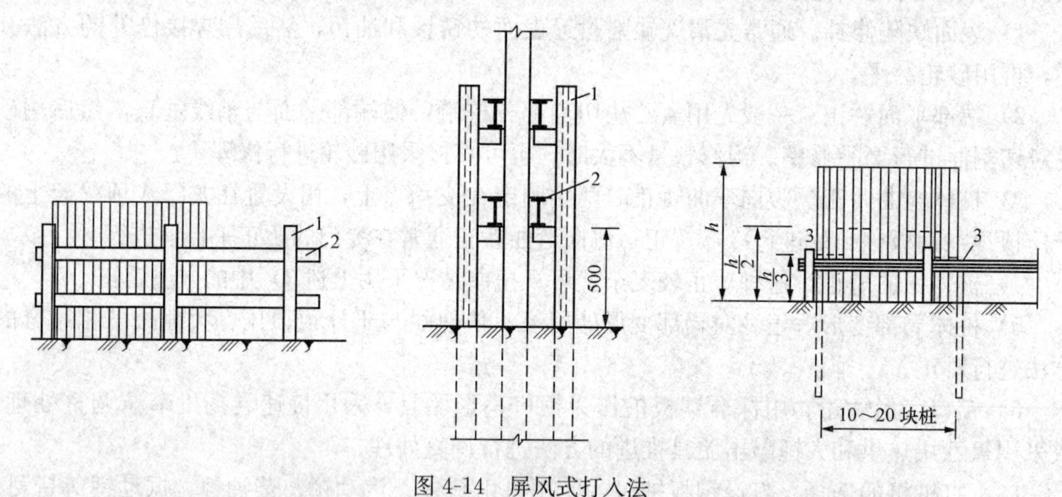

图 4-14 屏风式打入法
1—围檩桩；2—围檩；3—两端先打入的定位钢板桩；h—钢板桩的高度

这种打桩方法的优点是可以减少倾斜误差积累，防止过大的倾斜，而且易于实现封闭合拢，能保证板桩墙的施工质量。其缺点是插桩的自立高度较大，要注意插桩的稳定和施工安全。一般情况下多用这种方法打设板桩墙，它耗费的辅助材料不多，能保证质量。

屏风式打入法按屏风组立的排数，分为单屏风、双屏风和全屏风。单屏风应用最普遍；双屏风多用于轴线转角处施工；全屏风只用于要求较高的轴线闭合施工。

按屏风式打入法施打时，一排钢板桩的施打顺序有多种，视施工时的具体情况选择。施打顺序会影响钢板桩的垂直度、位移、板桩墙的凹凸和打设效率。

钢板桩打设允许误差：桩顶标高为±100mm；板桩轴线偏差为±100mm；板桩垂直度

为1%。

（2）钢板桩的打设。用吊车将钢板桩吊至插桩点处进行插桩，插桩时锁口要对准，每插入一块即套上桩帽轻轻加以锤击。在打桩过程中，为保证钢板桩的垂直度，应用两台经纬仪在两个方向加以控制。为防止锁口中心线平面移位，可在打桩进行方向的钢板桩锁口处设卡板，阻止板桩移位。同时在围檩上预先算出每块板块的位置，以便随时检查校正。

钢板桩分几次打入，如第一次由20m高打至15m，第二次则打至10m，第三次打至导梁高度，待导架拆除后，第四次才打至设计标高。

打桩时，要确保开始打设的第一、二块钢板桩的打入位置和方向的精度，因为它可以起到样板导向作用，一般每打入1m应测量一次。

1）钢板桩墙的转角和封闭。钢板桩墙的设计长度有时不是钢板桩标准宽度的整倍数，板桩墙的轴线较复杂，钢板桩的制作和打设有误差，这些都会给钢板桩墙的最终封闭合拢带来困难。

钢板桩墙的转角和封闭合拢施工，可采用下述方法：

a. 采用异形板桩。异形板桩的加工质量较难保证，而且打入和拔出也较困难，特别是用于封闭合拢的异形板桩，一般是在封闭合拢前根据需要进行加工的，往往会影响施工进度，所以应尽量避免采用异形板桩。

b. 连接件法。此法是用特制的“ω”和“δ”形连接件来调整钢板桩的根数和方向，实现板桩墙的封闭合拢。钢板桩打设时，预先测定实际的板桩墙的有效宽度，并根据钢板桩和连接件的有效宽度确定板桩墙的合拢位置。

c. 骑缝搭接法。利用选用的钢板桩或宽度较大的其他型号的钢板桩做闭合板桩，打设于板桩墙闭合处。闭合板桩应打设于挡土的一侧。此法用于对板桩墙要求较低的工程。

d. 轴线调整法。此法是通过调整钢板桩墙闭合轴线的设计长度和位置来实现封闭合拢。封闭合拢处最好选在短边的角部。

2）打桩时问题的处理。

a. 阻力过大不易贯入。其原因主要有两方面：一方面在坚实的砂层、砂砾层中沉桩，桩的阻力过大；另一方面钢板桩连接锁口锈蚀、变形，入土阻力大。对第一种情况，可伴以高压冲水或改以振动法沉桩，不要用锤硬打；对第二种情况，宜加以除锈、矫正，在锁口内涂油脂，以减少阻力。

b. 钢板桩向打设的前进方向倾斜。在软土中打桩，由于锁口处的阻力大于板桩与土体间的阻力，使板桩易向前进方向倾斜。纠正方法是用卷扬机和钢丝绳将板桩反向拉住后再锤击，或用特制的楔形板桩进行纠正。

c. 打设时将相邻板桩带入。在软土中打设钢板桩，如遇到不明障碍物或板桩倾斜，板桩阻力会增大，会把相邻板桩带入。处理方法有：用屏风法打设；把相邻板桩焊在导梁上；在锁口处涂润滑油以减少阻力。

（3）钢板桩的拔除。在进行基坑回填土时，要拔除钢板桩，以便修整后重复使用。

钢板桩的拔出，从克服板桩的阻力考虑，根据所用的拔桩机械，拔桩方法有静力拔桩、振动拔桩和冲击拔桩。

1）静力拔桩主要用卷扬机或液压千斤顶，但该法效率低，有时难以顺利拔出，故较少应用。

2）振动拔桩是利用机械的振动激起钢板桩振动，以克服和削弱板桩拔出阻力，将板桩拔出。此法效率高，大功率的振动拔桩机可将多根板桩一起拔出。目前该法应用较多。

3）冲击拔桩是以高压空气、蒸汽为动力，利用打桩机给钢板桩以向上的冲击力，同时利用卷扬机将板桩拔出。

4.2.2 水泥土墙施工

深层搅拌水泥土桩墙，是采用水泥作为固化剂，通过特制的深层搅拌机械，在地基深处就地将软土和水泥强制搅拌形成水泥土，利用水泥和软土之间所产生的一系列物理化学反应，使软土硬化成整体性的并有一定强度的挡土、防渗墙。

1. 水泥土配合比

水泥土墙的稳定及抗渗性能取决于水泥土的强度及搅拌的均匀性，因此，选择合适的水泥土配合比及搅拌工艺对确保工程质量至关重要。

土与水泥通过机械搅拌，两者间发生物理化学反应，在水泥土中，水泥的水解和水化反应是在具有一定活性的介质——土的围绕下进行的，其硬化速度较慢且作用复杂，因此，水泥土的强度增长也较缓慢。水泥与土之间的一系列物理化学反应过程主要包括水泥的水解与水化反应；黏土颗粒与水泥水化物之间的离子交换与团粒化作用；水泥水化物中游离的氢氧化钙与空气中的二氧化碳的碳酸化作用及水泥水化析出的钙离子与黏土矿物的凝硬作用。通过这一系列物理化学反应，使土的性质得到大大改善而形成具有一定强度、整体性和水稳定性的水泥土。

（1）材料要求。

1）水泥。水泥土墙既可采用不同品种的水泥，如普通硅酸盐水泥、矿渣水泥、火山灰水泥及其他品种的水泥，也可选择不同强度等级的水泥。

2）搅拌用水。搅拌用水按《混凝土用水标准》（JGJ 63—2006）的规定执行，要求搅拌用水不影响水泥土的凝结与硬化。水泥土搅拌用水中的物质含量限值可参照素混凝土的要求。

3）地下水。由于水泥土是在自然土层中形成的，地下水的侵蚀性对水泥土强度影响很大，尤以硫酸盐（如 Na_2SO_4）为甚，它会对水泥产生结晶性侵蚀，甚至使水泥丧失强度。因此，在地下水中硫酸盐含量高的海水渗入等地区应选用抗硫酸盐水泥，防止硫酸盐对水泥土的结晶性侵蚀，防止水泥土出现开裂、崩解而丧失强度的现象。

（2）配合比的选择。

1）水泥掺入比 a_w。水泥掺入比 a_w 是指掺入的水泥质量与被加固土的质量（湿重）之比，即

$$a_w = \frac{\text{掺入的水泥质量}}{\text{被加固土的质量}} \times 100\% \tag{4-1}$$

a_w 通常选用12%～14%，低于7%的水泥掺量对水泥土的固化作用较小，强度离散性较大，故一般掺量不应低于7%。对有机质含量较高的洪土和新填土，水泥掺量应适当增大，一般可取15%～18%。当采用高压喷射注浆法施工时，水泥掺量应增加到30%左右。

2）水灰比（湿法搅拌）。湿法搅拌时，加水泥浆的水灰比可采用0.45～0.50。

3）外掺剂。为改善水泥土的性能或提高早期强度，宜加入外掺剂，常用的外掺剂有粉煤灰、木质素磺酸钙、碳酸钠、氯化钙、三乙醇胺等。各种外掺剂对水泥土的强度有着不同

的影响，掺入合适的外掺剂，既可节约水泥用量，又可改善水泥土的性质，同时也可利用一些工业废料，减少对环境的影响。

2. 水泥土的物理力学性质

（1）重度。水泥土的重度与水泥掺入比及搅拌工艺有关，水泥掺入比大，水泥土的重度也相应较大，当水泥掺入比为8%～20%时，采用湿法施工的水泥土重度比原状土增加2%～4%。

（2）含水量。水泥土的含水量一般比原状土降低7%～15%。水泥掺量越大或土层天然含水量越高，经水泥搅拌后其含水量降低的幅度越大。

（3）抗渗性。水泥土具有较好的抗渗性，其渗透系数k一般为10^{-8}～10^{-7}cm/s，抗渗等级可达到0.2～0.4MPa级。

水泥土的抗渗性能也随水泥掺入比的增加而提高。在相同水泥掺入比的情况下，其抗渗性能随龄期的增加而提高。

（4）无侧限抗压强度。

1）水泥土的无侧限抗压强度q_u为0.3～4.0MPa，比原状土提高几十倍乃至几百倍。

2）影响水泥土无侧限抗压强度的主要因素有水泥掺量、水泥强度等级、龄期、外掺剂、土质及土的含水量。

3）水泥掺入比a_w为10%～15%，水泥土的抗压强度随其相应的水泥掺入比的增加而增大。

4）水泥强度等级直接影响水泥土的强度，水泥强度等级提高10级，水泥土强度f_{cu}增大20%～30%。如要求达到相同强度，则水泥强度等级提高10级可降低水泥掺入比2%～3%。

5）水泥土强度随龄期的增长而提高。水泥土的物理化学反应过程与混凝土的硬化机理不同，在水泥加固土中水泥的掺量很少，水泥的水解和水化反应是在具有一定活性的土中进行的，其强度增长过程比混凝土缓慢得多。它在早期（7～14d）时强度增长并不明显，在28d以后才会有明显增加，并可持续增长至120d，之后增长趋势趋缓。

3. 水泥土墙施工工艺的选择

水泥土墙施工工艺可采用喷浆式深层搅拌（湿法）、喷粉式深层搅拌（干法）和高压喷射注浆法（也称高压旋喷法）三种方法。

在水泥土墙中采用湿法工艺施工时注浆量较易控制，成桩质量较为稳定，桩体均匀性好。迄今为止，绝大部分水泥土墙都采用湿法工艺，因此，在设计与施工方面积累了丰富的经验，故一般应优先考虑湿法施工工艺。

采用干法施工工艺，虽然水泥土强度较高，但其喷粉量不易控制，搅拌难以均匀，桩身强度离散较大，出现事故的概率较高，目前已很少应用。

水泥土桩也可采用高压喷射注浆成桩工艺，它采用高压水、气切削土体并将水泥与土搅拌形成水泥土桩。该工艺施工简便，喷射注浆施工时，只需在土层中钻一个直径为50～300mm的小孔，便可在土中喷射成直径为0.4～2.0m的加固水泥土桩。因而其能在狭窄施工区域或贴近已有基础施工，但该工艺水泥用量大、造价高，一般当场地受到限制，湿法机械无法施工时，或一些特殊场合下可选用此工艺。

深层搅拌机单位时间内水泥浆液喷出量Q（t/min）取决于钻头直径、水泥掺入比及搅

拌轴的提升速度，其关系如下

$$Q=\frac{\pi D^2}{4\times 9.8}\gamma a_w v \tag{4-2}$$

式中：D为钻头直径（m）；γ为土的重度（kN/m^3）；a_w为水泥掺入比（%）；v为搅拌轴的提升速度（m/min）。

当喷浆为定值时，土体中任意一点经搅拌叶搅拌的次数越多，则加固效果越好，搅拌次数t与搅拌轴的叶片、转速和提升速度的关系如下

$$t=\frac{nh\sum z}{v} \tag{4-3}$$

式中：h为两搅拌轴叶片之间的距离（m）；$\sum z$为搅拌轴叶片总数；n为搅拌轴转速（r/min）；v为搅拌轴的提升速度（m/min）。

4. 深层搅拌水泥土墙（湿法）的施工

（1）施工机械。深层搅拌桩机是用于湿法施工的水泥土桩机，它由深层搅拌桩、机架及配套机械等组成，如图 4-15 所示。

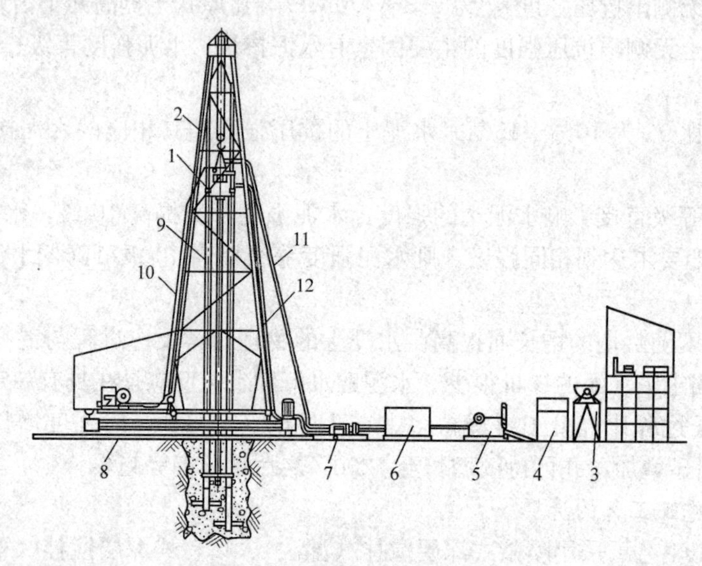

图 4-15 SJB 型深层搅拌桩机的组成

1—输浆管；2—水管；3—灰浆拌制机；4—集料斗；5—灰浆泵；6—储水池；7—冷却水泵；8—道轨；9—电缆；10—导向管；11—深层搅拌桩；12—塔架式机架

深层搅拌桩机的搅拌头及注浆方式是影响成桩质量的两个关键因素。搅拌头（叶）有螺旋叶片式、杆式、环形等。注浆方式则有中心管注浆、单轴底部注浆及叶片注浆等。

我国生产的深层搅拌机主要有两种型号，即 SJB 型双搅拌头中心注浆式及 GZB-600 型单钻头叶片注浆式。

1）SJB 型深层搅拌桩机。SJB 型深层搅拌机由电动机、减速器、搅拌轴、搅拌头、中心管、输浆管、单向球阀、横向系杆等组成，如图 4-16 所示。

深层搅拌桩机常用的机架有三种形式：塔架式（如图 4-17 所示）、桅杆式（如图 4-18 所示）及步履式（如图 4-19 所示）。前两种构造简便、易于加工，在我国应用较多，但其搭设及行走较困难。桅杆式机架可靠近建筑物等附近进行施工，净操作面较小。步履式机架机

械化程度高，塔架高度大，钻进深度大，但机械费用较高。

SJB 型深层搅拌桩机的配套设备有灰浆搅拌机、灰浆泵、冷却水泵、输浆胶管等。

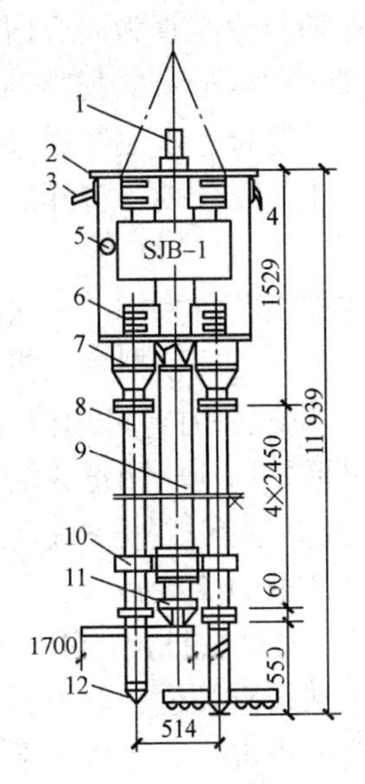

图 4-16　SJB-1 型深层搅拌桩机工作装置

1—输浆管；2—外壳；3—出水口；4—进水口；5—电动机；6—导向滑块；7—减速器；8—搅拌轴；9—中心管；10—横向系杆；11—球形阀；12—搅拌头

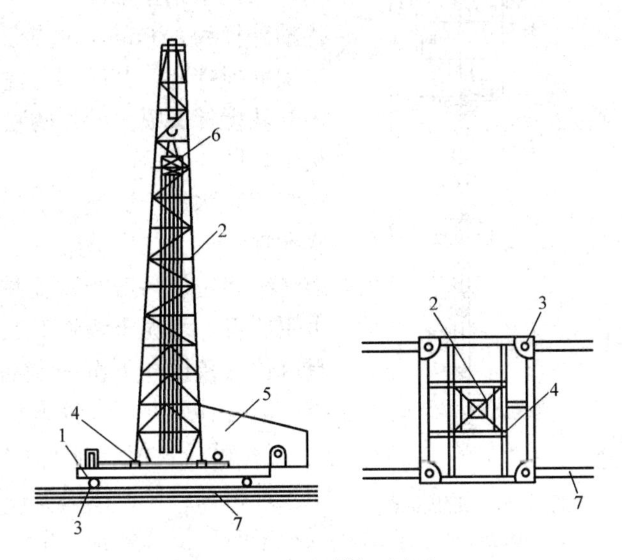

图 4-17　ZTD 塔架式机架

1—深层搅拌机；2—塔架；3—操作室；4—道轨；5—纵向行走装置；6—底盘；7—横向行走装置

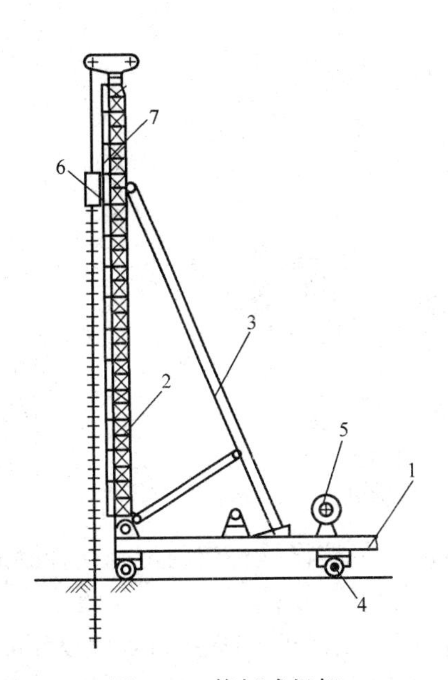

图 4-18　桅杆式机架

1—导杆；2—斜撑；3—电动机；4—底盘；5—滚管；6—立柱；7—深层搅拌桩机

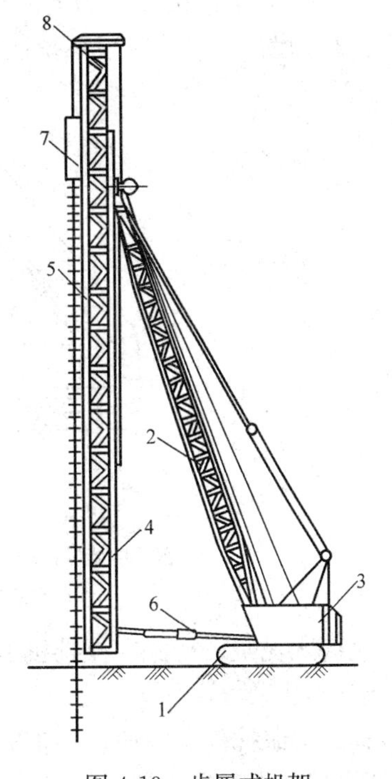

图 4-19　步履式机架

1—起重杆；2—机身；3—履带；4—液压支撑杆；5—立柱；6—导向杆；7—深层搅拌机；8—横梁

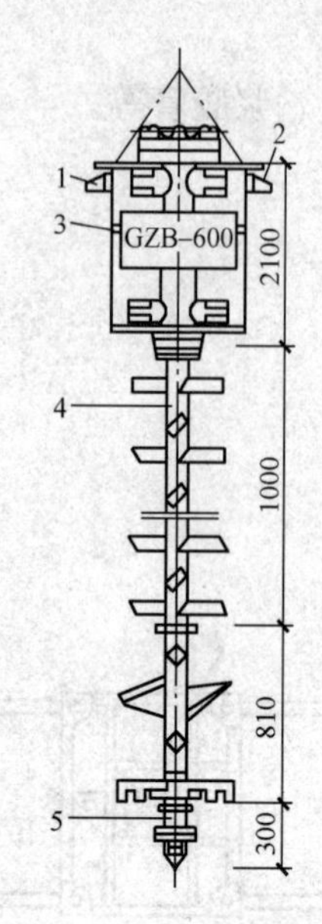

图 4-20 GZB-600 型深层搅拌桩机工作装置
1—电缆接头；2—进浆口；3—电动机；4—搅拌轴；5—搅拌头

2）GZB-600 型深层搅拌桩机。GZB-600 型深层搅拌桩机采用 2 台 30kW 电动机，各自连接 1 台 2K-H 型齿轮减速器，如图 4-20 所示。该机采用单轴叶片喷浆方式，搅拌轴与输浆管为同心内外管，搅拌轴外径为 129mm，内管为输浆管，直径为 76mm。搅拌轴外设若干层辅助搅拌叶，其底部与搅拌头通过法兰连接。水泥浆通过中心输浆内管从搅拌头喷浆叶片的喷口中注入土中。GZB-600 型深层搅拌桩机机组如图 4-21 所示。

（2）水泥土墙施工工艺。搅拌桩成桩工艺可采用“一次喷浆、二次搅拌”或“二次喷浆、三次搅拌”工艺，主要依据水泥掺入比及土质情况而定。一般当水泥掺量较小、土质较松时，可用前者；反之，可用后者。水泥土墙施工工艺流程为：平整场地→测量放线→搅拌机具就位→预搅拌下沉→制备水泥浆→提升喷浆搅拌→重复上、下搅拌→清洗移位→下一桩施工，如图 4-22 和图 4-23 所示。

1）就位。依照施工图要求，测放出搅拌桩桩位，用竹桩加以标记搅拌机具就位。深层搅拌桩机开行达到指定桩位、对中。当地面起伏不平时应注意调整机架的垂直度。搅拌机定位应保持水平，搅拌轴应垂直，其倾斜度不得大于 1%。

2）预搅下沉。接通深层搅拌机的冷却水循环系统，启动搅拌机，松开起吊装置，使搅拌机沿导向架搅拌切土下沉，下沉速度控制在 0.8m/min 左右，可由电动机的电流监测表控制。工作电流不应大于 10A。如遇硬黏土等造成下沉速度过慢，可以给输浆系统适当补给清水以利钻进。

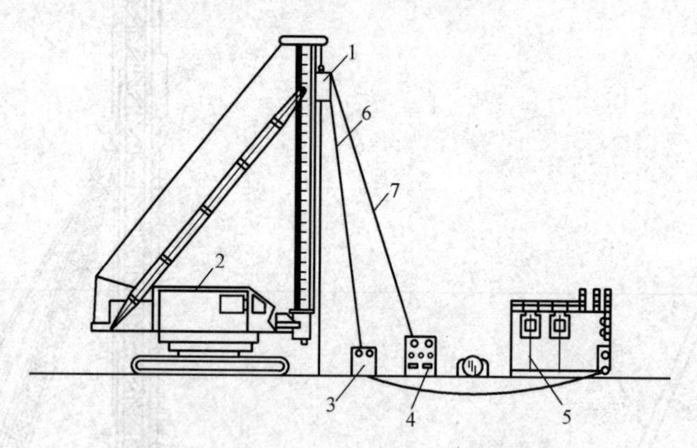

图 4-21 GZB-600 型深层搅拌桩机机组
1—深层搅拌桩；2—输浆管；3—电缆；4—灰浆拌制及泵送机组；5—控制柜；6—流量计；7—步履式机架

3）制备水泥浆。待深层搅拌机下沉到设计深度时，将按设计确定的配合比拌制的水泥浆注入集料器中。

4）提升喷浆搅拌。为使搅拌桩的桩端能较好地与土层结合，当搅拌机到达设计深度后，开启灰浆泵将水泥浆压入地基土中，此后边喷浆、边旋转、边提升深层搅拌桩机，直至设计桩顶标高。此时应注意喷浆速率与提升速度相协调，以确保水泥浆沿桩长均匀分布，并使提升至桩顶后集料斗中的水泥浆正好排空。搅拌提升速度一般应控制在 0.5m/min。

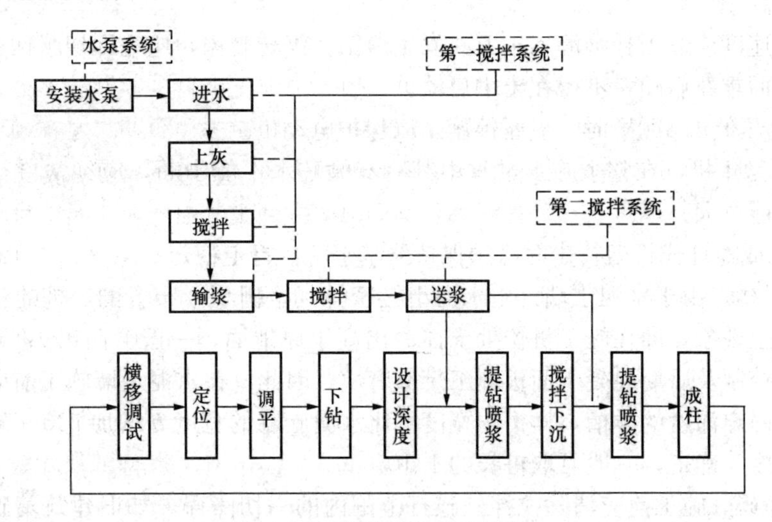

图 4-22　搅拌桩施工工艺流程

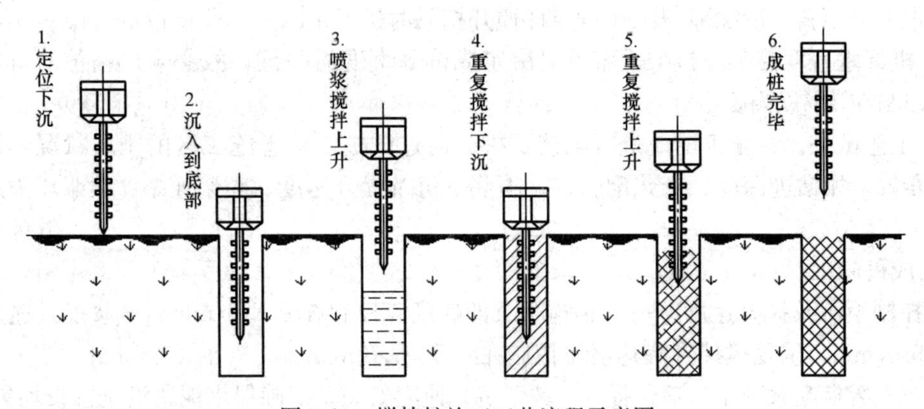

图 4-23　搅拌桩施工工艺流程示意图

5）沉钻复搅。再次沉钻进行复搅，复搅下沉速度可控制在 0.5～0.8m/min。

如果水泥掺入比较大或因土质较密在提升时不能将应喷入土中的水泥浆全部喷完，可在重复下沉搅拌时予以补喷，即采用“二次喷浆、三次搅拌”工艺，此时仍应注意喷浆的均匀性。第二次喷浆量不宜过少，可控制在单桩总喷浆量的 30%～40%，因为过少的水泥浆很难做到沿全桩均匀分布。

6）重复提升搅拌。边旋转、边提升，重复搅拌至桩顶标高，并将钻头提出地面，以便移机施工新的桩体。此至，完成一根桩的施工。

7）移位。开行深层搅拌桩机（履带式机架也可进行转向、变幅等作业）至新的桩位，重复步骤 1)～步骤 6)，进行下一根桩的施工。

8）清洗。当一施工段成桩完成后，应及时进行清洗。清洗时向集料斗中注入适量清水，开启灰浆泵，将全部管道中的残存水泥浆冲洗干净，并将附于搅拌头上的土清洗干净，移至下一个桩位。

(3) 水泥土墙的施工要点。

1）正确使用深层搅拌机。

a. 当搅拌机的入土切削和提升搅拌负荷太大、电动机工作电流超过额定电流时，应降低提升或下降速度或适当补给清水。万一发生卡钻、停转现象，应立即切断钻机电源将搅拌机强制提出地面重新启动，不得在土中启动。

b. 电网电压低于350V时，应暂停施工以保护电动机。

c. 对水冷型主机，在整个施工过程中其冷却循环水不能中断，应经常检查进水和出水温度，温差不能过大。

d. 塔架式或桅杆式机架行走时必须保持路基平整，行走稳定。

2）开挖样槽。由于水泥土墙是由水泥土桩密排（格栅型）布置的，桩的密度很大，施工中会出现涌土现象，即在施工桩位处土体涌出高于原地面，一般会高出1/15～1/8桩长。这给桩顶标高控制及后期混凝土面板施工带来麻烦。因此，在水泥土墙施工前应先在成桩施工范围内开挖一定深度的样槽，样槽的宽度可比水泥土墙的宽度 b 增加300～500mm，深度应根据土的密度等确定，一般可取桩长的1/10。

3）清除障碍。施工前应清除搅拌桩施打范围内的一切障碍，如旧建筑基础、树根、枯井等，以防止施工受阻或成桩偏斜。当清除障碍范围较大或深度较深时，应做好覆土压实工作，防止机架倾斜。清除障碍工作可与样槽开挖同时进行。

4）机架垂直度控制。机架垂直度是决定成桩垂直度的关键，故必须严格控制，垂直度偏差应控制在1%以内。

5）工艺试桩。在施工前应进行工艺试桩。通过试桩，熟悉施工区的土质状况，确定施工工艺参数，如钻进深度、灰浆配合比、喷浆下沉及提升速度、喷浆速率、喷浆压力及钻进状况等。

6）成桩施工。

a. 控制下沉及提升速度。一般预搅下沉的速度应控制在0.8m/min，喷浆提升速度不宜大于0.5m/min，重复搅拌升降速度可控制在0.5～0.8m/min。

b. 严格控制喷浆速率与喷浆提升（或下沉）速度的关系。确保水泥浆沿全桩长均匀分布，并保证在提升开始时注浆，在提升至桩顶时，该桩全部浆液喷注完毕，控制好喷浆速率与提升（下沉）速度的关系是十分重要的。喷浆和搅拌提升速度的误差不得大于±0.1m/min。对水泥掺入比较大或桩顶需加大掺量的桩的施工，可采用“二次喷浆、三次搅拌”工艺。

c. 防止断桩。当施工中发生意外中断注浆或提升过快的现象时，应立即暂停施工，重新下钻至停浆面或少浆桩段以下0.5m的位置，重新注浆提升，保证桩身完整，防止断桩。

d. 邻桩施工。连续的水泥土墙中相邻桩施工的时间间隔一般不应超过24h。若因故停歇时间超过24h，则应采取补桩或在后施工桩中增加水泥掺量（可增加20%～30%）及注浆等措施。前后排桩施工时应错位成踏步式，以便发生停歇时，前后施工桩体成错位搭接形式，以利于墙体的稳定及达到较好的止水效果。

e. 钻头及搅拌叶检查。经常性、制度性地检查搅拌叶的磨损情况，当发生过大磨损时，应及时更换或修补钻头，钻头直径偏差应不超过3%。

对叶片注浆式搅拌头，应经常检查注浆孔是否阻塞；对中心注浆管的搅拌头应检查球阀工况，使其正常喷浆。

7）试块制作。一般情况下，每一台班应做一组试块（3块），试块尺寸为70.7mm×70.7mm×70.7mm，试块水泥土可在第二次提升后的搅拌叶边提取，按规定的养护条件进行养护。

8）成桩记录。施工过程中必须及时做好成桩记录，不得事后补记或事前先记，成桩记录应反映真实的施工状况。成桩记录的主要内容包括水泥浆配合比、供浆状况、搅拌机下沉及提升时间、注浆时间、停浆时间等。

（4）质量检查。深层搅拌水泥土桩的质量检验标准见表 4-1。

表 4-1　深层搅拌水泥土桩的质量检验标准

项目	序次	检查项目	允许偏差或允许值		检查方法
			单位	数值	
主控项目	1	水泥及外掺剂质量	kg	设计要求	查产品合格证书或抽样送检
	2	水泥用量	kg	参数指标	查看流量计
	3	桩体强度	MPa	设计要求	按规定办法
	4	地基承载力	kPa	设计要求	按规定办法
一般项目	1	机头提升速度	m/min	≤0.5	量机头上升的距离及时间
	2	桩底标高	mm	±200	测机头深度
	3	桩顶标高	mm	+100 −50	水准仪（最上部 500mm 不计入）
	4	桩位偏差	mm	<50	用钢尺量
	5	桩径	mm	<0.04D	用钢尺量，D 为桩径
	6	垂直度	%	≤1.5	经纬仪
	7	搭接	mm	>200	用钢尺量

水泥土桩应在施工后一周内进行开挖检查或采用钻孔取芯等手段检查成桩质量，若不符合设计要求，应及时调整施工工艺。

水泥土墙应在设计开挖龄期采用钻芯法检测墙身完整性，钻芯数量不宜少于总桩数的 2%，且不少于 5 根，并应根据设计要求取样进行单轴抗压强度试验。

（5）水泥土墙施工中的常见问题及处理方法。水泥土墙施工中的常见问题及处理方法见表 4-2。高压喷射注浆法施工中的常见问题及处理方法见表 4-3。

表 4-2　水泥土墙施工中的常见问题及处理方法

常见问题	原　因	处理方法
钻进困难	遇到地下障碍	设法排除
	遇到密实的黏土层	适当注水钻进
	遇到密实的粉砂层、细砂层	改进钻头、适当注水钻进
发生断浆	压浆泵故障	排除
	管路阻塞	疏通
注浆不均匀	提升速度与注浆速度不协调	对现场土层进行工艺试桩，改进工艺
桩顶缺浆	注浆过快或提升过慢	协调提升速度与注浆速度
浆液多余	注浆太慢或提升过快	
其他	样槽开挖太浅、太小	加深、加宽样槽
	成桩速度过快	放慢施工速度
	布桩过密	采用格栅式布置，减少密排桩
	土层有局部软弱层或带状软弱层，注浆压力扩散	调整施工顺序，先施工水泥土墙外排桩，将基坑封闭，使压力向坑内扩散

表 4-3 高压喷射注浆法施工中的常见问题及处理方法

常见问题	原因	处理方法
固结体强度不匀、缩颈	喷射方法和机具与地质条件不符	根据设计要求和地质条件，选用合适的喷浆方法和机具
	喷浆设备出现故障（管路堵塞、串、漏、卡钻）	喷浆时，先进行压水压浆压气试验，正常后方可喷射；保证连续进行；配装用筛过滤，调整压力
	拔管速度、旋转速度及注浆量配合不当	调整喷嘴的旋转速度、提升速度、喷射压力和喷浆量
	喷射的浆液与切削的土粒强制拌和不充分、不均匀	对易出现缩颈部位及底部不易检查处采用定位旋转喷射（不提升）或复喷的扩径方法控制浆液的水灰比及稠度
	穿过较硬的黏性土，产生缩颈	
钻孔沉管困难、孔偏斜	遇有地下埋设物，地面不平不实，钻杆倾斜度过大	放桩位点前应钎探，遇有地下埋设物应清除或移桩位点，平整场地，钻杆倾斜度控制在1%以内
冒浆	注浆量与实际需要相差较多	采用侧口式喷头、减小出浆口孔径、加大喷射压力；控制水泥浆液配合比
不冒浆	地层中有空隙	掺入速凝剂；空隙处增大注浆填充

5. 加筋水泥土桩法（SMW 工法）

加筋水泥土桩法是在水泥土桩中插入大型 H 形钢，由 H 形钢承受土侧压力，而水泥土又具有良好的抗渗性能，因此，SMW 墙具有挡土与止水双重作用。除了插入 H 形钢外，还可插入钢管、拉森板桩等。由于插入了型钢，故也可设置支撑。

（1）施工机械。

1）水泥土搅拌桩机。加筋水泥土桩法施工用搅拌桩机与一般水泥土搅拌桩机无大区别，主要是功率大，使成桩直径与长度更大，以适应大型型钢的压入。

2）压桩（拔桩）机。大型 H 形钢的压入与拔出一般采用液压压桩（拔桩）机，H 形钢的拔出阻力较大，比压入力大好几倍，主要是由于水泥结硬后与 H 形钢的黏结力大大增加。此外，H 形钢在基坑开挖后受侧土压力的作用往往有较大变形，使拔出受阻。水泥土与型钢的黏结力可通过在型钢表面涂刷减摩擦材料来解决，而型钢变形却难以解决，因此，设计时应考虑型钢受力后的变形不能过大。

（2）施工工艺。

1）施工工艺流程。SMW 工法的施工流程如图 4-24 所示。

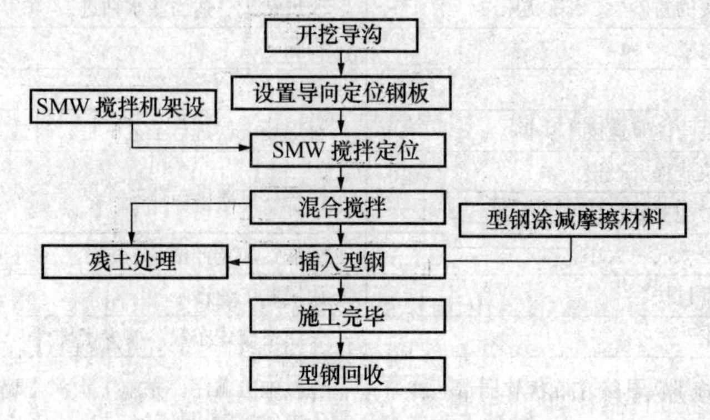

图 4-24 SMW 工法的施工流程

2）施工要点。

a. 开挖导沟、设置围檩导向架。在沿SMW墙体位置开挖导沟，并设置围檩导向架。导沟可使搅拌机施工时的涌土不致冒出地面，围檩导向则是确保搅拌桩及H形钢插入位置的准确，这对设置支撑的SMW墙尤为重要。围檩导向架应采用型钢作成，如图4-25所示，导向围檩间距比型钢宽度增加20～30mm，导向桩的间距为4～6m，长度为10m左右。围檩导向架施工时应控制好轴线与标高。

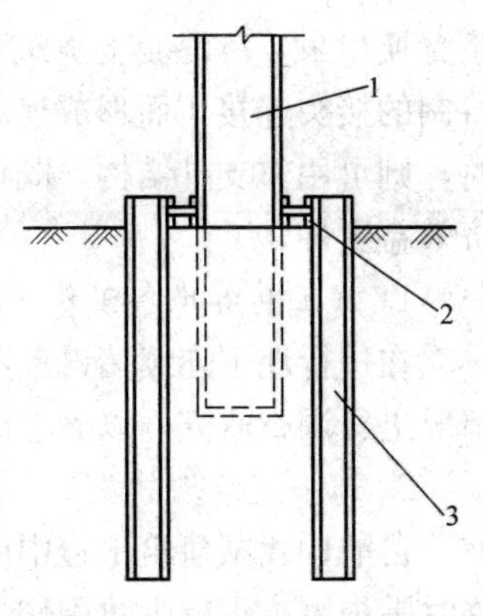

图4-25　围檩导向架
1—大型H形钢；2—导向围檩；3—导向桩

b. 搅拌桩施工。搅拌桩的施工工艺与水泥土墙施工法相同，但应注意在水泥浆液中适当增加木质素磺酸钙的掺量，也可掺入一定量的膨润土，利用其吸水性提高水泥土的变形能力，不致引起墙体开裂，并且对提高SMW墙的抗渗性能也有很好的效果。

c. 型钢的压入与拔出。型钢的压入采用压桩机并辅以起重设备。自行加工的H形钢应保证其平直光滑、无弯曲、无扭曲，焊缝质量应达到要求。扎制型钢或工厂定型型钢在插入前应校正其平直度。

拔出时，当拔出力作用于型钢端部时，首先是型钢与水泥土之间的黏结发生破坏，这种破坏由端部逐渐向下部扩展，接触面间微量滑移，减摩擦材料剪切破坏，拔出阻力转变成以静止摩擦阻力为主。在拔出力到达总静止摩擦阻力之前，拔出位移很小；在拔出力大于总摩擦阻力后，型钢拔出位移加快，拔出力迅速下降。此后摩擦阻力由静止摩擦力转化成滑动摩擦力和滚动摩擦力，水泥土接触面破碎，产生小颗粒，充填于破裂面中，这有利于减小摩擦阻力；当拔出力降至一定程度，摩擦阻力转变成以滚动摩擦阻力为主。

针对不同工程，在施工前应做好拔出试验，以确保型钢顺利回收。涂刷减摩擦材料是减小拔出阻力的有效方法，国外有不少适用的减摩擦材料，国内也研制出一些，但仍有发展的空间。

加筋水泥土桩的质量检验标准见表4-4。

表4-4　加筋水泥土桩的质量检验标准

序　号	检查项目	允许偏差		检查方法
		单　位	数　值	
1	型钢长度	mm	±10	钢尺量
2	型钢垂直度	%	<1	经纬仪测量
3	型钢插入标高	mm	±30	水准仪测量
4	型钢插入平面位置	mm	10	钢尺量

4.2.3　地下连续墙施工

地下连续墙施工工艺，即在工程开挖土方之前，用特制的挖槽机械在泥浆护壁下每次开挖一定长度（一个单元槽段）的沟槽，待挖至设计深度并清除沉淀下来的泥渣后，将在地面上加工好的钢筋骨架（称为钢筋笼）用起重机械吊放入充满泥浆的沟槽内，用导管向沟槽内浇筑混凝土，因为混凝土是由沟槽底部开始逐渐向上浇筑的，所以随着混凝土的浇筑即将泥浆置换出来，待混凝土浇筑至设计标高后，一个单元槽段即施工完毕，各个单元槽段之间由特制的接头连接，而形成连续的地下钢筋混凝土墙。当地下连续墙呈封闭状，工程开挖土方时，则可用作支护结构，既挡土又挡水，如同时又将地下连续墙用作建筑物的承重结构则经济效益更好。

1. 施工前的准备工作

在进行地下连续墙设计和施工之前，必须认真对施工现场的情况和工程地质、水文地质情况进行调查研究，以确保施工的顺利进行。

2. 地下连续墙的施工工艺过程

目前，我国建筑工程中应用最多的还是现浇的钢筋混凝土壁板式地下连续墙，它们多为临时围护墙，也有少数用作主体结构同时又兼作临时围护墙的地下连续墙。在水利工程中有用作防渗墙的地下连续墙。

对于现浇钢筋混凝土壁板式地下连续墙，其施工工艺过程如图 4-26 所示。其中，修筑导墙、泥浆制备与处理、挖深槽、钢筋笼制作与吊放，以及浇筑混凝土是地下连续墙施工中的主要工序。

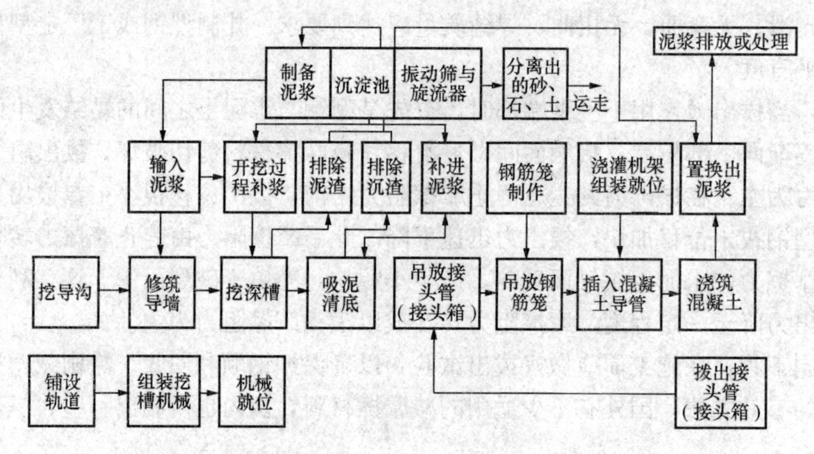

图 4-26 现浇钢筋混凝土壁板式地下连续墙的施工工艺过程

3. 地下连续墙的施工

(1) 修筑导墙。导墙是地下连续墙挖槽之前修筑的临时结构物，它对挖槽具有重要作用。

1) 导墙的作用。

a. 挡土墙。在挖掘地下连续墙沟槽时，接近地表的土极不稳定，容易坍陷，而泥浆也不能起到护壁的作用，因此，在单元槽段完成之前，导墙就起到挡土墙的作用。为了防止导墙在土压力和水压力的作用下产生位移，一般在导墙内侧每隔 1m 左右加设上、下两道木支撑（其规格多为 50mm×100mm 和 100mm×100mm），如附近地面有较大荷载或有机械运行时，还可在导墙中每隔 20～30cm 设一道钢闸板支撑，以防止导墙发生位移和变形。

b. 作为测量的基准。它规定了沟槽的位置，表明单元槽段的划分，同时也作为测量挖槽标高、垂直度和精度的基准。

c. 作为重物的支撑。它既是挖槽机械轨道的支撑，又是钢筋笼、接头管等搁置的支点，有时还承受其他施工设备的荷载。

d. 存蓄泥浆。导墙可存蓄泥浆，稳定槽内泥浆液面。泥浆液面应始终保持在导墙面以下 200mm，并高于地下水位 1.0m，以稳定槽壁。

此外，导墙还可防止泥浆漏失；阻止雨水等地面水流入槽内；当地下连续墙距离现有建筑物很近时，施工时还起到一定的控制地面沉降和位移的作用；在路面下施工时，还可起到支撑横撑的水平导梁的作用。

2）导墙的形式。导墙一般为现浇的钢筋混凝土结构，但也有钢制或预制钢筋混凝土的装配式结构，可多次重复使用。不论采用哪种结构，都应具有必要的强度、刚度和精度，而且一定要满足挖槽机械的施工要求。

图 4-27 所示为现浇钢筋混凝土导墙的形式。图 4-27（a）、（b）反映的断面最简单，适用于表层土良好（如紧密的黏性土等）和导墙上荷载较小的情况。

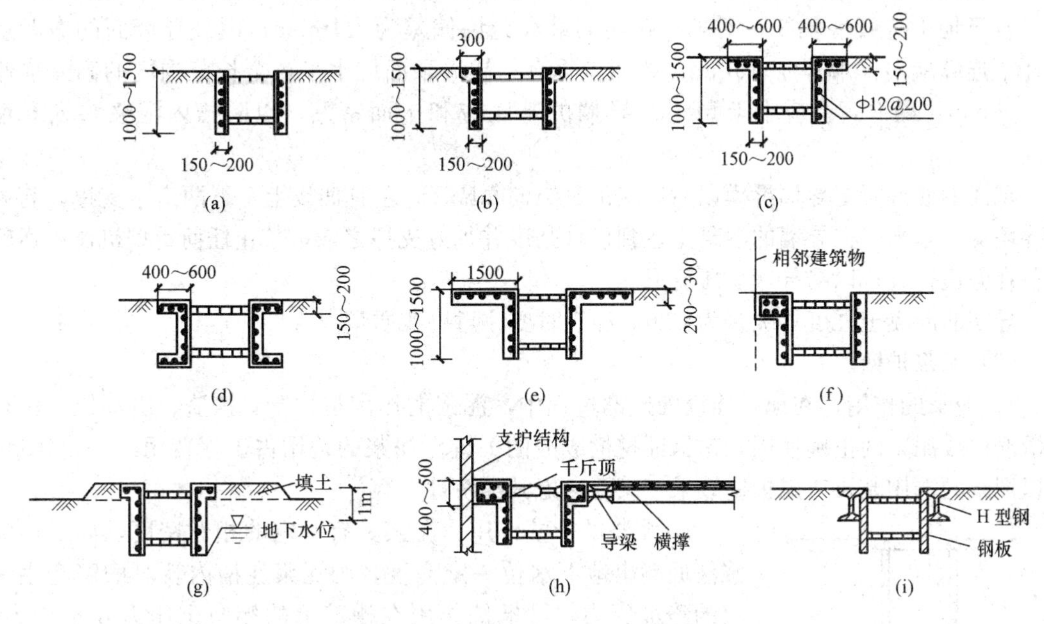

图 4-27　现浇钢筋混凝土导墙的形式

图 4-27（c）、（d）所示两种形式应用较多，适用于表层土为杂填土、软黏土等承载力较弱的土层，因而将导墙做成倒 L 形或上、下部皆向外伸出的 ⊏ 形。图 4-27（e）所示形式适用于作用在导墙上荷载很大的情况，可根据荷载的大小计算确定其伸出部分的长度。当地下连续墙距离现有建（构）筑物很近，对相邻结构需要加以保护时，宜采用图 4-27（f）所示导墙形式，其邻近建（构）筑物的一肢适当加强，在施工期间可阻止相邻结构变形。当地下水位很高而又不采用井点降水时，为确保导墙内泥浆液面高于地下水位 1m 以上，需将导墙面上提而高出地面。在这种情况下，需在导墙周边填土，可采用图 4-27（g）所示导墙形式。

当施工作业面在地下（如在路面以下）时，导墙需要支撑于已施工的结构作为临时支撑用的水平导梁，可采用图 4-27（h）所示导墙形式。此时导墙需适当加强，而且导墙内侧的横撑宜用丝杠千斤顶代替。

金属结构的可拆装导墙的形式很多，图 4-27（i）所示形式就是其中的一种，它由 H 形钢（常用者 300mm×300mm）和钢板组成。这种导墙可重复使用。

3）导墙施工。现浇钢筋混凝土导墙的施工顺序为：平整场地→测量定位→挖槽及处理弃土→绑扎钢筋→支模板→浇筑混凝土→拆模并设置横撑→导墙外侧回填土（如无外侧模板，可不进行此项工作）。

当表土较好，在导墙施工期间能保持外侧土壁垂直自立时，则以土壁代替模板，避免回填土，以防槽外地表水渗入槽内。如表土开挖后外侧土壁不能垂直自立，则外侧也需设立模板。导墙外侧的回填土应用黏土回填密实，防止地面水从导墙背后渗入槽内，引起槽段塌方。

导墙的配筋多为Φ 12@200，水平钢筋必须连接起来，使导墙成为整体。

导墙面至少应高于地面约 100mm，以防止地面水流入槽内污染泥浆。导墙的内墙面应平行于地下连续墙轴线，对轴线距离的最大允许偏差为±10mm；内外导墙面的净距应为地下连续墙名义墙厚加 40mm，墙面应垂直；导墙顶面应水平，全长范围内的高差应小于±10mm，局部高差应小于 5mm。导墙的基底应和土面密贴，以防槽内泥浆渗入导墙后面。

现浇钢筋混凝土导墙拆模以后，应沿其纵向每隔 1m 左右加设上、下两道木支撑，将两片导墙支撑起来，在导墙的混凝土达到设计强度并加好支撑之前，禁止任何重型机械和运输设备在旁边行驶，以防导墙受压变形。

导墙的混凝土强度等级多为 C20，浇筑时要注意捣实质量。

（2）泥浆护壁。

1）泥浆的作用。在地下连续墙挖槽过程中，泥浆的作用是护壁、携渣、冷却机具和切土滑润。故泥浆的正确使用，是保证挖槽成败的关键。泥浆的费用占工程费用的一定比例，所以泥浆的选用既要考虑护壁效果，又要考虑其经济性。

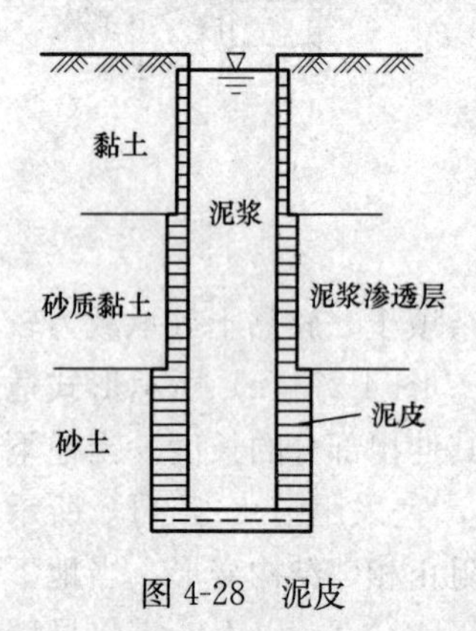

图 4-28 泥皮

a. 泥浆的护壁作用。泥浆具有一定的相对密度，如槽内泥浆液面高出地下水位一定高度，则泥浆在槽内就对槽壁产生一定的静水压力，可抵抗作用在槽壁上的侧向土压力和水压力，相当于一种液体支撑，可以防止槽壁倒塌和剥落，并防止地下水渗入。

另外，泥浆在槽壁上会形成一层透水性很低的泥皮（如图 4-28所示），从而使泥浆的静水压力有效地作用于槽壁上，防止槽壁剥落。泥浆还从槽壁表面向土层内渗透，待渗透到一定范围时泥浆就黏附在土颗粒上，这种黏附作用既可减弱槽壁的透水性，也可防止槽壁坍落。

b. 泥浆的携渣作用。泥浆具有一定的黏度，它既能将钻头式挖槽机挖槽时挖下来的土渣悬浮起来，使其与泥浆一同被排出槽外，又可避免土渣沉积在开挖面上影响挖槽机械的挖槽效率。

c. 泥浆的冷却和润滑作用。冲击式或钻头式挖槽机在泥浆中挖槽时，以泥浆作冲洗液，既可降低钻具因连续冲击或回转而引起温度剧烈升高，又可因泥浆具有润滑作用而减轻钻具的磨损，有利于延长钻具的使用寿命和提高深槽挖掘的效率。

2）泥浆的成分。地下连续墙挖槽用护壁泥浆（膨润土泥浆）的制备，有下列几种方法。

a. 制备泥浆。挖槽前利用专用设备事先制备好泥浆，挖槽时输入沟槽。

b. 自成泥浆。用钻头式挖槽机挖槽时，向沟槽内输入清水，清水与钻削下来的泥土拌和，边挖槽边形成泥浆。泥浆的性能指标要符合规定的要求。

c. 半自成泥浆。当自成泥浆的某些性能指标不符合规定要求时，需在形成自成泥浆的过程中加入一些需要的成分。

此处所谓的泥浆成分是指制备泥浆的成分。护壁泥浆除通常使用的膨润土泥浆外，还有聚合物泥浆、CMC（羧甲基纤维素钠）泥浆和盐水泥浆，其主要成分和外加剂见表 4-5。

表 4-5　　护壁泥浆的主要成分和外加剂

泥浆种类	主要成分	常用的外加剂
膨润土泥浆	膨润土、水	分散剂、增黏剂、加重剂、防漏剂
聚合物泥浆	聚合物、水	—
CMC 泥浆	CMC、水	膨润土
盐水泥浆	膨润土、盐水	分散剂、特殊黏土
泥浆种类	主要成分	常用的外加剂
膨润土泥浆	膨润土、水	分散剂、增黏剂、加重剂、防漏剂
聚合物泥浆	聚合物、水	
CMC 泥浆	CMC、水	膨润土
盐水泥浆	膨润土、盐水	分散剂、特殊黏土

聚合物泥浆是以长链有机聚合物和无机硅酸盐为主体的泥浆，是近几年才研制成功的，我国目前尚未使用。使用该种泥浆，可提高地下连续墙混凝土的质量，利用地下连续墙作为主体结构，但施工中因其相对密度比其他泥浆小，故有时需将泥浆槽中液位提高到地面以上，以保证槽壁稳定。CMC 泥浆及盐水泥浆只用于海岸附近等特殊条件下。

膨润土泥浆的主要成分是膨润土、外加剂和水。

（a）膨润土。膨润土是一种颗粒极细、遇水显著膨胀、黏性和可塑性都很大的特殊黏土。其化学成分见表 4-6。膨润土具有触变性能、湿胀性能和胶体性能。

表 4-6　　膨润土的化学成分

产地	SiO_2	Al_2O_3	Fe_2O_3	MgO	CaO	细度（目/cm^2）	硅铝率
吉林九台	75.46	13.23	1.52	2.09	1.49	300	5.1
浙江临安	64.09	15.21	2.57	0.19	0.96	260	3.6
南京龙泉	61.75	15.63	2.15	2.57	2.21	260	3.4

（b）水。水中的杂质或 pH 值不同，泥浆的性质也不同。可使用自来水，但如果使用含有大量盐类（Ca^{2+}、Na^{+}、Mg^{2+}等）的地下水、河水，或者使用性质不明的水，宜事先进行拌和试验。

（c）外加剂。为了使泥浆的性能适合于地下连续墙挖槽施工的要求，通常要在泥浆中加入适当的外加剂。外加剂的种类和使用目的见表 4-7。外加剂有时具有多种功能。

表 4-7　　泥浆中外加剂的种类和使用目的

外加剂类型	使用目的	类　型
分散剂	(1) 防止盐类、水泥等对泥浆的污染。 (2) 经盐类、水泥等污染之后，用于泥浆的再生。 (3) 防止槽壁坍陷。 (4) 提高泥水的分离性能	(1) 碱类。多用碳酸钠（Na_2CO_3）和碳酸氢钠（$NaHCO_3$）。在泥浆受水泥污染时，它可与钙离子起化学反应变成碳酸钙，从而使钙离子惰性化。浓度取决于膨润土的种类，一般为 0.5%～1.0%。 (2) 木质素磺酸盐类。一般采用铁硼木质素磺酸钠（泰尔钠特 FCL），它对于防止盐的污染，与磷酸盐类和腐殖酸类分散剂有着相同的效果，但对于防止水泥污染的效果较差。 (3) 复合磷酸盐类。常用的是六甲基磷酸钠（$Na_6P_6O_{18}$）和三磷酸钠（$Na_5P_3O_{10}$），它能置换有害离子，常用的浓度为 0.1%～0.5%。 (4) 腐殖酸类。一般用腐殖酸钠，防止盐类污染泥浆，与磷酸盐类和木质素类有相同效果，但对于防止水泥污染泥浆则不如磷酸盐类
增黏剂	(1) 防止槽壁坍陷。 (2) 提高挖槽效率。 (3) 在盐类、水泥污染时能保护膨润土的凝胶性能	一般常用羧甲基纤维素（CMC）作为增黏剂，它是一种高分子化学浆液，呈白色粉末状，溶解于水后成为黏度很大的透明液体，触变性较小
加重剂	增加泥浆相对密度，提高槽壁的稳定性	常用的加重剂掺和物是重晶石（相对密度为 4.1～4.2）、珍珠岩（相对密度在 4.15 以上）、方铅矿粉末（相对密度为 6.8）等。应用最多的是取材容易的重晶石，它是一种灰白色粉末，掺入泥浆后能增大泥浆的相对密度、黏度和凝胶强度
防漏剂	防止泥浆在沟槽中经土壤漏失	有机纤维素聚合物

3）泥浆质量的控制指标。泥浆需具备物理稳定性、化学稳定性、合适的流动性、良好的泥皮形成能力和适当的相对密度。

在地下连续墙施工过程中，为检验泥浆的质量，对新制备的泥浆或循环泥浆都需利用专用仪器进行质量控制，对一般软土地区的控制指标见表 4-8。

表 4-8　　泥浆质量的控制指标

指标名称	新制备的泥浆	使用过的循环泥浆
黏度（s）	19～21	19～25
相对密度	<1.05	<1.20
失水量（mL/30min）	<10	<20
泥皮厚度（mm）	<1	<2.5
稳定性（%）	100	—
pH 值	8～9	<11

4）泥浆的制备与处理。

a. 泥浆的配合比。确定泥浆配合比时，先根据为保持槽壁稳定所需的黏度来确定膨润土的掺量（一般为 6%～9%）和增黏剂 CMC 的掺量（一般为 0.013%～0.08%）。

分散剂的掺量一般为 0%～0.5%。为使泥浆能形成良好的泥皮而掺分散剂时，对于泥浆黏度的减小，可通过增加膨润土或 CMC 的掺量来调节。我国常用的分散剂为纯碱。

为提高泥浆的相对密度，增大其维护槽壁的稳定能力而掺加加重剂（重晶石）时，其掺量可参考下式计算，即

$$m=\frac{4V(d_2-d_1)}{4-d_2} \tag{4-4}$$

式中：m 为重晶石的掺量（t）；V 为泥浆量（kL）；d_1 为原来泥浆的相对密度；d_2 为需达到的泥浆相对密度。

防漏剂通常是根据挖槽过程中泥浆漏失的情况而逐渐掺加的，常用掺量为 0.5%～1.0%。

配制泥浆时，根据原材料的特性，先参考常用的配合比进行试配，如试配出的泥浆符合规定的要求则可投入使用，否则须经过不断地修正，最终确定适用的配合比。

某工程地下连续墙施工中所用泥浆的配合比见表 4-9。

表 4-9　某工程地下连续墙施工中所用泥浆的配合比

泥浆用途		泥浆材料			
		水	陶土粉	纯碱	CMC
一般槽段用新配制泥浆	配合比（%）	100	7	0.4～0.5	0.05～0.08
	用量（kg/m^3）	1000	70	4～5	0.5～0.8
使用后再生处理的泥浆	配合比（%）	100	—	1.5	0.2
	用量（kg/m^3）	1000	—	15	2
坍方槽段和特殊情况使用的泥浆	配合比（%）	100	14	1.5	0.2
	用量（kg/m^3）	1000	140	15	2

b. 泥浆制备。泥浆制备包括泥浆搅拌和泥浆储存。泥浆搅拌常用高速回转式搅拌机和喷射式搅拌机。高速回转式搅拌机（也称螺旋桨式搅拌机）由搅拌筒和搅拌叶片组成，是以高速回转（1000～1200r/min）的叶片使泥浆产生强烈涡流而将泥浆搅拌均匀。

将泥浆搅拌均匀所需的搅拌时间，取决于搅拌机的搅拌能力（搅拌筒大小、搅拌叶片回转速度等）、膨润土浓度、泥浆搅拌后储存时间的长短和加料方式，一般应根据搅拌试验的结果确定，常用的搅拌时间为 4～7min，即搅拌后储存时间较长者的搅拌时间为 4min，搅拌后立即使用者的搅拌时间为 7min。

喷射式搅拌机是一种利用喷水射流进行拌和的搅拌方式，可进行大容量搅拌，其工作原理是用泵把水喷射成射流，利用喷嘴附近的真空吸力把加料器中的膨润土吸出与射流拌和，在泥浆达到设计浓度之前可循环进行，如图 4-29 所示。我国使用的喷射式搅拌机的制备能力为 8～60m^3/h，泵的压力为 0.3～0.4MPa。喷射式搅拌机的效率高于高速回转式搅拌机，且耗电较少。

制备泥浆的投料顺序一般为水→膨润土→CMC→分散剂→其他外加剂。

泥浆最好在充分溶胀之后再使用，所以搅拌后宜储存 3h 以上。储存泥浆宜用钢储浆罐或地下、半地下式储浆池。如用立式储浆罐或离地一定高度的卧式储浆罐，可自流送浆或补浆，无需送浆泵。

c. 泥浆处理。在地下连续墙施工过程中，泥浆与地下水、砂、土、混凝土接触，膨润土、外加剂等成分会有所消耗，而且也会混入一些土渣和电解质离子等，使泥浆受到污染而

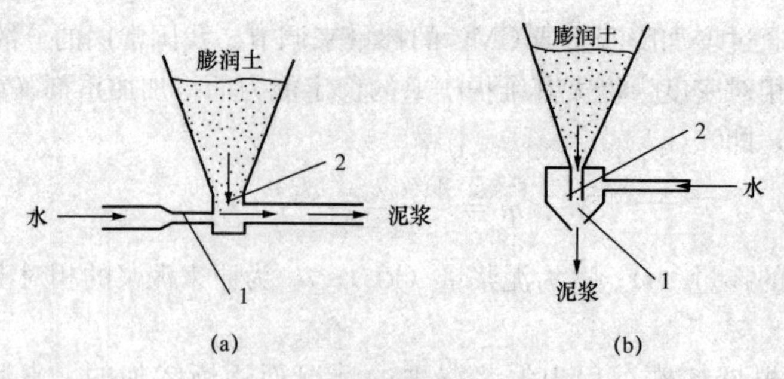

图 4-29　喷射式搅拌机的工作原理

(a) 水平型；(b) 垂直型

1—喷嘴；2—真空部位

性质恶化。泥浆的恶化程度与挖槽方法、土体种类、地下水性质和混凝土浇筑方法等有关。其中挖槽方法的影响最大，如用钻抓法挖槽，泥浆污染就较少，因为大量的土渣由抓斗直接抓出装车运走；如用反循环的多头钻成槽，则泥浆污染较大，因为用这种方法挖槽时挖下来的土要由循环流动的泥浆带出。另外，如地下水内含盐分或化学物质，则会对泥浆造成严重污染。

被污染后性质恶化了的泥浆，经过处理后仍可重复使用。如污染严重难以处理或处理不经济则应舍弃。

泥浆处理的对象因挖槽方法而异。对于泥浆循环挖槽方法，要处理挖槽过程中含有大量土渣的泥浆和浇筑混凝土所置换出来的泥浆；对于直接出渣挖槽方法，在挖槽过程中无需进行泥浆处理，而只处理浇筑混凝土置换出来的泥浆。所以泥浆处理分为土渣的分离处理（物理再生处理）和污染泥浆的化学处理（化学再生处理）。

(a) 土渣的分离处理（物理再生处理）。若泥浆中混入大量的土渣，会给地下连续墙施工带来下述问题：因为泥浆中混入土渣，所以形成的泥皮厚而弱，槽壁的稳定性较差；浇筑混凝土时易卷入混凝土中；槽底的沉渣多，将来地下连续墙建成后的沉降大；泥浆的黏度增大，循环较困难，而且泵、管道等磨损严重。

分离土渣可用机械处理和重力沉降处理，两种方法组合使用效果最好。

重力沉降处理是利用泥浆与土渣的相对密度差使土渣产生沉淀以排除土渣的方法。沉淀池的容积越大，泥浆在沉淀池中停留的时间越长，土渣沉淀分离的效果就越好。所以，如果现场条件允许应设置大容积的沉淀池。考虑土渣沉淀会减少沉淀池的有效容积，所以沉淀池的容积应超过一个单元槽段挖土量的 1.5～2.0 倍。沉淀池设于地下、地上、半地下皆可，要考虑泥浆循环、再生、舍弃等工艺要求，一般要分隔成几个，其间由埋管或开槽口连通。

机械处理是利用振动筛与旋流器，反循环出土的泥浆机械处理过程。

(b) 污染泥浆的化学处理（化学再生处理）。浇筑混凝土置换出来的泥浆，因混入土渣和与混凝土接触而恶化。因为当膨润土泥浆中混入阳离子时，阳离子就吸附于膨润土颗粒的表面，土颗粒就易互相凝聚，增强泥浆的凝胶化倾向。如水泥浆中含有大量钙离子，浇筑混凝土时也会使泥浆产生凝胶化。泥浆产生凝胶化后，泥浆的泥皮形成性能减弱，槽壁稳定性较差；黏性增高，土渣分离困难；在泵和管道内的流动阻力增大。

对上述恶化了的泥浆要进行化学处理。化学处理一般用分散剂，经化学处理后再进行土渣分离处理。

泥浆经过化学处理后，用控制泥浆质量的各项指标进行检验，如果需要可再补充掺入材料进行再生调制。将经再生调制的泥浆送入储浆池（罐），待新掺入的材料与处理过的泥浆完全融合后再重复使用。

d. 泥浆质量控制。泥浆在地下连续墙施工过程中，由于形成泥皮消耗了泥浆、地下水或雨水稀释了泥浆、黏土等细颗粒土混入泥浆、混凝土中的钙离子混入泥浆、土中或地下水中的阳离子混入泥浆等原因会使其性质恶化，因此，在施工过程中，要求在适当的时间、适当的位置对泥浆取样进行试验，根据试验结果分别对泥浆采取再生处理、修正配合比或舍弃等措施，以提高施工的精度、经济性和安全性。因此，泥浆质量控制的目的就是使泥浆在整个施工过程中保持它应有的性质。泥浆质量控制试验的试验项目及取样方法见表 4-10。

表 4-10　　泥浆质量控制试验的试验项目及取样方法

<table>
<tr><th>顺序</th><th colspan="3">泥浆使用状态</th><th>取样时间和次数</th><th>取样位置</th><th>试验项目</th><th>备　注</th></tr>
<tr><td>1</td><td colspan="3">新拌制的泥浆</td><td>搅拌泥浆达 $100m^3$ 时取样一次，拌制时和放置 1d 后各取一次</td><td>搅拌机内</td><td>稳定性、相对密度、漏斗黏度、失水量、pH 值、含砂率</td><td>如可能也测定外观黏度、塑性黏度、屈服值、凝胶强度</td></tr>
<tr><td rowspan="2">2</td><td rowspan="2">储存池（罐）中的泥浆</td><td colspan="2">循环法</td><td>每一标准槽段挖槽过程中，每掘进 5～10m 取样一次</td><td>泥浆池的送浆吸入口</td><td>稳定性、相对密度、漏斗黏度、失水量、pH 值、含砂率、含盐率</td><td>—</td></tr>
<tr><td colspan="2">静止法</td><td>每挖一个标准槽段长度，挖槽前、挖槽至一半深度和接近结束各取样一次</td><td>泥浆池的送浆吸入口</td><td>稳定性、相对密度、漏斗黏度、失水量、pH 值、含砂率、含盐率</td><td>—</td></tr>
<tr><td rowspan="3">3</td><td rowspan="3">沟槽内的泥浆</td><td rowspan="2">挖槽过程中</td><td>循环法</td><td>仅在特殊情况时</td><td>—</td><td>—</td><td>—</td></tr>
<tr><td>静止法</td><td>每挖一个标准槽段长度，挖至一半深度和接近结束时各取样一次</td><td>在槽内泥浆的上部，受供给泥浆影响较小的地方</td><td>稳定性、相对密度、漏斗黏度、失水量、pH 值、含砂率、含盐率</td><td>因土混入而使泥浆质量严重恶化时，应增加测定次数</td></tr>
<tr><td colspan="2">静置期间</td><td>在挖槽结束时，钢筋笼吊入后或者浇筑混凝土之前取样</td><td>槽内上、中、下 3 个位置</td><td>稳定性、相对密度、漏斗黏度、失水量、pH 值、含砂率、含盐率</td><td>—</td></tr>
<tr><td rowspan="2">4</td><td rowspan="2">挖槽过程中正在循环使用的泥浆</td><td colspan="2">经物理再生处理的泥浆</td><td>每一标准槽段挖槽过程中，每掘进 5～10m 取样一次</td><td>在向振动筛、旋流器、沉淀池内流入的前后</td><td>稳定性、相对密度、漏斗黏度、失水量、pH 值、含砂率、含盐率</td><td>—</td></tr>
<tr><td colspan="2">经再生调制的泥浆</td><td>调制前和调制后</td><td>调制前、调制后</td><td>稳定性、相对密度、漏斗黏度、失水量、pH 值、含砂率、含盐率</td><td>—</td></tr>
</table>

续表

顺序	泥浆使用状态			取样时间和次数	取样位置	试验项目	备注
5	被浇筑的混凝土置换出来的泥浆	判断泥浆能否再使用		开始浇筑混凝土和每浇筑数米混凝土	化学再生装置的流入口，或者在槽内送浆的泵吸入口	pH值、漏斗黏度、失水量、相对密度、含砂率、稳定性、含盐量	—
		再生处理的泥浆	化学再生处理	处理前、处理后	处理前、处理后	pH值、漏斗黏度、失水量、相对密度、含砂率、稳定性、含盐量	—
			物理再生处理	处理前、处理后	处理前、处理后	漏斗黏度、失水量、相对密度、含砂率、pH值、含盐量	—
		再生调制的泥浆		调制前、调制后	调制前、调制后	稳定性、相对密度、漏斗黏度、失水量、pH值、含砂率、含盐量	—

注 1. 取样时间和次数，可根据施工条件增减。
2. 所取试样应能代表泥浆的性质。

（3）挖槽。地下连续墙的挖槽工作包括单元槽段的划分、挖槽机械的选择与正确使用、制定防止槽壁坍塌的措施等。

1）单元槽段的划分。地下连续墙施工前，预先沿墙体的长度方向把地下墙划分为许多某种长度的施工单元，该施工单元称为“单元槽段”，挖槽是按一个个单元槽段进行挖掘。划分单元槽段就是将划分后的各个单元槽段的形状和长度标明在墙体平面图上，这是地下连续墙施工组织设计中的一个重要内容。

单元槽段的最小长度不得小于一个挖掘段（挖槽机械挖土工作装置的一次挖土长度）。单元槽段越长越好，这样可以减少槽段的接头数量，增加地下墙的整体性。但同时又要考虑挖槽时槽壁的稳定性等，所以在确定其长度时要综合考虑下列因素：

a. 地质条件。当土层不稳定时，为防止槽壁倒塌，应缩短单元槽段长度，以缩短挖土时间和减少槽壁暴露时间，可较快挖槽，结束浇筑混凝土。

b. 地面荷载。如附近有高大建（构）筑物或有较大地面荷载，也应缩短单元槽段长度。

c. 起重机的起重能力。一个单元槽段的钢筋笼多为整体吊装（过长的在竖向可分段），起重机的起重能力限制了钢筋笼的尺寸，也即限制单元槽段长度。

d. 混凝土的供应能力。一个单元槽段内的混凝土宜较快地浇筑结束，因为单位时间内混凝土的供应能力也影响单元槽段的长度。

e. 地下连续墙及内部结构的平面布置。划分单元槽段时应考虑其接头位置，避免设在转角处及地下墙与内部结构的连接处，以保证地下墙的整体性；此外，单元槽段的划分还与接头形式有关。

单元槽段的长度多取3～8m，也有取10m甚至更长。图4-30为某工程单元槽段的划分情况。

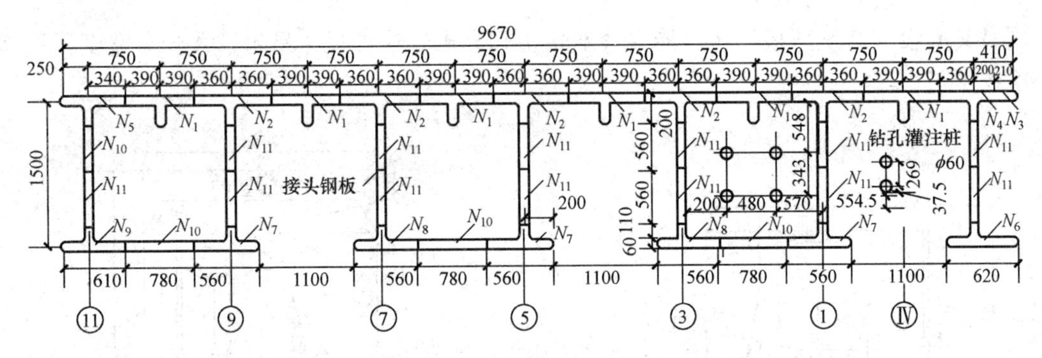

图4-30　某工程单元槽段的划分情况

2）挖槽机械的选择与正确使用。地下连续墙用的挖槽机械，可按其工作原理进行分类，如图4-31所示。

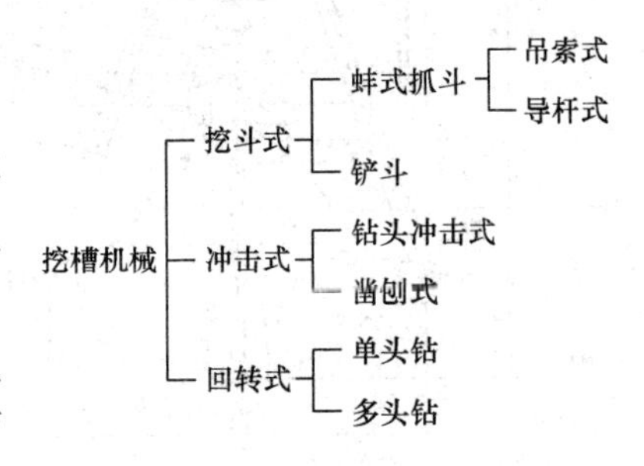

图4-31　挖槽机械的分类

我国在地下连续墙施工中，应用最多的是吊索式蚌式抓斗、导杆式蚌式抓斗、多头钻和冲击式挖槽机，尤以前面三种最多。

a. 挖斗式挖槽机。挖斗式挖槽机是使其斗齿切削土体，将切削下的土体收容在斗体内，从沟槽内提出地面开斗卸土，然后又返回沟槽内挖土，如此重复的循环作业进行挖槽。这是一种构造最简单的挖槽机械。

挖斗式挖槽机切入土中是靠斗体重量，因为斗体同时还是切土容器，所以增加斗体重量虽然对挖土有利但对切土却增加了无益的动力消耗。

这类挖槽机械适用于较松软的土质。土壤的标准贯入试验击数 N 值超过30则挖掘速度会急剧下降，N 值超过50即难以挖掘。对于较硬的土层宜用钻抓法，即预钻导孔，在抓斗两侧形成垂直自由面，挖土时不需靠斗体自重切入土中，只需闭斗挖掘即可。因为每挖一斗都需提出地面卸土，所以为了提高其挖土效率，施工深度不能太深，我国认为不宜超过50m。

为了保证挖掘方向，提高成槽精度，一种是可在抓斗上部安装导板，即我国常用的导板抓斗；另一种是在挖斗上装长导杆，导杆沿着机架上的导向立柱上下滑动，成为液压抓斗，这样既保证了挖掘方向又增加了斗体自重，提高了对土的切入力。

蚌式抓斗与普通抓斗不同，它为了提高抓斗的切土能力，一般会加大斗体重量；为了提高挖槽的垂直精度，要在抓斗的两个侧面安装导向板，所以也称为“导板抓斗”。

蚌式抓斗通常以钢索操纵斗体上下和开闭，即“索式抓斗”；也有用导杆使抓斗上下并通过液压开闭斗体的“导体抓斗”。目前在我国这两种都有应用。

索式蚌式抓斗又可分为中心提拉式与斗体推压式两类。

（a）索式中心提拉式导板抓斗。我国目前使用的索式中心提拉式导板抓斗的主要构造如图4-32所示。它主要由斗体、提杆、斗脑、导杆及上下滑轮组和钢索等组成。由钢索操纵开斗、抓土、闭斗和提升弃土。导板的作用是导向，可提高挖槽精度，又可增大抓斗重量和提高挖槽效率，导板长度根据需要而定，长导板可提高沟槽的垂直精度。

（b）索式斗体推压式导板抓斗。这种抓斗的主要构造如图4-33所示。它主要由斗体、弃土压板、导板、导架、提杆、定滑轮组等组成。这种抓斗切土时能推压抓斗斗体进行切土，同时又增设了弃土压板，所以能有效地切土和弃土。这种抓斗易于增大开斗宽度，可增大一次挖土量。

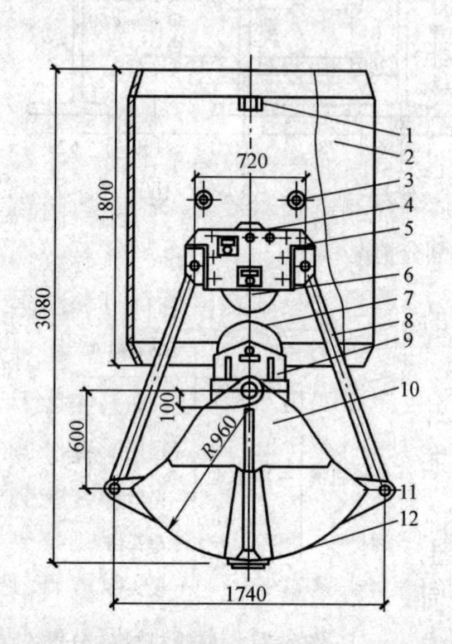

图 4-32　索式中心提拉式导板抓斗的主要构造

1—导向块；2—导板；3—撑管；4—导向辊；5—斗脑；6—上滑轮组；7—下滑轮组；8—提杆；9—滑轮座；10—斗体；11—斗耳；12—斗齿

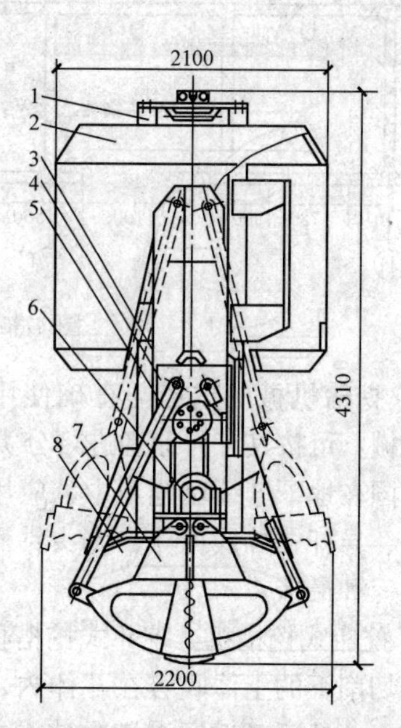

图 4-33　索式斗体推压式导板抓斗的主要构造

1—导轮支架；2—导板；3—导架；4—动滑轮组；5—提杆；6—定滑轮组；7—斗体；8—弃土压板

索式导板抓斗用吊车或专用机架悬吊皆可施工。

对于较硬的土层，为提高挖土效率，或为提高挖土精度，可将索式导板抓斗与导向钻机组合成钻抓式成槽机进行挖槽。我国用的钻抓式成槽机如图 4-34 所示。施工时先用潜水电钻根据抓斗的开斗宽度钻两个导孔，孔径与墙厚相同，然后用抓斗抓除两导孔间的土体。

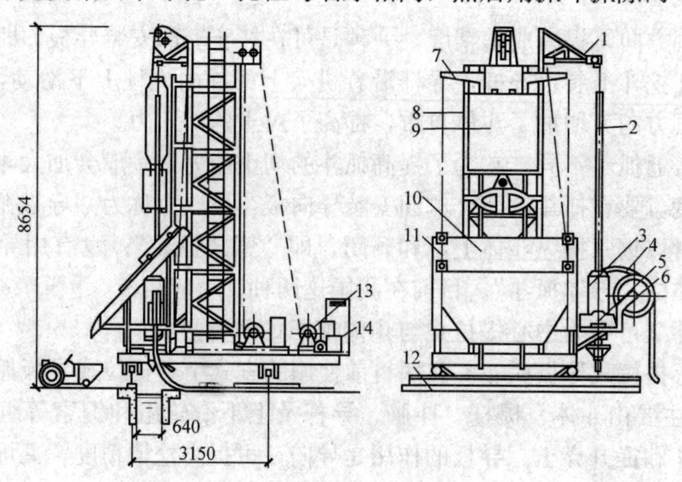

图 4-34　钻抓式成槽机

1—电钻吊臂；2—钻杆；3—潜水电站；4—泥浆管及电缆；5—钳制台；6—转盘；7—轨道；8—出土下滑槽架；9—出土上滑槽；10—导板抓斗；11—机架立柱；12—吊臂滑轮；13—卷扬机；14—控制箱

抓斗的液压开闭装置装在导杆下端，挖土时通过导杆自重使抓斗向下推压，使斗体切入土中挖土。导杆液压抓斗的载运机械是履带式起重机，其上安装有导向滑槽，导杆就在滑槽内上下运动，导杆和导向滑槽的长度按挖槽深度确定。用这种抓斗挖槽不需要钻导孔。导杆抓斗的构造如图 4-35 所示。

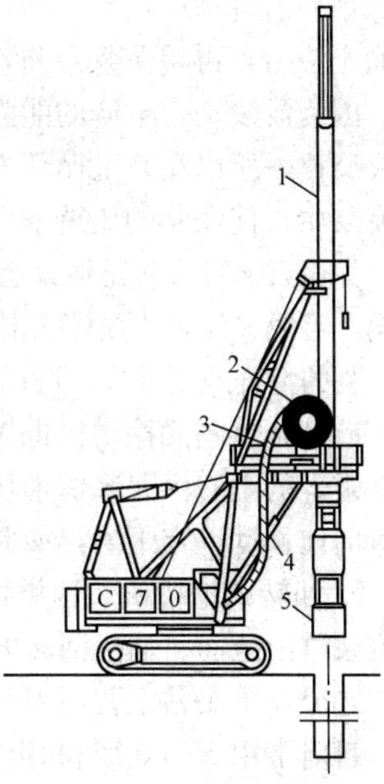

蚌式抓斗的载运机械履带式起重机，其起重臂长度因抓斗的高度及重量而异，一般为 15～20m，起重臂的仰角越大起重机越稳定，但起重机太靠近导墙，会影响导墙和周围地基的稳定，也会给抓斗卸土和装车带来不便。因此，起重臂的仰角通常采用 65°～70°，抓土、卸土和装车应在起重臂的回转范围之内。挖槽过程中起重臂只做回转动作而无仰俯动作。当起重机履带的方向与导墙成直角时，稳定性最好，但考虑导墙承受荷载的情况，也有采用平行导墙布置的。

当用钻抓式成槽机挖槽时，要保证其轨道的铺设质量。

为了提高新钻设的导孔的垂直精度，应以适宜的钻孔速度进行钻孔，钻孔速度过快，易引起钻孔轴线弯曲。此外，钻具的磨损会使孔径变小，导孔孔径尺寸不准确，会影响地下墙的施工精度。对于坚硬的土层，可在设计的导孔位置中间再钻一个孔，以提高抓斗的挖槽效率。用钻抓式成槽机施工时的工艺布置如图 4-36 所示。

图 4-35　导杆抓斗的构造

1—导杆；2—液压管线回收轮；3—平台；4—调整倾斜度用的千斤顶；5—抓斗

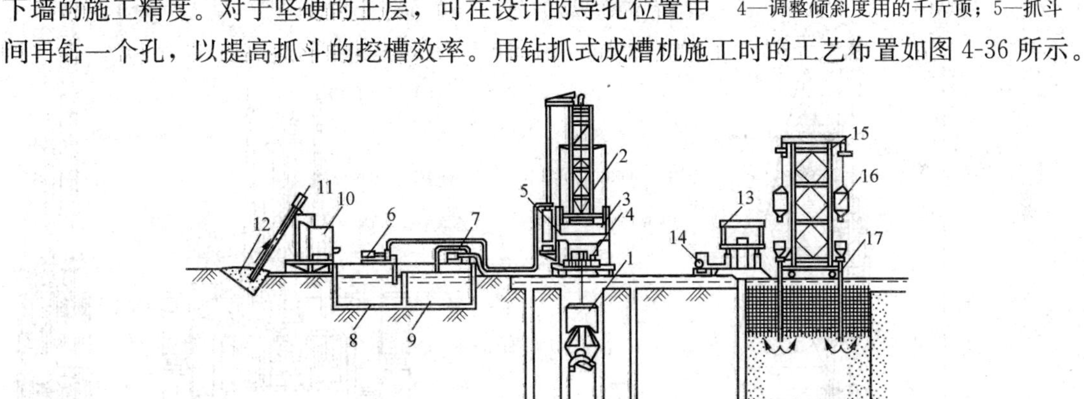

图 4-36　地下连续墙用钻抓式成槽机施工时的工艺布置

1—膨润土；2—螺旋输送机；3—泥浆搅拌机；4、5—吸泥泵；6—潜水电站；7—机架；8—出土滑槽；9—翻斗车；10—导板抓斗；11—油泵车；12—接头管顶升架；13—混凝土浇灌机；14—混凝土吊斗；15—混凝土导管；16—泥浆沉淀池；17—泥浆池

b. 冲击式挖槽机。冲击式挖槽机包括钻头冲击式和凿刨式两类，多用于嵌岩的地下连续墙施工。ICOS 型冲击钻机的主要结构如图 4-37 所示。

冲击钻机是依靠钻头的冲击力破碎地基土，所以不但对一般土层适用，对卵石、砾石、岩层等地层也适用。另外，钻头的上下运动受重力作用保持垂直，所以挖槽精度也可保证。这种钻机的挖槽速度取决于钻头重量和单位时间内的冲击次数，但这两者不能同时增大，一般一个增大而另一个就有减小的趋势，所以钻头重量和单位时间内的冲击次数都不能超过一定的极限，故冲击钻机的挖槽速度比其他挖槽机低。钻头形式多样，视工作需要进行选择。

排土方式有泥浆正循环方式和泥浆反循环方式两种。泥浆正循环方式就是将泥浆通过钻杆从钻头前端高压喷出，携带被破碎的土渣一同上升至槽壁顶部排出，然后经泥水分离装置排除土渣后，再用泥浆泵将泥浆送至钻头处，使之循环。泥浆出钻头后向上升起将土渣携出。因为泥浆携带土渣的能力与流体的上升速度成正比，而泥浆的上升速度又与挖槽的断面积成反比，所以泥浆正循环方式不宜用于断面大的挖槽施工，同时因土渣上升速度慢而易混在泥浆中，使泥浆的比重增大。

泥浆反循环方式是泥浆经导管流入槽内，携带土渣一起被吸入钻头，通过钻杆和管道排出地面，经泥水分离装置排除土渣后再把泥浆补充到挖槽内。因为钻杆的断面积较小，所以此法中泥浆的上升速度较快，可以把较大块的土渣携出，而且土渣也不会堆积在挖槽工作面上。

此外，凿刨式挖槽机也属于冲击式挖槽机一类，它是靠凿刨沿导杆上下运动以破碎土层，破碎的土渣由泥浆携带从导杆下端吸入经导杆排出槽外。施工时每凿刨一竖条土层，挖槽机向前移动一定距离，如此反复进行挖槽。

c. 回转式挖槽机。这类挖槽机是以回转的钻头切削土体进行挖掘，钻下的土渣随循环的泥浆排出地面。钻头回转方式与挖槽面的关系有直挖和平挖两种。钻头数目有单头钻和多头钻之分，单头钻主要用来钻导孔，多头钻多用来挖槽。

目前常用 SF-60 型和 SF-80 型多头钻，它们是一种采用动力下放、泥浆反循环排渣、电子测斜纠偏和自动控制给进成槽的机械，具有一定的先进性。SF 型多头钻的钻头构造如图 4-38所示。

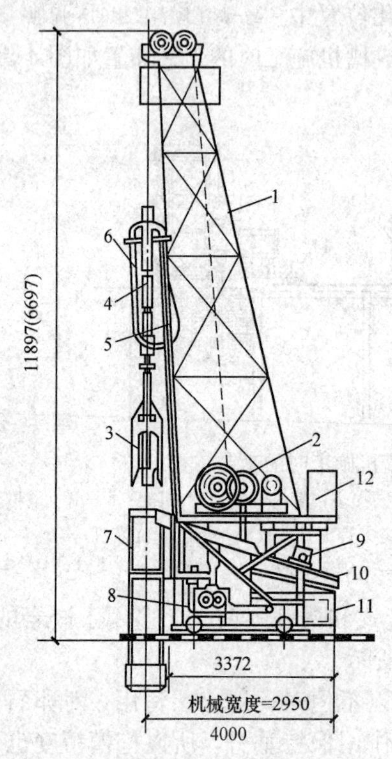

图 4-37　ICOS 型冲击钻机的主要结构

1—机架；2—卷扬机（19kW）；3—泥浆搅拌机（15kW）；4—振动筛电动机；5—振动筛；6—输浆软管；7—泥浆循环泵（22kW）；8—导向套管；9—钻头；10—中间输浆管；11—钻杆；12—泥浆槽

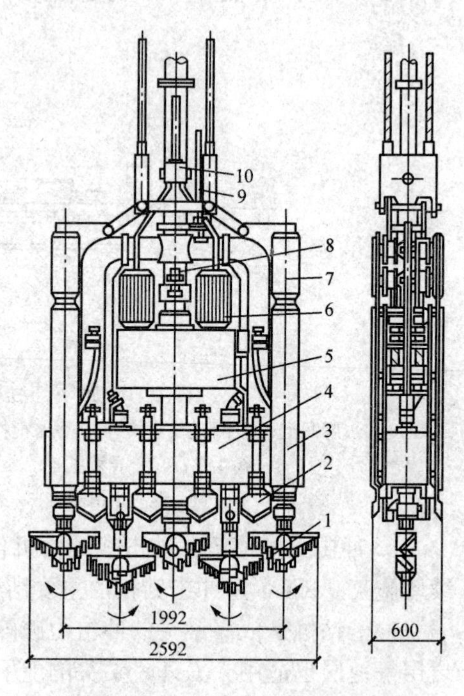

图 4-38　SF 型多头钻的钻头构造

1—电缆结头；2—泥浆管；3—高压进气管；4—纠偏装置；5—潜水钻机；6—减速箱；7—齿轮箱；8—导板；9—铡刀；10—钻头

用多头钻挖槽，槽壁的垂直精度主要靠钻机操作人员的技术熟练程度，合理控制钻压、下钻速度和钻机的工作电流。在钻进过程中应随时观测偏斜情况，随时加以纠正。

用多头钻挖槽时，待钻机就位和机头中心对准挖掘段中心后，将密封液储油器加压至0.1～0.15MPa，并随机头下放深度的增加而逐步加压。然后将机头放入槽内，当先导钻头刚接触槽底即启动钻头旋转，钻头的正常工作电流约为40A，最大工作电流应在75A以内，如工作电流出现升高现象时，应立即停钻检查。在每次提钻后或下钻前均应检查润滑油和密封液是否符合设计要求。

用多头钻挖槽对槽壁的扰动少，完成的槽壁光滑，吊放钢筋笼顺利，混凝土超量少，无噪声，施工文明，适用于软黏土、砂性土及小粒径的砂砾层等地质条件，特别在密集的建筑群内，或邻近高层及重要建筑物处皆能安全而高效率地进行施工，但需具备排送泥浆及处理泥浆的条件。多头钻施工地下连续墙时的工艺布置如图4-39所示。

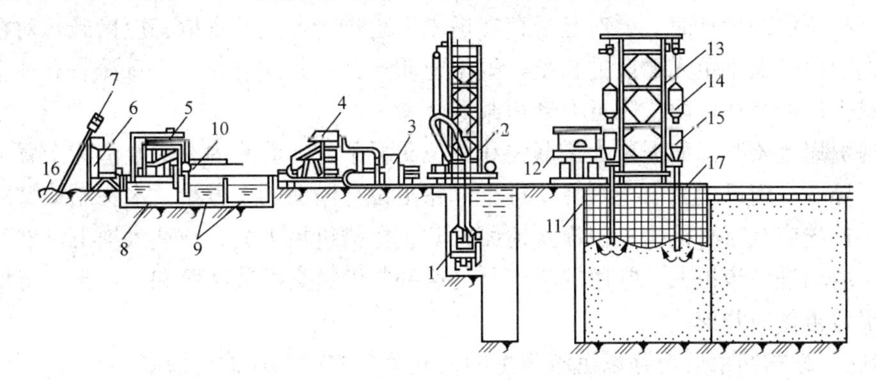

图4-39　多头钻施工地下连续墙时的工艺布置

1—膨润土；2—螺旋输送机；3—吸泥泵；4—水力旋流器；5—补浆用输浆泵；6—振动筛；7—泥浆搅拌机；8—机架；9—泥浆沉淀池；10—混凝土浇灌机；11—混凝土吊斗；12—混凝土导管上的料斗；13—轨道；14—接头管；15—多头钻；16—接头管顶升架；17—泥浆池

多头钻的钻进速度取决于土质坚硬程度和排泥速度。对于坚硬土层，钻进速度取决于土层的坚硬程度，对于软土层则主要取决于排泥速度。

3）制定防止槽壁坍塌的措施。地下连续墙施工时保持槽壁的稳定性、防止槽壁塌方十分重要。如发生塌方，不仅可能发生埋住挖槽机的危险，使工程拖延，同时可能引起地面沉陷而使挖槽机械倾覆，对邻近的建筑物和地下管线造成破坏。如在吊放钢筋笼之后，或在浇筑混凝土过程中产生塌方，则塌方的土体会混入混凝土内，造成墙体缺陷，甚至会使墙体内外贯通，成为产生管涌的通道。因此，槽壁塌方是地下连续墙施工中极为严重的事故。与槽壁稳定性有关的因素是多方面的，主要可以归纳为泥浆、地质及施工3个方面。

通过近年来的实测和研究，发现开挖后槽壁的变形是上部大下部小，一般在地面以下7～15m有不同程度的外鼓现象，所以绝大部分的塌方发生在地面以下12m的范围内。塌体多呈半圆筒形，中间大两头小，多是内外两侧对称地出现塌方。此外，槽壁变形还与机械振动的存在有关。

通过试验和理论研究，还证明了地下水位越高，平衡它所需的泥浆相对密度也越大，即槽壁失稳的可能性也越大。所以地下水位的相对高度对槽壁稳定性的影响很大，同时它也影响着泥浆相对密度的大小。地下水位即使有较小的变化，对槽壁的稳定也有显著影响，特别是当挖深较浅时影响就更为显著。因此，如果因为降雨使地下水位急剧上升，地面水再绕过导墙流入槽段，这样就会使泥浆对地下水的超压力减小，极易产生槽壁塌方。故采用泥浆护壁开挖深度大的地下连续墙时，要重视地下水的影响。必要时，可部分或全部降低地下水位，或提高槽段内泥浆的液位，这对保证槽壁稳定会起很大的作用。

泥浆质量和泥浆液面的高低对槽壁稳定性也产生很大的影响。泥浆液面越高所需的泥浆相对密度越小，即槽壁失稳的可能性越小。由此可知泥浆液面一定要高出地下水位一定高度，一般为0.5～1.0m。

地基土的好坏直接影响槽壁的稳定。土的内摩擦角ϕ越小，所需泥浆的相对密度越大。在施工地下墙时要根据不同的土质选用不同的泥浆配合比。

单元槽段的长短也影响槽壁的稳定性。因为单元槽段的长度决定了基槽的长深比，而长深比影响土拱作用的发挥和土压力的大小。

在编制施工组织设计时，要对是否存在坍塌危险进行研究并采取相应措施：对松散易塌土层应预先加固，缩小单元槽段的长度，根据土质选择泥浆配合比，注意泥浆和地下水的液位变化，减少地面荷载，防止附近有动荷载等。

当出现坍塌迹象时，如泥浆大量漏失和液位明显下降，泥浆内有大量泡沫上冒或出现异常的扰动，导墙及附近地面出现沉降，排土量超出设计断面的土方量，多头钻或蚌式抓斗升降困难等，首先应及时将挖槽机械提至地面，防止挖槽机械因坍方被埋入地下，然后迅速采取措施避免坍塌进一步扩大。常用的措施是迅速补浆以提高泥浆液面和回填土，待所回填的回填土稳定后再重新开挖。

4）清底。挖槽结束后清除以沉渣为主的槽底沉淀物的工作称为清底。

挖槽至设计标高后，用超声波等方法测量槽段断面，如误差超过规定，则需修槽，修槽可用冲击钻或锁口管并联冲击。槽段接头处也需清理，可用钢刷子清理或用水枪喷射高压水流进行冲洗。此后就可以进行清底了。有的工程还在钢筋笼吊放后、浇筑混凝土之前进行二次清底。

可沉降土渣的粒径取决于泥浆性质。当泥浆性质良好时，可沉降土渣的最小粒径为0.06～0.12mm。一般挖槽结束后静置2h，悬浮在泥浆中的土渣约有80%可以沉淀，4h左右可全部沉淀完毕。

清底的方法有沉淀法和置换法两种。沉淀法是在土渣基本都沉至槽底之后再进行清底。置换法是在挖槽结束后，在土渣尚未沉淀之前就用新泥浆把槽内的泥浆置换出来，使槽内泥浆的相对密度在1.15以下。我国多用置换法清底。

常用的清除沉渣的方法有砂石吸力泵排泥法、压缩空气升液排泥法、带搅动翼的潜水泥浆泵排泥法、抓斗直接排泥法。前三种应用较多，其工作原理如图4-40所示。

（4）钢筋笼的加工和吊放。

1）钢筋笼的加工。钢筋笼根据地下连续墙墙体配筋图和单元槽段的划分来制作，最好按单元槽段做成一个整体。如果地下连续墙很深或受起重设备起重能力的限制，则需要分段制作，在吊放时再连接，接头宜用绑条焊接。纵向受力钢筋的搭接长度，如无明确规定可采用60倍的钢筋直径。

钢筋笼端部与接头管或混凝土接头面间应留有15～20cm的空隙。主筋净保护层的厚度通常为7～8cm，保护层垫块的厚度为5cm，在垫块和墙面之间留有2～3cm的间隙。因为用

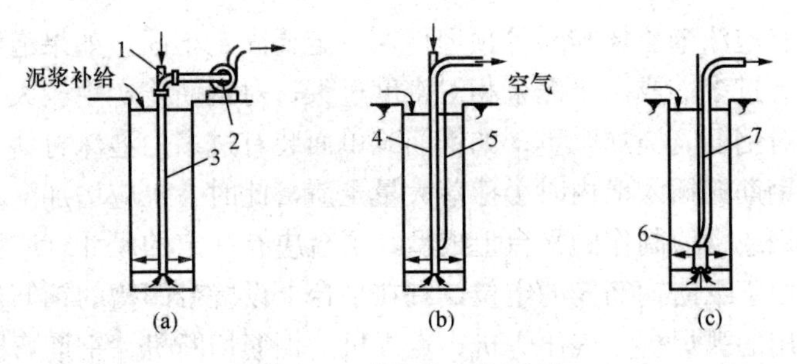

图 4-40　清底的工作原理

(a) 砂石吸力泵排泥；(b) 压缩空气升液排泥；(c) 潜水泥浆泵排泥

1—结合器；2—砂石吸力泵；3—导管；4—导管或排泥管；5—压缩空气管；6—软管；7—潜水泥浆泵

砂浆制作的垫块易在吊放钢筋笼时破碎，又易擦伤槽壁面，所以一般用薄钢板制作垫块。对作为永久性结构的地下连续墙的主筋保护层，根据设计要求确定。

制作钢筋笼时要预先确定浇筑混凝土用导管的位置，由于这部分空间要上下贯通，因而周围需增设箍筋和连接筋进行加固。尤其在单元槽段接头附近插入导管时，由于此处钢筋较密集更需特别加以处理。

因为横向钢筋有时会阻碍导管插入，所以纵向主筋应放在内侧，横向钢筋放在外侧，如图 4-41 所示。纵向钢筋的底端应距离槽底面 10～20cm，纵向钢筋底端应稍向内弯折，以防止吊放钢筋笼时擦伤槽壁，但向内弯折的程度也不要影响插入混凝土导管。

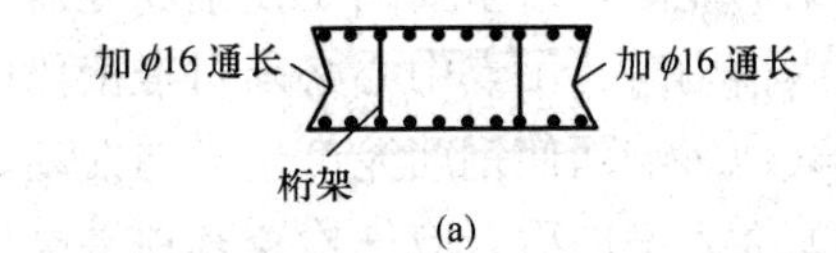

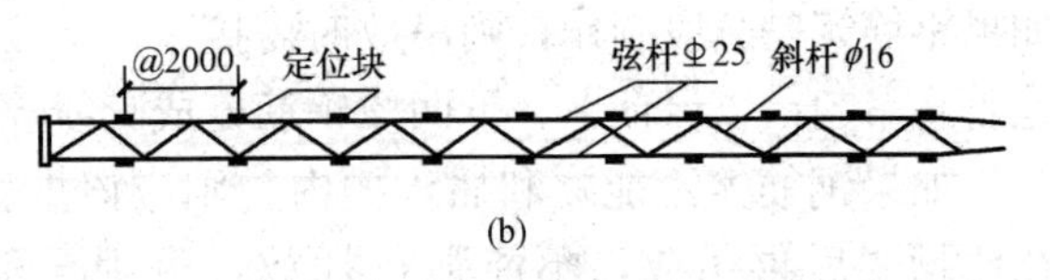

图 4-41　钢筋笼的构造

(a) 横剖面图；(b) 纵向桁架纵剖面图

加工钢筋笼时，要根据钢筋笼的重量、尺寸及起吊方式和吊点布置，在钢筋笼内布置一定数量（一般 2～4 榀）的纵向桁架（如图 4-42 所示），因为钢筋笼尺寸大、刚度小，在其起吊时易变形。纵向桁架上、下弦的断面应计算确定，一般以加大相应受力钢筋的断面用作桁架的上、下弦。

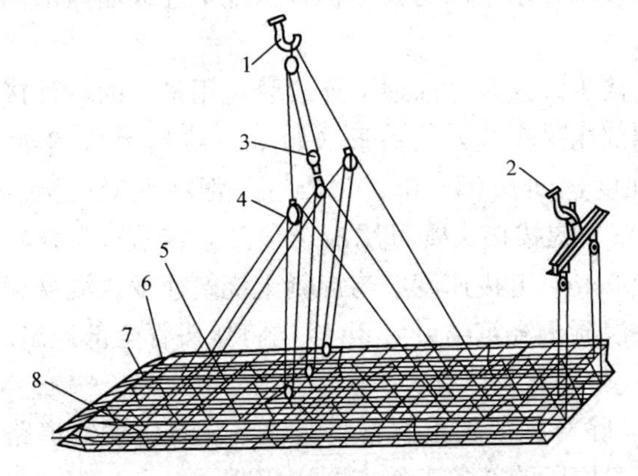

图 4-42　钢筋笼的构造与起吊方法

1，2—吊钩；3，4—滑轮；5—卸甲；6—钢筋笼底端向内弯折；7—纵向桁架；8—横向架立桁架

制作钢筋笼时，要根据配筋图确保钢筋的正确位置、间距及根数。纵向钢筋接长宜采用气压焊接、搭接焊等。钢筋连接除四周两道钢筋的交点需全部点焊外，其余可采用 50%交叉点焊。成型用的临时扎结铁丝焊后应全部拆除。

地下连续墙与基础底板及内部结构板、梁、柱、墙的连接，如采用预留锚固钢筋的方式，锚固筋一般用直径不超过 20mm 的光圆钢筋。锚固筋的布置还要确保混凝土能够自由流动以充满锚固筋周围的空间；如采用预埋钢筋连接器则宜用直径较大的钢筋。

如钢筋笼上贴有泡沫苯乙烯塑料等预埋件，一定要固定牢固。如果泡沫苯乙烯塑料等附加件在钢筋笼上安装过多，或由于泥浆相对密度过大，对钢筋笼产生较大的浮力，阻碍钢筋笼插入槽内，则须对钢筋笼施加配重；如钢筋笼单面装有过多的泡沫材料预埋件，会对钢筋笼产生偏心浮力，钢筋笼插入槽内时会擦落大量土渣，此时，也应增加配重加以平衡。

钢筋笼应在型钢或钢筋制作的平台上成型，平台应有一定的尺寸（应大于最大钢筋笼尺寸）和平整度。为便于纵向钢筋笼的定位，宜在平台上设置带凹槽的钢筋定位条。加工钢筋所用设备皆为通常用的弧焊机、气压焊机、点焊机、钢筋切断机、钢筋弯曲机等。

钢筋笼的制作速度要与挖槽速度协调一致，由于钢筋笼的制作时间较长，因此，制作钢筋笼时必须有足够大的场地。

2）钢筋笼的吊放。对钢筋笼的起吊、运输和吊放应制订周密的施工方案，不允许在吊放过程中产生不能恢复的变形。

钢筋笼的起吊应用横吊梁或吊架。吊点布置和起吊方式要防止起吊时引起钢筋笼变形。起吊时不能使钢筋笼下端在地面上拖引，以防造成下端钢筋弯曲变形。为防止钢筋笼吊起后在空中摆动，应在钢筋笼下端系上拽引绳用人力操纵。

插入钢筋笼时，最重要的是使钢筋笼对准单元槽段的中心，垂直而又准确地插入槽内。钢筋笼进入槽内时，吊点中心必须对准槽段中心，然后徐徐下降，此时必须注意不要因起重臂摆动或其他影响而使钢筋笼产生横向摆动，造成槽壁坍塌。

钢筋笼插入槽内后，应先检查其顶端高度是否符合设计要求，然后将其搁置在导墙上。如果钢筋笼是分段制作，则吊放时需接长，下段钢筋笼要垂直悬挂在导墙上，再将上段钢筋笼垂直吊起，以保证上、下两段钢筋笼成直线连接。

如果钢筋笼不能顺利插入槽内，则应该重新吊出，查明原因加以解决；如果需要，则在修槽之后再吊放，不能强行插放，否则会引起钢筋笼变形或使槽壁坍塌，产生大量沉渣。

（5）地下连续墙的接头。地下连续墙的接头形式很多，而且还正在发展一些新型接头，一般根据受力和防渗要求进行选择。总的来说，地下连续墙的接头分为两大类，即施工接头（纵向接头）和结构接头（水平接头）。施工接头是浇筑地下连续墙时在墙的纵向连接两相邻单元墙段的接头；结构接头是已竣工的地下连续墙在水平向与其他构件（地下连续墙内部结构的梁、柱、墙、板等）相连接的接头。

常用的施工接头为接头管（又称锁口管）接头。这是当前地下连续墙应用最多的一种接头。施工时，一个单元槽段挖好后于槽段的端部用吊车放入接头管（如图 4-43 所示），然后吊放钢筋笼并浇筑混凝土，待混凝土浇筑后强度达到 0.05～0.20MPa（一般在混凝土浇筑开始后 3～5h，视气温而定）时开始提拔接头管，提拔接头管可用液压顶升架或吊车。开始时每隔 20～30min 提拔一次，每次上拔 30～100cm，上拔速度应与混凝土浇筑速度、混凝土强度增长速度相适应，一般为 2～4m/h，应在混凝土浇筑结束后 8h 以内将接头管全部拔出。

（6）混凝土浇筑。

1）浇筑前的准备工作。在混凝土浇筑前，除有关混凝土制备、运输、浇筑、运输道路安排、劳动力配备等方面的准备工作之外，有关槽段的准备工作如图 4-44 所示。

2）混凝土配合比。在确定地下连续墙工程中所用混凝土的配合比时，应考虑混凝土采用导管法在泥浆中浇筑的特点。地下连续墙施工中所用的混凝土，除满足一般水工混凝土的

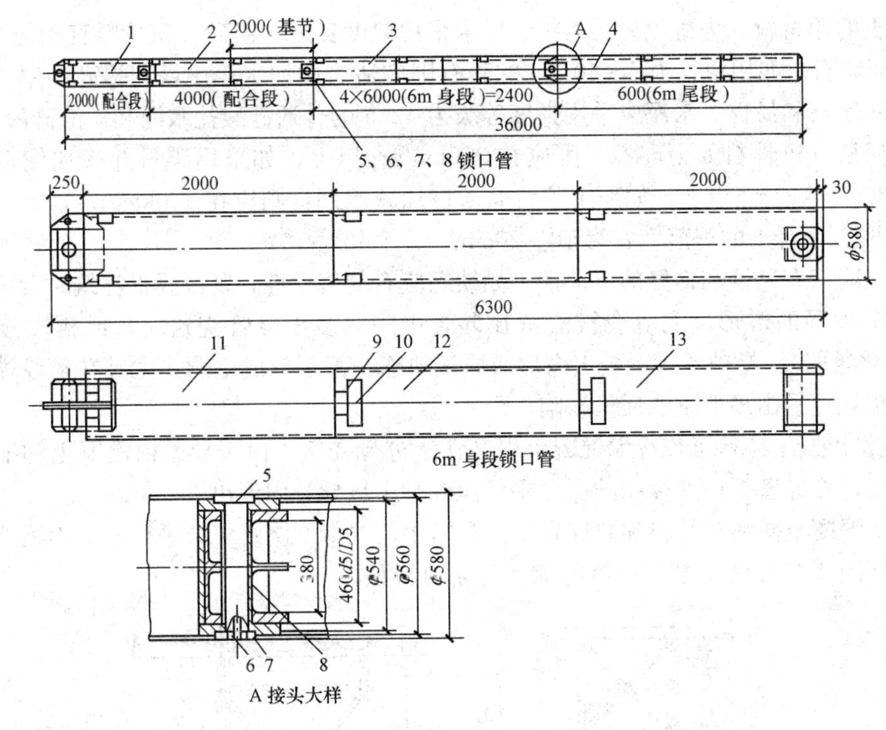

图 4-43　接头管（锁口管）

1—2m 配合段；2—4m 配合段；3—6m 身段；4—6m 尾段；5—销子；6—内六角螺栓 M20×55；7—闷盖；8—套管；9—内六角螺栓 M12×85；10—月牙填块；11—上管节；12—基管节；13—下管节

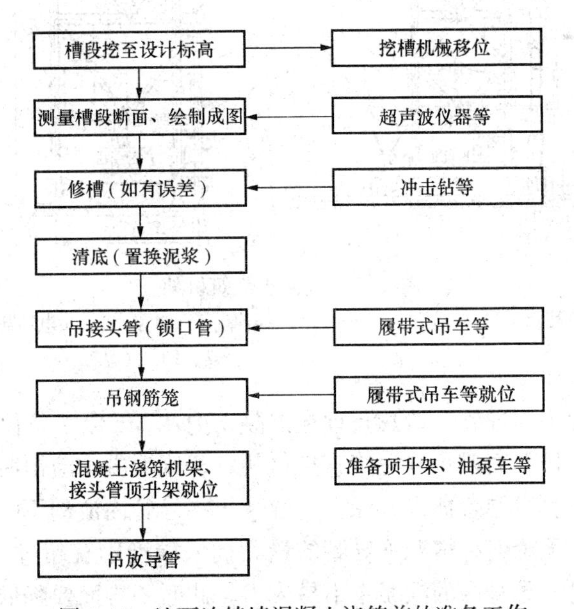

图 4-44　地下连续墙混凝土浇筑前的准备工作

要求外，尚应考虑泥浆中浇筑的混凝土的强度随施工条件变化较大，同时在整个墙面上的强度分散性也大，因此，混凝土应按照结构设计规定的强度等级提高 5MPa 进行配合比设计。

混凝土的原材料，为避免分层离析，要求采用粒度良好的河砂，粗骨料宜用粒径为5～25mm的河卵石。如用粒径为5～40mm的碎石则应适当增加水泥用量和提高砂率，以保证所需的坍落度与和易性。水泥应采用强度等级为42.5的普通硅酸盐水泥和矿渣硅酸盐水泥。单位水泥用量，粗骨料如为卵石，则应在370kg/m^{3}以上；如采用碎石并掺加优良的减水剂，则应在400kg/m^{3}以上；如采用碎石而未掺加减水剂，则应在420kg/m^{3}以上。水灰比不大于0.60。混凝土的坍落度宜为18～20cm。

混凝土应富有黏性和良好的流动性。如缺乏应有的流动性，则混凝土浇筑时会围绕导管堆积成一个尖顶的锥形，泥渣会被滞留在导管中间（多根导管浇筑时）或槽段接头部位（1根导管浇筑时），易被卷入混凝土内形成质量缺陷，甚至形成空洞，尤其在槽段端部的连接钢筋密集处更易出现严重的质量缺陷。

3）浇筑混凝土。地下连续墙混凝土用导管法进行浇筑。由于导管内混凝土和槽内泥浆的压力不同，在导管下口处存在的压力差可使混凝土从导管内流出。

为便于混凝土向料斗供料和装卸导管，我国多用混凝土浇筑机架进行地下连续墙的混凝土浇筑，如图4-45所示。机架跨在导墙上沿轨道行驶。

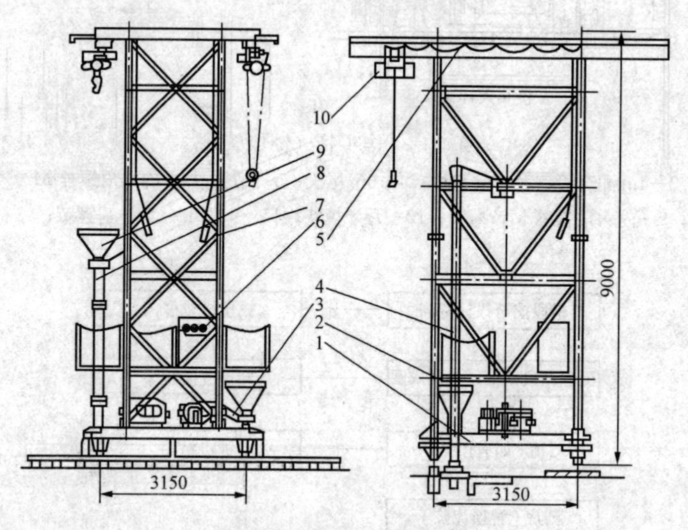

图4-45　混凝土浇筑机架

1—开关盒；2—电器箱；3—滑车；4—导管；5—料斗；6—3t电动葫芦；7—行车梁；8—导轨；9—机架；10—底盘

在混凝土浇筑过程中，导管下口总是埋在混凝土内1.5m以上，使从导管下口流出的混凝土将表层混凝土向上推动而避免与泥浆直接接触，否则混凝土流出时会把混凝土上升面附近的泥浆卷入混凝土内。但导管插入太深会使混凝土在导管内流动不畅，有时还可能产生钢筋笼上浮现象，因此，无论何种情况下导管的最大插入深度不宜超过9m。当混凝土浇筑到地下连续墙顶部附近时，导管内的混凝土不易流出，此时一方面要降低浇筑速度，另一方面可将导管的最小埋入深度减为1m左右；如果混凝土还浇筑不下去，则可将导管上下抽动，但上下抽动的范围不得超过30cm。

在浇筑过程中，导管不能做横向运动，因为导管的横向运动会把沉渣和泥浆混入混凝土内。

在混凝土浇筑过程中，不能使混凝土溢出料斗流入导沟，否则会使泥浆质量恶化，也会给混凝土的浇筑带来不良影响。

在混凝土浇筑过程中，应随时掌握混凝土的浇筑量、混凝土的上升高度和导管的埋入深度，防止导管下口处在泥浆内，造成泥浆涌入导管。在浇筑过程中随时用测锤量测混凝土面的高程，应量测三点取其平均值。

浇筑混凝土置换出来的泥浆，要送入沉淀池处理，勿使其溢出到地面上。

导管的间距取决于导管的直径，一般为3～4m。因为单元槽段端部易渗水，故导管距离槽段端部的距离不宜超过2m。如果一个槽段内用两根或两根以上的导管同时浇筑，则应使各导管处的混凝土面大致处于同一水平面上。宜尽量加快混凝土浇筑，一般槽内混凝土面的上升速度不宜小于2m/h。

混凝土顶面存在的一层浮浆层需要凿去，为此混凝土需要超浇30～50cm，以便将设计标高以上的浮浆层用风镐打去。

4. 地下连续墙施工常见问题的处理

地下连续墙施工的常见问题、产生原因及处理方法见表4-11。

表4-11　地下连续墙施工的常见问题、产生原因及处理方法

<table>
<tr><th>常见问题</th><th>产生原因</th><th colspan="2">处理方法</th></tr>
<tr><td>糊钻（在黏性土层成槽，黏土附在多头钻刀片上产生抱钻现象）</td><td>在软塑黏土层钻进，进尺过快，钻渣多，出浆口堵塞；
在黏性土层成孔，钻速过慢，未能将切削泥土甩开</td><td colspan="2">施钻时注意控制钻进速度，发生糊钻现象时，可提出槽孔清除钻头上的泥渣</td></tr>
<tr><td rowspan="3">卡钻（钻机在成槽过程中被卡在槽内，难以上下或提不出来）</td><td>泥渣沉淀的钻机周围，或中途停钻，造成泥渣沉积，将钻具卡住</td><td>钻进中注意不定时将钻头慢慢下降或空转，避免泥渣淤积、堵塞，中途停止钻进，应将潜水钻机提出槽外</td><td rowspan="3">卡钻后不能强行提出，以防吊索破断，可采用高压水或空气排泥方法排除周围泥渣及塌方土体，再慢慢提出</td></tr>
<tr><td>槽壁局部塌方，或遇地下障碍物被卡住，将钻机埋住</td><td>控制泥浆相对密度，探明障碍物并及时处理</td></tr>
<tr><td>塑性黏土遇水膨胀，槽壁缩孔卡钻槽也偏斜弯曲过大</td><td>在塑料黏性土中钻进或槽孔出现偏斜弯曲，应经常上下扫孔纠正</td></tr>
<tr><td rowspan="2">架钻（钻进中钻机导板箱被槽壁土体局部托住，不能钻进）</td><td>钻头磨损严重，钻头直径减小，造成槽孔宽度变小，使导板箱被搁住不能钻进</td><td colspan="2">钻头直径应比导板箱宽20～30mm；钻头磨损严重应及时补焊加大</td></tr>
<tr><td>钻机切削垂直铲刀或侧向拉力装置失灵，或遇坚硬土石层，功率不足，难以切去</td><td colspan="2">辅以冲击钻破碎后再钻进</td></tr>
</table>

续表

<table>
<tr><th>常见问题</th><th>产生原因</th><th colspan="2">处理方法</th></tr>
<tr><td rowspan="7">槽壁坍塌（局部孔壁坍塌水位突然下降，孔口冒细密的水泡，出土量增加，而不见进尺，钻机负荷显著增加）</td><td>遇软弱土层或流沙层</td><td colspan="2">慢速钻进</td></tr>
<tr><td>护壁泥浆选择不当，泥浆密度不够，泥浆水质不合要求，易于沉淀，起不到护壁作用，泥浆配制不合要求，质量不合要求</td><td>适当加大泥浆密度，成槽应根据土质情况选用合适的泥浆，并通过试验确定泥浆密度</td><td rowspan="6">严重塌孔，要拔出钻头填入优质黏土，待沉积密实重新下钻；局部坍塌，可加大泥浆密度，已塌土体可用钻机搅成碎块抽出</td></tr>
<tr><td>地下水位过高，或孔内出现承压水</td><td>控制槽段液面高于地下水位 0.5m 以上</td></tr>
<tr><td>在松软砂层中钻进，进尺过快，或空转时间太长</td><td>控制进尺，不要过快或空转过久</td></tr>
<tr><td>成槽后搁置时间过长，泥浆沉淀</td><td>槽段成孔后，及时放钢筋笼并浇筑混凝土</td></tr>
<tr><td>槽内泥浆液面降低，或下雨使地下水位急剧上升</td><td>根据钻进情况，随时调整泥浆密度和液面标高</td></tr>
<tr><td>槽段过长，或地面附加荷载过大等</td><td>单元槽段一般不超过两个槽段，注意地面荷载不要过大</td></tr>
<tr><td rowspan="2">钢筋笼难以放入（吊放钢筋笼被卡或搁住）</td><td>槽壁凹凸不平或弯曲</td><td colspan="2">成孔要保持槽壁面平整</td></tr>
<tr><td>钢筋笼尺寸不准；纵向接头处产生弯曲吊放时产生变形</td><td colspan="2">严格控制钢筋笼外形尺寸，其长宽应比槽孔小 100～120mm；钢筋笼接长时应先使上段垂直对正下段，再进行焊接，并对称施焊，如因槽壁弯曲，钢筋笼不能放入时，应修整后再放</td></tr>
<tr><td rowspan="2">钢筋笼上浮</td><td>钢筋笼太轻，槽底沉渣过多</td><td colspan="2">在导墙上设置锚固点固定钢筋笼，清除槽底沉渣</td></tr>
<tr><td>导管埋入深度过大，或混凝土浇筑速度过慢，钢筋笼被托起上浮</td><td colspan="2">加快浇筑速度，控制导管的最大埋深不超过 6m</td></tr>
<tr><td rowspan="4">接头管拔不出来（接头在混凝浇筑后拔不出来）</td><td>接头管本身弯曲，或安装不直</td><td colspan="2">接头管制作时的垂直度应在 1/1000 以内，安装时必须垂直插入，偏差不大于 50mm</td></tr>
<tr><td>抽拔接头管千斤顶能力不够，或不同步</td><td colspan="2">拔管装置能力应大于 1.5 倍摩擦阻力</td></tr>
<tr><td>拔管时间未掌握好，混凝土已经终凝，摩阻力增大；混凝土浇筑时未经常上下活动接头管</td><td colspan="2">接头管抽拔要掌握时机，混凝土初凝后即应上下活动，每 10～15min 活动一次，混凝土浇筑后 3.5～4.0h，应开始顶拔，5～8h 内将管子拔出</td></tr>
<tr><td>接头管表面的耳槽盖漏盖</td><td colspan="2">盖好上月牙槽盖</td></tr>
</table>

续表

<table>
<tr><th>常见问题</th><th>产生原因</th><th colspan="2">处理方法</th></tr>
<tr><td rowspan="6">夹层（地下连续墙混凝土内存在夹泥层）</td><td>导管摊铺面积不够，部分位置灌注不到，被泥渣填充</td><td colspan="2">多槽段浇筑时，应设2～3个导管同时浇筑</td></tr>
<tr><td>浇筑管埋置深度不够，泥渣从底口进入混凝土内</td><td colspan="2">导管埋入混凝土的深度应不小于1.5m</td></tr>
<tr><td>导管接头不严密，泥浆掺入导管内</td><td colspan="2">导管接头应采用粗丝扣，设橡胶圈密封</td></tr>
<tr><td>首批浇筑混凝土量不足</td><td colspan="2">首批浇筑的混凝土量要足够充分，使其有一定的冲击量，能把泥浆从导管中挤出</td></tr>
<tr><td>混凝土未连续浇筑造成间断或浇筑时间过长，后浇筑的混凝土顶破顶层上升，与泥渣混合</td><td>保持快速连续进行，中途停歇时间不超过15min，槽内混凝土上升速度不应低于2m/h</td><td rowspan="2">遇塌孔可将沉积在混凝土上的泥土吸出，继续浇筑；如混凝土凝固，可将导管提出，将混凝土清出，重新下导管浇筑混凝土；混凝土已凝固出现夹层时，应在清除后采用压浆补强方法处理</td></tr>
<tr><td>导管提升过猛，或测深错误，导管底口超出原混凝土面，底口涌入泥浆</td><td>导管上升的速度不要过快；快速浇筑，防止时间过长造成塌孔</td></tr>
</table>

4.2.4 逆作（筑）法施工

1. 逆作（筑）法的工艺原理及其特点

对于深度大的多层地下室结构，传统的方法是开敞式自下而上施工，即放坡开挖或支护结构围护后垂直开挖，挖土至设计标高后，浇筑混凝土底板，然后自下而上逐层施工各层地下室结构，出地面后再逐层进行地上结构施工。

（1）逆作（筑）法的工艺原理。在土方开挖之前，先沿建筑物地下室轴线（适用于“两墙合一”的情况）或建筑物周围（地下连续墙只用作支护结构）浇筑地下连续墙，作为地下室的边墙或基坑支护结构的围护墙，同时在建筑物内部的有关位置（多为地下室结构的柱子或隔墙处，根据需要经计算确定）浇筑或打下中间支承柱（也称中柱桩）。然后开挖土方至地下一层顶面底标高处，浇筑该层的楼盖结构（留有部分工作孔），此时已完成的地下一层顶面楼盖结构即用作周围地下连续墙刚度很大的支撑。然后人和设备通过工作孔下去逐层向下施工各层地下室结构。与此同时，因为地下一层的顶面楼盖结构已完成，为进行上部结构施工创造了条件，所以在向下施工各层地下室结构时可同时向上逐层施工地上结构，这样上、下同时进行施工，直至工程结束。但是在地下室浇筑混凝土底板之前，上部结构允许施工的层数要经计算确定。

（2）逆作法施工的种类。逆作法施工，根据地下一层的顶板结构是封闭还是敞开，分为封闭式逆作法和敞开式逆作法。前者在地下一层的顶板结构完成后，上部结构和地下结构可以同时施工，有利于缩短总工期；后者的上部结构和地下结构不能同时施工，只是地下结构自上而下的逆向逐层施工。

还有一种方法称为半逆作法，又称局部逆作法。其施工特点是：开挖基坑时，先放坡开挖基坑中心部位的土体，靠近围护墙处留土以平衡坑外的土压力，待基坑中心部位开挖至坑底后，由下而上顺作施工基坑中心部位地下结构至地下一层顶，然后同时浇筑留土处和基坑中心部位地下一层的顶板，用作围护墙的水平支撑，而后进行周边地下结构的逆作施工，上部结构也可同时施工。例如，深圳庐山大厦等工程即采用这种逆作形式进行施工。

(3) 逆作法施工的特点。根据上述逆作法的施工工艺原理，可以看出逆作法具有下列特点：

1) 缩短工程施工的总工期。具有多层地下室的高层建筑，如采用传统方法施工，其总工期为地下结构工期加地上结构工期，再加装修等所占的工期。用封闭式逆作法施工，一般情况下只有地下一层占部分绝对工期，而其他各层地下室可与地上结构同时施工，不占绝对工期，因此，可以缩短施工的总工期。地下结构层数越多，工期缩短越显著。

2) 基坑变形小，减少深基坑施工对周围环境的影响。采用逆作法施工，是利用地下室的楼盖结构作为四周围护结构形成水平支撑，其刚度比临时支撑的刚度大得多，而且没有拆撑、换撑工作，因而可减少围护墙在侧压力作用下的侧向变形。此外，挖土期间用作围护墙的地下连续墙，在地下结构逐层向下施工的过程中，成为地下结构的一部分，而且与柱（或隔墙）、楼盖结构共同作用，这样可减少地下连续墙的沉降，即减少了竖向变形。这一切都可使逆作法施工在最大限度内减少对周围相邻建筑物、道路和地下管线的影响，在施工期间可保证其正常使用。

3) 简化基坑的支护结构，经济效益明显。采用逆作法施工，一般地下室外墙与基坑围护墙采用“两墙合一”的形式，这样一方面省去了单独设立的围护墙，另一方面可在工程用地范围内最大限度地扩大地下室面积，增加有效使用面积。此外，围护墙的支撑体系由地下室楼盖结构代替，省去了大量的支撑费用。而且楼盖结构即支撑体系，还可以解决特殊平面形状建筑或局部楼盖缺失所带来的布置支撑的困难，并使受力更加合理。由于上述原因，再加上总工期的缩短，因而在软土地区对于具有多层地下室的高层建筑，采用逆作法施工具有明显的经济效益。

4) 施工方案与工程设计密切相关。按逆作法进行施工，中间支撑柱位置及数量的确定、施工过程中结构的受力状态、地下连续墙和中间支撑柱的承载力，以及结构节点构造、软土地区上部结构施工层数的控制等，都与工程设计密切相关，需要施工单位与设计单位密切配合，研究解决。

5) 施工期间楼面恒载和施工荷载等通过中间支承柱传入基坑底部，压缩土体，可减少土方开挖后的基坑隆起。同时中间支承柱作为底板的支点，使底板内力减小，无抗浮问题存在，使底板设计更趋合理。

(4) 逆作法施工存在的问题。对于具有多层地下室的高层建筑采用逆作法施工虽有上述一系列特点，但逆作法施工和传统的顺作法相比，也存在一些问题，主要表现在以下几方面：

1) 由于挖土是在顶部封闭的状态下进行的，基坑中还分布有一定数量的中间支撑柱（也称中柱桩）和降水用井点管，使挖土的难度增大，在目前尚缺乏小型、灵活、高效的小型挖土机械的情况下，多利用人工进行开挖和运输，虽然费用并不高，但机械化程度较低。

2) 逆作法用地下室楼盖作为水平支撑，支撑位置受地下室层高的限制，无法调整。如遇较大层高的地下室，有时需另设临时水平支撑或加大围护墙的断面及配筋。

3）逆作法施工需设中间支承柱，作为地下室楼盖的中间支承点，承受结构自重和施工荷载，但如果数量过多则会给施工带来不便。在软土地区由于单桩承载力低，数量少会使底板封底之前上部结构允许施工的高度受限制，不能有效地缩短总工期，如加设临时钢立柱，又会提高施工费用。

4）对地下连续墙、中间支承柱与底板和楼盖的连接节点需进行特殊处理。在设计方面尚需研究减少地下连续墙（其下无桩）和底板（软土地区其下皆有桩）的沉降差异。

5）在地下封闭的工作面内施工，安全上要求使用低于36V的低电压，为此需要使用特殊机械。有时还需增设一些垂直运输土方和材料设备的专用设备，增设地下施工需要的通风、照明设备。

2. 逆作（筑）法的施工技术

（1）施工前的准备工作。

1）编制施工方案。在编制施工方案时，根据逆作法的特点，要选择逆作施工形式、布置施工孔洞、布置上人口、布置通风口、确定降水方法、拟定中间支承柱的施工方法、土方开挖方法及地下结构混凝土浇筑方法等。

2）选择逆作施工形式。从理论上讲，封闭式逆作法由于地上、地下同时交叉施工，可以大幅度缩短工期。但由于地下工程在封闭状态下施工时，会给施工带来一些不便；通风、照明要求高；中间支承柱（中柱桩）承受的荷载大，其数量相对增多、断面增大；增大了工程成本。因此，对于工期要求短，或经过综合经济比较经济效益显著的工程，在技术可行的条件下应优先选用封闭式逆作法。当地下室结构复杂、工期要求不紧、技术力量相对不足时，应考虑开敞式逆作法或半逆作法。半逆作法多用于地下结构面积较大的工程。

3）施工洞孔的布置。封闭式逆作法施工，需布置一定数量的施工洞孔，以便出土、机械和材料的出入、施工人员的出入和进行通风。施工洞孔主要有出土口、上人口和通风口。

a. 出土口。出土口的作用有：开挖土方的外运、施工机械和设备的吊入和吊出；模板、钢筋、混凝土等运输通道；开挖初期施工人员的出入口。

出土口的布置原则是：应选择结构简单、开间尺寸较大处；靠近道路便于出土处；有利于土方开挖后开拓工作面处；便于完工后进行封堵处。出土口要根据地下结构布置、周围运输道路情况等研究确定。

出土口的数量，主要取决于土方开挖量、工期和出土机械的台班产量，其计算公式如下

$$n = K\frac{Q}{TW} \tag{4-5}$$

式中：n为出土口数量；K为其他材料、机械设备等通过出土口运输的备用系数，取1.2～1.4；Q为土方开挖量（m^3）；T为挖土工期（d）；W为出土机械的台班产量（m^3/d）。

b. 上人口。在地下室开挖初期，一般都利用出土口同时用作上人口，当挖土工作面扩大之后，宜设置上人口，一般一个出土口宜对应设一个上人口。

c. 通风孔。地下室在封闭状态下开挖土方时，不能形成自然通风，需要进行机械通风。通风口分放风口和排风口，一般情况下出土口作为排风口，在地下室楼板上另预留孔洞作为通风管道入口。随着地下挖土工作面的推进，当露出送风口时，及时安装大功率轴流风机，

启动风机向地下施工操作面送风，清新空气由各送风口流入，经地下施工操作面从排风口（出土口）流出，形成空气流通，保证施工作业面的安全。

送风口的数量目前不进行定量计算，一般其间距不宜大于10m。例如，上海恒基大厦进行封闭式逆作法施工时，按8.5m的间距设置了送风口。

一般情况下，逆作法施工中的通风设计和施工应注意以下几点。

(a) 在封闭状态下挖土，尤其是目前我国多以人力挖土为主，劳动力比较密集，其换气量要大于一般隧道和公共建筑的换气量。

(b) 送风口应使风吹向施工操作面，送风口距离施工操作面的距离一般不宜大于10m，否则应接长风管。

(c) 单件风管的重量不宜太大，要便于人力拆装。

(d) 取风口距排风口（出土口）的距离应大于20m，且高出地面2m左右，保证送入新鲜空气。

(e) 为便于已完工楼板上的施工操作，在满足通风需要的前提下，宜尽量减少预留放风孔洞的数量。

(2) 中间支承柱（中柱桩）的施工。底板以上的中间支承柱的柱身，多为钢管混凝土柱或H形钢柱（断面小而承载能力大），便于与地下室的梁、柱、墙、板等连接。

由于中间支承柱上部多为钢柱，下部为混凝土柱，因此，多用灌注桩方法进行施工，成孔方法视土质和地下水位而定。

在泥浆护壁下用反循环或正循环潜水电钻钻孔时，顶部要放护筒，钻孔后吊放钢管、型钢。钢管、型钢的位置要十分准确，否则与上部柱子不在同一垂线上对受力不利，因此，钢管、型钢吊放后要用定位装置，否则用传统方法控制型钢或钢管的垂直度，其垂直误差多在1/300左右。传统方法是在相互垂直的两个轴线方向架设经纬仪，根据上部外露钢管或型钢的轴线校正中间支承柱的位置，由于只能在柱上端进行纠偏，下端的误差很难纠正，因此，垂直度误差较大。

当钢管或型钢定位后，利用导管浇筑混凝土时，钢管的内径要比导管接头处的直径大50～100mm。而用钢管内的导管浇筑混凝土时，超压力不可能将混凝土压上很高，所以钢管底端埋入混凝土不能很深，一般为1m左右。为使钢管下部与现浇混凝土柱较好地结合，可在钢管下端加焊竖向分布的钢筋。混凝土柱的顶端一般高出底板面30mm左右，高出部分在浇筑底板时需凿除，以保证底板与中间支承柱联成一体。混凝土浇筑完毕吊出导管，钢管外面不浇筑混凝土，钻孔上段中的泥浆需进行固化处理，以便在清除开挖土方时防止泥浆到处流淌，恶化施工环境，如图4-46所示。泥浆的固化处理方法，是在泥浆中掺入水泥形成自凝泥浆，使其自凝固化。水泥掺量约为10%，可直接投入钻孔内，用空气压缩机通过软管进行压缩空气吹拌，使水泥与泥浆很好地拌和。

中间支承柱（中柱桩）也可用套管式灌注桩成孔方法（如图4-47所示），它是边下套管、边用抓斗挖孔。由于有钢套管护壁，故可用串筒浇筑混凝土，也可用导管法浇筑，要边浇筑混凝土边上拔钢套管。支承柱上部用H形钢或钢管，下部浇筑成扩大的桩头。混凝土柱浇至底板标高处，套管与H形钢间的空隙用砂或土填满，以增加上部钢柱的稳定性。

若中间支承柱用预制打入桩（多数为钢管桩），则要求打入桩的位置十分准确，以便处于地下结构柱、墙的位置，且要便于与水平结构的连接。

图 4-48 所示为逆作法施工时中间支承柱的布置情况。其中间支承柱为大直径钻孔灌注桩，桩径为 2m，桩长为 30m，共 35 根。

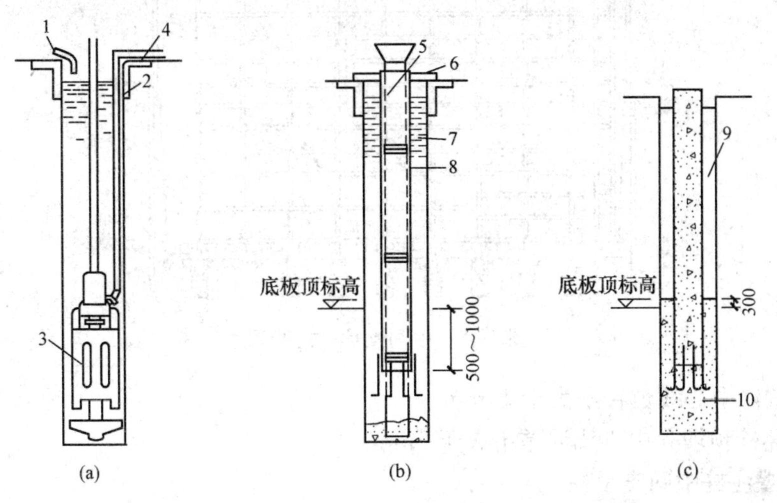

图 4-46　泥浆护壁用反循环钻孔灌注桩施工方法浇筑中间支撑柱

(a) 泥浆反循环钻孔；(b) 吊放钢管、浇筑混凝土；(c) 形成自凝泥浆

1—补浆管；2—护筒；3—潜水电站；4—排浆管；5—混凝土导管；6—定位装置；7—泥浆；8—钢管；9—自凝泥浆；10—混凝土桩

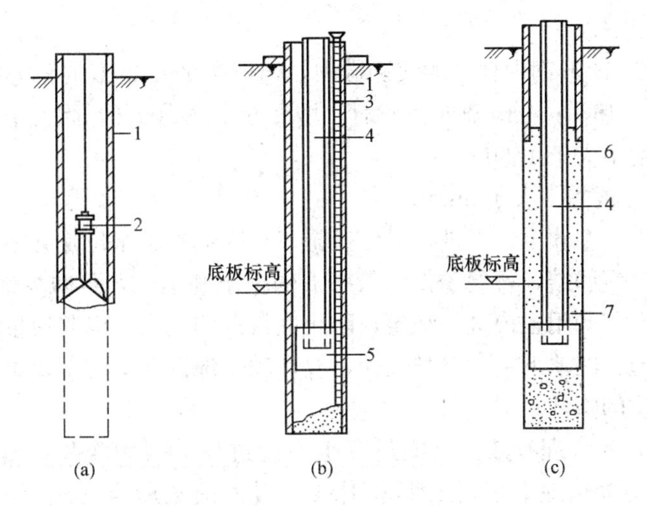

图 4-47　中间支承柱用大直径套管式灌柱桩施工

(a) 成孔；(b) 吊放 H 形钢、浇筑混凝土；(c) 抽套管、填砂

1—套管；2—抓斗；3—混凝土导管；4—H 形钢；5—扩大的桩头；6—填砂；7—混凝土柱

逆作法施工，对中间支承柱（中柱桩）的施工质量要求要高于常规施工方法。参照国内外已施工的逆作法工程，对中间支承柱的质量要求如下：

1）挖孔中间支承柱（中柱桩）。

a. 平面位移不大于 1cm，垂直度不大于 1/1000。

b. 截面尺寸误差为－5～＋8mm。

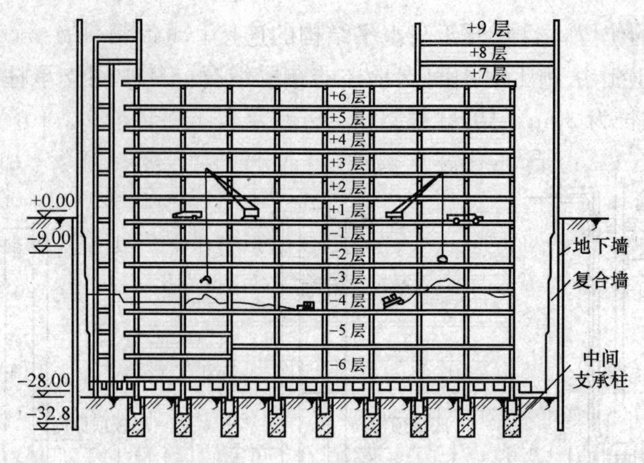

图 4-48 中间支承柱的布置

c. 预埋铁件中心线位移不大于 10mm。

d. 预埋螺栓预埋孔中心线误差不大于 5mm。

2）钻孔灌注桩中间支承柱。

a. 平面位移不大于 5cm，垂直度不大于 1/300。

b. 截面尺寸不大于 2cm。

c. 钢筋入槽深度不大于 1cm。

d. 塌壁、扩孔不大于 10cm。

3）型钢中间支承柱。

a. 根据上海地铁 H 形钢中柱桩的实测数据，当产生 2cm 的双向偏心时，柱身应力比轴心受力时增大 30%～45%；4cm 双向偏心时，增大 60%～100%，因而中柱桩的平面位移应不大于 2cm，垂直度不大于 1/600。

b. 截面制作尺寸误差不大于 2mm。

(3) 降低地下水。在软土地区进行逆作法施工，降低地下水位是必不可少的。通过降低地下水位，使土壤产生固结，可便于封闭状态下的挖土和运土，可减少地下连续墙的变形，更便于地下室各层楼盖利用土模进行浇筑，防止底模沉陷过大，引起质量事故。

因为用逆作法施工的地下室一般都较深，故在软土地区施工时多采用深井泵或加真空的深井泵进行地下水位的降低。

确定深井数量时要合理有效，不能过多也不能过少。因为深井数量过多，间隔变小，不仅会增加费用，还会给地下室挖土带来困难（因为挖土和运土时都不允许碰撞井管），会使挖土效率降低。但如深井数量过少，则降水效果差，或不能完全覆盖整个基坑，会使坑底土质松软，不利于在坑底土体上浇筑楼盖。在上海等软土地区一般以 200～250m³/井为宜。

在布置井位时要避开地下结构的重要构件（如梁等）。因此，要用经纬仪精确定位，误差宜控制在 20mm 以内，定位后埋设成孔钢护筒，成孔机械就位后要用经纬仪校正钻杆的垂直度。成孔后清孔，吊放井管时要在井管上设置限位装置，以确保井管在井孔的中心。在井四周填砂时，要四周对称填砂，以确保井位归中。

降水时，一定要在坑内水位降至各工况挖土面以下 1.0m 以后，才可进行挖土。在降水过程中，要定时观察、记录坑内外的水位，以便掌握挖土时间和降水速度。

（4）地下室土方开挖。封闭式逆作法挖土是在封闭环境中进行的，故有一定的难度。在挖土过程中，随着挖土的进展和地下、地上结构的浇筑，作用在周边地下连续墙和中间支承柱（中柱桩）上的荷载越来越大。挖土周期过长，不但会因为软土的时间效应增大围护墙的变形，还可能造成地下连续墙和中间支承柱间的沉降差异过大，直接威胁工程结构的安全和周围环境的保护。

在确定出土口之后，要在出土口上设置提升设备，用来提升地下挖土集中运输至出土口处的土方，并将其装车外运。

挖土要在地下室各层楼板浇筑完成后，在地下室楼板底下逐层进行。

各层的地下挖土，先从出土口处开始，形成初始挖土工作面后，再向四周扩展。挖土采用“开矿式”逐皮逐层推进，挖出的土方运至出土口处提升外运。

在挖土过程中要保护深井泵管不被碰撞而失效，同时要进行工程桩的截桩（如果工程桩是钻孔灌注桩等）。

挖土可用小型机械或人力开挖。小型高效的机械开挖，优点是效率高、进度快，有利于缩短挖土周期。其缺点是在地下封闭环境中挖土，各种障碍较多（工程桩和深井泵管），难以高效率地挖土。遇有工程桩和深井泵管时，需先凿桩和临时解除井管，然后才能挖土；机械在坑内的运行，会扰动坑底的原土，如降水效果不十分好，会使坑底土壤松软泥泞，影响楼盖的土模浇筑；柴油挖土机在施工过程中会产生废气污染，加重通风设备的负担。

人力挖土和运土便于绕开工程桩、深井泵管等障碍物，对坑底土壤扰动小，随着挖土工作面的扩大，可以投入大量人力挖土，施工进度可以控制。从目前我国情况看，在挖土成本方面，用人力比机械更便宜。由于上述原因，目前我国在逆作法的挖土工序上主要采用人力挖土。

挖土要逐皮逐层进行，开挖的土方坡面不宜大于 75°，防止塌方，更严禁掏挖，防止土方塌落伤人。

人力挖土多采用双轮手推车运土，沿运输路线上均应铺设脚手板，以利于坑底土方的水平运输。

地下室挖土与楼盖浇筑是交替进行的，每挖土至楼板底标高，即进行楼盖浇筑，然后开挖下一层的土方。图 4-49 所示为某工程的施工顺序和出土口采用的提升土方的机械设备。

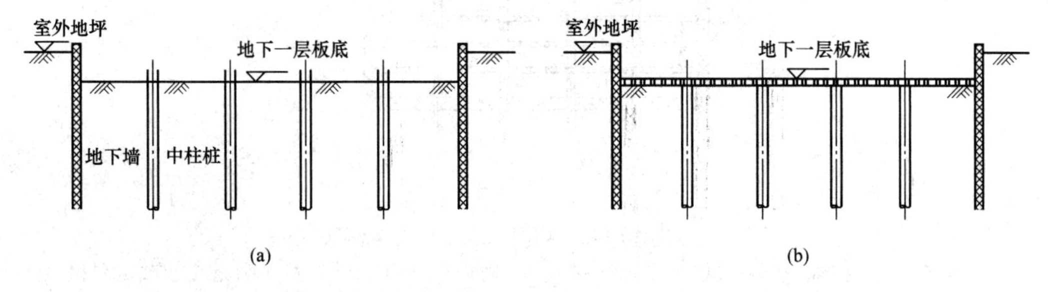

图 4-49　逆作法施工顺序与土方垂直运输（一）

（a）开挖地下一层土方；（b）浇筑地下一层楼盖

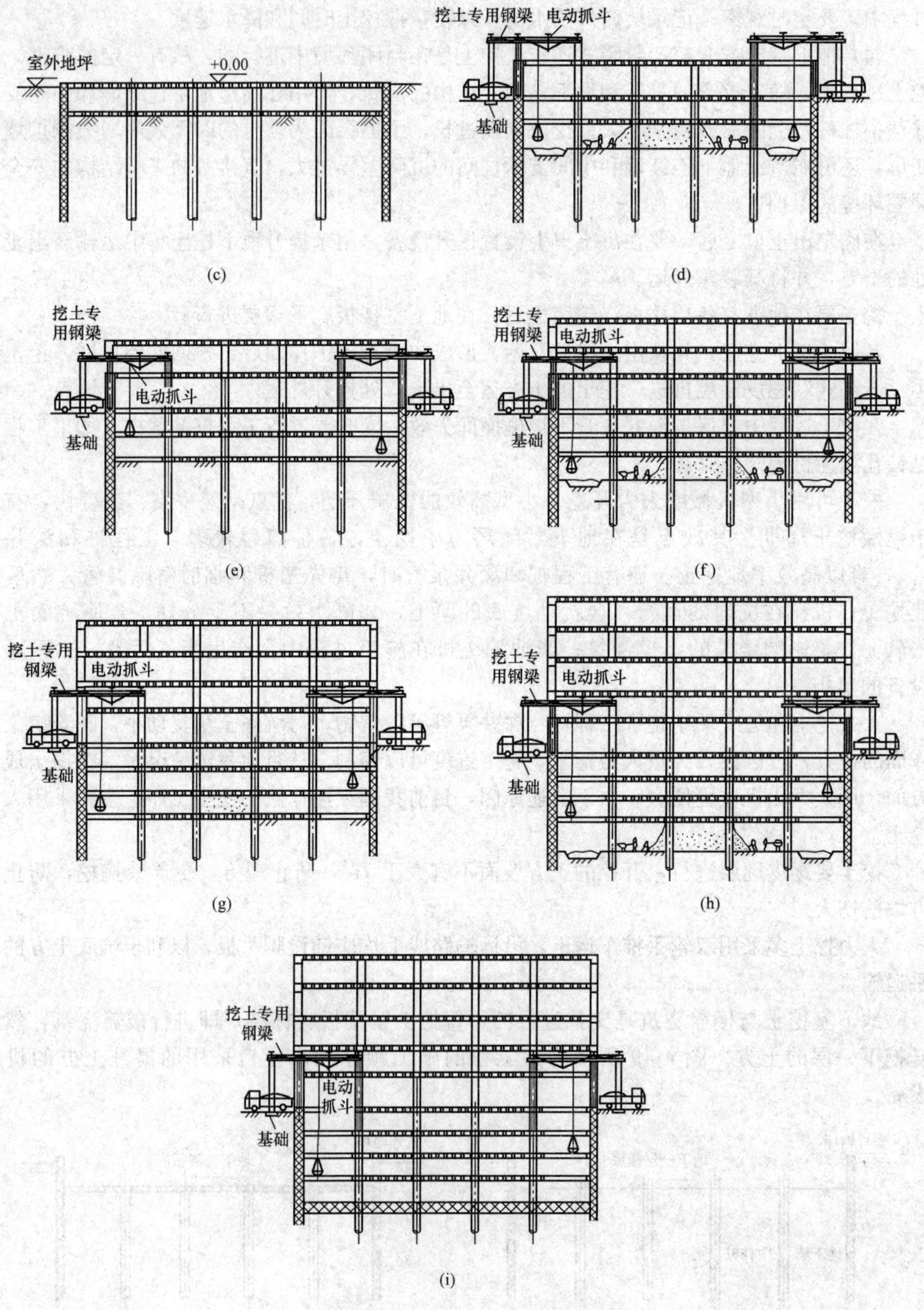

图 4-49 逆作法施工顺序与土方垂直运输（二）

(c) 浇筑±0.00 标高处楼盖；(d) 施工上部一层结构，同时开挖地下二层土方；(e) 施工上部二层结构，同时浇筑地下二层楼盖；(f) 施工上部三层结构，同时开挖地下三层土方；(g) 施工上部四层结构，同时浇筑地下三层楼盖；(h) 施工地上五层结构，同时开挖地下四层土方；(i) 浇筑地下室底板

4.2.5　土钉墙施工

1. 准备工作

土钉墙施工的准备工作，一般包括如下内容：

(1) 了解工程质量要求和施工监测内容与要求，如基坑支护尺寸的允许误差，支护坡顶的允许最大变形，对邻近建筑物、道路、管线等环境安全影响的允许程度等。

(2) 土钉支护宜在排除地下水的条件下进行施工，应采取恰当的降排水措施排除地表水、地下水，以避免土体处于饱和状态，有效减小或消除作用于面层上的静水压力。

(3) 确定基坑开挖线、轴线定位点、水准基点、变形观测点等，并加以妥善保护。

(4) 制定基坑支护施工组织设计，周密安排支护施工与基坑土方开挖、出土等工序的关系，使支护与开挖密切配合，力争达到连续快速施工。

(5) 所选用材料应满足下列规定：

1) 土钉钢筋使用前应调直、除锈、除油。

2) 优先选用强度等级为32.5的普通硅酸盐水泥。

3) 采用干净的中粗砂，含水量应小于5%。

4) 使用速凝剂，应做与水泥的相容性试验及水泥浆凝结效果试验。

(6) 选用施工机具时应符合下列规定：

1) 成孔机具和工艺视场地土质特点及环境条件选用，要保证进钻和抽出过程中不引起塌孔，可选用冲击钻机、螺旋钻机、回转钻机、洛阳铲等，在易塌孔的土体中钻孔时宜采用套管成孔或挤压成孔工艺。

2) 注浆泵的规格、压力和输浆量应满足设计要求。

3) 混凝土喷射机应密封良好，输料连续均匀，输送水平距离不宜小于100m，垂直距离不宜小于30m。

4) 空气压缩机应满足喷射机的工作风压和风量要求，一般选用风量大于$9m^3/min$、风压大于0.5MPa的空气压缩机。

5) 搅拌混凝土宜采用强制式搅拌机。

6) 输料管应能承受0.8MPa以上的压力，并应有良好的耐磨性。

7) 供水设施应有足够的水量和水压（不小于0.2MPa）。

2. 施工机具

(1) 钻孔机具。一般宜选用体积较小、重量较轻、装拆移动方便的机具，常用的有如下几类：

1) 锚杆钻机。锚杆钻机能自动退钻杆、接钻杆，尤其适用于土中造孔。锚杆钻机可选机型有MGJ-50型锚杆工程钻机、YTM-87型土锚钻机、QC-100型气动冲击式锚杆钻机等。

2) 地质钻机。可选用GX-1T型和GX-50型等轻型地质钻机。

3) 洛阳铲。洛阳铲是传统的土层人工造孔工具，它机动灵活、操作简便，一旦遇到地下管线等障碍物能迅速反应，改变角度或孔位重新造孔，并且可用多个洛阳铲同时造孔，每个洛阳铲由2～3人操作。洛阳铲造孔直径为80～150mm，水平方向造孔深度可达15m。

(2) 空气压缩机。作为钻孔机械和混凝土喷射机械的动力设备，一般选用风量在$9m^3/min$以上、压力大于0.5MPa的空气压缩机。当1台空气压缩机带动2台以上钻机或混凝土喷射机时，要配备储气罐。土钉支护宜选用移动式空气压缩机。空气压缩机的驱动机分为电动式和柴油式两种，若现场供电能力受到限制可选用柴油驱动的空气压缩机。

（3）混凝土喷射机。输送距离应满足施工要求，供水设施应保证喷头处有足够的水量和水压（不小于0.2MPa）。

（4）注浆泵。宜选用小型、可移动、可靠性好的注浆泵，压力和输浆量应满足施工要求。工程中常用UBJ系列挤压式灰浆泵和BMY系列锚杆注浆泵。

3. 施工工艺

（1）基坑开挖。基坑要按设计要求严格分层分段开挖，在完成上一层作业面土钉与喷射混凝土面层达到设计强度的70%以前，不得进行下一层土层的开挖。每层开挖的最大深度取决于在支护投入工作前土壁可以自稳而不发生滑动破坏的能力，实际工程中常取基坑每层挖深与土钉竖向间距相等。每层开挖的水平分段宽度也取决于土壁自稳能力，且与支护施工流程相互衔接，一般长为10～20m。当基坑面积较大时，允许在距离基坑四周边坡8～10m的基坑中部自由开挖，但应注意与分层作业区的开挖相协调。

挖方要选用对坡面土体扰动小的挖土设备和方法，严禁边壁出现超挖或造成边壁土体松动。坡面经机械开挖后要采用小型机械或铲锹进行切削清坡，以使坡度及坡面平整度达到设计要求。

为防止基坑边坡的裸露土体塌陷，对易塌的土体可采取下列措施。

1）对修整后的边坡，立即喷上一层薄的砂浆或混凝土，砂浆或混凝土凝结后再进行钻孔，如图4-50（a）所示。

2）在作业面上先构筑钢筋网喷射混凝土面层，而后进行钻孔和设置土钉。

3）在水平方向上分小段间隔开挖，如图4-50（b）所示。

4）先将作业深度上的边壁作成斜坡，待钻孔并设置土钉后再清坡，如图4-50（c）所示。

5）在开挖前，沿开挖面垂直击入钢筋或钢管，或注浆加固土体，如图4-50（d）所示。

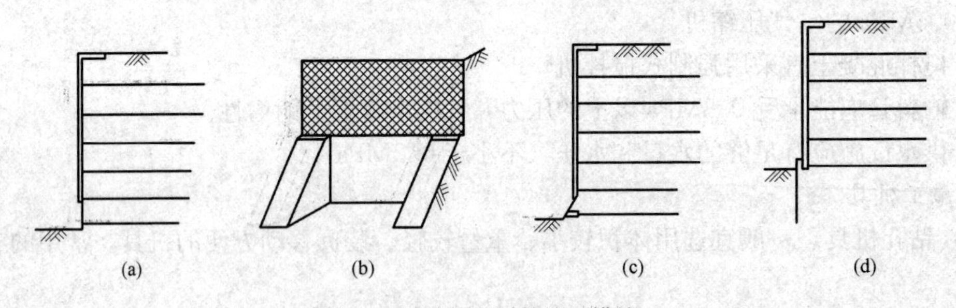

图4-50 易塌土层的施工措施

（2）喷射第一道面层。每步开挖后应尽快做好面层，即对修整后的边壁立即喷上一层薄混凝土或砂浆。若土层地质条件好，可省去该道面层。

（3）设置土钉。设置土钉时可以采用专门设备将土钉钢筋击入土体，但通常的做法是先在土体中成孔，然后置入土钉钢筋并沿全长注浆。

1）钻孔。钻孔前，应根据设计要求定出孔位并作出标记及编号。当成孔过程中遇到障碍物需调整孔位时，不得损害支护结构设计原定的安全程度。

采用的机具应符合土层特点、满足设计要求，在进钻和抽出钻杆的过程中不得引起土体塌孔。而在易塌孔的土体中钻孔时宜采用套管成孔或挤压成孔的方法。成孔过程中应由专人做成孔记录，按土钉编号逐一记载取出土体的特征、成孔质量、事故处理等，并将取出的土体及时与初步设计所认定的土质加以对比，若发现有较大偏差要及时修改土钉的设计参数。

土钉钻孔孔距的允许偏差为±100mm，孔径的允许偏差为±5mm，孔深的允许偏差为±30mm，倾角的允许偏差为±1°。

2）插入土钉钢筋。插入土钉钢筋前要进行清孔检查，若孔中出现局部渗水、塌孔或掉落松土时应立即处理。在土钉钢筋置入孔中前，要先在钢筋上安装对中定位支架，以保证钢筋处于孔位中心且注浆后其保护层厚度不小于 25mm。支架沿钉长的间距可为 2～3m，支架可为金属或塑料件，以不妨碍浆体自由流动为宜。

3）注浆。注浆前要验收土钉钢筋的安设质量是否达到设计要求。一般可采用重力、低压（0.4～0.6MPa）或高压（1～2MPa）注浆方式，水平孔应采用低压或高压注浆方式。压力注浆时应在孔口或规定位置设置止浆塞，注满后保持压力 3～5min。重力注浆以满孔为止，但在浆体初凝前需补浆 1～2 次。

对于向下倾角的土钉，注浆采用重力或低压注浆方式时宜采用底部注浆的方法，注浆导管的底端应插至距孔底 250～500mm 处，在注浆的同时将导管匀速缓慢地撤出。注浆过程中注浆导管口应始终埋在浆体表面以下，以保证孔中气体能全部逸出。

注浆时要采取必要的排气措施。对于水平土钉的钻孔，应用孔口压力注浆或分段压力注浆，此时需配排气管并与土钉钢筋绑扎牢固，在注浆前送入孔中。

向孔内注入浆体的充盈系数必须大于 1。每次向孔内注浆时，宜预先计算所需的浆体体积，并根据注浆泵的冲程数计算出实际向孔内注入的浆体体积，以确认实际注浆量超过孔内容积。

注浆材料宜用水泥浆或水泥砂浆。水泥浆的水灰比宜为 0.5；水泥砂浆的配合比宜为 1∶1～1∶2（质量比），水灰比宜为 0.38～0.45。需要时可加入适量速凝剂，以促进早凝和控制泌水。

水泥浆、水泥砂浆应拌和均匀，随拌随用。一次拌和的水泥浆、水泥砂浆应在初凝前用完。

注浆前应将孔内残留或松动的杂土清除干净。注浆开始或中途停止超过 30min 时，应用水或稀水泥浆润滑注浆泵及其管路。

用于注浆的砂浆强度用 70mm×70mm×70mm 立方体试块经标准养护后测定。每批至少留取 3 组（每组 3 块）试件，给出 3d 和 28d 强度。

为提高土钉抗拔能力，还可采用二次注浆工艺。

（4）喷射第二道面层。在喷射混凝土之前，先按设计要求绑扎、固定钢筋网。面层内的钢筋网片应牢固固定在边壁上并符合设计规定的保护层厚度要求。钢筋网片可用插入土中的钢筋固定，但在喷射混凝土时不应出现振动。

钢筋网片可焊接或绑扎而成，网格允许偏差为±10mm。铺设钢筋网时每边的搭接长度应不小于一个网格边长或 200mm，如为搭焊则焊接长度不小于网片钢筋直径的 10 倍。网片与坡面间隙不小于 20mm。

土钉与面层钢筋网的连接可通过垫板、螺母及土钉端部螺纹杆固定。垫板钢板的厚度为 8～10mm，尺寸为 200mm×200mm～300mm×300mm。垫板下的空隙需先用高强度水泥砂浆填实，待砂浆达一定强度后方可旋紧螺帽以固定土钉。土钉钢筋也可通过井字加强钢筋直接焊接在钢筋网上，焊接强度应满足设计要求。

喷射混凝土的配合比应通过试验确定，粗骨料的最大粒径不宜大于12mm，水灰比不宜大于0.45，并应通过外加剂来调节所需工作度和早强时间。当采用干法施工时，应事先对操作手进行技术考核，以保证喷射混凝土的水灰比和质量达到设计要求。

喷射混凝土前，应对机械设备、风、水管路和电路进行全面检查和试运转。

为保证喷射混凝土厚度达到均匀的设计值，可在边壁上隔一定距离打入垂直短钢筋段作为厚度标志。喷射混凝土的射距宜保持在0.6～1.0m，并使射流垂直于壁面。在有钢筋的部位可先喷钢筋的后方以防止钢筋背面出现空隙。喷射混凝土的路线可从壁面开挖层底部逐渐向上进行，但底部钢筋网的搭接长度范围内先不喷射混凝土，待与下层钢筋网搭接绑扎之后再与下层壁面同时喷射混凝土。混凝土面层接缝部分作成45°斜面搭接。当设计面层厚度超过100mm时，混凝土应分两层喷射，一次喷射厚度不宜小于40mm，且接缝错开。在混凝土接缝中继续喷射混凝土之前，应将浮浆碎屑进行清除，并喷少量水润湿。

面层喷射混凝土终凝后2h应喷水养护，养护时间宜为3～7d，养护视当地环境条件采用喷水、覆盖浇水或喷涂养护剂等方法。

喷射混凝土强度可用边长为100mm的立方体试块进行测定。制作试块时，将试模底面紧贴边壁，从侧向喷入混凝土，每批至少留取3组（每组3块）试件。

(5) 排水设施的设置。水是土钉支护结构最为敏感的问题，不但要在施工前做好降排水工作，还要充分考虑土钉支护结构工作期间地表水及地下水的处理，设置好排水构造设施。

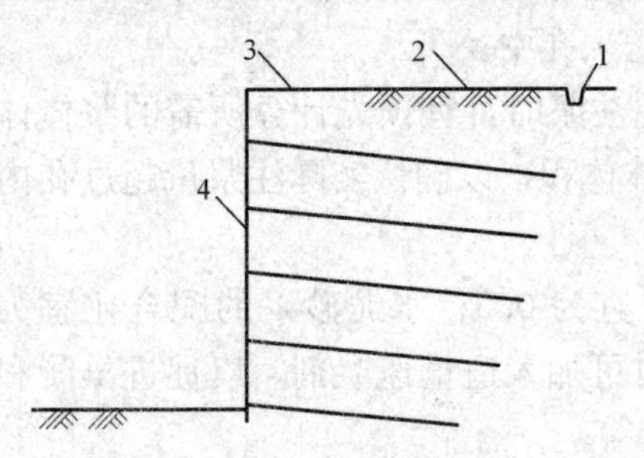

图4-51　地面排水
1—喷射混凝土面层；2—喷射混凝土护顶；3—防水地面；4—排水沟

对基坑四周地表应加以修整并构筑明沟排水，严防地表水再向下渗流。可将喷射混凝土面层延伸到基坑周围地表构成喷射混凝土护顶，并在土钉墙平面范围内的地表做防水地面，以防止地表水渗入土钉加固范围的土体中，如图4-51所示。

当基坑边壁有透水层或渗水土层时，混凝土面层上要做泄水孔，即按间距1.5～2.0m均布设置长度为0.4～0.6m、直径不小于40mm的塑料排水管，外管口略向下倾斜，管壁上半部分可钻些透水孔，管中填满粗砂或圆砾作为滤水材料，以防止土颗粒流失，如图4-52所示；也可在喷射混凝土面层施工前预先沿土坡壁面每隔一定距离设置一条竖向排水带，即用带状皱纹滤水材料夹在土壁与面层之间形成定向导流带，使土坡中渗出的水有组织地导流到坑底后集中排除，但施工时要注意每段排水带滤水材料之间的搭接效果，必须保证排水路径畅通无阻。

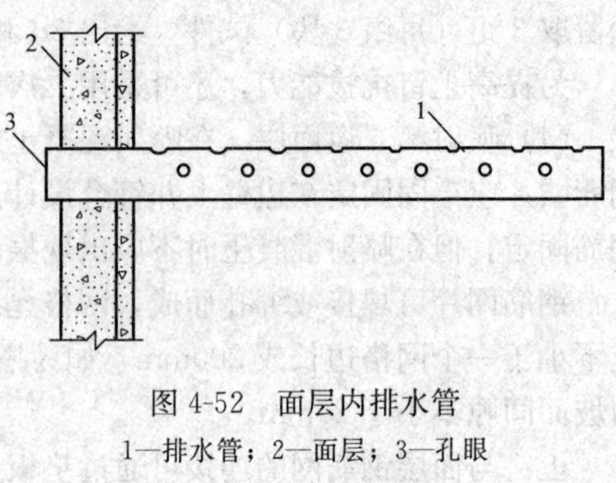

图4-52　面层内排水管
1—排水管；2—面层；3—孔眼

为了排除积聚在基坑内的渗水和雨水，应在坑底设置排水沟和集水井。排水沟应离开坡脚0.5～1.0m，严防冲刷坡脚。排水沟和集水井宜用砖衬砌并用砂浆抹内表面以防止渗漏。坑中积水应及时排除。

4. 土钉现场测试

(1) 土钉支护施工必须进行土钉的现场抗拔试验，应在专门设置的非工作钉上进行抗拔试验直至破坏，用来确定极限荷载，并据此估计土钉的界面极限黏结强度。

(2) 每一典型土层中至少应有 3 个专门用于测试的非工作钉。测试钉除其总长度和黏结长度可与工作钉有区别外，应与工作钉采用相同的施工工艺同时制作，其孔径、注浆材料等参数及施工方法等应与工作钉完全相同。测试钉的注浆黏结长度不小于工作钉的 1/2 且不短于 5m，在满足钢筋不发生屈服并最终发生拔出破坏的前提下宜取较长的黏结段，必要时适当加大土钉钢筋直径。为消除加载试验时支护面层变形对黏结界面强度的影响，测试钉在距孔口处应保留不小于 1m 长的非黏结段。在试验结束后，非黏结段再用浆体回填。

(3) 土钉的现场抗拔试验宜用穿孔液压千斤顶加载，土钉、千斤顶、测力杆三者应在同一轴线上，千斤顶的反力支架可置于喷射混凝土面层上，加载时用油压表大致控制加载值并由测力杆准确予以计量。土钉的（拔出）位移量用百分表（精度不小于 0.02mm，量程不小于 50mm）测量，百分表的支架应远离混凝土面层着力点。

(4) 测试钉进行抗拔试验时的注浆体抗压强度不应低于 6MPa。试验采用分级连续加载，首先施加少量初始荷载（不大于土钉设计荷载的 1/10）使加载装置保持稳定，以后每级荷载增量不超过设计荷载的 20%。在每级荷载施加完毕后立即记下位移读数并保持荷载稳定不变，继续记录以后 1、6、10min 的位移读数。若同级荷载下 10min 与 1min 的位移增量小于 1mm，即可立即施加下级荷载，否则应保持荷载不变，继续测读 15、30、60min 时的位移。此时，若 60min 与 6min 的位移增量小于 2mm，可立即进行下级加载，否则即认为达到极限荷载。

根据试验得出的极限荷载，可算出界面黏结强度的实测值。这一试验的平均值应大于设计计算所用标准值的 1.25 倍，否则应进行反馈修改设计。

(5) 极限荷载下的总位移必须大于测试钉非黏结长度段土钉弹性伸长理论计算值的 80%，否则这一测试数据无效。

(6) 上述试验也可不进行到破坏，但此时所加的最大试验荷载值应使土钉界面黏结应力的计算值（按黏结应力沿黏结长度均匀分布算出）超出设计计算所用标准值的 1.25 倍。

5. 质量监测与施工质量检验

(1) 材料。所使用的原材料（钢筋、水泥、砂、碎石等）的质量应符合有关规范规定的标准和设计要求，并具备出厂合格证及试验报告书。材料进场后还要按有关标准进行抽样质量检验。

(2) 土钉现场测试。土钉支护设计与施工必须进行土钉现场抗拔试验，包括基本试验和验收试验。

通过基本试验可取得设计所需的有关参数，如土钉与各层土体之间的界面黏结强度等，以保证设计的正确、合理性，或反馈信息以修改初步设计方案。验收试验是检验土钉支护工程质量的有效手段。土钉支护工程的设计、施工宜建立在有一定现场试验的基础上。

(3) 混凝土面层的质量检验。

1) 混凝土应进行抗压强度试验。试块数量为每 500m² 面层取一组，且不少于三组。

2) 混凝土面层厚度检查可用凿孔法。每 100m² 面层取一点，且不少于三个点。合格条件为全部检查孔处的厚度平均值不小于设计厚度，最小厚度不宜小于设计厚度的 80%。

3) 混凝土面层外观检查应符合设计要求，无漏喷、离鼓现象。

(4) 施工监测。土钉支护的施工监测应包括下列内容：

1) 支护位移的量测。

2) 地表开裂状态（位置、裂宽）的观察。

3) 附近建筑物和重要管线等设施的变形测量和裂缝观察。

4) 基坑渗、漏水和基坑内外的地下水位变化。

在支护施工阶段，每天监测不少于1～2次；在完成基坑开挖、变形趋于稳定的情况下可适当减少监测次数。施工监测过程应持续至整个基坑回填结束、支护退出工作为止。

对支护位移的量测至少应有基坑边壁顶部的水平位移与垂直沉降，测点位置应选在变形最大或局部地质条件最为不利的地段，测点总数不宜小于3个，测点间距不宜大于30m。当基坑附近有重要建筑物等设施时，也应在相应位置设置测点。量测设备宜用精密水准仪和精密经纬仪，必要时还可用测斜仪量测支护土体的水平位移，用收敛计监测位移的稳定过程等。

在可能的情况下，宜同时测定基坑边壁不同深度位置处的水平位移，以及地表离基坑边壁不同距离处的沉降，给出地表沉降曲线。

应特别加强雨天和雨后的监测，以及对各种可能危及支护安全的水害来源（如场地周围生产、生活排水，上下水道、储水池罐、化粪池渗漏水，人工井点降水的排水，因开挖后土体变形造成管道漏水等）进行仔细观察。

在施工开挖过程中，基坑顶部的侧向位移与当时的开挖深度之比如超过3%（砂土中）和0.3%～0.5%（一般黏性土中）时，应密切加强观察、分析原因并及时对支护采取加固措施，必要时增用其他支护方法。

4.2.6 内支撑体系施工

内支撑体系包括腰（冠）梁（也称围檩）、支撑和立柱。其施工应符合下述要求：

(1) 支撑结构的安装与拆除顺序，应与基坑支护结构的计算工况一致。必须严格遵守“先支撑后开挖”的原则。

(2) 当立柱穿过主体结构底板及支撑结构穿越主体结构地下室外墙的部位时，应采取止水构造措施。

内支撑主要分钢支撑与钢筋混凝土支撑两类。钢支撑多为工具式支撑，装、拆方便，可重复使用，可施加预紧力，一些大城市多由专业队伍施工。钢筋混凝土支撑现场浇筑，可适应各种形状要求，刚度大，支护体系变形小，有利于保护周围环境；但拆除麻烦，不能重复使用，一次性消耗大。

1. 钢支撑施工

钢支撑常用H形钢支撑与钢管支撑。其节点构造如图4-53和图4-54所示。

当基坑平面尺寸较大，支撑长度超过15m时，需设立柱来支承水平支撑，防止支撑弯曲，缩短支撑的计算长度，防止支撑失稳破坏。

立柱通常用钢立柱，长细比一般小于25，由于基坑开挖结束浇筑底板时支撑立柱不能拆除，为此立柱最好作成格构式，以利底板钢筋通过。钢立柱不能支承于地基上，而需支承在立柱桩上，目前多用混凝土灌注桩作为立柱支承桩，灌注桩混凝土浇至基坑面为止，钢立柱插在灌注桩内（如图4-55所示），插入长度一般不小于4倍立柱边长，在可能的情况下尽可能利用工程桩作为立柱支承桩。立柱通常设于支撑交叉部位，施工时立柱桩应准确定位，以防偏离支撑交叉部位。

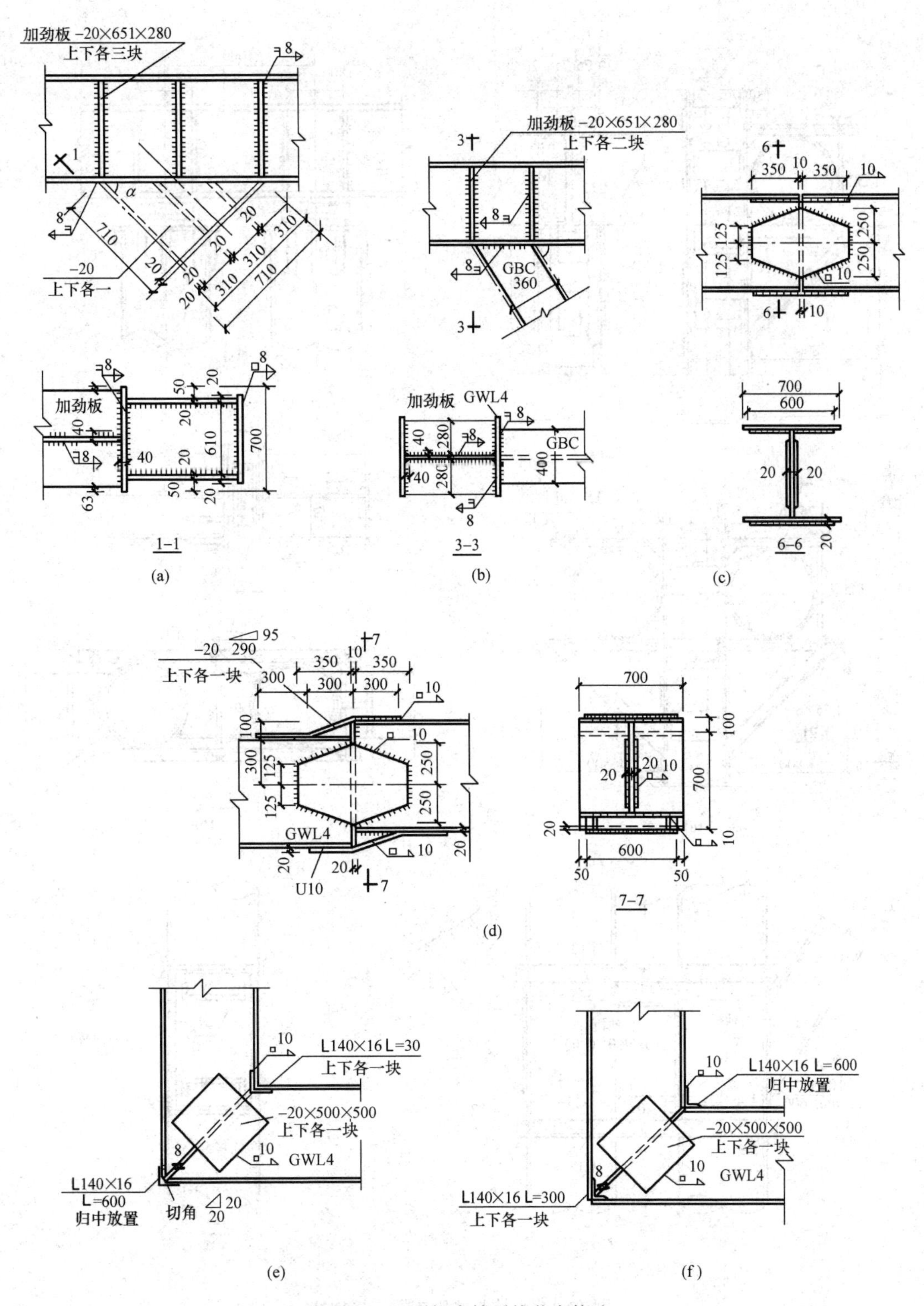

图 4-53　H 形钢支撑系统节点构造

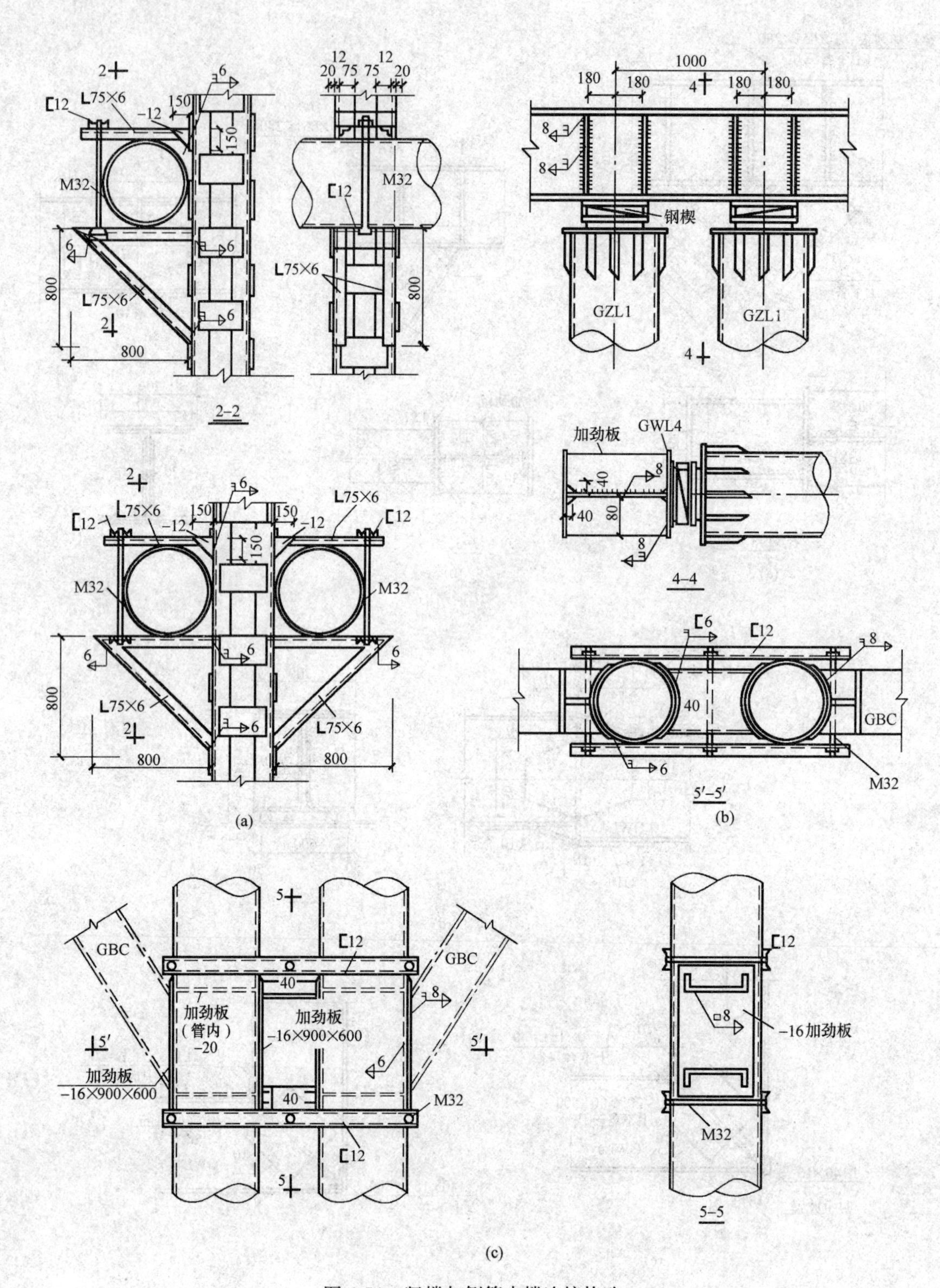

图 4-54 竖撑与侧管支撑连接构造

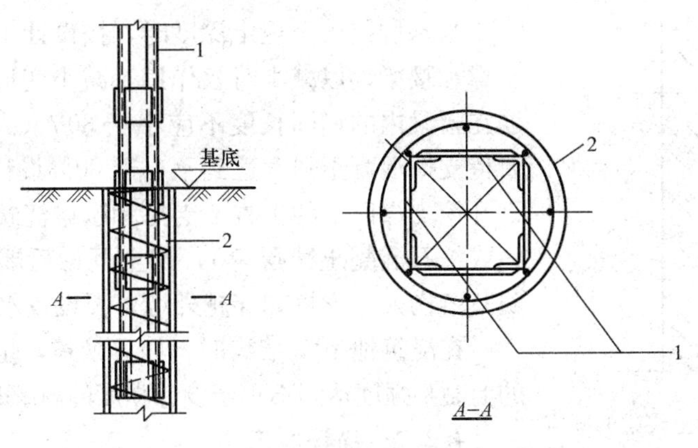

图 4-55　钢格构立柱与灌注桩支承

1—灌注桩；2—钢格构立桩

腰（冠）梁是一个受弯剪的构件，其作用是：①将围护墙上承受的土压力、水压力等外荷载传递到支撑上；②加强围护墙体的整体性。所以，增强腰梁的刚度和强度对整个支护结构体系有着重要意义。

钢支撑都用钢腰梁，钢腰梁多用 H 形钢或双拼槽钢等，通过设于围护墙上的钢牛腿或锚固于墙内的吊筋加以固定，如图 4-56 所示。钢腰梁的分段长度不宜小于支撑间距的 2 倍，拼装点尽量靠近支撑点。如支撑与腰梁斜交，则腰梁上应设传递剪力的构造。腰梁安装后与围护墙间的空隙，要用细石混凝土填塞。

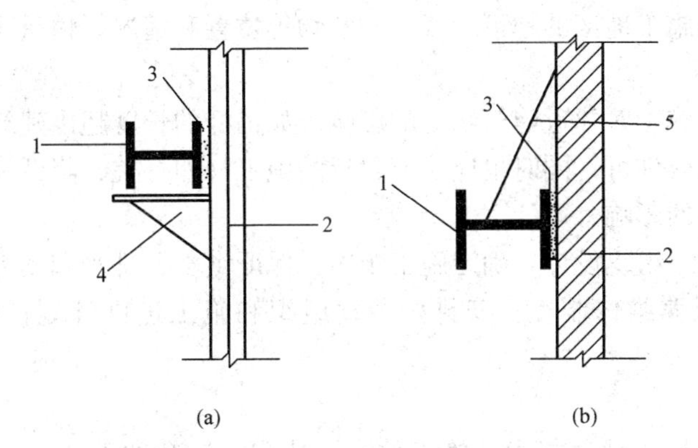

图 4-56　钢腰梁固定

（a）用牛腿支承；（b）用吊筋支承

1—腰梁；2—支护墙体；3—填塞细石混凝土；4—钢牛腿；5—吊筋

钢支撑受力构件的长细比不宜大于 75，联系构件的长细比不宜大于 120。安装节点尽量设在纵、横向支撑的交汇处附近。纵、横向支撑的交汇点尽可能在同一标高上，这样支撑体系的平面刚度较大，尽量少用重叠连接。钢支撑与钢腰梁可用电焊等连接。

2. 钢筋混凝土支撑施工

钢筋混凝土支撑也多用钢立柱，钢立柱与钢支撑相同。腰梁与支撑整体浇筑，在平面内形成整体。位于围护墙顶部的冠梁，多与围护墙体整浇，位于桩身处的腰梁也通过桩身预埋筋和吊筋加以固定，如图 4-57 所示。

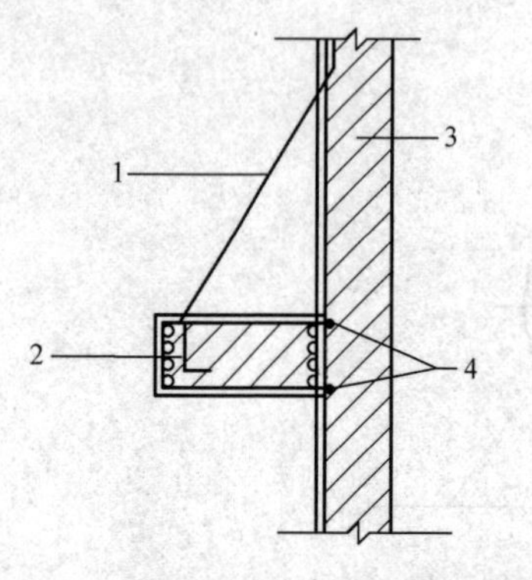

图 4-57 桩身处钢筋混凝土腰梁的固定
1—吊筋；2—钢筋混凝土腰梁；
3—支护墙体；4—与预埋筋连接

当基坑挖土至规定深度时，按设计工况要及时浇筑支撑和腰梁，以减少时效作用，减小变形。支撑受力钢筋在腰梁内的锚固长度不应小于 $30d$（d 为钢筋直径）。要待支撑混凝土强度达到不小于 80%设计强度时，才允许开挖支撑以下的土方。支撑和腰梁浇筑时的底模（模板或细石混凝土薄层等），挖土开始后要及时去除，以防坠落伤人。支撑如穿越外墙，要设止水片。

在浇筑地下室结构时，如要换撑，也需底板、楼板的混凝土强度达到不小于设计强度的 80%时才允许进行。

4.2.7 锚杆施工

锚杆施工，包括钻孔、安放拉杆、压力灌浆和张拉锚固。在正式开工之前还需进行必要的准备工作。

1. 施工准备工作

在锚杆正式施工之前，一般需进行下列准备工作：

（1）锚杆施工时必须清楚施工地区的土层分布和各土层的物理力学特性（天然重度、含水量、孔隙比、渗透系数、压缩模量、凝聚力、内摩擦角等），这对于确定锚杆的布置和选择钻孔方法等都十分重要。

还需了解地下水位及其随时间的变化情况，以及地下水中化学物质的成分和含量，以便研究对锚杆腐蚀的可能性和应采取的防腐措施。

（2）要查明锚杆施工地区的地下管线、构筑物等位置和情况，慎重研究锚杆施工对它们产生的影响。

（3）要研究锚杆施工对邻近建筑物等的影响。如锚杆的长度超出建筑红线，则应得到有关部门和单位的批准或许可。同时也应研究附近的施工（如打桩、降低地下水位、岩石爆破等）给锚杆施工带来的影响。

（4）编制锚杆施工组织设计，确定施工顺序；保证供水、排水和动力的需要；制定机械进场、正常使用和保养维修制度；安排好劳动组织和施工进度计划；施工前应进行技术交底。

2. 钻孔

钻孔工艺影响锚杆的承载能力、施工效率和成本。钻孔的费用一般占总费用的 30%，有时达 50%。钻孔时要求不扰动土体，减少原来土体内应力场的变化，尽量不使自重应力释放。

（1）钻孔方法。钻孔方法的选择主要取决于土质和钻孔机械。常用的锚杆钻孔方法有如下几种：

1）螺旋钻孔干作业法。当锚杆处于地下水位以上，呈非浸水状态时，宜选用不护壁的螺旋钻孔干作业法来成孔，该法对黏土、粉质黏土、密实性和稳定性较好的砂土等土层都适用。

进行螺旋钻孔时，可用上述的工程地质钻机（XU-600 型等）带动螺旋钻杆，也可用 MZ-Ⅱ型螺旋钻。

用该法成孔有两种施工方法：一种方法是钻孔与插入钢拉杆合为一道工序，即钻孔时将钢拉杆插入空心的螺旋钻杆内，随着钻孔的深入，钢拉杆与螺旋钻杆一同到达设计规定的深度，然后边灌浆边退出钻杆，而钢拉杆即锚固在钻孔内；另一种方法是钻孔与安放钢拉杆分为两道工序，即钻孔后在螺旋钻杆退出孔洞后再插入钢拉杆。后一种方法设备简单、简便易行，采用较多。为加快钻孔施工，可以采用平行作业法钻孔和插入钢拉杆。

用螺旋钻杆进行钻孔，被钻削下来的土屑对孔壁产生压力和摩擦阻力，使土屑顺螺旋钻杆排出孔外。对于内摩擦角大的土和能形成粗糙孔壁的土，由于钻削下来的松动土屑与孔壁间的摩擦阻力小，土屑易于排出，因此，即使在螺旋钻杆转速和扭矩相对较小的情况下，也能顺利地钻进和排土。对于含水量高、呈软塑或流动状态的土，由于钻削下来的土屑与孔壁间的摩擦阻力大，土屑排出较困难，因此需要提高螺旋钻杆的转速，使土屑能有效地排出。凝聚力大的软黏土、淤泥质黏土等，会对孔壁和螺旋叶片产生较强的附着力，需要较高的扭矩并配合一定的转速才能排出土屑。因此，除要求采用的钻机具有较高的回转扭矩外，还要能调节回转速度以适应不同土的要求。

螺旋钻孔所用的钻杆，每节的长度为2～6m，根据钻孔直径选择螺叶外径和螺距，螺叶外径与螺距需有一定的比值。

用此法钻孔时，钻机连续进行成孔，后面紧接着安放钢拉杆和灌浆。

此法的缺点是当孔洞较长时，孔洞易向上弯曲，导致锚杆张拉时摩擦损失过大，影响以后锚固力的正常传递，其原因是钻孔时钻削下来的土屑沉积在钻杆下方，造成钻头上抬。

2）压水钻进成孔法。该法是锚杆施工应用较多的一种钻孔工艺。这种钻孔方法的优点是可以把钻孔过程中的钻进、出渣、固壁、清孔等工序一次完成，可以防止塌孔，不留残土，软、硬土都能适用。但用此法施工时，若工地没有良好的排水系统，则会积水较多，有时也会给施工带来麻烦。

用此法钻孔，可用国产工程地质钻机改装的XU-600、XU-6.00-3、XU-300-2、XJ-100-1型等钻机及国外进口的专用钻机。

钻进时冲洗液（压力水）从钻杆中心流向孔底，在一定水头压力（0.15～0.30MPa）下，水流携带钻削下来的土屑从钻杆与孔壁之间的孔隙处排出孔外。钻进时要不断供水冲洗（包括接长钻杆和暂时停机时），而且要始终保持孔口的水位。待钻到规定深度（一般钻孔深度要大于锚杆长度0.5～1.0m）后，继续用压力水冲洗残留在钻孔中的土屑，直至水流不显浑浊为止。

钻机就位后，先调整钻杆的倾斜角度。在软黏土中钻孔，当不用套管钻进时，应在钻孔孔口处放入1～2m的护壁套管，以保证孔口处不坍陷；钻进时宜用3～4m长的岩芯管，以保证钻孔的直线形。钻进速度视土质而定，一般以30～40cm/min为宜，对锚杆的自由段的钻进速度可稍快，对锚固段，尤其是扩孔时，钻进速度可稍慢。钻进中如遇到流沙层，应适当加快钻进速度，降低冲孔水压，保持孔内水头压力。对于杂填土地层（包括建筑垃圾等），应设置护壁套管钻进。

3）潜钻成孔法。此法是利用风动冲击式潜孔冲击器成孔，这种工具原来是用来穿越地下电缆的，它的长度小于1m，直径为78～135mm，由压缩空气驱动，内部装有配气阀、气缸和活塞等机构。它是利用活塞往复运动做定向冲击，使潜孔冲击器挤压土层向前钻进。因为它始终潜入孔底工作，所以冲击功在传递过程中损失较小，具有成孔效率高、噪声低等特点。为了控制冲击器，使其在钻进到预定深度后能退出孔外，还需配备1台钻机，将钻杆连接在冲击器尾部，待达到预定深度后，由钻杆沿钻机导向架后退将冲击器带出钻孔。

常用的国产潜孔冲击器有C80、C100和C150等型号。

潜钻成孔法宜用于孔隙率大、含水量较低的土层中。其成孔速度快，孔壁光滑而坚实，由于不出土，故孔壁无坍落和堵塞现象。冲击器体形细长，且头部带有螺旋状细槽纹，有较好的导向作用，即使在卵石、砾石的土层中，成孔也较直。成孔速度可达1.3m/min。但是，在含水量较高的土层中，在冲击器高频率的冲振下，孔壁土结构易被破坏，而且经冲击挤压后孔壁光滑，如灌浆压力较低，浆体与孔壁土结合不紧密，会影响土层锚杆的锚固能力。

(2) 锚杆的钻孔。锚杆的钻孔，与其他工程的钻孔相比，应注意的事项和达到的要求有如下几点：

1) 孔壁要求平直，以便安放钢拉杆和灌注水泥浆。

2) 孔壁不得坍陷和松动，以免影响钢拉杆的安放和锚杆的承载能力。

3) 钻孔时不得使用膨润土循环泥浆护壁，以免在孔壁上形成泥皮，降低锚固体与土壁间的摩擦阻力。

4) 土层锚杆的钻孔多数有一定的倾角，因此，孔壁的稳定性较差。

5) 因为土层锚杆的长细比很大，孔洞很长，故保证钻孔的准确方向和直线性较困难，易发生偏斜和弯曲。

(3) 钻孔的容许偏差。《建筑基坑支护技术规程》(JGJ 120—2012) 规定：锚杆孔水平方向孔距在垂直方向误差不宜大于100mm；偏斜度不应大于3%。

(4) 钻孔的扩孔。扩孔的方法有4种，即机械扩孔、爆炸扩孔、水力扩孔和压浆扩孔。

机械扩孔需要用专门的扩孔装置。该扩孔装置是将一种扩张式刀具置于一个鱼雷形装置中，这种扩张式刀具能通过机械方法随着鱼雷式装置缓慢地旋转而逐渐地张开，直到所有切刀都完全张开完成扩孔锥为止。该扩孔装置能同时切削两个扩孔锥。扩孔装置上的切刀应用机械方法开启，开启速度由钻孔人员控制，一般情况下切刀的开启速度要慢些，以保证扩孔切削下来的土屑能及时排出而不致堵塞在扩孔锥内。扩孔锥的形状还可用特制的测径器来测定。

爆炸扩孔是把计算好的炸药放入钻孔内引爆，把土向四周挤压形成球形扩大头。此法一般适用于砂性土，对黏性土爆炸扩孔扰动大，易使土液化，有时反而使承载力降低。既适用于砂性土，也要防止扩孔坍落。爆炸法扩孔在城市中采用时要慎重。

水力扩孔在我国已成功地用于锚杆施工。用水力扩孔，当锚杆钻进到锚固段时，需换上水力扩孔钻头（它是将合金钻头的头端封住，只在中央留一直径为10mm的小孔，而且在钻头侧面按120°、与中心轴线成45°开设三个直径为10mm的射水孔）。水力扩孔时，保持射水压力为0.5～1.5MPa，钻进速度为0.5m/min，用改装过的直径为150mm的合金钻头即可将钻孔扩大到直径为200～300mm，如果钻进速度再减小，钻孔直径还可以增大。

在饱和软黏土地区用水力扩孔，如孔内水位较低，由于淤泥质粉质黏土和淤泥质黏土本身呈软塑或流塑状态，易出现缩颈现象，甚至会出现卡钻，使钻杆提不出来。如果孔内保持必要的水位，则钻孔时不会产生塌孔。

压浆扩孔在国外广泛采用，但需用堵浆设施。我国多用二次灌浆法来达到扩大锚固段直径的目的。

3. 安放拉杆

锚杆用的拉杆，常用的有钢管（钻杆用做拉杆）、粗钢筋、钢丝束和钢绞线，主要根据锚杆的承载能力和现有材料的情况来选择。当承载能力较小时，多用粗钢筋；当承载能力较大时，多用钢绞线。

（1）钢筋拉杆。钢筋拉杆由一根或数根粗钢筋组合而成，如为数根粗钢筋则需用绑扎或电焊连接成一体。其长度应按锚杆设计长度加上张拉长度（等于支撑围檩高度加锚座厚度加螺母高度）。钢筋拉杆的防腐蚀性能好，易于安装，当锚杆的承载能力不很大时应优先考虑选用。

对有自由段的锚杆，钢筋拉杆的自由段要做好防腐和隔离处理。防腐层施工时，宜清除拉杆上的铁锈，再涂一度环氧防腐漆冷底子油，待其干燥后，再涂二度环氧玻璃铜（或玻璃聚氨酯预聚体等），待其固化后，再缠绕两层聚乙烯塑料薄膜。

对于粗钢筋拉杆，国外常用的防腐蚀方法有如下几种：

1）将经过润滑油浸渍过的防腐带，用黏胶带绕在涂有润滑油的钢筋上。

2）将半刚性聚氯乙烯管或厚度为 2～3mm 的聚乙烯管套在涂有润滑油（厚度大于 2mm）的钢筋拉杆上。

3）将一种聚丙烯管套在涂有润滑油的钢筋拉杆上，制造时这种聚丙烯管的直径为钢筋拉杆直径的 2 倍左右，装好后进行热处理则会收缩紧贴在钢筋拉杆上。

钢筋拉杆的防腐，一般是用将防腐系统和隔离系统结合起来的办法。

（2）钢丝束拉杆。钢丝束拉杆可以制成通长一根，它的柔性较好，往钻孔中沉放较方便。但施工时应将灌浆管与钢丝束绑扎在一起同时沉放，否则放置灌浆管会有困难。

钢丝束拉杆的自由段需理顺扎紧，然后进行防腐处理。防腐方法可用玻璃纤维布缠绕两层，外面再用黏胶带缠绕，也可将钢丝束拉杆的自由段插入特制护管内，护管与孔壁间的空隙可与锚固段同时进行灌浆。

钢丝束拉杆的锚固段也需用定位器，该定位器为撑筋环，如图 4-58 所示。钢丝束的钢丝为内外两层，外层钢丝绑扎在撑筋环上，撑筋环的间距为 0.5～1.0m，这样锚固段就形成一连串的菱形，使钢丝束与锚固体砂浆的接触面积增大，增强了黏结力，内层钢丝则从撑筋环的中间穿过。

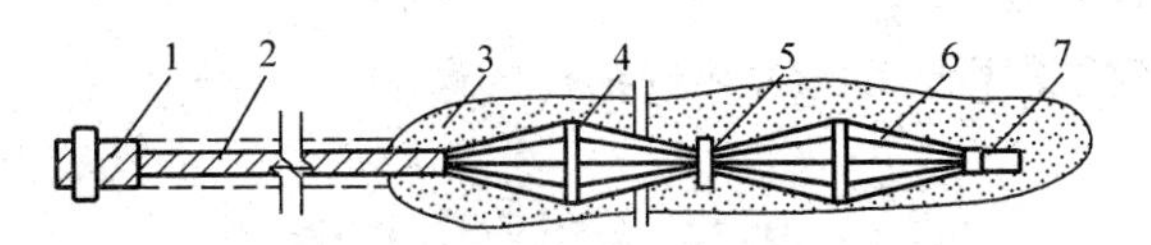

图 4-58　钢丝束拉杆的撑筋环

1—锚头；2—自由段及防腐层；3—锚固体砂浆；4—撑筋环；
5—钢丝束结；6—锚固段的外层钢丝；7—小竹筒

钢丝束拉杆的锚头要能保证各根钢丝受力均匀，常用者有镦头锚具等，可按预应力结构锚具选用。

沉放钢丝束时要对准钻孔中心，如有偏斜则易将钢丝束端部插入孔壁内，这样既破坏了孔壁引起塌孔，又可能堵塞灌浆管。为此，可用一个长度为25cm的小竹筒将钢丝束下端套起来。

(3) 钢绞线拉杆。钢绞线拉杆的柔性较好，向钻孔中沉放较容易，因此，在国内外应用的比较多，用于承载能力大的锚杆。

锚固段的钢绞线要仔细清除其表面的油脂，以保证与锚固体砂浆有良好的黏结。自由段的钢绞线要套以聚丙烯防护套等进行防腐处理。

钢绞线拉杆需用特制的定位架。

4. 压力灌浆

压力灌浆是锚杆施工中的一个重要工序。施工时，应将有关数据记录下来，以备将来查用。灌浆有三个作用，即形成锚固段，将锚杆锚固在土层中；防止钢拉杆腐蚀；充填土层中的孔隙和裂缝。

灌浆的浆液为水泥砂浆（细砂）或水泥浆。水泥一般不宜用高铝水泥，由于氯化物会引起钢拉杆腐蚀，因此，其含量不应超过水泥重的0.1%。因为水泥水化时会生成SO_3，所以硫酸盐的含量不应超过水泥重的4%。我国多用普通硅酸盐水泥，有些工程为了早强、抗冻和抗收缩，曾使用过硫铝酸盐水泥。

拌和水泥浆或水泥砂浆所用的水，一般应避免采用含高浓度氯化物的水，因为它会加速钢拉杆的腐蚀。若对水质有疑问，应事先进行化验。

灌浆方法有一次灌浆法和二次灌浆法两种。一次灌浆法只用一根灌浆管，利用2DN-15/40型等泥浆泵进行灌浆，灌浆管端距孔底20cm左右，待浆液流出孔口时，用水泥袋纸等捣塞入孔口，并用湿黏土封堵孔口，严密捣实，再以2～4MPa的压力进行补灌，要稳压数分钟灌浆才告结束。

一次灌浆法宜选用灰砂比为1∶1～1∶2、水灰比为0.38～0.45的水泥砂浆，或水灰比为0.40～0.50的水泥浆；二次灌浆法中的二次高压灌浆，宜用水灰比为0.45～0.55的水泥浆。

5. 锚杆张拉与施加预应力

锚杆压力灌浆后，待锚固段的强度大于15MPa并达到设计强度等级的75%后方可进行张拉。

锚杆宜张拉至设计荷载的0.9～1.0倍后，再按设计要求锁定。锚杆张拉控制应力，不应超过拉杆强度标准值的75%。

锚杆张拉时，其张拉顺序要考虑对邻近锚杆的影响。

4.3 基坑支护施工安全

基坑支护工程施工安全要点有如下一些：

(1) 在工地的适当位置设置足够的安全标志，在基坑顶部周围要设置围护栏，人员上下要有专用爬梯。配备专职安全督导员，消除事故隐患，做好安全文明三级教育和施工前的安全技术交底。

（2）司机、电工等特种工人必须持证上岗，机械设备操作人员（或驾驶员）必须经过专门训练，熟悉机械操作性能，经专业管理部门考核取得操作证或驾驶证后上机（车）操作；机械设备要有年检合格证。

（3）开始挖土前，需对机械进行检查，施工中按安全操作系统进行机械操作，完工后对机械进行保养。

（4）晚上施工时，照明系统必须保持良好状态，照明要充足。

（5）因场地内地质条件较差，土方开挖过程中必须切实保证机械人员施工安全，由专人负责指挥挖掘机操作，挖掘机上基坑时必须保证有足够的安全坡度，挖掘机行走地方的土层必须有足够的强度，强度不够的地方，必须采取措施，如铺设钢板、碎石、砂袋等。

（6）进入施工现场的人员应按规定佩戴安全劳保用品，严禁赤脚或穿拖鞋上班，有关作业人员必须做好交接班手续，班组应定期进行安全活动，并做好安全检查记录。

（7）执行安全文明日检、周检、月检制度，发现安全隐患及时督促整改；配足专职安全员和安全协管员，做到每个施工点都有一名安全协管员。

（8）当采用钢板桩、钢筋混凝土预制桩或灌注桩做坑壁支撑时，应符合下列要求：

1）应尽量减少打桩时产生的振动和噪声对邻近建筑物、构筑物、仪器设备和城市环境的影响。

2）当土质较差，开挖后土可能从桩间挤出时，宜采用啮合式板桩。

3）在桩附近挖土时，应防止桩身受到损伤。

4）拔除桩后的孔穴应及时回填和夯实。

5）钢支撑的拆除，应按回填次序进行。多层支撑应自下而上逐层拆除，随拆随填。拆除支撑时，应防止附近建筑物和构筑物等产生下沉和破坏，必要时应采取加固措施。换、移支撑时，应先设新支撑，然后拆旧支撑。拆除支护结构时，应密切注视附近建（构）筑物的变形情况，必要时应采取加固措施。

（9）搭设临边防护栏时，必须符合下列要求：

1）防护栏杆应由上、下两道横杆及栏杆柱组成，上杆离地面高度为1.0～1.2m，下杆离地面高度为0.5～0.6m。

2）基坑四周固定时，可采用钢管并打入地面50～70cm深度。钢管离边口的距离不应小于50cm。当基坑周边采用板桩时，钢管可打在板桩外侧。

3）栏杆柱的固定及其与横杆的连接，其整体构造应使防护栏杆在杆上任何处能经受任何方向的1000N外力。当栏杆所处位置有发生人群拥挤、车辆冲击或物件碰撞等可能时，应加大横杆截面或加密柱距。

4）防护栏杆必须自上而下用安全立网封闭，或在栏杆下边设置严密固定的高度不低于18cm的挡脚板或40cm的挡脚笆。挡脚板与挡脚笆上如有孔眼，直径不应大于25mm。板与笆下边距离底面的空隙不应大于10mm。

5）当临边的外侧面为道路时，除设置防护栏杆外，敞口立面必须采取满挂安全网或其他可靠措施作全封闭处理。

（10）挖土施工安全要求如下：

1）使用时间较长的临时性挖方，土坡坡度要根据工程地质和土坡高度，结合当地同类土体的稳定坡度值确定。

2）土方开挖宜从上到下分层分段进行，并随时作成一定的坡势以利泄水，且不应在影响边坡稳定的范围内积水。

3）在斜坡上方弃土时，应保证挖方边坡的稳定。弃土堆应连续设置，其顶面应向外倾斜，以防山坡水流入挖方场地。但坡度陡于1/5或在软土地区，禁止在挖方上侧弃土。在挖方下侧弃土时，要将弃土堆表面整平，并向外倾斜，弃土表面要低于挖方场地的设计标高，或在弃土堆与挖方场地间设置排水沟，防止地面水流入挖方场地。

基础训练

1. 基坑支护的结构形式有哪些？如何选型？
2. 土钉支护是怎样进行支护的？
3. 什么是喷锚支护？它与土钉支护有何不同？
4. 钢板桩支护的使用条件是什么？如何施工？
5. 地下连续墙的主要施工程序包含哪几个步骤？
6. 地下连续墙施工中导墙的作用是什么？
7. 泥浆的作用是什么？对其性能如何进行控制？施工中泥浆的有哪些工作状态？
8. 简述导管法水下混凝土浇筑的步骤。
9. 基坑支护工程施工安全要点有哪些？

学习情景5 降水施工

【学习目标】

• 掌握明沟、集水井排水布置要求、方法，会选用水泵

• 掌握基坑涌水量计算及降水井（井点或管井）数量计算，掌握井点结构和施工的技术要求

【引例导入】

某工程开挖一矩形基坑，基坑底宽12m，长16m，基坑深4.5m，挖土边坡1∶0.5。经地质勘探，天然地面以下为1.0m厚的黏土层，其下有8m厚的中砂，渗透系数$k=12m/d$。再往下即离天然地面9m以下为不透水的黏土层。地下水位在地面以下1.5m。工程拟采用轻型井点降低地下水位。

你如何进行井点系统的平面、立面布置？如何选水泵、管道？

在基坑开挖过程中，当基坑底面低于地下水位时，由于土壤的含水层被切断，地下水将不断渗入基坑。这时如不采取有效措施进行排水，降低地下水位，不但会使施工条件恶化，而且基坑经水浸泡后会导致地基承载力下降和边坡塌方。因此，为了保证工程质量和施工安全，在基坑开挖前或开挖过程中，必须采取措施降低地下水位，使基坑在开挖中坑底始终保持干燥。对于地面水（雨水、生活污水），一般采用在基坑四周或流水的上游设排水沟、截水沟或挡水土堤等办法解决。对于地下水则常采用人工降低地下水位的方法，使地下水位降至所需开挖的深度以下。无论采用何种方法，降水工作都应持续到基础工程施工完毕并回填土后才可停止。

5.1 基坑明排水

5.1.1 明沟、集水井的排水布置

明排水法是在基坑开挖过程中，在坑底设置集水井，并沿坑底的周围或中央开挖排水沟，使水流入集水井内，然后用水泵抽出坑外。明排水法包括普通明沟排水法和分层明沟排水法。

1. 普通明沟排水法

普通明沟排水法是采用截、疏、抽的方法进行排水，即在开挖基坑时，沿坑底周围或中央开挖排水沟，再在沟底设置集水井，使基坑内的水经排水沟流入集水井内，然后用水泵抽出坑外，如图5-1和图5-2所示。

（1）基本构造。根据地下水量、基坑平面形状及水泵的抽水能力，每隔30～40m设置一个集水井。集水井的截面尺寸一般为0.6m×0.6m～0.8m×0.8m，其深度随着挖土的加

深而加深，并保持低于挖土面0.8～1.0m，井壁可用竹笼、砖圈、木枋或钢筋笼等做简易加固；当基坑挖至设计标高后，井底应低于坑底1～2m，并铺设0.3m碎石滤水层，以免由于抽水时间较长而将泥沙抽出，并防止井底的土被搅动。一般基坑排水沟的深度为0.3～0.6m，底宽应不小于0.3m，排水沟的边坡为1.1～1.5m，沟底设有0.2%～0.5%的纵坡，其深度随着挖土的加深而加深，并保持水流的畅通。基坑四周的排水沟及集水井必须设置在基础范围以外，以及地下水流的上游。

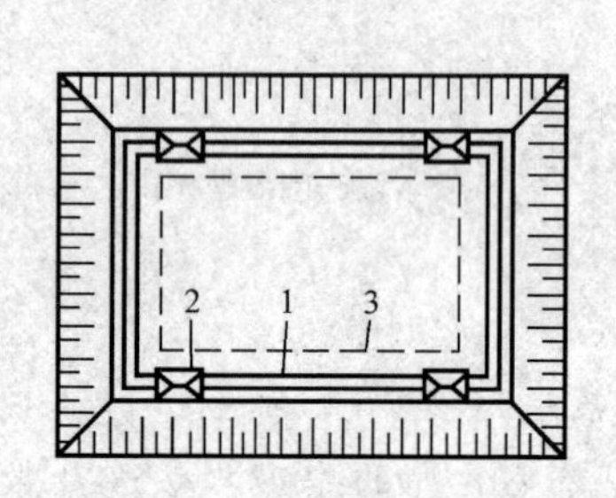

图5-1 坑内明沟排水

1—排水沟；2—集水井；3—基础外边线

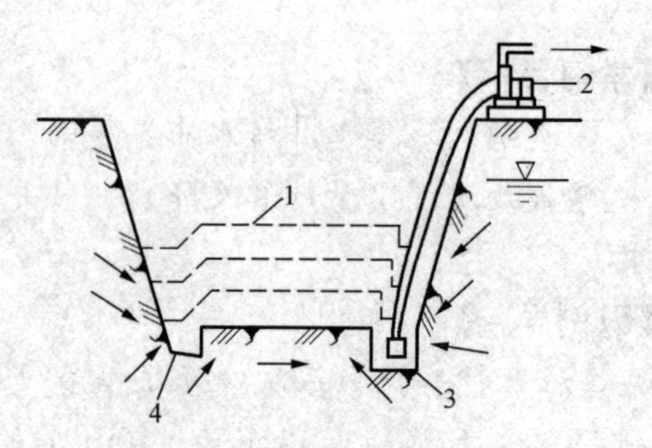

图5-2 集水井降水

1—基坑；2—水泵；3—集水井；4—排水沟

(2) 排水机具的选用。集水坑排水所用机具主要为离心泵、潜水泵和软轴泵。选用水泵类型时，一般取水泵的排水量为基坑涌水量的1.5～2.0倍。

2. 分层明沟排水法

如果基坑较深，开挖土层由多种土壤组成，中部夹有透水性强的砂类土壤时，为避免上层地下水冲刷下部边坡，造成塌方，可在基坑边坡上设置2～3层明沟及相应的集水井，分层阻截土层中的地下水，如图5-3所示。这样一层一层地加深排水沟和集水井，逐步达到设计要求的基坑断面和坑底标高，其排水沟和集水井的设置及基本构造基本与普通明沟排水法相同。

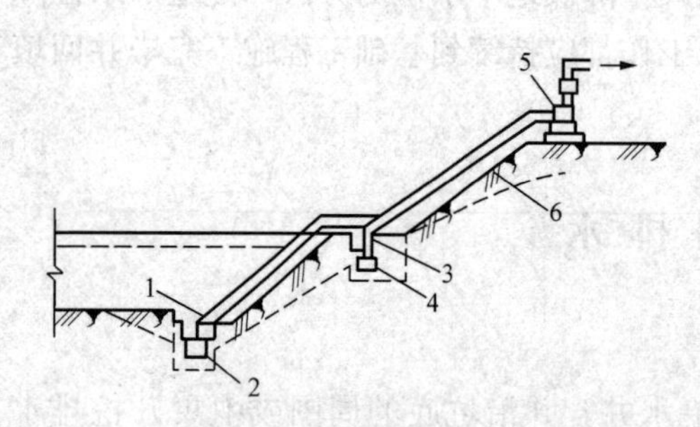

图5-3 分层明沟排水

1—底层排水沟；2—底层集水井；3—二层排水沟；4—二层集水井；5—水泵；6—水位降低线

5.1.2 水泵的选用

集水明排水是用水泵从集水井中排水，常用的水泵有潜水泵、离心式水泵和泥浆泵，其技术性能见表5-1～表5-4。排水所需水泵的功率按下式计算。

$$N=\frac{K_1QH}{75\eta_1\eta_2} \tag{5-1}$$

式中：K_1为安全系数，一般取2；Q为基坑涌水量（m^3/d）；H为包括扬水、吸水及各种阻力造成的水头损失在内的总高度（m）；η_1为水泵效率，取0.4～0.5；η_2为动力机械效率，取0.75～0.85。

表5-1 潜水泵的技术性能

型号	流量（m^3/h）	扬程（m）	电动机功率（kW）	转速（r/min）	电流（A）	电压（V）
QY-3.5	100	3.5	2.2	2800	6.5	380
QY-7	65	7	2.2	2800	6.5	380

续表

型　号	流量（m³/h）	扬程（m）	电动机功率（kW）	转速（r/min）	电流（A）	电压（V）
QY-15	25	15	2.2	2800	6.5	380
QY-25	15	25	2.2	2800	6.5	380
JQB-1.5-6	10～22.5	20～28	2.2	2800	5.7	380
JQB-2-10	15～32.5	12～21	2.2	2800	5.7	380
JQB-4-31	50～90	4.7～8.2	2.2	2800	5.7	380
JQB-5-69	80～120	3.1～5.1	2.2	2800	5.7	380
7.5JQB8-97	288	4.5	7.5	—	—	380
1.5JQB2-10	18	14	1.5	—	—	380
2Z6	15	25	4.0	—	—	380
JTS-2-10	25	15	2.2	2900	5.4	—

表 5-2　　B 型离心式水泵的主要技术性能

水泵型号	流量（m³/h）	扬程（m）	吸程（m）	电动机功率（kW）	质量（kg）
$1\frac{1}{2}$B-17	6～14	20.3～14.0	6.6～6.0	1.5	17.0
2B-31	10～30	34.5～24.0	8.2～5.7	4.0	37.0
2B-19	11～25	21.0～16.0	8.0～6.0	2.2	19.0
3B-19	32.4～52.2	21.5～15.6	6.2～5.0	4.0	23.0
3B-33	30～55	35.5～28.8	6.7～3.0	7.5	40.0
3B-57	30～70	62.0～44.5	7.7～4.7	17.0	70.0
4B-15	54～99	17.6～10.0	5.0	5.5	27.0
4B-20	65～110	22.6～17.1	5.0	10.0	51.6
4B-35	65～120	37.7～28.0	6.7～3.3	17.0	48.0
4B-51	70～120	59.0～43.0	5.0～3.5	30.0	78.0
4B-91	65～135	98.0～72.5	7.1～40.0	55.0	89.0
6B-13	126～187	14.3～9.6	5.9～5.0	10.0	88.0
6B-20	110～200	22.7～17.1	8.5～7.0	17.0	104.0
6B-33	110～200	36.5～29.2	6.6～5.2	30.0	117.0
8B-13	216～324	14.5～11.0	5.5～4.5	17.0	111.0
8B-18	220～360	20.0～14.0	6.2～5.0	22.0	—
8B-29	220～340	32.0～25.4	6.5～4.7	40.0	139.0

表 5-3　　BA 型离心式水泵的主要技术性能

水泵型号	流量（m³/h）	扬程（m）	吸程（m）	电动机功率（kW）	外形尺寸（mm×mm×mm，长×宽×高）	质量（kg）
$1\frac{1}{2}$BA-6	11.0	17.4	6.7	1.5	370×225×240	30
2BA-6	20.0	38.0	7.2	4.0	524×337×295	35
2BA-9	20.0	18.5	6.8	2.2	534×319×270	36
3BA-6	60.0	50.0	5.6	17.0	714×368×410	116
3BA-9	45.0	32.6	5.0	7.5	623×350×310	60

续表

水泵型号	流量（m^3/h）	扬程（m）	吸程（m）	电动机功率（kW）	外形尺寸（mm×mm×mm，长×宽×高）	质量（kg）
3BA-13	45.0	18.8	5.5	4.0	554×344×275	41
4BA-6	115.0	81.0	5.5	55.0	730×430×440	138
4BA-8	109.0	47.6	3.8	30.0	722×402×425	116
4BA-12	90.0	34.6	5.8	17.0	725×387×400	108
4BA-18	90.0	20.0	5.0	10.0	631×365×310	65
4BA-25	79.0	14.8	5.0	5.5	571×301×295	44
6BA-8	170.0	32.5	5.9	30.0	759×528×480	166
6BA-12	160.0	20.1	7.9	17.0	747×490×450	146
6BA-18	162.0	12.5	5.5	10.0	748×470×420	134
8BA-12	280.0	29.1	5.6	40.0	809×584×490	191
8BA-18	285.0	18.0	5.5	22.0	786×560×480	180
8BA-25	270.0	12.7	5.0	17.0	779×512×480	143

表 5-4　　泥浆泵的主要技术性能

泥浆泵型号	流量（m^3/h）	扬程（m）	电动机功率（kW）	泵口径（mm）		外形尺寸（m×m×m，长×宽×高）	质量（kg）
				吸入口	出口		
3PN	108	21	22	125	75	0.76×0.59×0.52	450
3PNL	108	21	22	160	90	1.27×5.1×1.63	300
4PN	100	50	75	75	150	1.49×0.84×1.085	1000
$2\frac{1}{2}$NWL	25～45	5.8～3.6	1.5	70	60	1.247（长）	61.5
3NWL	55～95	9.8～7.9	3	90	70	1.677（长）	63
BW600/30	(600)	300	38	102	64	2.106×1.051×1.36	1450
BW200/30	(200)	300	13	75	45	1.79×0.695×0.865	578
BW200/40	(200)	400	18	89	38	1.67×0.89×1.6	680

注　流量括号中数量的单位为 L/min。

5.2　人 工 降 水

5.2.1　概述

在软土地区，当基坑开挖深度超过 3m 时，一般要用井点降水。开挖深度浅时，也可边开挖边用排水沟和集水井进行集水明排。地下水的控制方法有很多种，其适用条件见表 5-5，选择时应根据土层情况、降水深度、周围环境、支护结构种类等进行综合考虑。当因降水而危及基坑及周边环境安全时，宜采用截水或回灌的方法。

轻型井点降低地下水位是沿基坑周围以一定的间距埋入井点管（下端为滤管），在地面上用水平铺设的集水总管将各井点管连接起来，在一定位置设置离心式水泵和水力喷射器，离心式水泵驱动工作水，当水流通过喷嘴时形成局部真空，地下水在真空吸力的作用下经滤管进入井管，然后经集水总管排出，从而降低了水位。

表 5-5　　地下水控制方法的适用条件

方法名称		土　类	渗透系数（m/d）	降水深度（m）	水文地质特征
集水明排		填土、粉土、黏性土、砂土	7～20.0	＜5	上层滞水或水量不大的潜水
降水	真空井点		0.1～20.0	单级＜6 多级＜20	
	喷射井点				
	管井	粉土、砂土、碎石土、可溶岩、破碎带	0.1～20.0	＜20	含水丰富的潜水、承压水、裂隙水
			1.0～200.0	＞5	
截水		黏性土、粉土、砂土、碎石土、岩溶土	不限	不限	—
回灌		填土、粉土、砂土、碎石土	0.1～200.0	不限	—

轻型井点系统由井点管、连接管、集水总管及抽水设备等组成，如图 5-4 所示。

（1）井点管。井点管多用无缝钢管，长度一般为 5～7m，直径为 38～55mm。井点管的下端装有滤管和管尖，滤管的构造如图 5-5 所示。滤管的直径常与井点管的直径相同，长度为 1.0～1.7m，管壁上钻有直径为 12～18mm 的滤孔，呈星棋状排列。管壁外包两层滤网，内层为细滤网，采用 30～50 孔/cm 的黄铜丝布或生丝布，外层为粗滤网，采用 8～10 孔/cm 的铁丝布或尼龙丝布。常用的滤网类型有方织网、斜织网和平织网。一般在细砂中宜采用平织网，中砂中宜采用斜织网，粗砂、砾石中则用方织网。为避免滤孔淤塞，在管壁与滤网间用铁丝绕成螺旋形隔开，滤网外面再围一层 8 号粗铁丝保护网。滤管下端放一个锥形铸铁头以利井管插埋。井点管的上端用弯管接头与总管相连。

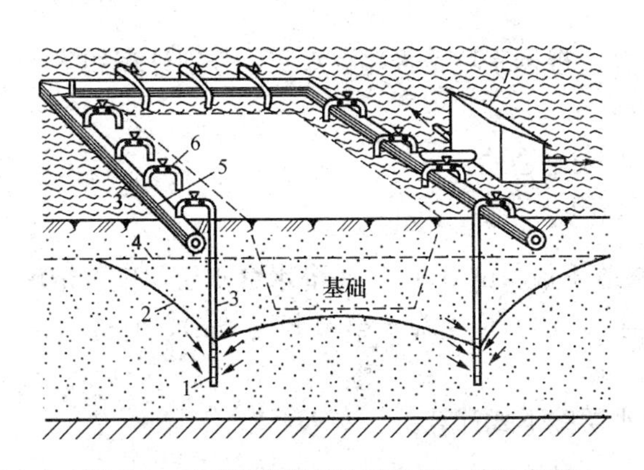

图 5-4　轻型井点降低地下水位全貌示意图

1—滤管；2—降低各地下水位线；3—井点管；4—原有地下水位线；5—集水总管；6—弯联管；7—水泵房

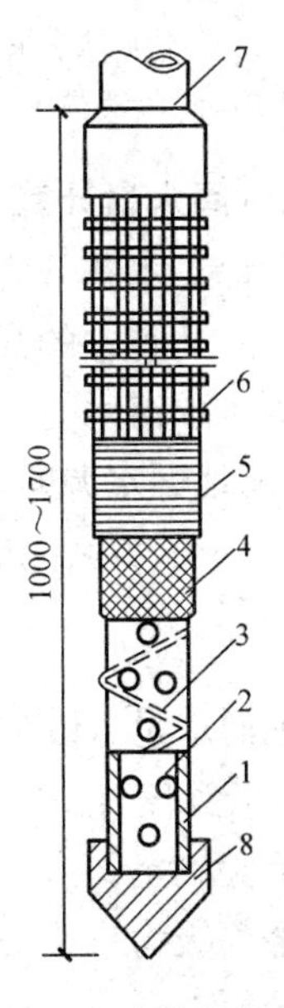

图 5-5　滤管的构造

1—井点管；2—粗铁丝保护网；3—粗滤网；4—细滤网；5—缠绕的塑料管；6—管壁上的小孔；7—钢管；8—铸铁头

（2）连接管与集水总管。连接管用胶皮管、塑料透明管或钢管弯头制成，直径为 38～55mm。每个连接管均宜装设阀门，以便检修井点。集水总管一般用直径为 100～127mm 的钢管分段连接，每节长约 4m，其上装有与井点管相连接的短接头，间距为 0.8、1.2m 或 1.6m。

（3）抽水设备。现在多使用射流泵井点，如图 5-6 所示。射流泵采用离心式水泵驱动工作水运转，当水流通过喷嘴时，由于截面收缩，流速突然增大而在周围产生真空，把地下水吸出，而水箱内的水呈一个大气压的天然状态。射流泵能产生较高真空度，但排气量小，稍有漏气则真空度易下降，因此，它带动的井点管根数较少。但它耗电少、质量轻、体积小、机动灵活。

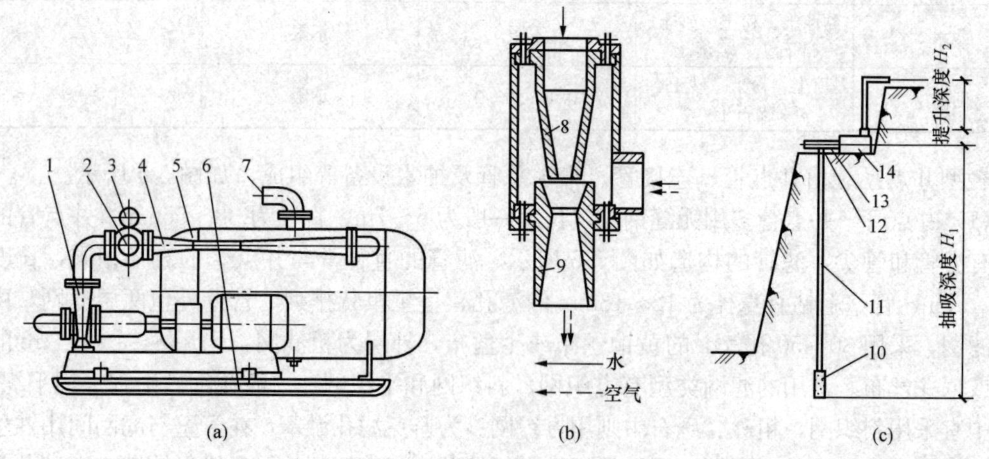

图 5-6 射流泵井点系统工作简图

（a）射流泵机组；（b）射流器剖面；（c）现场布置

1—离心式水泵；2—进水口；3—真空表；4—射流器；5—水箱；6—底座；7—出水口；8—喷嘴；9—喉管；10—机组；11—总管；12—软管；13—井点管；14—滤水管

5.2.2 基坑涌水量计算

根据水井理论，水井分为潜水（无压）完整井、潜水（无压）非完整井、承压完整井和承压非完整井。这几种井的涌水量计算不同。

（1）均质含水层潜水完整井基坑涌水量计算。根据基坑是否邻近水源，分别计算如下。

1）基坑远离地面水源时，如图 5-7（a）所示

$$Q = 1.366k\frac{(2H-S)S}{\lg\left(1+\dfrac{R}{r_0}\right)} \tag{5-2}$$

式中：Q 为基坑涌水量（m^3/d）；k 为土壤的渗透系数（m/d）；H 为潜水含水层厚度（m）；S 为基坑水位降低深度（m）；r_0 为基坑等效半径（m）；R 为降水影响半径（m），宜通过试验或根据当地经验确定。

当基坑安全等级为二、三级时，对潜水含水层按下式计算。

$$R = 2S\sqrt{kH} \tag{5-3}$$

当基坑安全等级为二、三级时，对承压含水层按下式计算。

$$R = 10S\sqrt{k} \tag{5-4}$$

当基坑为圆形时，基坑等效半径 r_0 取圆半径。当基坑为非圆形时，对矩形基坑的等效半径按下式计算

$$r_0 = 0.29(a+b) \tag{5-5}$$

式中：a、b 分别为基坑的长、短边长度（m）。

对不规则形状的基坑，其等效半径按下式计算

$$r_0 = \sqrt{\frac{A}{\pi}} \tag{5-6}$$

式中：A 为基坑面积（m^2）。

2）基坑近河岸时，如图 5-7（b）所示

$$Q = 1.366k \frac{(2H-S)S}{\lg \frac{2b}{r_0}} (b < 0.5R) \tag{5-7}$$

3）基坑位于两地表水体之间或位于补给区与排泄区之间时，如图 5-7（c）所示

$$Q = 1.366k \frac{(2H-S)S}{\lg\left[\frac{2(b_1+b_2)}{\pi r_0}\cos\frac{\pi}{2}\frac{(b_1-b_2)}{(b_1+b_2)}\right]} \tag{5-8}$$

4）当基坑靠近隔水边界时，如图 5-7（d）所示

$$Q = 1.366k \frac{(2H-S)S}{2\lg(R+r_0) - \lg r_0(2b'+r_0)} \tag{5-9}$$

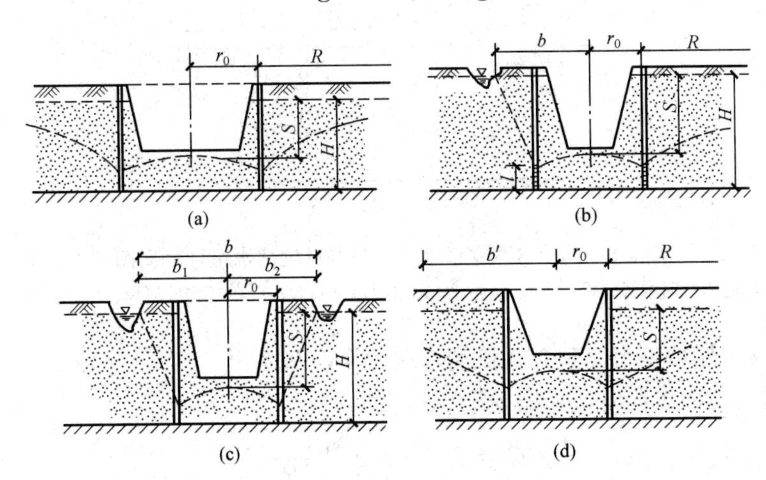

图 5-7　均质含水层潜水完整井基坑涌水量计算简图

（a）基坑远离地面水源；（b）基坑近河岩；（c）基坑位于两地表水体之间；（d）基坑靠近隔水边界

（2）均质含水层潜水非完整井基坑涌水量计算。

1）基坑远离地面水源时，如图 5-8（a）所示

$$Q = 1.366k \frac{H^2 - h_m^2}{\lg\left(1+\frac{R}{r_0}\right) + \frac{h_m - l}{l}\lg\left(1+0.2\frac{h_m}{r_0}\right)} \tag{5-10}$$

$$h_m = (H+h)/2$$

式中：l 为吸水深度（m）；h 为含水层面至含水层底板距离（m）。

2）基坑近河岸，含水层厚度不大时，如图 5-8（b）所示

$$Q=1.366kS\left(\frac{l+S}{\lg\frac{2b}{r_0}}+\frac{l}{\lg\frac{0.66l}{r_0}+0.25\frac{l}{M}\lg\frac{b^2}{M^2-0.14l^2}}\right) \tag{5-11}$$

式中：M 为由含水层底板到滤头有效工作部分中点的长度（m），$b>M/2$。

3）基坑近河岸，含水层厚度很大时，如图 5-8（c）所示。

当 $b>l$ 时

$$Q=1.366kS\left(\frac{l+S}{\lg\frac{2b}{r_0}}+\frac{l}{\lg\frac{0.66l}{r_0}-0.22\lg\frac{0.44l}{b}}\right) \tag{5-12}$$

当 $b<l$ 时

$$Q=1.366kS\left(\frac{l+S}{\lg\frac{2b}{r_0}}+\frac{l}{\lg\frac{0.66l}{r_0}-0.11\frac{l}{b}}\right) \tag{5-13}$$

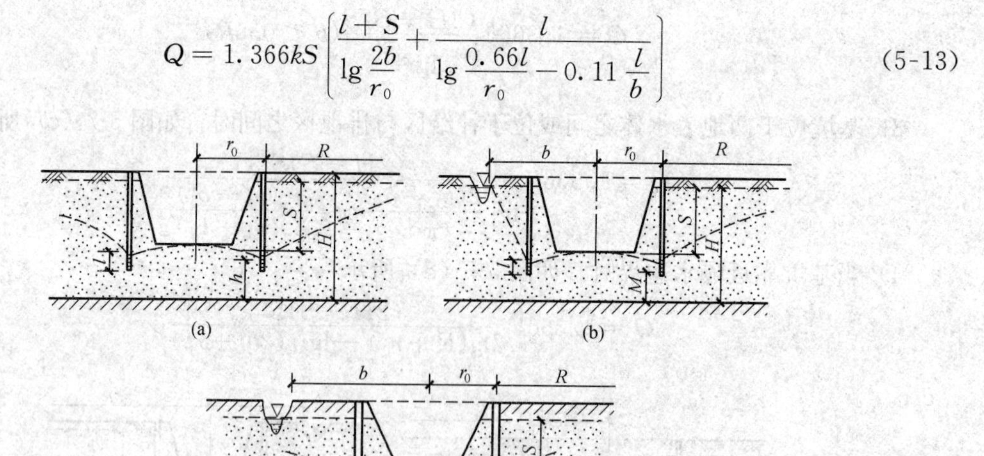

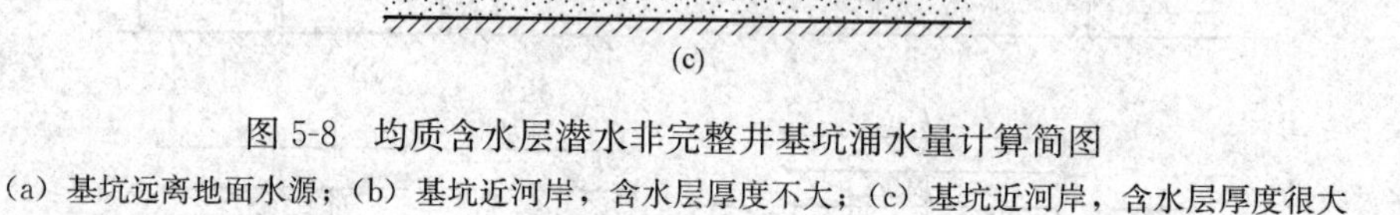

图 5-8 均质含水层潜水非完整井基坑涌水量计算简图

（a）基坑远离地面水源；（b）基坑近河岸，含水层厚度不大；（c）基坑近河岸，含水层厚度很大

（3）均质含水层承压水完整井基坑涌水量计算。

1）基坑远离地面水源时，如图 5-9（a）所示

$$Q=2.73k\frac{MS}{\lg\left(1+\frac{R}{r_0}\right)} \tag{5-14}$$

式中：M 为承压含水层厚度（m）。

2）基坑近河岸时，如图 5-9（b）所示

$$Q=2.73k\frac{MS}{\lg\left(\frac{2b}{r_0}\right)} \tag{5-15}$$

式中，$b<0.5r_0$。

3）基坑位于两地表水体之间或位于补给区与排泄区之间时，如图 5-9（c）所示

$$Q=2.73k\frac{(2M-S)S}{\lg\left[\frac{2(b_1+b_2)}{\pi r_0}\cos\frac{\pi}{2}\frac{(b_1+b_2)}{(b_1+b_2)}\right]} \tag{5-16}$$

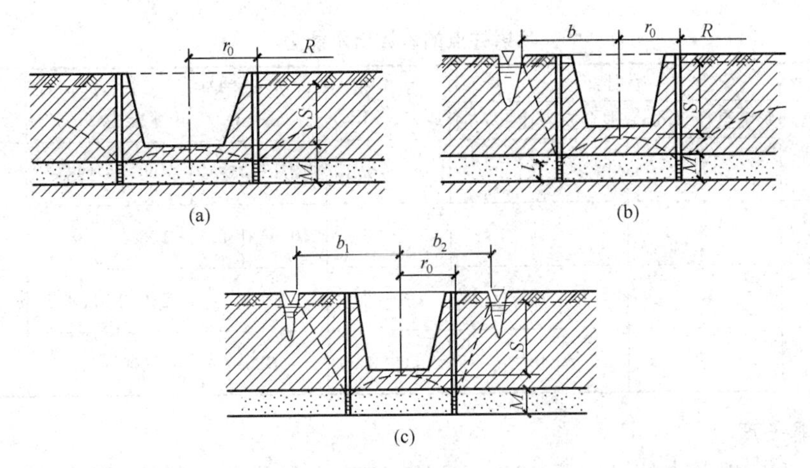

图 5-9　均质含水层承压水完整井基坑涌水量计算简图

（a）基坑远离地面水源；（b）基坑近河岸；（c）基坑位于两地表水体之间

（4）均质含水层承压水非完整井基坑涌水量计算，如图 5 10 所示

$$Q = 2.73k\frac{MS}{\lg\left(1+\frac{R}{r_0}\right)+\frac{M-l}{l}\lg\left(1+0.2\frac{M}{r_0}\right)} \tag{5-17}$$

（5）均质含水层承压-潜水非完整井基坑涌水量计算，如图 5-11 所示

$$Q = 1.366k\frac{(2H-M)M-h^2}{\lg\left(1+\frac{R}{r_0}\right)} \tag{5-18}$$

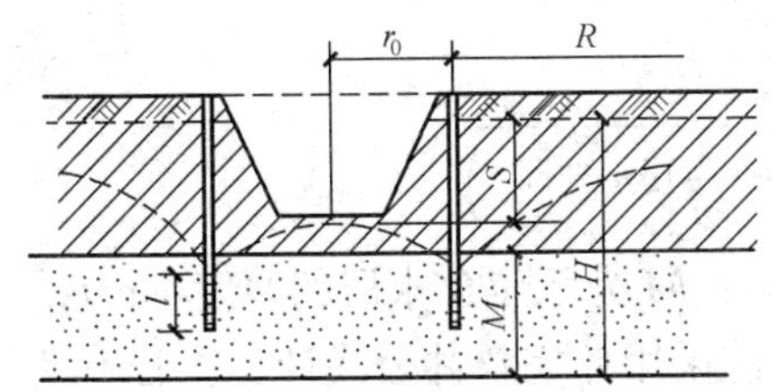

图 5-10　均质含水层承压水非完整井基坑涌水量计算简图

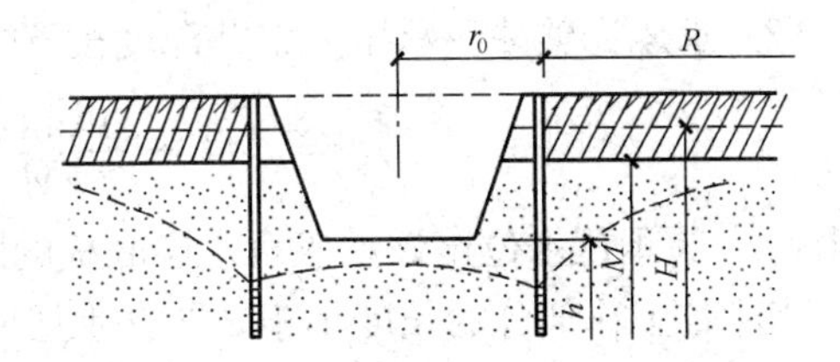

图 5-11　均质含水层承压-潜水非完整井基坑涌水量计算简图

5.2.3　降水井（井点或管井）数量计算

1. 降水井（井点或管井）数量

降水井（井点或管井）数量的计算公式如下

$$n = 1.1\frac{Q}{q} \tag{5-19}$$

式中：Q 为基坑总涌水量（m^3/d）；q 为设计单井出水量（m^3/d）。

真空井点出水量可按 36～60m^3/d 确定，真空喷射井点出水量按表 5-6 确定，管井的出水量 q（m^3/d）按下述经验公式确定。

$$q = 120\pi r_s l\sqrt[3]{k} \tag{5-20}$$

式中：r_s 为过滤器半径（m）；l 为过滤器进水部分的长度（m）；k 为含水层的渗透系数（m/d）。

表 5-6 喷射井点的设计出水能力

型号	外管直径（mm）	喷射管		工作水压力（MPa）	工作水流量（m³/d）	设计单个井点出水能力（m³/d）	适用含水层渗透系数（m/d）
		喷嘴直径（mm）	混合室直径（mm）				
1.5 型并列式	38	7	14	0.6～0.8	112.8～163.2	100.8～138.2	0.1～5.0
2.5 型圆心式	68	7	14	0.6～0.8	110.4～148.8	103.2～138.2	0.1～5.0
4.0 型圆心式	100	10	20	0.6～0.8	230.4	259.2～388.8	5～10
6.0 型圆心式	162	19	40	0.6～0.8	720	600～720	10～20

2. 过滤器长度

真空井点和喷射井点的过滤器长度，不宜小于含水层厚度的 1/3。管井过滤器长度宜与含水层厚度一致。

群井抽水时，各井点单井过滤器进水部分的长度应符合下述条件

$$y_0 > l \tag{5-21}$$

式中：y_0 为单井井管进水长度（m）。

（1）潜水完整井。潜水完整井的深度按下式计算

$$y_0 = \sqrt{H^2 - \frac{0.732Q}{k}\left(\lg R_0 - \frac{1}{n}\lg n r_0^{n-1} r_w\right)} \tag{5-22}$$

式中：r_0 为基坑等效半径（m）；r_w 为管井半径（m）；H 为潜水含水层厚度（m）；R_0 为基坑等效半径与降水井影响半径（R）之和（m），即 $R_0 = r_0 + R$。

（2）承压完整井。承压完整井深度按下式计算

$$y_0 = \sqrt{H' - \frac{0.366Q}{kM}\left(\lg R_0 - \frac{1}{n}\lg n r_0^{n-1} r_w\right)} \tag{5-23}$$

式中：H' 为承压水位至该承压含水层底板的距离（m）；M 为承压含水层的厚度（m）。

当滤管工作部分的长度小于 2/3 含水层厚度时，应采用非完整井公式计算。若不满足条件，则应调整井点数量和井点间距，再进行验算。当井距足够小但仍不能满足要求时，应考虑基坑内布井。

（3）基坑中心点水位降低深度计算。

1）块状基坑降水深度计算。

a. 潜水完整井稳定流时

$$S = H - \sqrt{H^2 - \frac{Q}{1.366k}\left[\lg R_0 - \frac{1}{n}\lg(r_1 r_2 \cdots r_n)\right]} \tag{5-24}$$

b. 承压完整井稳定流时

$$S = \frac{0.366Q}{Mk}\left[\lg R_0 - \frac{1}{n}\lg(r_1 r_2 \cdots r_n)\right] \tag{5-25}$$

式中：S 为基坑中心处地下水位降低深度（m）；r_1，r_2，…，r_n 为各井距基坑中心或井点中心处的距离（m）。

2）对非完整井或非稳定流，应根据具体情况采用相应的计算方法。

3）当计算出的降低深度不能满足降水设计要求时，应重新调整井数、布井方式。

5.2.4　井点结构和施工的技术要求

1. 一般要求

(1) 基坑降水宜编制降水施工组织设计，其主要内容为：井点降水方法；井点管长度、构造和数量；降水设备的型号和数量；井点系统布置图；井孔施工方法及设备；质量和安全技术措施；降水对周围环境影响的估计及预防措施等。

(2) 降水设备的管道、部件和附件等，在组装前必须经过检查和清洗。滤管在运输、装卸和堆放时应防止损坏滤网。

(3) 井孔应垂直，保证孔径上下一致。井点管应居于井孔中心，滤管不得紧靠井孔壁或插入淤泥中。

(4) 井孔采用湿法施工时，冲孔所需的水流压力见表5-7。在填灌砂滤料前应把孔内泥浆稀释，待含泥量小于5%时才可灌砂。砂滤料的填灌高度应符合各种井点的要求。

表5-7　冲孔所需的水流压力　kPa

土的名称	冲水压力	土的名称	冲水压力
松散的细砂	250～450	中等密实黏土	600～750
软质黏土、软质粉土质黏土	250～500	砾石土	850～900
密实的腐殖土	500	塑性粗砂	850～1150
原状的细砂	500	密实黏土、密实粉土质黏土	750～1250
松散中砂	450～550	中等颗粒的砾石	1000～1250
黄土	600～650	硬黏土	1250～1500
原状的中粒砂	600～700	原状粗砾	1350～1500

(5) 井点管安装完毕应进行试抽水，全面检查管路接头、出水状况和机械运转情况。一般开始出水浑浊，经一定时间后出水应逐渐变清，对长期出水混浊的井点应予以停闭或更换。

(6) 降水施工完毕后，根据结构施工情况和土方回填进度，陆续关闭和逐根拔出井点管。土中所留孔洞应立即用砂土填实。

(7) 如对基坑坑底进行压密注浆加固，要待注浆初凝后再进行降水施工。

2. 真空井点结构和施工技术要求

(1) 机具设备。根据抽水机组的不同，真空井点分为真空泵真空井点、射流泵真空井点和隔膜泵真空井点，常用前两种。

真空泵真空井点由真空泵、离心式水泵、水气分离器等组成，其工作简图如图5-12所示，有定型产品供应（见表5-8）。这种真空井点真空度高（67～80kPa），带动井点数

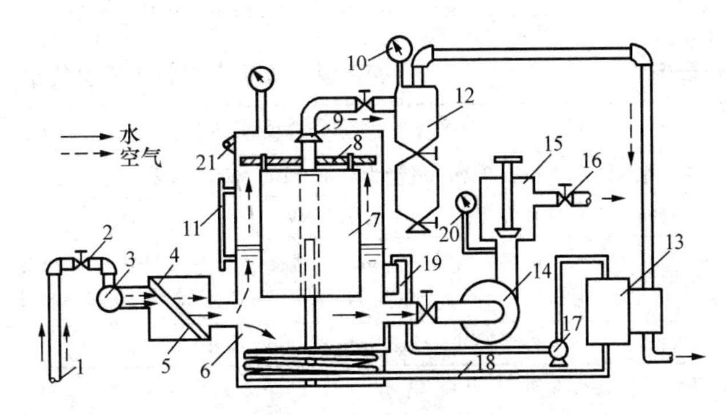

图5-12　真空泵真空井点抽水设备工作简图

1—井点管；2—弯联管；3—集水总管；4—过滤箱；5—过滤网；6—水气分离器；7—水位计；8—真空调节阀；9—阀门；10—挡水布；11—真空表；12—副水气分离器；13—压力箱；14—出水管；15—真空泵；16—冷却泵；17—离心式水泵；18—冷却水管；19—冷却水箱；20—压力表；21—浮筒

多，降水深度较大（5.5～6.0m）；但设备复杂，维修管理困难，耗电多，适用于较大的工程降水。

表 5-8 真空泵型真空井点系统设备规格与技术性能

名称	数量	规格技术性能
往复式真空泵	1台	V5型（W6型）或V6型；生产率为4.4m³/min，真空度为100kPa，电动机功率为5.5kW，转速为1450r/min
离心式水泵	2台	B型或BA型；生产率为30m³/h，扬程为25m，抽吸真空高度为7m，吸口直径为50mm，电动机功率为2.8kW，转速为2900r/min
水泵机组配件	1套	井点管100根，集水总管的直径为75～100mm，每节长1.6～4.0m，每套29节，总管上节管间距为0.8m，接头弯管100根；冲射管用冲管1根；机组外形尺寸为2600mm×1300mm×1600mm，机组重1500kg

射流泵真空井点设备由离心式水泵、射流器（射流泵）、水箱等组成，如图5-13所示，配套设备见表5-9，其由高压水泵供给工作水，经射流泵后产生真空，引射地下水流；设备构造简单，易于加工制造，操作维修方便，耗能少，应用日益广泛。

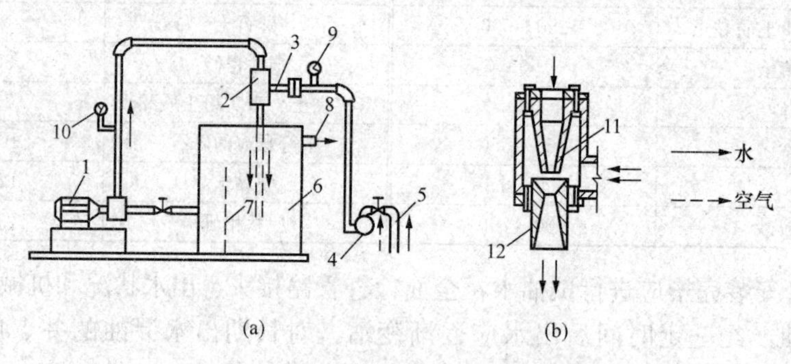

图 5-13 射流泵真空井点设备工作简图

（a）工作简图；（b）射流器构造

1—离心式水泵；2—压力表；3—射流器；4—进水管；5—真空表；6—井点管；7—集水总管；8—循环水箱；9—泄水口；10—隔板；11—喷嘴；12—喉管

表 5-9 ϕ50 型射流泵真空井点设备规格及技术性能

名称	型号技术性能	数量	备注
离心泵	3BL-9型，流量为45m³/h，扬程为32.5m	1台	供给工作水
电动机	JO_2-42-2，功率为7.5kW	1台	水泵的配套动力
射流泵	喷嘴直径为50mm，空载真空度为100kPa，工作水压为0.15～0.3MPa，工作水流为45m³/h，生产率为10～35m³/h	1个	形成真空
水箱	外形尺寸为1100mm×600mm×1000mm	1个	循环用水

注 每套设备带9m长井点25～30根，间距为1.6m，总长为180m，降水深度为5～9m。

（2）井点布置。井点布置应根据基坑平面形状与大小、地质和水文情况、工程性质、降水深度等确定。当基坑（槽）宽度小于6m，且降水深度不超过6m时，可采用单排井点，布置在地下水上游一侧，如图5-14所示；当基坑（槽）宽度大于6m，或土质不良、渗透系数较大时，宜采用双排井点，布置在基坑（槽）的两侧；当基坑面积较大时，宜采用环形井点，如图5-15所示；挖土运输设备出入道可不封闭，间距可达4m，一般留在地下水下游方向。井点管距坑壁不应小于1.0～1.5m，距离太小，易漏气。井点间距一般为0.8～1.6m。集水总管标高宜尽量接近地下水位线并沿抽水水流方向有0.25%～0.5%的上仰坡度，水泵轴心与总管齐平。井点管的入土深度应根据降水深度及储水层所在位置决定，但必须将滤水管埋入含水层内，并且比开挖基坑（沟、槽）底深0.9～1.2m，井点管的埋置深度也可按式（5-26）计算。

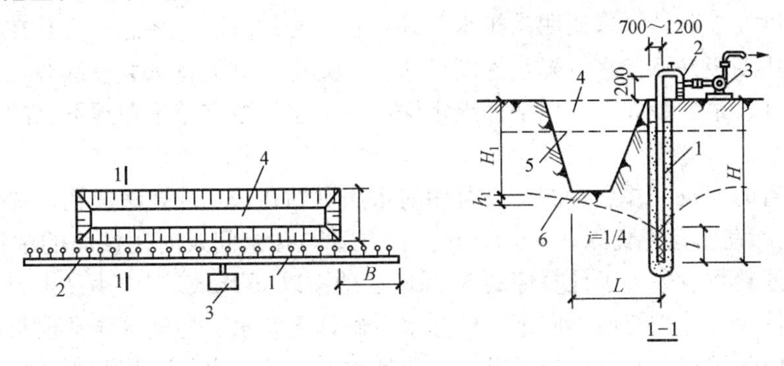

图5-14　单排线状井点布置

1—集水总管；2　基坑；3　井点管；4—抽水设备；5—原地下水位线；6—降低后地下水位线；
H—井点管长度；H_1—井点埋设面至基础底面的距离；L—井点管中心至基坑外边的水平距离；
h_1—降低后地下水位至基坑底面的安全距离，一般取0.5～1.0m；
B—开挖基坑上口宽度；l—滤管长度

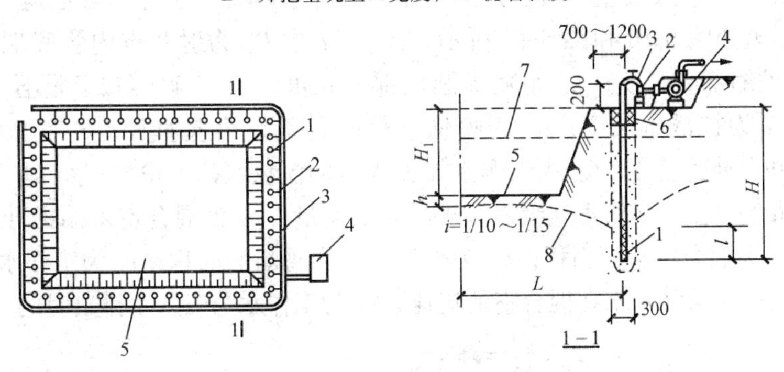

图5-15　环形井点布置

1—井点；2—集水总管；3—弯联管；4—抽水设备；5—基坑；6—原地下水位线；7—填黏土；
8—降低后地下水位线；H—井点管埋置深度；H_1—井点管埋设面至基底面的距离；
h—降低后地下水位至基坑底面的安全距离，一般取0.5～1.0m；
L—井点管中心至基坑中心的水平距离；l—滤管长度

$$H \geqslant H_1 + h + iL + l \tag{5-26}$$

式中：H为井点管的埋设深度（m）；H_1为井点管埋设面至基坑底面的距离（m）；h为基坑中央最深挖掘面至降水曲线最高点的安全距离（m），一般为0.5～1.0m，人工开挖取下限，机械开挖取上限；L为井点管中心至基坑中心的水平距离（m）；i为降水曲线坡度，与土层渗透系数、地下水流量等因素有关，根据扬水试验和工程实测确定，对环形或双排井点可取1/15～1/10，对单排线状井点可取1/4，环形降水取1/10～1/8；l为滤管长度（m）。

井点露出地面的高度，一般取0.2～0.3m。

对于计算出的H，从安全方面考虑，一般应再增加1/2滤管长度。井点管的滤水管不宜埋入渗透系数极小的土层中。在特殊情况下，当基坑底面处在渗透系数很小的土层中时，水位可降到基坑底面以上标高最低的一层，即渗透系数较大的土层底面。

一套抽水设备的总管长度一般不大于100～120m。当主管过长时，可采用多套抽水设备；井点系统可以分段，各段长度应大致相等，宜在拐角处分段，以减少弯头数量，提高抽吸能力；分段宜设阀门，以免管内水流紊乱，影响降水效果。

由于考虑水头损失，真空泵一般降低地下水的深度只有5.5～6.0m。当一级轻型井点不能满足降水深度要求时，可采用明沟排水与井点相结合的方法，将总管安装在原有地下水位线以下，或采用二级井点排水（降水深度可达7～10m），即先挖去第一级井点排干的土，然后在坑内布置埋设第二级井点，以增加降水深度。抽水设备宜布置在地下水的上游，并设在总管的中部。

（3）井点管的埋设。井点管的埋设可用射水法、钻孔法和冲孔法成孔，井孔直径不宜大于300mm，孔深宜比滤管底深0.5～1.0m。在井管与孔壁间及时用洁净的中粗砂填灌密实均匀。投入的滤料数量应大于计算值的85%，在地面以下1m范围内用黏土封孔。

（4）井点使用。井点使用前应进行试抽水，确认无漏水、漏气等异常现象后，应保证连续不断抽水。应备用双电源，以防断电。一般抽水3～5d后水位降落漏斗渐趋稳定。出水规律一般是“先大后小、先浑后清”。

在抽水过程中，应定时观测水量、水位、真空度，并应使真空泵保持在55kPa以上。

3. 喷射井点的结构及施工技术要求

（1）工作原理与井点布置。喷射井点用作深层降水，其一层井点可把地下水位降低8～20m。其工作原理如图5-16和图5-17所示。图5-17中L_1为射井点内管底端两侧进水孔高度；L_2为喷嘴颈缩部分长度；L_3为喷嘴圆柱部分长度；L_4为喷嘴口至混合室距离；L_5为混合室长度；L_6为扩散室长度；d_1为喷嘴直径；d_2为混合室直径；d_3为喷射井点内管直径；d_4为喷射井点外管直径；Q_2为工作水加吸入水的流量（$Q_2=Q_1+Q_0$，Q_1为吸入水流量，Q_0为工作水流量）；Q_3为工作水与吸入水排出时的流量；p_2为混合室末端扬升压力；F_1为喷嘴断面面积；F_2为混合室断面面积；F_3为喷射井点内管断面面积；v_1为工作水从喷嘴喷出时的流速；v_2为工作水与吸入水在混合室的流速；v_3为工作水与吸入水排出时的流速。

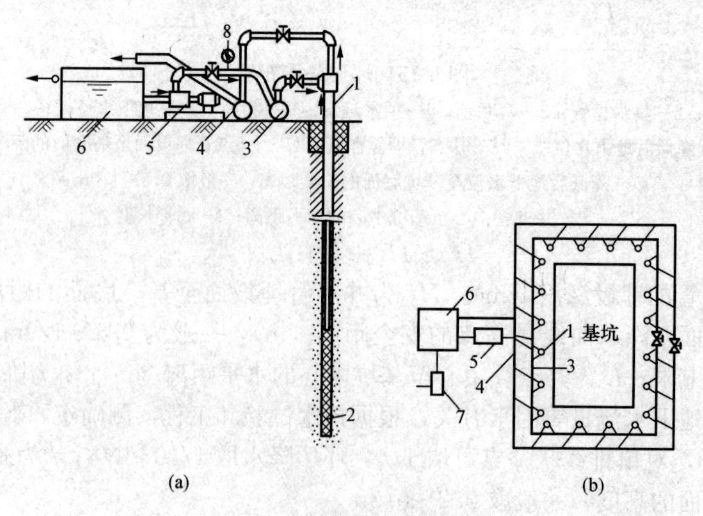

图5-16　喷射井点布置

（a）喷射井点设备简图；（b）喷射井点平面布置

1—喷射井管；2—滤管；3—供水总管；4—排水总管；5—高压离心水泵；6—水池；7—排水泵；8—压力表

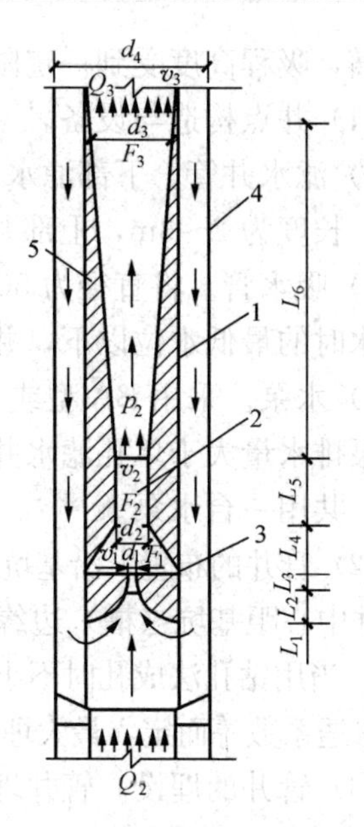

图 5-17　喷射井点扬水装置（喷嘴和混合室）构造

1—扩散室；2—混合室；3—喷嘴；4—喷射井点外管；5—喷射井点内管

喷射井点的主要工作部件是喷射井管内管底端的扬水装置——喷嘴的混合室。当喷射井点工作时，由地面高压离心水泵供应的高压工作水经过内外管之间的环形空间直达底端，在此处高压工作水由特制内管的两侧进水孔进入至喷嘴喷出，在喷嘴处由于过水断面突然收缩变小，使工作水流具有极高的流速（30～60m/s），在喷口附近造成负压（形成真空），因而将地下水经滤管吸入，吸入的地下水在混合室内与工作水混合，然后进入扩散室，水流由动能逐渐转变为位能，即水流的流速相对变小，而水流压力相对增大，把地下水连同工作水一起扬升出地面，经排水管道系统排至集水池或水箱，然后用排水泵排出。

（2）井点管及其布置。井点管的外管直径宜为 73～108mm，内管直径宜为 50～73mm，滤管直径宜为 89～127mm。井孔直径不宜大于 600mm，孔深应比滤管底深 1m 以上。滤管的构造与真空井点相同。扬水装置（喷射器）的混合室直径可取 14mm，喷嘴直径可取 6.5mm，工作水箱容积不应小于 10m³。井点使用时，水泵的启动泵压不宜大于 0.3MPa。正常工作水压为 $0.25H_0$（H_0 为扬水高度）。

井点管与孔壁之间填灌滤料（粗砂）。孔口到填灌滤料之间用黏土封填，封填高度为 0.5～1.0mm。

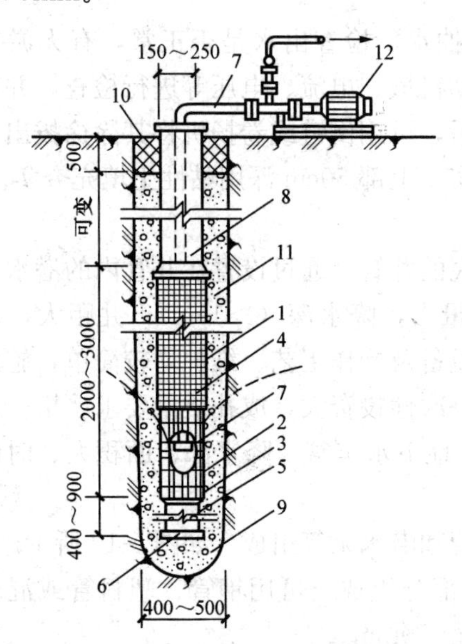

图 5-18　管井构造

1—吸水管；2—抽水设备；3—ϕ100～200 钢管；4—填充砂砾；5—滤水井管；6—10 号铁丝垫筋@250mm 焊于管骨架上，外包孔眼 1～2mm 铁丝网；7—ϕ14 钢筋焊接骨架；8—6mm×30mm 铁环@250mm；9—沉砂管；10—钻孔；11—木塞；12—夯填黏土

常用的井点间距为 2～3m。每套喷射井点的井点数不宜超过 30 根。总管直径宜为 150mm，总长不宜超过 60m。每套井点应配备相应的水泵和进、回水总管。如果由多套井点组成环圈布置，各套进水总管宜用阀门隔开，自成系统。

每根喷射井点管埋设完毕后，必须及时进行单井试抽水，排出的浑浊水不得回入循环管路系统，试抽水时间要持续到水由浑浊变清为止。喷射井点系统安装完毕后，也需进行试抽水，不应有漏气或翻砂冒水现象。工作水应保持清洁，在降水过程中应视水质浑浊程度及时更换。

4. 管井的结构及技术要求

管井由滤水井管、吸水管和抽水机械等组成，如图 5-18 所示。管井设备较为简单，排水量大，降水较深，水泵设在地面，易于维护，适于渗透系数较大，地下水丰富的土层、砂层。但管井属于重力排水范畴，吸程高度受到一定限制，故要求渗透系数较大（1～200m/d）。

（1）井点构造与设备。

1）滤水井管。下部滤水井管的过滤部分用钢筋焊接骨架，外包孔眼直径为1～2mm的滤网，长度为2～3m，上部井管部分用直径200mm以上的钢管、塑料管或混凝土管。

2）吸水管。将直径为50～100mm的钢管或胶皮管插入滤水井管内，其底端应沉到管井吸水时的最低水位以下，并装止回阀，上端装设带法兰盘的短钢管一节。

3）水泵。采用BA型或B型，流量为10～25m^3/h的离心式水泵。每个井管装置一台，当水泵排水量大于单孔滤水井涌水量时，可另加设集水总管将相邻的相应数量的吸水管连成一体，共用一台水泵。

（2）管井的布置。沿基坑外围四周呈环形布置或沿基坑（或沟槽）两侧或单侧呈直线形布置，井中心距基坑（槽）边缘的距离根据所用钻机的钻孔方法而定，当用冲击钻时为0.5～1.5m；当用钻孔法成孔时不小于3m。管井埋设的深度和距离，根据需降水面积和深度及含水层的渗透系数等而定，最大埋深可达10m，间距为10～15m。

（3）管井的埋设。管井埋设可采用泥浆护壁冲击钻成孔或泥浆护壁钻孔方法成孔。钻孔底部应比滤水井管深200mm以上。井管下沉前应对滤井进行清洗，冲除沉渣，可灌入稀泥浆用吸水泵抽出置换或用空气压缩机洗井法，将泥渣清出井外，并保持滤网的畅通，然后下管。滤水井管应置于孔中心，下端用圆木堵塞管口，井管与孔壁之间用粒径为3～15mm的砾石填充作过滤层，地面下0.5m内用黏土填充夯实。

水泵的设置标高需根据要求的降水深度和所选用的水泵最大真空吸水高度而定，当吸程不够时，可将水泵设在基坑内。

（4）管井的使用。管井在使用时，应进行试抽水，检查出水是否正常，有无淤塞等现象。抽水过程中应经常对抽水设备的电动机、传动机械、电流、电压等进行检查，并对井内水位下降和流量进行观测和记录。井管使用完毕后，可用倒链或卷扬机将其徐徐拔出，将滤水井管洗去泥沙后储存备用，所留孔洞用砂砾填实，上部50cm深用黏性土填充夯实。

5. 深井井点

深井井点降水是在深基坑的周围埋置深于基底的井管，通过设置在井管内的潜水泵将地下水抽出，使地下水位低于坑底。该法具有排水量大，降水深（>15m）；井距大，对平面布置的干扰小；不受土层限制；井点制作、降水设备及操作工艺、维护均较简单，施工速度快；井点管可以整根拔出，重复使用等优点。但一次性投资大，成孔质量要求严格。该法适于渗透系数较大（10～250m/d）、土质为砂类土、地下水丰富、降水深、面积大、时间长的情况，降水深可达50m以内。

（1）井点系统设备。井点系统设备由深井井管和潜水泵等组成，如图5-19所示。

1）井管。井管由滤水管、吸水管和沉砂管三部分组成，可用钢管、塑料管或混凝土管制成，管径一般为300mm，内径宜大于潜水泵外径50mm。

a. 滤水管（如图5-20所示）。在降水过程中，含水层中的水通过该管滤网将土、砂过滤在网外，使地下清水流入管内。滤水管长度取决于含水层厚度、透水层的渗透速度和降水的快慢，一般为3～9m。通常在钢管上分三段轴条（或开孔），在轴条（或开孔）后的管壁上焊ϕ6垫筋，与管壁点焊，在垫筋外呈螺旋形缠绕12号铁丝（间距为1mm），并与垫筋焊牢，或外包10孔/cm^2和14孔/cm^2镀锌铁丝网两层或尼龙网。

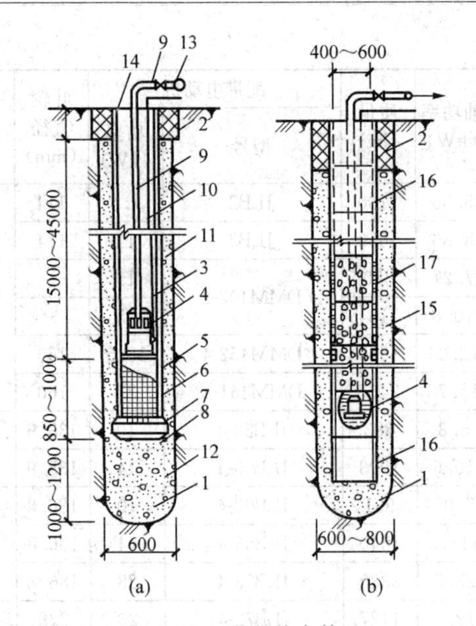

图 5-19 深井井点构造

(a) 钢管深井井点；(b) 无砂混凝土管深井井点

1—20mm 厚钢板井盖；2—ϕ50 出水管；3—ϕ50～ϕ75 出水总管；4—井口（黏土封口）；5—电缆；6—小砾石或中粗砂；7—ϕ300～ϕ375 井管；8—潜水电泵；9—过滤段（内填碎石）；10—滤网；11—导向段；12—开孔底板（下铺滤网）；13—中粗砂；14—井孔；15—碎石填料；16—无砂混凝土管外壁；17—无砂混凝土管

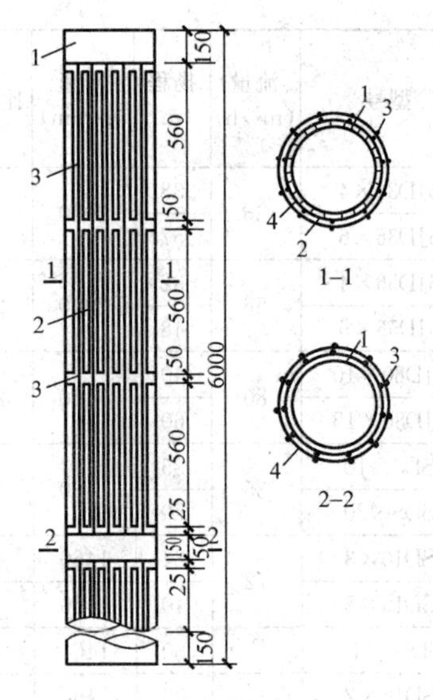

图 5-20 深井滤水管构造

1—钢管；2—轴条后孔；3—ϕ6 垫筋；4—缠绕 12 号铁丝与钢筋焊牢

当土质较好、深度在 15m 以下时，也可采用外径为 380～600mm、壁厚为 50～60mm、长度为 1.2～1.5m 的无砂混凝土管作滤水管，或在外再包两层棕树皮作滤网。

b. 吸水管与滤水管连接，起到挡土、储水的作用，吸水管采用与滤水管同直径的实钢管制成。

c. 沉砂管在降水过程中，对砂粒起到沉淀作用，一般采用与滤水管同直径的钢管，下端用钢板封底。

2）水泵。常用长轴深井泵（见表 5-10）或潜水泵。每井一台，并带吸水铸铁管或胶管，配上一个控制井内水位的自动开关，在井口安装直径为 75mm 的阀门以便调节流量的大小，阀门用夹板固定。每个基坑井点群应有 2 台备用泵。

3）集水井。集水井用 ϕ325～ϕ500 钢管或混凝土管，并设 0.3% 的坡度，与附近下水道接通。

表 5-10　　常用深井水泵的主要技术性能

型号	流量 (m^3/h)	扬程 (m)	转速 (r/min)	比转数	扬水管入井的最大长度 (m)	轴功率 (kW)	质量 (kg)	配带电动机		叶轮直径 (mm)	效率 (%)
								型号	功率 (kW)		
4JD10×10	10	30	2900	250	28	1.41	585	JLB2	5.5	72	58
4JD10×20		60			55.5	2.82	900	JLB2	5.5	72	

续表

型号	流量 (m^3/h)	扬程 (m)	转速 (r/min)	比转数	扬水管入井的最大长度 (m)	轴功率 (kW)	质量 (kg)	配带电动机		叶轮直径 (mm)	效率 (%)
								型号	功率 (kW)		
6JD36×4	36	38	2900	200	35.5	5.56	1100	JLB2	7.5	114	67
6JD36×6		57			55.5	8.36	1650	JLB2	11	114	
6JD56×4	56	32	2900	280	28	7.27	850	DMM402-2	11	—	68
6JD56×6		48			45.5	10.8	1134		15	—	
8JD80×10	80	40	1460	280	36	12.04	1685	DMM452-4	18.5	160	70
8JD80×15		60			57	18.75	2467	DMM451-4	22	160	
SD8×10	35	35	1460	—	—	5.8	883	JLB62-4	10	138.9	63
SDS×20		70				10.6	1923	JLB63-4	14	138.9	
SD10×3	72	24	1460	—	—	7.05	991	JLB62-4	10	186.8	67
SD10×5		40	1460	—	—	11.75	1640	JLB63-4	14	186.8	
SD10×10	—	80	1460	—	—	23.5	3380	JLB73-4	28	186.8	
SD12×2	—	26	1460	—	—	12.7	1427	JLB72-4	20	228	70
SD12×3	126	39	1460	—	—	19.1	1944	JLB73-4	28	228	
SD12×4		52				25.5	2465	JLB82-4	40		
SD12×5		65				31.8	3090	JLB82-4	40		

注 SD、JLB2（深井泵专用三相异步电动机）型的轴功率单位为kW。

(2) 深井布置。深井井点一般沿工程基坑周围离边坡上缘0.5～1.5m呈环形布置；当基坑宽度较窄，也可在一侧呈直线形布置；当为面积不大的独立深基坑，也可采用点式布置。井点宜深入到透水层6～9m，通常还应比所需降水的深度深6～8m，间距一般相当于埋设深度，为10～30m。

(3) 深井施工。成孔方法有冲击钻孔、回转钻孔、潜水钻或水冲成孔。孔径应比井管直径大300mm，成孔后立即安装井管。井管安放前应清孔，井管应垂直，过滤部分放在含水层范围内。井管与土壁间应填充粒径大于滤网孔径的砂滤料。井口下1m左右用黏土封口。

在深井内安放水泵前应清洗滤井，冲洗沉渣。安放潜水泵时，电缆等应绝缘可靠，并设保护开关控制。抽水系统安装后应进行试抽水。

(4) 真空深井井点。真空深井井点是近年来上海等软土地基地区深基坑施工应用较多的一种深层降水设备，主要适用于土壤渗透系数较小时的深层降水。

真空深井井点即在深井井点系统上增设真空泵抽气集水系统。因此，它除了要遵守深井井点的施工要点外，还需遵守以下几点。

1) 真空深井井点系统分别用真空泵抽气集水和长轴深井泵或井用潜水泵排水。井管除滤管外应严密封闭以保持真空度，并与真空泵吸气管相连。吸气管路和各个接头均应不漏气。

2) 孔径一般为650mm，井管外径一般为273mm。孔口在地面以下1.5m的一段用黏土夯实。在单井出水口与总出水管的连接管路中应装置单向阀。

3) 真空深井井点的有效降水面积。在有隔水支护结构的基坑内降水，每个井点的有效降水面积约为250m²。由于挖土后井点管的悬空长度较长，在有内支撑的基坑内布置井点管时，宜使其尽可能靠近内支撑。在进行基坑挖土时，要设法保护井点管，避免挖土时损坏。

5.2.5　减少降水对环境影响的措施

在降水过程中，部分细微土粒会被水流带走，再加上降水后土体的含水量降低，使土壤产生固结，故会引起周围地面的沉降。在建筑物密集的地区进行降水施工时，如因长时间降水引起过大的地面沉降，会产生较严重的后果，在软土地区就曾发生过不少这样的事故。

为防止或减少降水对周围环境的影响，避免产生过大的地面沉降，可采取下列一些技术措施。

1. 回灌技术

降水对周围环境的影响，是由于土壤内地下水流失造成的。回灌技术即在降水井点和要保护的建（构）筑物之间打设一排井点，在降水井点抽水的同时，通过回灌井点向土层内灌入一定数量的水（即降水井点抽出的水），形成一道隔水帷幕，从而阻止或减少回灌井点外侧被保护的建（构）筑物下地下水的流失，使地下水位基本保持不变，这样就不会因降水使地基自重应力增加而引起地面沉降。

回灌井点可采用一般真空井点降水的设备和技术，仅增加回灌水箱、闸阀和水表等少量设备。

采用回灌井点时，回灌井点与降水井点的距离不宜小于6m。回灌井点的间距应根据降水井点的间距和被保护建（构）筑物的平面位置确定。

回灌井点宜进入稳定降水曲面下1m，且位于渗透性较好的土层中。回灌井点滤管的长度应大于降水井点滤管的长度。

回灌水量可通过水位观测孔中水位的变化进行控制和调节，不宜超过原水位标高。回灌水箱的高度，可根据灌入水量决定。回灌水宜用清水。实际施工时应协调控制降水井点与回灌井点。

许多工程实例证明，用回灌井点回灌水能产生与降水井点相反的地下水降落漏斗，能有效地阻止被保护建（构）筑物下的地下水流失，防止产生有害的地面沉降。

回灌水量要适当，过小无效，过大则会从边坡或钢板桩的缝隙中流入基坑。

2. 砂沟、砂井回灌

在降水井点与被保护建（构）筑物之间设置砂井作为回灌井，沿砂井布置一道砂沟，将降水井点抽出的水，适时、适量地排入砂沟，再经砂井回灌到地下，实践证明效果良好。

回灌砂井的灌砂量，应取井孔体积的95%，填料宜采用含泥量不大于3%、不均匀系数为3～5的纯净中粗砂。

3. 减缓降水速度

由于在砂质粉土中降水影响范围可达80m以上，降水曲线较平缓，因此可将井点管加长，减缓降水速度，防止产生过大的沉降；也可在井点系统的降水过程中，调小离心式水泵阀，减缓抽水速度；还可在邻近被保护建（构）筑物一侧，将井点管间距加大，需要时可暂停抽水。

为防止抽水过程中将细微土粒带出，可根据土的粒径选择滤网。另外，确保井点管周围砂滤层的厚度和施工质量，也能有效防止降水引起的地面沉降。

在基坑内部降水，掌握好滤管的埋设深度，如支护结构有可靠的隔水性能，则其一方面能疏干土壤，降低地下水位，便于挖土施工；另一方面又不使降水影响到基坑外面，造成基坑周围产生沉降。

【例 5-1】 某厂房设备基础施工，基坑底宽度为 8m，长度为 12m，基坑深度为 4.5m，挖土边坡为 1∶0.5，基坑平、剖面如图 5-21 所示。经地质勘探，天然地面以下 1m 为亚黏土，其下有 8m 厚的细砂层，渗透系数 k=8m/d，细砂层以下为不透水的黏土层。地下水位标高为－1.5m。采用轻型井点法降低地下水位，试进行轻型井点系统设计。

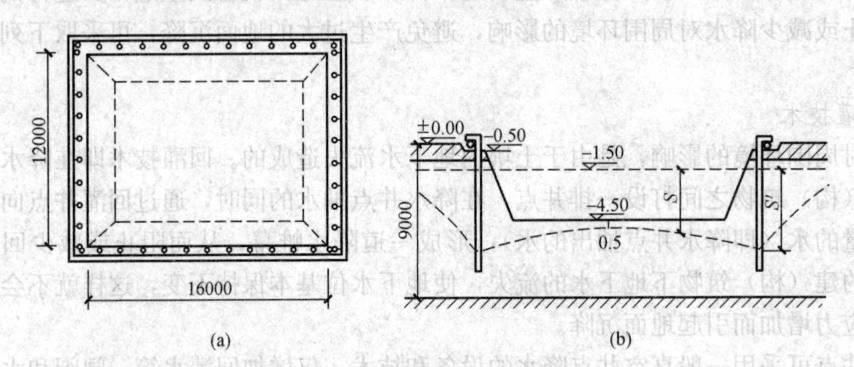

图 5-21 基坑平、剖面

(a) 井点系统平面布置；(b) 轻型井点剖面图

解 (1) 井点系统的布置。根据工程地质情况和平面形状，轻型井点选用环形布置。为使总管接近地下水位，表层土挖去 0.5m，基坑上口平面尺寸为 12m×16m，布置环形井点。

总管距基坑边缘 1m，总管长度 L 为

$$L=[(12+2)+(16+2)]\times 2=64(\mathrm{m})$$

水位降低值 S 为

$$S=4.5-1.5+0.5=3.5(\mathrm{m})$$

采用一级轻型井点，井点管的埋设深度（总管平台面至井点管下口，不包括滤管）为

$$H_A \geqslant H_1+h+il=4.0+0.5+(1/10)\times(14/2)=5.2(\mathrm{m})$$

采用 6m 长的井点管，直径为 50mm，滤管长度为 1.0m。井点管外露地面 0.2m，埋入土中 5.8m（不包括滤管），因大于 5.2m，故符合埋设深度要求。

井点管及滤管长度=6+1=7m，滤管底部距不透水层的距离=(1+8)－(1.5+4.8+1)=1.7m，基坑长宽比小于 5，可按无压非完整井环形井点系统计算。

(2) 基坑涌水量计算。按无压非完整井环形点系统涌水量计算公式进行计算，即

$$Q=1.366k\frac{(2H_0-S)S}{\lg R-\lg x_0}$$

先求出 H_0、k、R、x_0 值。式中，H_0 为抽水影响深度，即

$$H_0=1.85(S'+l)=1.85\times(4.8+1.0)=10.73(\mathrm{m})$$

其中，S'=6－0.2－1.0=4.8m。由于 $H_0>H$（含水层厚度 H=1+8－1.5=7.5m），取 $H_0=H$=7.5m。

k 为渗透系数，经实测 k=8m/d。R 为抽水影响半径，即 $R=1.95S\sqrt{Hk}=1.95\times3.5\times\sqrt{7.5\times8}=52.87$m。

将以上数值代入无压非完整井环形点系统涌水量计算公式，得基坑涌水量 Q 为

$$Q=1.366\times8\times\frac{(2\times7.5-3.5)\times3.5}{\lg52.87-\lg8.96}=570.6(\mathrm{m^3/d})$$

（3）计算井点管数量及间距。

单根井点管出水量

$$q = 65\pi dl\sqrt[3]{k} = 65 \times 3.14 \times 0.05 \times 1.0 \times \sqrt[3]{8} = 20.40(\text{m}^3/\text{d})$$

井点管数量

$$n = 1.1\frac{Q}{q} = 1.1 \times \frac{570.6}{20.40} \approx 31(\text{根})$$

井距

$$D = \frac{L}{n} = \frac{64}{31} \approx 2.1(\text{m})$$

取井距为1.6m，则实际总根数为40根（64/1.6=40）。

5.3　降水与排水施工质量验收

降水与排水施工质量检验标准见表5-11。

表5-11　降水与排水施工质量检验标准

序号	检查项目	允许值或允许偏差		检查方法
		单位	数值	
1	排水沟坡度	%	0.1～0.2	目测：沟内不积水，沟内排水畅通
2	井管（点）垂直度	%	1	插管时目测
3	井管（点）间距（与设计相比）	mm	≤150	钢尺量
4	井管（点）插入深度（与设计相比）	mm	≤200	水准仪
5	过滤砂砾料填灌（与设计值相比）	%	≤5	检查回填料用量
6	井点真空度：真空井点	kPa	>60	真空度表
	喷射井点	kPa	>93	真空度表
7	电渗井点阴阳极距离：真空井点	mm	80～100	钢尺量
	喷射井点	mm	120～150	钢尺量

基础训练

1. 为何要进行基坑降排水？

2. 基坑降水方法有哪些？指出其适用范围？

3. 试述轻型井点降水设备的组成和布置。

4. 基坑降水会给环境带来什么样的影响？如何治理？

5. 某建筑物地下室的平面尺寸为51m×11.5m，基础底面标高为−5m，自然地面标高为−0.45m，地下水位为−2.8m，不透水层在地面下12m，地下水为无压水，实测透水系数k=5m/d。基坑边坡为1∶0.5，现采用轻型井点降低地下水位，试进行轻型井点系统平面和高程布置，并计算井点管数量和间距。

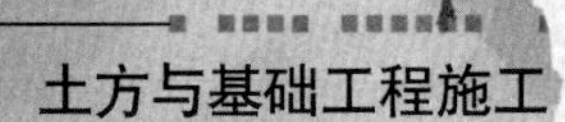

学习情境6　地 基 处 理

【学习目标】

• 掌握灰土地基的材料要求、施工工艺方法、质量控制要求；了解施工中机械的性能及适用范围

• 掌握砂和砂石地基材料要求、施工工艺方法、质量控制要求；了解施工中机械的性能及适用范围

• 掌握粉煤灰地基材料要求、施工工艺方法、质量控制要求；了解施工中机械的性能及适用范围

• 掌握夯实地基材料要求、施工工艺方法、质量控制要求；了解施工中机械的性能及适用范围

• 掌握挤密桩地基材料要求、施工工艺方法、质量控制要求；了解施工中机械的性能及适用范围

• 掌握注浆地基材料要求、施工工艺方法、质量控制要求；了解施工中机械的性能及适用范围

• 掌握预压地基材料要求、施工工艺方法、质量控制要求；了解施工中机械的性能及适用范围

• 掌握土工合成材料地基材料要求、施工工艺方法、质量控制要求；了解施工中机械的性能及适用范围

【引例导入】

某大型仓储工程，三面临路，西靠河塘。其工艺生产要求在生产过程中有大面积的钢材堆放场地。场地自然地面标高为3.1～3.7m，主车间厂房室内地面标高为4.7m，填筑厚度在1m以上。

大面积的钢材堆放场的填筑采用粉煤灰地基，地坪垫层的构造如图6-1所示。地坪垫层与其下的褐黄色粉质黏土层（厚度为2.0～3.8m）及两者之间填充的碎石、高炉干渣层一起构成了厚度大于3m的复合硬壳层。

你应采用什么方法施工？如何选用施工机具？垫层地基施工质量如何检验？

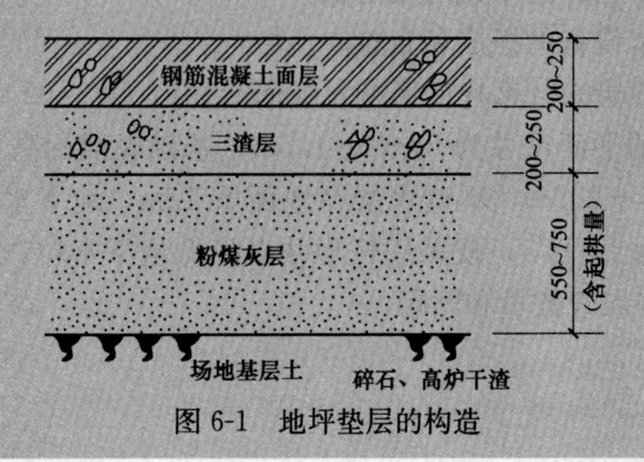

图6-1　地坪垫层的构造

地基是承受上部结构荷载的土层，若建筑物直接建造在地基土层上，该土层不经过人工处理能直接承受建筑物荷载作用，称为天然地基。若建筑物所在场地地基为软土、软弱土、人工填土等土层。这些土层不能承受建筑物荷载作用，必须经过人工处理后才能使用，这种经人工处理后的地基称为人工地基。基础垫层就是将基础底面下要求范围内的软弱土进行处理，起到加固地基、确保基础底板筋的有效位置、使底筋和土壤隔离不受污染等作用。

6.1 灰 土 地 基

灰土地基是将基础底面下要求范围内的软弱土层挖去，用一定比例的石灰、土，在最优含水量的情况下充分拌和，分层回填夯实或压实而成。

灰土地基具有一定的强度、水稳定性和抗渗性，施工工艺简单、取材容易、费用较低，是一种应用广泛、经济、实用的地基加固方法。适用于加固厚度为1～4m的软弱土、湿陷性黄土、杂填土等，还可用作结构的辅助防渗层。

6.1.1 材料要求与施工准备

1. 材料要求

灰土地基是用石灰与土料的拌和料经压实而成的。灰土地基对材料的主要要求有如下一些。

(1) 土料。采用就地挖掘的黏性土及塑性指数大于14的粉土。土内不得含有松软杂质和耕植土。土料应过筛，其颗粒不应大于15mm。严禁采用冻土、膨胀土、盐渍土等活动性较强的土料。

(2) 石灰。应用Ⅲ级以上新鲜的块灰，含氧化钙、氧化镁越高越好，使用前1～2d消解并过筛，其颗粒粒径不得大于5mm，且不应夹有未熟化的生石灰块粒及其他杂质，也不得含有过多水分。

灰土的配合比采用体积比，除设计有特殊要求外，一般为2∶8或3∶7。基础垫层灰土必须过标准斗，严格控制配合比。拌和时必须均匀一致，至少翻拌两次，拌和好的灰土颜色应一致。

灰土土质、配合比、龄期对强度的影响见表6-1。

表6-1　灰土土质、配合比、龄期对强度的影响　MPa

配合比		黏土	粉质黏土	粉土
7d	4∶6	0.507	0.411	0.311
	3∶7	0.669	0.533	0.284
	2∶8	0.526	0.537	0.163

灰土施工时，应适当控制含水量。现场检验方法是：用手将灰土紧握成团，两指轻捏即碎为宜。如土料水分过大或不足，应晾干或洒水润湿。

2. 施工准备

(1) 技术准备。

1) 收集场地工程地质资料和水文地质资料。

2）编制施工方案，经审批后进行技术交底。

3）施工前应合理确定填料含水量控制范围、铺土厚度和夯打遍数等参数。重要灰土工程的参数应通过压实试验确定。

（2）机具设备。压路机、木夯、蛙式或柴油打夯机、手推车、筛子（孔径有 6～10mm 和 16～20mm 两种）、标准斗、靠尺、耙子、平头铁锹、胶皮管、小线和木折尺等。

（3）作业条件。

1）基坑（槽）在铺灰土前必须先行钎探验槽，并按要求处理完地基，办理隐检手续。

2）当地下水位高于基坑（槽）底时，施工前应采取排水或降低地下水位的措施，使地下水位经常保持在施工面以下 0.5m 左右。

3）基础施工前，应做好水平高程的标志。如在基坑（槽）或管沟的边坡上每隔 3m 钉上表示灰土上平面的木橛，在室内和散水的边墙上弹上水平线或在地坪上钉好控制标高的标准木桩。

4）房心灰土和管沟灰土，应在完成上下水管道的安装或管沟墙间加固等之后进行施工，并且将管沟、槽内、地坪上的积水或杂物、垃圾等清除干净。

5）基础外侧打灰土，必须对基础、地下室墙和地下防水层、保护层进行检查，发现损坏时应及时修补处理，办完隐蔽检查手续。现浇的混凝土基础墙、地梁等均应达到规定的强度，不得碰坏或损伤混凝土。

6.1.2 工艺流程与施工要点

1. 工艺流程

灰土地基施工工艺流程如图 6-2 所示。

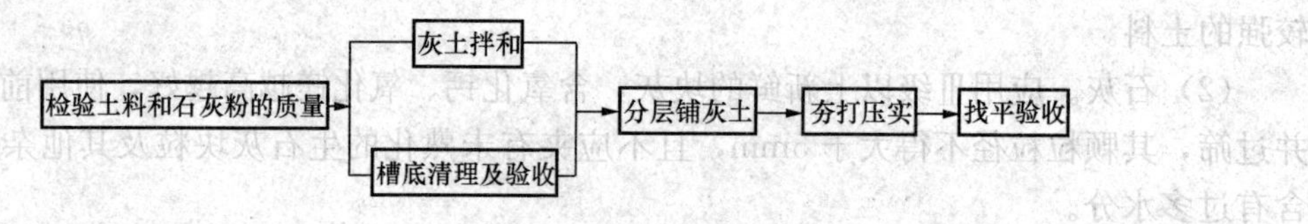

图 6-2 灰土地基施工工艺流程

2. 施工要点

（1）对基槽（坑）应先验槽。消除松土，并打两遍底夯，要求平整干净。如有积水、淤泥应晾干；局部有软弱土层或孔洞，应及时挖除后用灰土分层回填夯实。

（2）土应分层摊铺并夯实。灰土每层最大虚铺厚度，可根据不同夯实机具按照表 6-2 选用。每层灰土的夯压遍数，应根据设计要求的灰土干密度在现场试验确定，一般不少于 3 遍。人工打夯应一夯压半夯，做到夯夯相接、行行相接、纵横交叉。

（3）灰土回填每层夯（压）实后，应根据规范规定进行质量检验。达到设计要求时，才能进行上一层灰土的铺摊。

（4）当日铺填夯压，入槽（坑）灰土不得隔日夯打。夯实后的灰土在 3d 内不得受水浸泡，并及时进行基础施工与基坑回填，或在灰土表面作临时性覆盖，避免日晒雨淋。

（5）灰土分段施工时，不得在墙角、柱基及承重窗间墙下接缝，上下两层的接缝距离不得小于 500mm，接缝处应夯压密实，并作成直槎。

（6）对基础、基础墙或地下防水层、保护层及从基础墙伸出的各种管线，均应妥善保护，防止回填灰土时碰撞或损坏。

（7）灰土最上一层完成后，应拉线或用靠尺检查标高和平整度，超高处用铁锹铲平；低洼处应及时补打灰土。

（8）施工时应注意妥善保护定位桩、轴线桩，防止碰撞位移，并应经常复测。

表6-2　灰土最大虚铺厚度

序号	夯实机具	质量（t）	虚铺厚度（mm）	备　注
1	石夯、木夯	0.04～0.08	200～250	人力送夯，落距为400～500mm，每夯搭接半夯，夯实后的厚度为80～100mm
2	轻型夯实机械	0.12～0.4	200～250	蛙式打夯机或柴油打夯机，夯实后的厚度为100～150mm
3	压路机	机重6～10	200～300	双轮

6.1.3　质量检验

（1）每一层铺筑完毕后，应进行质量检验，并认真填写分层检测记录。当某一填层不合乎质量要求时，应立即采取补救措施，进行整改。

检验方法主要有贯入测定法和环刀取样法两种。

1）贯入测定法。先将垫层表面30mm左右的填料刮去，然后用贯入仪、钢筋或钢叉根据贯入度的大小来定性地检查垫层质量。应根据垫层的控制干密度预先进行相关性试验，确定要求的贯入度值。

a. 钢筋贯入法。将直径为20mm、长度为1250mm的平头钢筋，自高度为700mm处自由落下，插入深度以不大于根据该垫层的控制干密度测定的深度为合格。

b. 钢叉贯入法。将水撼法使用的钢叉，自高度为500mm处自由落下，插入深度以不大于根据该垫层的控制干密度测定的深度为合格。

2）环刀取样法。在压实后的垫层中，用容积不小于200cm^3的环刀压入每层2/3的深度处取样，测定干密度，其值不应小于灰土料在中密状态下的干密度值，见表6-3。

（2）检测的布置原则。当采用贯入仪或钢筋检验垫层的质量时，检验点的间距应小于4m；当取样检验垫层的质量时，大基坑每50～100m^2不应少于1个检验点；基槽每10～20m^2不应少于1个点；每个单独柱基不应少于1个点。

表6-3　灰土干质量密度标准

项　次	土料种类	灰土最小干质量密度（g/cm^3）
1	粉土	1.55
2	粉质黏土	1.50
3	黏土	1.45

（3）灰土土料、石灰或水泥（当水泥替代灰土中的石灰时）等材料的质量及配合比应符合设计要求，灰土应搅拌均匀。

（4）施工过程中应检查虚铺厚度、分段施工时上下两层的搭接长度、夯实加水量、夯实遍数、压实系数。检验必须分层进行，应在每层的压实系数符合设计要求后再铺垫上层土。

（5）施工结束后，应检查灰土地基的承载力。灰土地基的质量验收标准应符合表6-4的规定。

表 6-4 灰土地基的质量检验标准

项目	序号	检查项目	允许偏差或允许值	检查方法
主控项目	1	地基承载力	设计要求	按规定方法
	2	配合比	设计要求	按拌和时的体积比
	3	压实系数	设计要求	现场实测
一般项目	1	石灰粒径（mm）	≤5	筛分法
	2	土料有机质含量（%）	≤5	试验室焙烧法
	3	土颗粒粒径（mm）	≤15	筛分法
	4	含水量（与要求的最优含水量比较）（%）	±2	烘干法
	5	分层厚度偏差（与设计要求比较）（mm）	±50	水准法

6.2 砂和砂石地基

砂和砂石地基是采用砂或砂砾石（碎石）混合物，经分层夯实，作为地基的持力层，提高基础下部地基强度，并通过垫层的压力扩散作用降低地基的压应力，减少变形量，如图 6-3 所示。砂垫层还可起到排水作用，地基土中的孔隙水可通过垫层快速排出，能加速下部土层的沉降和固结。

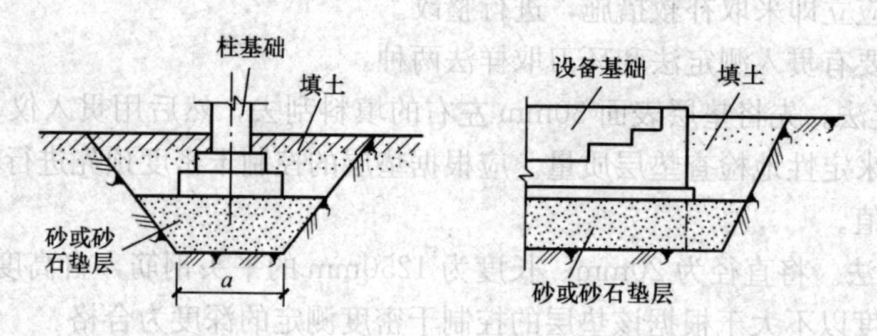

图 6-3 施工做法

6.2.1 材料要求和施工准备

1. 材料要求

砂、石宜用颗粒级配良好，质地坚硬的中砂、粗砂、砾砂、卵石或碎石、石屑，也可用细砂，但宜同时掺入一定数量的卵石或碎石。人工级配的砂石垫层，应将砂石拌和均匀。砂砾中石子的含量应在50%以内，石子的最大粒径不宜大于50mm。砂、石子中均不得含有草根、垃圾等杂物，含泥量不应超过5%；用作排水垫层时，含泥量不得超过3%。

2. 施工准备

(1) 机具设备。主要有木夯、蛙式或柴油打夯机、推土机、压路机、手推车、标准斗、平头铁锹、喷水用胶皮管、2m 靠尺、小线或细铅丝、钢尺或木折尺等。

(2) 作业条件。

1) 砂石地基铺筑前，应验槽，包括轴线尺寸、水平标高、地质情况，如有无孔洞、沟、井、墓穴等；应在未做地基前处理完毕并办理隐蔽检查手续。

2) 设置控制铺筑厚度的标志，如水平标准木桩或标高桩，或在固定的建筑物墙上、槽和沟的边坡上弹上水平标高线或钉上水平标高木橛。

3) 在地下水位高于基坑（槽）底面的工程中施工时，应采取排水或降低地下水位的措施，使基坑（槽）保持无水状态。

4）铺设垫层前，应将基础底面的浮土、淤泥、杂物清除干净，两侧应设一定坡度，防止振捣时塌方。

6.2.2　工艺流程与施工要点

1. 工艺流程

砂和砂石地基施工工艺流程如图6-4所示。

图6-4　砂和砂石地基施工工艺流程

2. 施工要点

(1) 垫层铺设时，严禁扰动垫层下卧层及侧壁的软弱土层，防止被践踏、受冻或受浸泡，降低其强度。如垫层下有厚度较小的淤泥或淤泥质土层，在碾压荷载下抛石能被挤入该层底面时，可采用挤淤处理的方法，即先在软弱土面上堆填块石、片石等，然后将其压入以置换和挤出软弱土，再作垫层。

(2) 砂和砂石地基底面宜铺设在同一标高上。如深度不同，基土面应挖成踏步和斜坡形，踏步宽度不小于500mm，高度同每层铺设厚度，斜坡坡度应大于1∶1.5，搭槎处应注意压（夯）实。施工应按先深后浅的顺序进行。

(3) 应分层铺筑砂石，铺筑砂石的每层厚度，一般为150～200mm，不宜超过300mm，也不宜小于100mm。分层厚度可用样桩控制。视不同条件，可选用夯实或压实的方法。大面积的砂石垫层，铺筑厚度可达350mm，宜采用6～10t的压路机碾压。

(4) 砂和砂石地基的压实，可采用平振法、插振法、水撼法、夯实法、碾压法。

砂和砂石地基每层铺筑厚度及最优含水量见表6-5。

表6-5　　砂和砂石地基每层铺筑厚度及最优含水量

项次	捣实方法	每层铺筑厚度（mm）	施工时最优含水量（%）	施工说明	备　注
1	平振法	200～250	15～20	用平板式振捣器往复振捣	—
2	插振法	振捣器插入深度	饱和	(1) 用插入式振捣器； (2) 插入间距可根据机械振幅大小决定； (3) 不应插至下卧黏性土层； (4) 插入振捣器后所留的孔洞，应用砂填实	不宜使用于细砂或含泥量较大的砂所铺的砂垫层
3	水撼法	250	饱和	(1) 注水高度应超过每次铺筑面； (2) 钢叉摇撼捣实，插入点间距为100mm； (3) 钢叉分四齿，齿的间距为30mm，长度为30mm；柄长为900mm，质量为4kg	湿陷性黄土、膨胀土地区不得使用
4	夯实法	150～200	8～12	(1) 用木夯或机械夯； (2) 木夯重40kg，落距为400～500mm； (3) 一夯压半夯，全面夯实	适用于砂石垫层
5	碾压法	250～350	8～12	6～10t压路机往复碾压，一般不少于4遍	(1) 适用于大面积砂垫层； (2) 不宜用于地下水位以下的砂垫层

注　在地下水位以下的地基，其最下层的铺筑厚度可比表中增加50mm。

(5) 砂垫层每层夯实后的密实度应达到中密标准，即孔隙比不应大于0.65，干密度不小于1.60g/cm³。测定方法是用容积不小于200cm³的环刀取样。如为砂石垫层，则在砂石垫层中设纯砂检验点，在同样条件下用环刀取样鉴定。现场简易测定方法是：将直径为20mm、长度为1250mm的平头钢筋举离砂面700mm处时，使其自由下落。插入深度不大于根据该砂的控制干密度测定的深度为合格。

(6) 分段施工时，接槎处应做成斜坡，每层接岔处的水平距离应错开0.5～1.0m，并应充分压（夯）实。

(7) 铺筑的砂石应级配均匀。如发现砂窝或石子成堆的现象，应将该处砂子或石子挖出，分别填入级配好的砂石。同时，铺筑级配砂石，在夯实碾压前，应根据其干湿程度和气候条件，适当地洒水以保持砂石的最佳含水量，一般为8%～12%。

(8) 夯实或碾压的遍数，由现场试验确定。用木夯或蛙式打夯机时，应保持400～500mm的落距，要求一夯压半夯、行行相接、全面夯实，一般不少于3遍。采用压路机往复碾压，一般碾压不少于4遍，其轮距搭接不小于500mm。边缘和转角处应用人工或蛙式打夯机补夯密实。

(9) 当采用水撼法或插振法施工时，以振捣棒振幅半径的1.75倍为间距（一般为400～500mm）插入振捣，依次振实，以不再冒气泡为准，直至完成。同时应采取措施做到有控制地注水和排水。

6.2.3 质量检验

(1) 砂石的质量、配合比应符合设计要求，砂石应搅拌均匀。

(2) 施工过程中必须检查虚铺厚度。分段施工时必须检查搭接部位的加水量、压实遍数和压实系数。

(3) 垫层施工质量检验必须分层进行。应在每层的压实系数符合设计要求后铺填上层土。

(4) 采用环刀法检验垫层的施工质量时，取样点应位于每层厚度的2/3深度处。采用贯入仪或动力触探检验垫层的施工质量时，每分层检验点的间距应小于4m。

(5) 竣工验收采用荷载试验检验垫层承载力时，每个单体工程不宜少于3点；对于大型工程则应按单体工程的数量或工程的面积确定检验点数。

(6) 砂和砂石地基的质量验收标准应符合表6-6的规定。

表6-6 砂和砂石地基的质量验收标准

项目	序号	检查项目	允许偏差或允许值	检查方法
主控项目	1	地基承载力	设计要求	按规定方法
	2	配合比	设计要求	检查拌和时的体积比或质量比
	3	压实系数	设计要求	现场实测
一般项目	1	砂石料有机质含量（%）	≤5	筛分法
	2	砂石料含泥量（%）	≤5	水洗法
	3	石料粒径（mm）	≤100	筛分法
	4	含水量（与最优含水量比较）（%）	±2	烘干法
	5	分层厚度（与设计要求比较）（mm）	±50	水准仪

【例 6-1】

1. 工程概况

某五层住宅楼，底层为框架结构，其上为混合结构，平面尺寸为 75m×11m，设置变形缝一道。基础采用独立柱基，基础埋置深度为 1.5m。

2. 工程地质条件

场地土层分布情况如下：第一层为碎砖、瓦砾杂填土层，厚度为 1.0m；第二层为素填土层，含有少量碎砖，厚度为 0.9m；第三层为黄褐色硬粉质黏土层。除第一层为杂填土层外，其下约有 1/3 区段为硬粉质黏土层；其余区段为疏松素填土层。

3. 处理方法

(1) 基础底面下为松散回填土时，将填土全部挖除，挖至硬粉质黏土层为止，然后用片石、粗砂分层填至离基础底面 800～1000mm 时，再铺设人工砂石垫层，如图 6-5 (a) 所示。

(2) 当基础底面下为硬粉质黏土层时，在基础底面与土层之间设 800～1000mm 厚的人工砂石垫层，如图 6-5 (b) 所示。

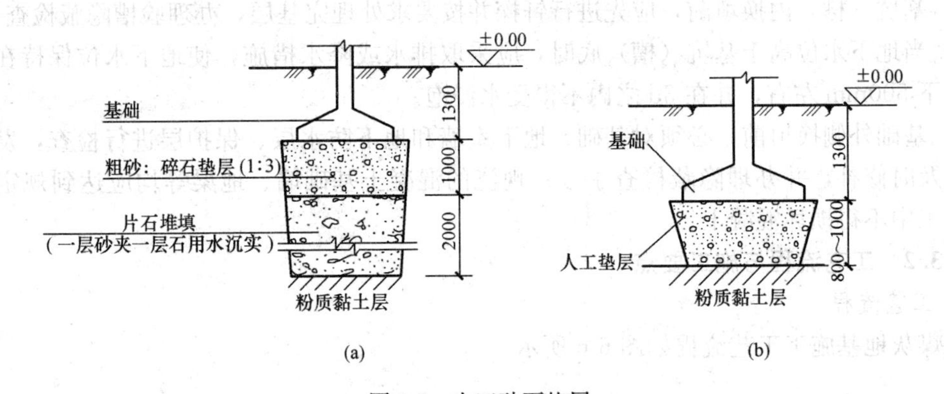

图 6-5　人工砂石垫层

4. 质量检验

经过处理后，为减少相对沉降创造了条件，从动工到竣工测得下沉量为 80mm，使用 3 年后，楼盖墙体均未发现裂缝。

5. 经济效果

结算表明，基础处理费用占总投资的 11%，经济效果较好。

6.3 粉煤灰地基

粉煤灰地基是以粉煤灰为垫层，经压实而成的地基。粉煤灰可用于道路、堆场和小型建筑、构筑物等的地基换填。

6.3.1　材料要求与施工准备

1. 材料要求

(1) 粉煤灰作为建筑物基础时应符合有关放射性安全标准的要求。

(2) 大量填筑时应考虑对地下水和土壤环境的影响。

(3) 可用电厂排放的硅铝型低钙粉煤灰，SiO_2、Al_2O_3、Fe_2O_3 的含量越高越好，SO_2

的含量宜小于0.4%，以免对地下金属管道等产生腐蚀。

(4) 颗粒粒径宜为0.001～2.00mm。

(5) 烧失量宜低于12%。

(6) 粉煤灰中严禁混入植物、生活垃圾及其他有机杂质。

(7) 粉煤灰进场时，其含水量应控制在31%±4%。

2. 施工准备

(1) 技术准备。

1) 收集场地工程地质资料和水文地质资料。

2) 施工前应合理确定粉煤灰含水量控制范围、铺土厚度和夯打遍数等参数。

(2) 机具设备。主要有平碾、平板振动器、振动碾或羊足碾、木夯、铁夯、石夯、蛙式或柴油打夯机、推土机、压路机（6～10t）、手推车、筛子、标准斗、靠尺、耙子、铁锹、胶皮管、小线和钢尺等。

(3) 作业条件。

1) 基坑（槽）内换填前，应先进行钎探并按要求处理完基层，办理验槽隐蔽检查手续。

2) 当地下水位高于基坑（槽）底时，应采取排水或降水措施，使地下水位保持在基础底面以下500mm左右，并在3d之内不得受水浸泡。

3) 基础外侧换填前，必须对基础、地下室墙和地下防水层、保护层进行检查，发现损坏时应及时修补，并办理隐蔽检查手续；现浇的混凝土基础墙、地梁等均应达到规定的强度，施工中不得损坏混凝土。

6.3.2 工艺流程与施工要点

1. 工艺流程

粉煤灰地基施工工艺流程如图6-6所示。

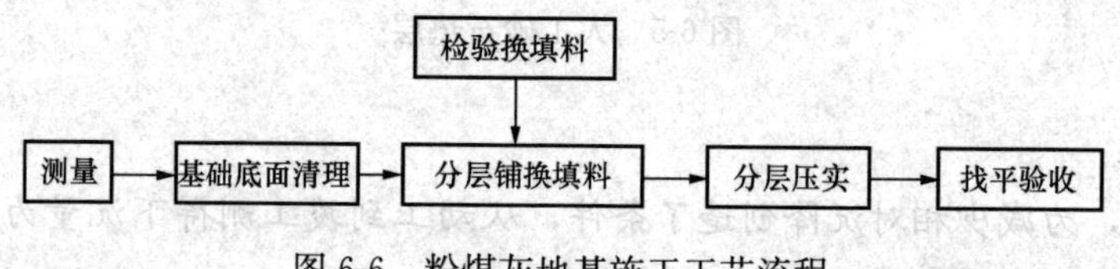

图6-6 粉煤灰地基施工工艺流程

2. 施工要点

(1) 铺设前应先验槽，清除地基表面垃圾杂物。

(2) 粉煤灰地基应分层铺设与碾压。铺设厚度，用机械夯为200～300mm，夯完后厚度为150～200mm；用压路机为300～400mm，压实后为250mm左右。对小面积基坑（槽）垫层，可用人工分层摊铺，用平板振动器或蛙式打夯机进行振（夯）实，每次振（夯）板应重叠1/3～1/2板，往复压实，由两侧或四侧向中间进行，夯实不少于3遍。大面积垫层应采用推土机摊铺，先用推土机预压两遍，然后用8t压路机碾压，施工时压轮重叠1/3～1/2轮宽，往复碾压，一般碾压4～6遍。

(3) 粉煤灰铺设时的含水量应控制在最优含水量的31%±4%。

(4) 每层铺完经检测合格后，应及时铺筑上层，以防干燥、松散、起尘、污染环境，并应禁止车辆在其上行驶。

(5) 粉煤灰地基全部铺设完成并经验收合格后，应及时浇筑混凝土垫层，以防日晒、雨淋的破坏。

（6）夯实或碾压时，如出现“橡皮土”现象，应暂停压实，可采用将垫层开槽、翻松、晾晒或换灰等办法处理。

（7）在软弱地基上填筑粉煤灰地基时，应先铺设200mm厚的中、粗砂或高炉干渣，这样不仅可以避免下卧软土层表面受到扰动，而且有利于下卧软土层的排水固结，以切断毛细水的上升通道。

（8）冬季施工的最低气温不得低于0℃，以免粉煤灰含水冻胀。

6.3.3　质量检验

（1）施工前应检查粉煤灰材料，并对基槽清底状况、地质条件予以检验。

（2）施工质量检验必须分层进行。

（3）施工过程中应检查铺筑厚度、碾压遍数、施工含水量控制、搭接区碾压程度、压实系数等，并在符合设计要求后铺垫上层土。

（4）粉煤灰地基顶面标高允许偏差为±15mm，用水准仪或拉线和尺量检查。表面平整度为15mm，用2m靠尺和楔形塞尺检查。

（5）检验点数量：对大基坑，每50～100m² 不少于1个检验点，每一独立基础下至少应有1点，基槽每10～20m不应少于1个检验点。采用贯入仪或动力触探检验垫层的施工质量时，每分层检验点的间距应小于4m；采用环刀法检验垫层的施工质量时，取样点应位于每层厚度的2/3处。

（6）施工结束后，应检验地基的承载力。

（7）粉煤灰地基的质量检验标准应符合表6-7的规定。

表6-7　　粉煤灰地基的质量检验标准

项目	序号	检查项目	允许偏差或允许值	检查方法
主控项目	1	压实系数	设计要求	现场实测
	2	地基承载力	设计要求	按规定方法
一般项目	1	粉煤灰粒径（mm）	0.001～2.000	过筛
	2	氧化铝及二氧化硅含量（%）	≥70	试验室化学分析
	3	烧失量（%）	≤12	试验室烧结法
	4	每层铺筑厚度（mm）	±50	水准仪
	5	含水量（与最佳含水量比较）（%）	±2	取样后试验室确定

6.4　夯实地基

夯实地基采用较多的是重锤夯实地基和强夯法地基。

6.4.1　重锤夯实地基

重锤夯实是利用起重机械将夯锤提升到一定高度，然后自由落下，重复夯击基土表面，使地基表面形成一层比较密实的硬壳层，从而使地基得到加固。

该法使用轻型设备，施工简便，费用较低；但布点较密，夯击遍数多，施工期相对较长，同时夯击能量小，孔隙水难以消散，加固深度有限，当土的含水量较高时，易夯成橡皮土，处理较困难。因此，重锤夯实适用于地下水位在 0.8m 以上、稍湿的黏性土、砂土、饱和度 $S_r \leqslant 60$ 的湿陷性黄土、杂填土及分层填土地基的加固处理；但当夯击对邻近建筑物有影响，或地下水位高于有效夯实深度时，不宜采用。重锤表面夯实的加固深度一般为 1.2～2.0m。湿陷性黄土地基经重锤表面夯实后，透水性会显著降低，可消除湿陷性，地基土密度增大，强度可提高 30%；对杂填土则可以减少其不均匀性，提高承载力。

1. 机具设备

(1) 夯锤。夯锤的形状有圆台形和方形，如图 6-7 所示，夯锤的材料是用整个铸钢（或铸铁），或用钢板壳内填筑混凝土，夯锤的质量为 8～40t，夯锤的底面积取决于表面土层，对砂石、碎石、黄土，一般面积为 2～4m²；黏性土一般为 3～4m²，淤泥质土为 4～6m²。为消除作业时夯坑对夯锤的气垫作用，夯锤上应对称性设置 4～6 个直径为 250～300mm 上下贯通的排气孔。

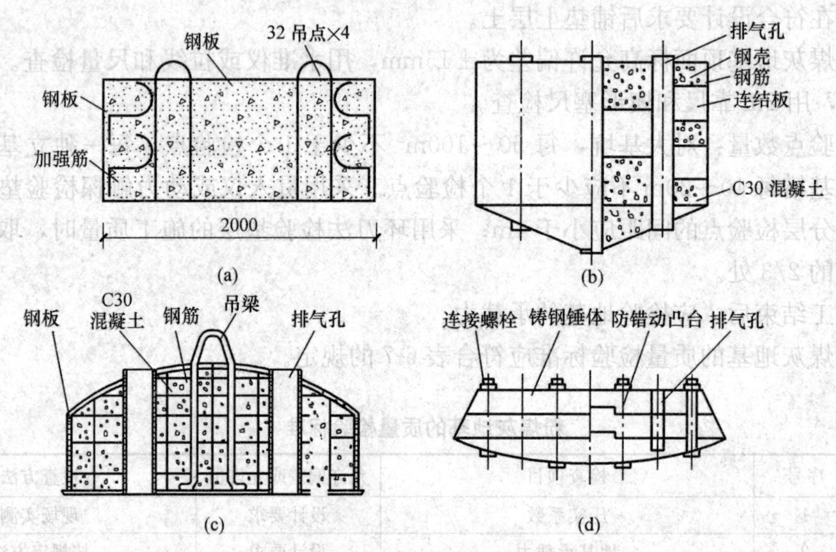

图 6-7　钢筋混凝土夯锤的构造

(a) 平底方形锤；(b) 锥形圆柱形锤；(c) 平底圆柱形锤；(d) 球形圆台形锤

(2) 起重机。起重机可采用配置有摩擦式卷扬机的履带式起重机、打桩机、悬臂式桅杆起重机或龙门式起重机等。其起重能力：当采用自动脱钩时，应大于夯锤质量的 1.5 倍；当直接用钢丝绳悬吊夯锤时，应大于夯锤质量的 3 倍。

2. 施工要点

(1) 施工前应进行试夯，确定有关技术参数，如夯锤质量、底面直径及落距、最后下沉量及相应的夯击遍数和总下沉量。落距宜大于 4m，一般为 4～6m。最后下沉量是指最后 2 击平均每击土面的夯沉量，对黏性土和湿陷性黄土取 10～20mm；对砂土取 5～10mm；对细颗粒土不宜超过 10～20mm。夯击遍数由试验确定，通常取比试夯确定的遍数增加 1～2 遍，一般为 8～12 遍。土被夯实的有效影响深度，一般约为重锤直径的 1.5 倍。

(2) 夯实前，槽、坑底面的标高应高出设计标高，预留土层的厚度可为试夯时的总下沉量再加 50～100mm；基槽、坑的坡度应适当放缓。

(3) 夯实时地基土的含水量应控制在最优含水量范围内，一般相当于土的塑限含水量

±12%。现场简易测定方法是：以手捏紧后，松手土不散，易变形而不挤出，抛在地上即呈碎裂为合适。如表层含水量过大，可采取撒干土、碎砖、生石灰粉或换土等措施；如土含水量过低，应适当洒水，加水后待全部渗入土中，一昼夜后方可夯打。

（4）夯实大面积基坑或条形基槽时，应“一夯换一夯”顺序进行，即第一遍按一夯换一夯进行，在一次循环中间同一夯位应连夯两下，下一循环的夯位，应与前一循环错开 1/2 锤底直径的搭接，如此反复进行，在夯打最后一循环时，可以采用“一夯压半夯”的打法，如图 6-8（a）所示。在独立柱基础夯打时，可采用先周边后中间或先外后里的跳打法，如图 6-8（b）和图 6-8（c）所示，以使夯锤底面落下时与土接触严密，各次夯迹之间不互相压叠，而是相切或靠近。因为压叠易使锤底面倾斜，与土接触不严，功能消耗，降低夯实效率。当采用悬臂式桅杆起重机或龙门式起重机夯实时，可采用图 6-8（d）所示的顺序，以提高功效。

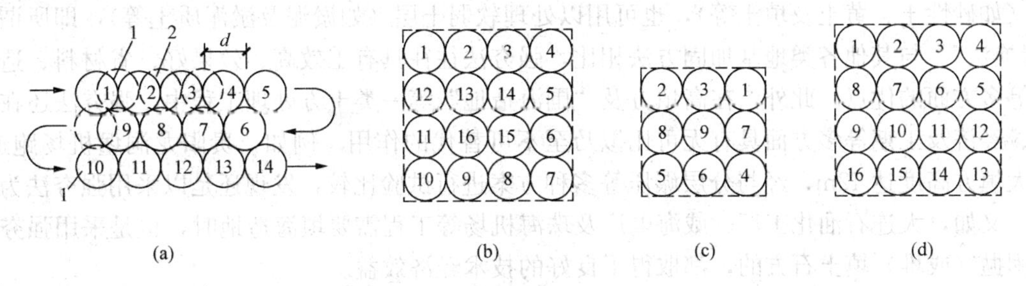

图 6-8　重锤夯打顺序

1—夯位；2—重叠夯；d—重锤直径（mm）

（5）基础底面标高不同时，应按先深后浅的程序逐层挖土夯实，不宜一次挖成阶梯形，以免夯打时在高低相交处发生坍塌。夯打时要做到落距正确、落锤平稳、夯位准确，基坑的夯实宽度应比基坑每边宽 0.2～0.3m。对基槽底面边角不易夯实的部位应适当增大夯实宽度。

（6）重锤夯实填土地基时，应分层进行，每层的虚铺厚度以相当于锤底直径为宜。夯实层数不宜少于 2 层。夯实完成后，应将基坑、槽表面修整至设计标高。

（7）重锤夯实在 10～15m 以外时对建筑物振动影响较小，可不采取防护措施，在 10～15m 以内时应进行隔振处理，如挖防振沟等。

（8）冬期施工，如土已冻结，应将冻土层挖去或通过烧热法将土层融解。若基坑挖好后不能立即夯实，则应采取防冻措施，如在表面覆盖草垫、锯屑或松土保温。

（9）夯实结束后，应及时将夯松的表层浮土清除或将浮土在接近最优含水量的状态下重新用 1m 的落距夯实至设计标高。

（10）根据经验，当锤重为 2.5～3.0t、锤底直径为 1.2～1.4m、落距为 4.0～4.5m、锤底静压力为 20～25MPa 时，消除湿陷性土层的厚度为 1.2～1.75m，对非自重湿陷性黄土地区，采用重锤夯实表面的效果明显。

6.4.2　强夯法地基

强夯法是用起重机械吊起重 8～30t 的夯锤，从 6～30m 高处自由落下，以强大的冲击能量夯击地基土，使土中出现冲击波和冲击应力，迫使土层孔隙压缩，土体局部液化，在夯击点周围产生裂隙，形成良好的排水通道，孔隙水和气体逸出，使土粒重新排列，经时效压密达到固结，从而提高地基承载力，降低其压缩性的一种有效的地基加固方法。强夯法在国内外应用十分广泛，是目前最常用和最经济的深层地基处理方法之一。

强夯法的特点是施工方法和设备简单、施工速度快、功效高。强夯置换法的特点是节约原材料、节省投资、使用经济。强夯法噪声和振动较大，不宜在建筑物密集的地区使用。

强夯法适用于处理碎石土、砂土、低饱和度的粉土与黏性土、湿陷性黄土、素填土和杂填土等地基，也可用于防止粉土、粉砂的液化，以及高饱和度的粉土与软塑、流塑的黏性土等地基上对变形控制要求不严的工程。

我国强夯法的发展较快，已具备夯击能量达 12 000kN・m 的强夯设备。与国外相当能量级的强夯设备相比，具有设备简单（俗称“小马拉大车”）、投资少、易于装备、便于推广等优点，因此更适合我国国情。目前，在我国使用强夯法相当广泛，不仅用以加固松散的土层（如砂性土、黄土及填土等），也可用以处理软弱土层（如淤泥及淤泥质土等），即所谓的“置换法”。与其他各类地基加固方法相比，强夯法往往具有工效高、效果好、省材料、造价低等多方面的优点。此外，在高填方及“围海造地”等一类土方处理工程中，强夯法还在技术、经济及工期等多方面具有无可比拟乃至不可替代的作用。例如，贵阳龙洞堡机场跑道，最大填方高度达 42m，经与分层碾压等多种方案进行试验比较，发现还是以采用强夯法为最佳。又如，大连石油化工厂、威海电厂及珠海机场等工程需要填海造地时，也是采用强夯法加固抛（或堆）填土石方的，都取得了良好的技术经济效益。

1. 机具设备

夯锤常采用钢板作外壳，内部焊接钢骨架后浇筑 C30 混凝土，如图 6-9 所示。锤底形状有圆形和方形两种，圆形不易旋转，定位方便，稳定性和重合性好，消耗量少，采用较广。夯锤的锤底尺寸取决于表层土质，对于砂质土和碎石类土，锤底面积一般宜为 3～4m²；对于黏性土或淤泥质土等软弱土，不宜小于 6m²。锤重一般为 8、10、12、16、25t。夯锤中宜设 1～4 个直径为 250～300mm 上下贯通的排气孔，以利空气排出和减小坑底的吸力。

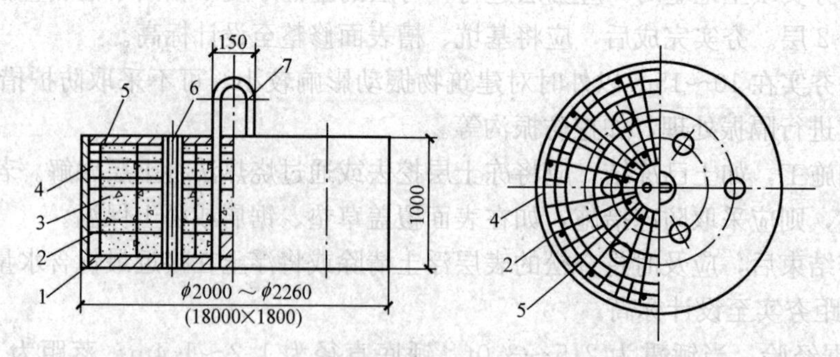

图 6-9 混凝土夯锤（圆柱形重 12t，方形重 8t）

1—30mm 厚钢板底板；2—钢筋骨架 ϕ146@400；3—C30 混凝土；4—18mm 厚钢板外壳；5—水平钢筋网片 ϕ16@200；6—6×ϕ159 钢管；7—ϕ50 吊环

起重设备可用 15、20、25、30、50t 带有离合摩擦器的履带式起重机。当履带式起重机起重能力不够时，为增大机械设备的起重能力和提升高度，防止落锤时臂杆回弹后仰，也可采用加钢辅助人字桅杆或龙门架的方法，如图 6-10 和图 6-11 所示。

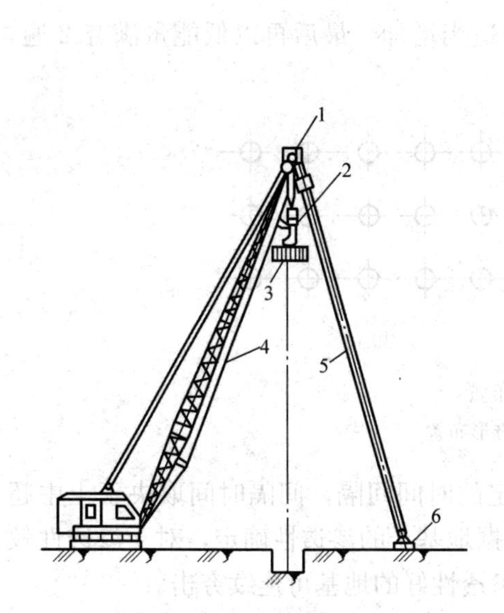

图 6-10 履带式起重机加钢制辅助桅杆

1—弯脖接头；2—自动脱钩器；3—夯锤；4—拉绳；5—钢管辅助桅杆；6—底座

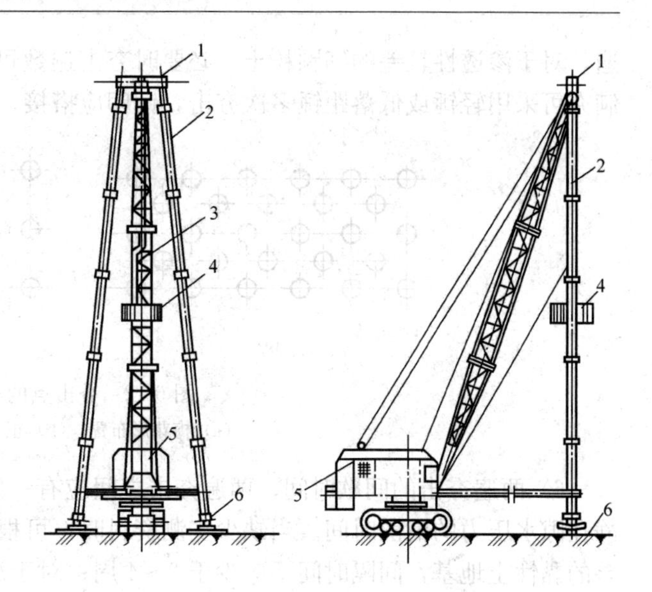

图 6-11 履带式起重机加钢制龙门架

1—龙门架横梁；2—龙门架支杆；3—自动脱钩器；4—夯锤；5—履带式起重机；6—底座

2. 施工要点

(1) 施工技术参数的确定。强夯施工参数包括有效加固深度、锤重和落距、单位夯击能、夯击点布置及间距、夯点的夯击数与夯击遍数、两遍夯击的间歇时间、加固处理范围等。

1）强夯法的有效加固深度应根据现场试夯或当地经验确定。在缺少试验资料或经验时可按表 6-8 预估。

表 6-8 强夯法的有效加固深度 m

单击夯击能（kN·m）	碎石土、砂土等粗颗粒土	粉土、黏性土、湿陷性黄土等细颗粒土
1000	5.0～6.0	4.0～5.0
2000	6.0～7.0	5.0～6.0
3000	7.0～8.0	6.0～7.0
4000	8.0～9.0	7.0～8.0
5000	9.0～9.5	8.0～8.5
6000	9.5～10.0	8.5～9.0
8000	10.0～10.5	9.0～9.5

注 强夯法的有效加固深度应从最初起夯面算起。

2）锤重和落距。锤重（M）和落距（h）是影响夯击能和加固深度的重要因素，直接决定每一击的夯击能。M 一般不宜小于 8t，h 不宜小于 6m。

3）单击夯击能。M 与 h 的乘积称为夯击能，即 $E=Mh$，单位为 kN·m，一般取 600～500kN·m，E 的总和除以加固面积称为单击夯击能，用 E_P 表示，单位为 (kN·m)/m^2，即 $E_P=\sum E/S$。夯击能过小，加固效果差；夯击能过大，不仅浪费能源、增加费用，而且，对饱和黏性土还会破坏土体结构，形成橡皮土，降低强度。在一般情况下，对于粗颗粒土 E_P 可取 1000～3000kN·m/m^2；对细颗粒土 E_P 可取 1500～4000kN·m/m^2。

4）夯击点的布置及间距。夯击点的布置，对大面积地基一般采用梅花形或正方形网格排列，如图 6-12 所示；对条形基础，夯击点可成行布置；对独立基础，可按柱网设置单夯点。夯击点的间距通常取夯锤直径的 3 倍，一般为 5～15m；一般第一遍夯点的间距宜大，以便夯击能向深部传递。

5）夯点的夯击数与夯击遍数。夯击遍数应根据地基土的性质确定，可采用点夯 2～3

遍，对于渗透性较差的细颗粒土，必要时夯击遍数可适当增加。最后再以低能量满夯 2 遍，满夯可采用轻锤或低落距锤多次夯击，锤印应搭接。

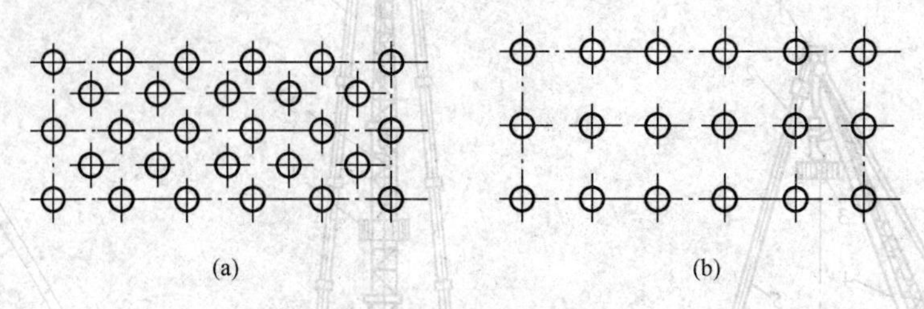

图 6-12　夯击点的布置
(a) 梅花形布置；(b) 正方形布置

6) 两遍夯击的间歇时间。两遍夯击之间应有一定的时间间隔，间隔时间取决于土中超静孔隙水压力的消散时间。当缺少实测资料时，可根据地基土的渗透性确定，对于渗透性较差的黏性土地基，间隔时间不应少于 3～4 周；对于渗透性好的地基可连续夯击。

7) 加固处理范围。强夯的处理范围应大于建筑物的基础范围，每边超出基础外缘的宽度宜为基础底面下设计处理深度的 1/2～2/3，并不宜小于 3m。

(2) 强夯法施工程序。

1) 清理、平整场地。

2) 标出第一遍夯点位置、测量场地高程。

3) 起重机械就位。

4) 夯锤对准夯点位置。

5) 将夯锤吊到预定高度后脱钩，自由下落进行夯击。

6) 往复夯击，按规定的夯击次数及控制标准完成一个夯点的夯击。

7) 重复以上工序，完成第一遍全部夯点的夯击。

8) 用推土机将夯坑填平，测量场地高程。

9) 在规定的间隔时间后，按上述程序完成全部夯击遍数。

10) 用低能量满夯将场地表层松土夯实，并测量夯后场地高程。

(3) 强夯法的施工要点。

1) 强夯施工前，应先平整场地，查明场地范围内的地下构筑物和各种管线的位置及标高等，并采取必要措施，以免因强夯施工而造成破坏。填土前应清除表层腐殖土、草根等。场地整平挖方时，应在强夯范围预留夯沉量相当的土层。

2) 当地下水位较高，夯坑底积水影响施工时，宜采用人工降水或铺填一定厚度的松散材料（一般为 0.5～2.0m 厚的中砂或砂石垫层）。夯坑内或场地积水应及时排除。

3) 强夯应分段进行，从边缘夯向中央。强夯法的加固顺序是先深后浅，即先加固深层土，再加固中层土，最后加固表层土。最后一遍夯完后，再以低能量满夯一遍。

4) 雨季填土区强夯，应在场地四周设排水沟、截洪沟，防止雨水流入场内；填土应使中间稍高，认真分层回填，分层推平、碾压，并使表面保持 1%～2%的排水坡度。回填土应控制含水量在最优含水量范围内，如低于最优含水量，可钻孔灌水或洒水浸渗。

5) 夯击时应按试验和设计确定的强夯参数进行，落锤应保持平稳，夯位应准确。在每一遍夯击后，要用新土或周围的土将夯击坑填平，再进行下一遍夯击。

6）冬季施工时应先清除地表的冻土层后再强夯，夯击次数要适当增加，如有硬壳层，要适当增加夯次或提高夯击功能。

7）做好施工过程中的检测和记录工作，包括检查夯锤的质量和落距，对夯点放线进行复核，检查夯坑位置，按要求检查每个夯点的夯击次数和每击的夯沉量等，并对各项参数及施工情况进行详细记录，作为质量控制的根据。

3. 质量检验标准

按《建筑地基处理技术规范》（JGJ 79—2012）和《建筑地基基础工程施工质量验收标准》（GB 50202—2018）中的规定进行强夯地基的质量检验。

（1）检查施工过程中的各项测试数据和施工记录，不符合设计要求时应补夯或采取其他有效措施。

（2）强夯处理后的地基竣工验收承载力检验，应在施工结束后间隔一定时间才能进行，对于碎石土和砂土地基，其间隔时间可取7～14d；粉土和黏性土地基可取14～28d。

（3）对强夯处理后的地基竣工验收时，其承载力检验应采用原位测试和室内土工试验。

（4）竣工验收承载力检验的数量应根据场地的复杂程度和建筑物的重要性确定，对于简单场地上的一般建筑物，每个建筑地基的荷载试验检验点不应少于3点；对于复杂场地或重要建筑地基应增加检验点数。

（5）施工前应检查夯锤的质量、尺寸，落距控制手段，排水设施及被夯地基的土质。

（6）施工中应检查落距、夯击遍数、夯击位置、夯击范围。

（7）施工结束后，检查被夯地基的强度并进行承载力检验。

（8）强夯地基质量检验标准应符合表6-9的规定。

表6-9　　**强夯地基质量检验标准**

项目	序号	检查项目	允许偏差或允许值		检查方法
			单位	数值	
主控项目	1	地基强度	设计要求		按规定方法
	2	地基承载力	设计要求		按规定方法
一般项目	1	夯锤落距	mm	±300	钢索设标志
	2	锤重	kg	±100	称重
	3	夯击遍数及顺序	设计要求		计数法
	4	夯点间距	mm	±500	用钢尺量
	5	夯击范围（超出基础范围距离）	设计要求		用钢尺量
	6	前后两遍间歇时间	设计要求		—

【例6-2】

1. 工程概况

某住宅楼，建筑面积为4100m²，底层架空层作车库，2～8层为住宅，采用柱下独立基础，单桩轴力最大为2000kN。

2. 工程地质条件

场地原始地貌为低丘及山前台地，经人工堆填整平。岩土层分布如下：

第一层土：人工填土层，由黏性土混30%砾砂组成，分布不均匀，场地东部不均匀地混有大石块，块径为10～70cm，密实程度不均匀，处于松散至稍密状态，冲击钻进较难，层厚为2.5～7.9m。

第二层土：第四纪残积土层，砂质粉质黏土，由细粒花岗岩风化残积而成，含10%～20%的石英砾，风化不均匀，局部可见强风化岩块，稍湿，处于可塑至硬塑状态，层厚为1.2～2.5m，f_k=220kPa。

第三层土：燕山期侵入岩，细粒花岗岩，强风化层裂隙，层厚为1.5～5.7m，埋置深度为3.5～7.8m，f_k=400kPa。该场地残积层、强风化层顶标高的变化趋势均为中间低、东西高，呈锅底状。无不良地质条件。地下水为上层滞水，稳定埋置深度为1.5～2.6m。

3. 技术及施工方案

根据工程地质条件、结构形式和荷载要求，可选择以下两种方案：

(1) 人工挖孔桩基础。由于层厚为2.5～7.9m，强风化基岩的深度仅为3.5～7.8m，且无强透水土层，故地质勘察报告推荐采用人工挖孔桩基础，以强风化花岗岩为桩端持力层。

(2) 采用强夯法对厚填土加固，加固后地基承载力标准值f_k=180kPa，E_s=8MPa，加固深度不小于填土厚度。

采用人工挖孔桩基础技术上比较可靠，但造价过高，按一柱一桩设计需布置52根桩，按最小桩径为1.0m、平均桩长为9m，计算造价约为53万元；而采用强夯法施工简便，工程造价低，按55元/m^2 计算约为6.5万元。经论证决定采用强夯法进行地基加固。

经强夯设计与施工方案专题论证确定采用先大面积强夯，再在柱基础下加夯的方法进行地基加固。强夯参数如下：

1) 单击夯击能。点夯为3000kN·m，满夯为1000kN·m。

2) 夯锤。点夯锤径为2.2m，锤重为23t；满夯锤径为2.5m，锤重为8t。

3) 夯点布置。正方形布置（4m×4m），共90个夯点，分2遍跳打夯击。

4) 夯点的夯击次数。第一遍、第二遍点夯时每点夯7～9击，满夯每点2击，搭接1/3锤径。

5) 点夯控制标准。第二遍点夯收锤标准应同时满足以下条件：每点至少夯7击；最后2击的平均夯沉量不大于100mm。第一、二遍点夯时间间隔为3～5d。

6) 柱基加夯。大面积强夯完成后，在柱基下加夯1～3点，每点5～6击，以最终夯击量控制收锤。

为解决地下水问题，决定采用强夯碎石墩置换工艺，用墩体打开排水通道，在渗水较为严重的夯坑附近挖坑抽水，并在地表设明沟排水，以降低地下水位，为第二遍点夯创造有利的施工条件。

4. 处理效果

强夯置换在第二遍点夯完成后进行，在柱基下布置1～3个碎石墩，共62个墩，施工参数如下。

(1) 夯击参数。夯击能量为2500kN·m，锤径为1.4m，锤重为20t，夯点击数为18～25击，填料3～4击。

(2) 收锤标准。总夯沉量宜大于9m，最后2击的平均夯沉量小于1/10锤高（1.7m），即170mm。

(3) 填料质量。级配块石，含泥量不大于5%，最大粒径为50cm。

(4) 低能满夯。低能满夯在强夯碎石墩施工完成后进行，夯击能量与强夯法相同。

施工完成两周后，选取三墩柱基础 2 个、单墩柱基础 1 个进行复合地基压板荷载试验，试验结果表明复合地基承载力标准值达到 180kPa。该工程竣工时沉降已趋于稳定，沉降量最大为 24.3mm，最小为 17.5mm，沉降差为 0.12%。

6.5 挤密桩地基

挤密桩法是用冲击或振动方法，把圆柱形钢质桩管打入原地基，拔出后形成桩孔，然后进行素土、灰土、石灰土、水泥土等物料的回填和夯实，从而达到形成增大直径的桩体，并同原地基一起形成复合地基。其特点在于不取土，挤压原地基成孔；回填物料时，夯实物料进一步扩孔。

挤密桩法与其他地基处理方法比较，有如下主要特征：

(1) 灰土、素土等挤密桩法是横向挤密，可同样达到所要求加密处理后的最大干密度的指标。

(2) 与土垫层相比，无需开挖回填，因而节约了开挖和回填土方的工作量，比换填法缩短约一半的工期。

(3) 由于不受开挖和回填的限制，一般处理深度可达 12～20m。

(4) 由于填入桩孔的材料均属就地取材，因而比其他处理湿陷性黄土和人工填土的方法造价更低，效益更好。

灰土、素土等挤密桩法适用于处理地下水位以上的湿陷性黄土、素填土和杂填土等地基，可处理地基的深度为 5～20m。当以消除地基土的湿陷性为主要目的时，宜选用素土挤密桩法。当以提高地基土的承载力或增强其水稳性为主要目的时，宜选用灰土挤密桩法。当地基土的含水量大于 24%、饱和度大于 65%时，不宜选用灰土挤密桩法或素土挤密桩法。

6.5.1 灰土桩地基

灰土挤密桩是利用锤击将钢管打入土中侧向挤密成孔，将管拔出后，在桩孔中分层回填 2∶8 或 3∶7 灰土夯实而成，与桩间土共同组成复合地基以承受上部荷载。

灰土挤密桩与其他地基处理方法比较有以下特点：灰土挤密桩成桩时为横向挤密，可同样达到所要求加密处理后的最大干密度指标，可消除地基土的湿陷性，提高承载力，降低压缩性；与换土垫层相比，不需大量开挖回填，可节省土方开挖和回填土方工程量，工期可缩短 50%以上；处理深度较大，可达 12～15m；可就地取材，应用廉价材料，降低工程造价 2/3；机具简单，施工方便，工效高。灰土挤密桩适于加固地下水位以上、天然含水量为 12%～25%、厚度为 5～15m 的新填土、杂填土、湿陷性黄土及含水率较大的软弱地基。当地基土含水量大于 23%及其饱和度大于 0.65 时，打管成孔质量不好，且易对邻近已回填的桩体造成破坏，拔管后容易缩颈，遇此情况时不宜采用灰土挤密桩。

灰土强度较高，桩身强度大于周围地基土，可以分担较大部分荷载，使桩间土承受的应力减小，而到深度 2～4m 以下则与土桩地基相似。一般情况下，如果为了消除地基湿陷性或提高地基的承载力或水稳性，降低压缩性，宜选用灰土桩。

1. 桩的构造和布置

(1) 桩孔直径。桩孔直径根据工程量、挤密效果、施工设备、成孔方法及经济等情况而定，一般选用 300～600mm。

（2）桩长。桩长根据土质情况、桩处理地基的深度、工程要求和成孔设备等因素确定，一般为5～15m。

（3）桩距和排距。桩孔一般按等边三角形布置，其间距和排距由设计确定。

（4）处理宽度。处理地基的宽度一般大于基础的宽度，由设计确定。

（5）地基的承载力和压缩模量。灰土挤密桩处理地基的承载力标准值，应由设计通过原位测试或结合当地经验确定。

灰土挤密桩地基的压缩模量应通过试验或结合本地经验确定。

2. 机具设备及材料要求

（1）成孔设备。成孔设备一般采用0.6t或1.2t柴油打桩机或自制锤击式打桩机，也可采用冲击钻机或洛阳铲成孔。

（2）夯实机具。常用夯实机具有偏心轮夹杆式夯实机和卷扬机提升式夯实机两种，后者在工程中应用较多。夯锤用铸钢制成，质量一般选用100～300kg，其竖向投影面积的静压力不小于20kPa。夯锤最大部分的直径应比桩孔直径小100～150mm，以便填料顺利通过夯锤四周。夯锤形状下端应为抛物线形锥体或尖锥形锥体，上段呈弧形。

（3）桩孔内的填料。桩孔内的填料应根据工程要求或处理地基的目的确定。在土料、石灰的质量要求和工艺要求、含水量控制等方面同灰土垫层。夯实质量应用压实系数 λ_c 控制，λ_c 应不小于0.97。

3. 施工工艺要点

（1）施工前应在现场进行成孔、夯填工艺和挤密效果试验，以确定分层填料厚度、夯击次数和夯实后干密度等要求。

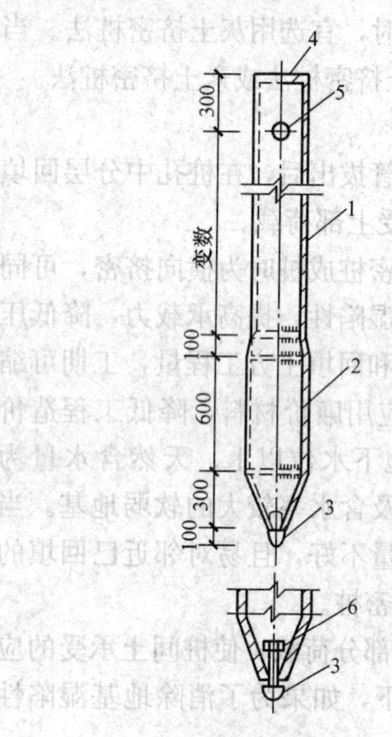

图6-13　桩管构造

1—10mm厚封头板（设 ϕ300排气孔）；2—ϕ45管焊于桩管内，穿M40螺栓；3—ϕ275无缝钢管；4—ϕ300×10无缝钢管；5—活动桩尖；6—重块

（2）桩施工时一般应先将基坑挖好，预留20～30cm厚的土层，然后在坑内施工灰土桩。桩的成孔方法可根据现场机具条件选用沉管（振动、锤击）法、爆扩法、冲击法或洛阳铲成孔法等。沉管法是用打桩机将与桩孔同直径的钢管打入土中，使土向孔的周围挤密，然后缓慢拔管成孔。桩管顶设桩帽，下端做成锥形（约成60°角），桩尖可以上下活动，以利空气流动，减少拔管时的阻力，避免坍孔，如图6-13所示。成孔后应及时拔出桩管，不应在土中搁置时间过长。成孔施工时，地基土的含水量宜接近最优含水量，当含水量低于12%时，宜加水增湿至最优含水量。该法简单易行，孔壁光滑平整，挤密效果好，应用最广；但处理深度受桩架限制，一般不宜超过8m。爆扩法是用钢钎打入土中形成直径为25～40mm的孔或用洛阳铲打成直径为60～80mm的孔，然后在孔中装入条形炸药卷和2～3个雷管，爆扩成直径为20～45cm的桩孔。该法工艺简单，但孔径不易控制。冲击法是使用冲击钻钻孔，将0.6～3.2t重的锥形锤头提升0.5～

2.0m 高后落下，反复冲击成孔，用泥浆护壁，直径可达 50～60cm，深度可达 15m 以上，适用于处理湿陷性较大的土层。

(3) 桩的施工顺序为应先外排后里排，同排内应间隔 1～2 孔进行；对大型工程可分段施工，以免因振动挤压造成相邻孔缩孔或塌孔。成孔后应清底夯实、夯平，夯实次数不应少于 8 击，并立即夯填灰土。

(4) 桩孔应分层回填夯实，每次回填厚度为 250～400mm，人工夯实时用质量为 25kg 带长柄的混凝土锤，机械夯实时用偏心轮夹杆或夯实机或卷扬机提升式夯实机（如图 6-14 所示），或链条传动摩擦轮提升连续式夯实机，一般落锤高度不小于 2m，每层夯实不少于 10 锤。施打时，逐层以量斗定量向孔内下料，逐层夯实。当采用连续夯实机时，将灰土用铁锹不间断地下料，每下 2 锹夯 2 击，均匀地向桩孔下料、夯实。桩顶应高出设计标高 15cm，挖土时将高出部分铲除。

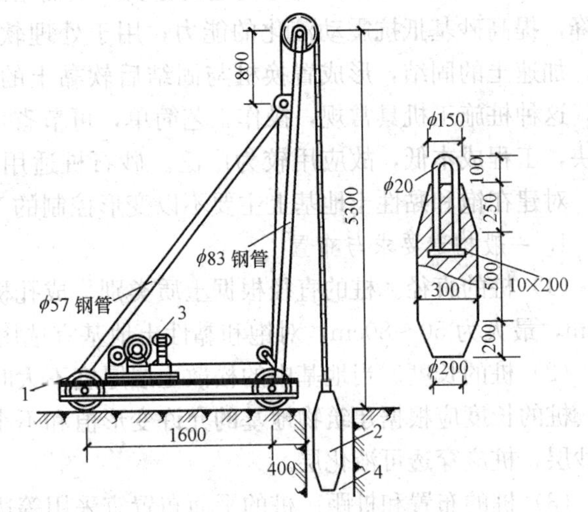

图 6-14　灰土桩夯实机构造（桩直径为 350mm）

1—机架；2—1t 卷扬机；3—铸钢夯锤，重 45kg；4—桩孔

(5) 当孔底出现饱和软弱土层时，可加大成孔间距，以防由于振动而造成已打好的桩孔内挤塞；当孔底有地下水流入时，可采用井点降水后再回填填料或向桩孔内填入一定数量的干砖渣和石灰，经夯实后再分层填入填料。

4. 质量控制

(1) 施工前应对土及灰土的质量、桩孔放样位置等进行检查。

(2) 施工中应对桩孔直径、桩孔深度、夯击次数、填料的含水量等进行检查。

(3) 施工结束后应对成桩的质量及地基承载力进行检验。

(4) 灰土挤密桩地基质量检验标准见表 6-10。

表 6-10　灰土挤密桩地基质量检验标准

项目	序号	检查项目	允许偏差或允许值		检查方法
			单位	数值	
主控项目	1	桩长	mm	±50	测桩管长度或用垂球测孔深
	2	地基承载力	设计要求		按规范方法
	3	桩体及桩间土干密度	设计要求		现场取样检查
	4	桩径	mm	−20	用钢尺量
一般项目	1	土料有机质含量	%	<5	试验室焙烧法
	2	石灰粒径	mm	<5	筛分法
	3	桩位偏差	≤0.4d		用钢尺量
	4	垂直度	%	<1.5	用经纬仪测桩管
	5	桩径	mm	−20	用钢尺量

注　桩径允许偏差是指个别断面。

6.5.2 砂石桩地基

砂桩和砂石桩统称砂石桩，是指用振动、冲击或水冲等方式在软弱地基中成孔后，再将砂或砂卵石（或砾石、碎石）挤压入土孔中，形成大直径的砂或砂卵石（碎石）所构成的密实桩体，它是处理软弱地基的一种常用方法。这种方法经济、简单且有效。对于松砂地基，可通过挤压、振动等作用使地基达到密实，从而增加地基承载力，降低孔隙比，减少建筑物沉降，提高砂基抵抗震动液化的能力；用于处理软黏土地基，可起到置换和排水砂井的作用，加速土的固结，形成置换桩与固结后软黏土的复合地基，显著提高地基抗剪强度；而且，这种桩施工机具常规，操作工艺简单，可节省水泥、钢材，就地使用廉价地方材料，速度快，工程成本低，故应用较为广泛。砂石桩适用于挤密松散砂土、素填土和杂填土等地基，对建在饱和黏性土地基上主要不以变形控制的工程，也可采用砂石桩作置换处理。

1. 一般构造要求与布置

(1) 桩的直径。桩的直径根据土质类别、成孔机具设备条件和工程情况等而定，一般为30cm，最大为50～80cm，对饱和黏性土地基宜选用较大的直径。

(2) 桩的长度。当地基中的松散土层厚度不大时，桩可穿透整个松散土层；当厚度较大时，桩的长度应根据建筑物地基的允许变形值和不小于最危险滑动面的深度来确定；对于液化砂层，桩应穿透可液化层。

(3) 桩的布置和桩距。桩的平面布置宜采用等边三角形或正方形。桩距应通过现场试验确定，但不宜大于砂石桩直径的4倍。

(4) 处理宽度。挤密地基的宽度应超出基础的宽度，每边放宽不应少于1～3排；用砂石桩防止砂层液化时，每边放宽不宜小于处理深度的1/2，并且不应小于5m。当可液化层上覆盖有厚度大于3m的非液化层时，每边放宽不宜小于液化层厚度的1/2，并且不应小于3m。

(5) 垫层。在砂石桩顶面应铺设30～50cm厚的砂或砂砾石（碎石）垫层，满布于基底并予以压实，以起扩散应力和排水的作用。

(6) 地基的承载力和变形模量。砂石桩处理的复合地基承载力和变形模量可按现场复合地基荷载试验确定，也可用单桩和桩间土的荷载试验确定。

2. 机具设备及材料要求

(1) 振动沉管打桩机或锤击沉管打桩机的配套机具有桩管、吊斗、1t机动翻斗车等。

(2) 桩填料用天然级配的中砂、粗砂、砾砂、圆砾、角砾、卵石或碎石等，含泥量不大于5%，并且不宜含有粒径大于50mm的颗粒。

3. 施工工艺要点

(1) 打砂石桩时地基表面会产生松动或隆起，砂石桩的施工标高要比基础底面高1～2m，以便在开挖基坑时消除表层松土；如基坑底仍不够密实，可辅以人工夯实或机械碾压。

(2) 砂石桩的施工顺序，应从外围或两侧向中间进行，如砂石桩间距较大，也可逐排进行，以挤密为主的砂石桩同一排应间隔进行。

(3) 砂石桩的成桩工艺有振动成桩法和锤击成桩法两种。

1) 振动成桩法。振动成桩法是采用振动沉桩机将与带活瓣桩尖的砂石桩同直径的钢管沉下，往桩管内灌砂石后，边振动边缓慢拔出桩管；或在振动拔管的过程中，每拔0.5m高停拔振动20～30s；或将桩管压下后再拔，以便将落入桩孔内的砂石压实，并可使桩径扩大。振动力以 30～70kN 为宜，不应太大，以防过分扰动土体。拔管速度应控制在 1.0～1.5m/min。打直径为 500～700mm 的砂石桩时，通常使用大吨位 KM2-1200A 型振动打桩机（如图 6-15 所示）施工，因其振动方向是垂直的，故桩径扩大有限。该法机械化、自动化水平和生产效率较高（150～200m/d），适用于松散砂土和软黏土。

2）锤击成桩法。锤击成桩法是将带有活瓣桩靴或混凝土桩尖的桩管用锤击沉桩机打入土中，往桩管内灌砂后缓慢拔出，或在拔出的过程中低锤击管，或将桩管压下再拔，砂石从桩管内排入桩孔成桩并使其密实。由于桩管对土有冲击力作用，使得桩周围的土被挤密，并使桩径向外扩展。但拔管不能过快，以免形成中断、缩颈而造成事故。对特别软弱的土层，也可采用二次打入桩管灌砂石工艺，形成扩大砂石桩。如缺乏锤击沉管机，也可采用蒸汽锤、落锤或柴油打桩机沉桩管，另配一台起重机拔管。该法适用于软弱黏性土。

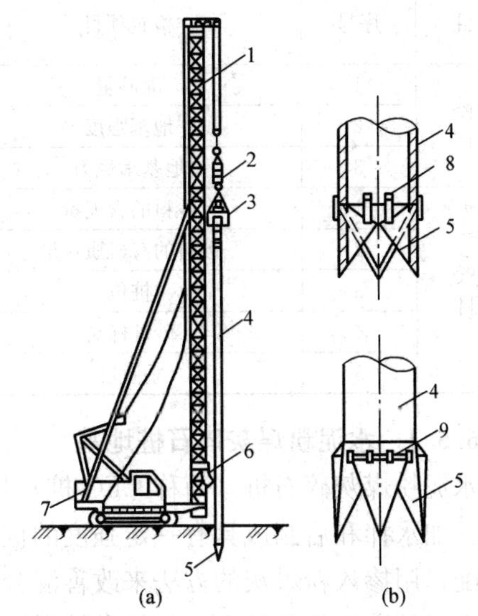

图 6-15 振动打桩机打砂石桩

（a）振动打桩机沉桩；（b）活瓣桩靴

1—桩机导架；2—减振器；3—振动锤；4—桩管；5—装砂石下料斗；6—活瓣桩尖；7—机座；8—活门开启限位装置；9—锁轴

（4）施工前应进行成桩挤密试验，桩数宜为 7～9 根。振动法应根据沉管和挤密情况，确定填砂石量、提升高度和速度、挤压次数和时间、电动机工作电流等，作为控制质量的标准，以保证挤密均匀和桩身的连续性。

（5）灌砂石时应对含水量加以控制。对饱和土层，砂石可采用饱和状态；对非饱和土或杂填土，或能形成直立的桩孔壁的土层，含水量可采用 7%～9%。

（6）砂石桩应控制填砂石量。砂石桩孔内的填砂石量可按下式计算

$$S=\frac{A_{p}ld_{s}}{1+e}(1+0.01w) \tag{6-1}$$

式中：S 为填砂石量（以质量计）；A_p 为砂石桩的截面面积（m^2）；l 为桩长（m）；d_s 为砂石料的相对密度；e 为地基挤密后要求达到的孔隙比；w 为砂石料的含水量（%）。

砂桩的灌砂量通常按桩孔的体积和砂在中密状态时的干密度计算（一般取 2 倍桩管入土体积）。砂石桩实际灌砂石量（不包括水重）不得少于设计值的 95%。如发现砂石量不够或砂石桩中断等情况，可在原位进行复打灌砂石。

4. 质量控制

（1）施工前应检查砂、砂石料的含泥量及有机质含量、样桩的位置等。

（2）施工中检查每根砂桩和砂石桩的桩位、灌砂、砂石量、标高、垂直度等。

（3）施工结束后检查被加固地基的强度（挤密效果）和承载力。桩身及桩与桩之间土的挤密质量可用标准贯入、静力触探或动力触探等方法检测，以不小于设计要求的数值为合格。桩间土质量的检测位置应在等边三角形或正方形的中心。

(4) 应在完成施工一段时间后才可进行质量检验，对饱和黏性土，应待超孔隙水压基本消散后进行，间隔时间宜为1～2周；对其他土可在施工后2～3d进行。

(5) 砂桩、砂石桩地基的质量检验标准见表6-11。

表6-11 砂桩、砂石桩地基的质量检验标准

项目	序号	检查项目	允许偏差或允许值		检查方法
			单位	数值	
主控项目	1	灌砂量	%	≥95	实际用砂量与计算体积比
	2	地基强度	设计要求		按规定方法
	3	地基承载力	设计要求		按规定方法
一般项目	1	砂料的含泥量	%	≤3	试验室测定
	2	砂料的有机质含量	%	≤5	焙烧法
	3	桩位	mm	≤50	用钢尺量
	4	砂桩标高	mm	±150	水准仪
	5	垂直度	%	≤1.5	经纬仪检查桩管垂直度

6.5.3 水泥粉煤灰碎石桩地基

水泥粉煤灰碎石桩（简称CFG桩）是在碎石桩的基础上掺入适量石屑、粉煤灰和少量水泥，加水拌和后制成具有一定强度的桩体。其骨料仍为碎石，用掺入石屑的方法来改善颗粒级配；用掺入粉煤灰的方法来改善混合料的和易性，并利用其活性减少水泥用量；用掺入少量水泥的方法使其具有一定的黏结强度。它不同于碎石桩，碎石桩是由松散的碎石组成，它在荷载的作用下会产生鼓胀变形，当桩周围土为强度较低的软黏土时，桩体易产生鼓胀破坏，并且碎石桩仅在上部约3倍桩径长度的范围内传递荷载，超过此长度后再增加桩长，承载力也不会显著提高。由此可知，碎石桩加固黏性土地基时，承载力提高的幅度不大（20%～60%）。而CFG桩是一种低强度混凝土桩，可充分利用桩间土的承载力共同作用，并可传递荷载到深层地基中去，具有较好的技术性能和经济效果。

CFG桩的特点是：改变桩长、桩径、桩距等设计参数，可使承载力在较大范围内调整；有较高的承载力，承载力的提高幅度为250%～300%，对软土地基承载力提高更大；沉降量小，变形稳定快，如将CFG桩落在较硬的土层上，可较严格地控制地基沉降量（在10mm以内）；工艺性好，由于大量采用粉煤灰，桩体材料具有良好的流动性与和易性，灌注方便，易于控制施工质量；可节约大量水泥、钢材，利用工业废料，消耗大量粉煤灰，降低工程费用，与预制钢筋混凝土桩加固相比，可节省投资30%～40%。

CFG桩适用于多层和高层建筑地基，如砂土、粉土、松散填土、粉质黏土、黏土、淤泥质黏土等处理。

1. 构造要求

(1) 桩径。桩径根据振动沉桩机的管径大小而定，一般为350～400mm。

(2) 桩距。桩距根据土质、布桩形式、场地情况选用。

(3) 桩长。桩长根据需挤密加固深度而定，一般为6～12m。

2. 机具设备

CFG桩成孔、灌注一般采用振动式沉管打桩机架（配DZJ90型变矩式振动锤），主要技术参数：电动机功率为90kW；激振力为0～747kN；质量为6700kg；可根据现场土质情况和设

计要求的桩长、桩径，选用其他类型的振动锤；也可采用履带式起重机、走管式或轨道式打桩机（配有挺杆、桩管）。此外，还需配置混凝土搅拌机、电动气焊设备、手推车、吊斗等机具。

3. 材料要求及配合比

（1）碎石。碎石粒径为20～50mm，松散密度为1.39t/m³，杂质含量小于5%。

（2）石屑。石屑粒径为2.5～10mm，松散密度为1.47t/m³，杂质含量小于5%。

（3）粉煤灰。用Ⅲ级粉煤灰。

（4）水泥。用强度等级为32.5的普通硅酸盐水泥，要求新鲜无结块。

（5）混合料配合比。混合料配合比根据拟加固场地的土质情况及加固后要求达到的承载力而定。水泥、粉煤灰、碎石混合料的配合比相当于抗压强度为C1.2～C7的低强度等级混凝土，密度大于2.0t/m³。在最佳石屑率（石屑量与碎石和石屑总质量之比）约为25%的情况下，当w/c（水与水泥用质量之比）为1.01～1.47，F/c（粉煤灰与水泥质量之比）为1.02～1.65时，混凝土的抗压强度为1.42～8.80MPa。

4. 施工工艺要点

（1）CFG桩施工工艺流程如图6-16所示。

（2）桩施工程序为：桩机就位→沉管至设计深度→停振下料→振动捣实后拔管→留振10s→振动拔管、复打。应考虑隔排隔桩跳打，新打桩与已打桩的间隔时间不应少于7d。

（3）桩机就位须平整、稳固，沉管与地面保持垂直，垂直度偏差不大于1.5%；如带预制混凝土桩尖，则需埋入地面以下300mm。

（4）在沉管过程中用料斗在空中向桩管内投料，待沉管至设计标高后须尽快投料，直至混合料与钢管上部投料口齐平。如上料量不够，可在拔管过程中继续投料，以保证成桩标高、密实度要求。混合料应按设计配合比配制，投入搅拌机加水拌和，搅拌时间不少于2min，加水量由混合料坍落度控制，一般坍落度为30～50mm；成桩后桩顶浮浆厚度一般不超过200mm。

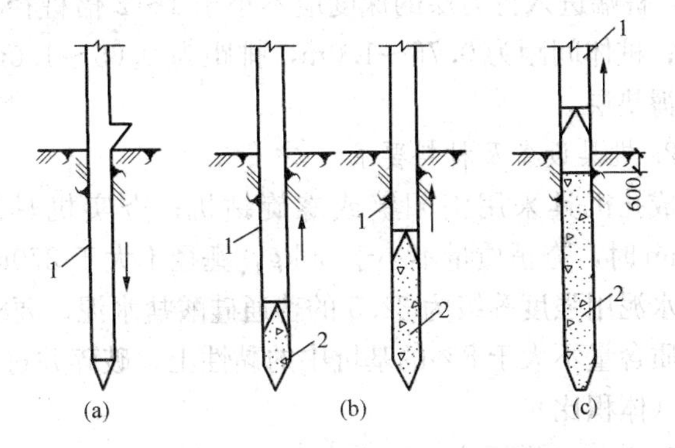

图6-16　CFG桩施工工艺流程

（a）打入桩管；（b）灌水泥、粉煤灰、碎石振动拔管；（c）成桩

1—桩管；2—水泥、粉煤灰、碎石桩

（5）当混合料加至钢管投料口齐平后，沉管在原地留振10s左右，即可边振动边拔管，拔管速度控制在1.2～1.5m/min，每提升1.5～2.0m，留振20s。桩管拔出地面，确认成桩符合设计要求后，用粒状材料或黏土封顶。

（6）桩体经7d达到一定强度后，才可进行基槽开挖；如桩顶离地面1.5m以内，宜用人工开挖；如大于1.5m，下部700mm宜用人工开挖，以避免损坏桩头部分。为使桩与桩间土更好地共同工作，宜在基础下铺一层150～300mm厚的碎石或灰土垫层。

5. 质量控制

（1）施工质量检验包括检查施工记录、混合料坍落度、桩数、桩位偏差、褥垫层厚度、夯填度和桩体试块抗压强度。

(2) 竣工验收时，水泥粉煤灰碎石桩复合地基承载力检验应采用复合地基静荷载试验和单桩静荷载试验。

(3) 承载力检验宜在施工结束28d后进行，其桩身强度应满足试验荷载条件；复合地基静荷载试验和单桩静荷载试验的数量不应少于总桩数的1%，且每个单体工程的复合地基静荷载试验的试验数量不应少于3点。

(4) 采用低应变动力试验检测桩身完整性，检查数量不低于总桩数的10%。

6.5.4 夯实水泥土复合地基

夯实水泥土复合地基是用洛阳铲或螺旋钻机成孔，在孔中分层填入水泥、土混合料，经夯实成桩，与桩间土共同组成复合地基。

夯实水泥土复合地基具有提高地基承载力（50%～100%），降低压缩性；材料易于解决；施工机具设备、工艺简单，施工方便，工效高，地基处理费用低等优点。它适用于加固地下水位以上，天然含水量为12%～23%、厚度在10m以内的新填土、杂填土、湿陷性黄土及含水率较大的软弱土地基。

1. 桩的构造与布置

桩孔直径根据设计要求、成孔方法及技术经济效果等情况而定，一般选用300～500mm；桩长根据土质情况、处理地基的深度和成孔工具设备等因素确定，一般为3～10m，桩端进入持力层的深度应不小于1～2倍桩径。桩多采用条基（单排或双排）或满堂布置；桩体间距为0.75～1.0m，排距为0.65～1.0m；在桩顶铺设150～200mm厚的3：7灰土褥垫层。

2. 机具设备及材料要求

成孔机具采用洛阳铲或螺旋钻机；夯实机具采用偏心轮夹杆式夯实机。当桩径为330mm时，夯锤质量不小于60kg，锤径不大于270mm，落距不小于700mm。

水泥用强度等级为32.5的普通硅酸盐水泥，要求新鲜无结块；土料应用不含垃圾杂物，有机质含量不大于8%的基坑中的黏性土，破碎并过20mm孔筛。水泥土拌和料的配合比为1：7（体积比）。

3. 施工工艺要点

(1) 施工前应在现场进行成孔、夯填工艺和挤密效果试验，以确定分层填料厚度、夯击次数和夯实后桩体干密度要求。

(2) 夯实水泥土桩的工艺流程为：场地平整→测量放线→基坑开挖→布置桩位→第一批桩梅花形成孔→水泥、土料拌和→填料并夯实→剩余桩成孔→水泥、土料拌和→填料并夯实→养护→检测→铺设灰土褥垫层。

(3) 按设计顺序定位放线，严格布置桩孔，并记录布桩的根数，以防止遗漏。

(4) 采用人工洛阳铲或螺旋钻机成孔时，按梅花形布置并及时成桩，以避免大面积成孔后，再成桩。由于夯机自重和夯锤的冲击，地表水易灌入孔内而造成塌孔。

(5) 回填拌和料的配合比应用量斗计量准确，拌和均匀；含水量控制应以手握成团，落地散开为宜。

(6) 向孔内填料前，先夯实孔底，采用"二夯一填"的连续成桩工艺。每根桩要求一气呵成，不得中断，防止出现松填或漏填现象。桩身密实度要求成桩1h后，击数不小于30击，用轻便触探检查"检定击数"。

(7) 其他施工工艺要点及注意事项同灰土桩地基有关部分。

4. 质量控制

(1) 水泥及夯实用土料的质量应符合设计要求。

(2) 施工中应检查孔位、孔深、水泥和土的配比、混合料含水量等。

(3) 施工结束后，应对桩体质量及复合地基承载力做试验，褥垫层应检查其夯填度。

(4) 夯实水泥土桩的质量标准应符合表6-12的要求。

表6-12　　夯实水泥土桩的质量标准

项目	序号	检查项目	允许偏差或允许值		检查方法
			单位	数值	
主控项目	1	桩径	mm	−20	用钢尺量
	2	桩长	mm	+500	测桩机深度
	3	桩体干密度	设计要求		现场取样检查
	4	地基承载力	设计要求		按规定办法
一般项目	1	土料有机质含量	%	≤5	焙烧法
	2	含水量（与最优含水量比）	%	±2	烘干法
	3	土料粒径	mm	≤20	筛分法
	4	桩位偏差	满堂布桩≤0.40D 条基布桩≤0.25D		用钢尺量，D为桩径
	5	水泥质量	设计要求		查产品合格证书或抽样送检
	6	桩孔垂直度	%	≤1.5	用经纬仪测桩管
	7	褥垫层夯填度	≤0.9		用钢尺量

6.5.5　振冲地基

振冲地基，又称振冲桩复合地基，是以起重机吊起振冲器，启动潜水电动机带动偏心块，使振冲器产生高频振动，同时开动水泵，通过喷嘴喷射高压水成孔，然后分批填以砂石骨料形成一根根桩体，桩体与原地基构成的复合地基。振冲地基法是提高地基承载力，减小地基沉降和沉降差的一种快速、经济有效的加固方法。该法具有技术可靠、机具设备简单、操作技术易于掌握、施工简便、省三材（钢材、木材、水泥）、加固速度快、地基承载力高等特点。其施工要点如下：

(1) 施工前应先在现场进行振冲试验，以确定成孔合适的水压、水量、成孔速度、填料方法，达到土体密实时的密实电流值、填料量和留振时间。

(2) 振冲前，应按设计图定出冲孔的中心位置并编号。

(3) 启动水泵和振冲器，使振冲器以1～2m/min的速度徐徐沉入土中。每沉入0.5～1.0m，宜留振5～10s进行扩孔，待孔内泥浆溢出时再继续沉入。当下沉达到设计深度时，振冲器应在孔底适当停留并减小射水压力，以便排除泥浆进行清孔。如此往复1～2次，使孔内泥浆变稀，排泥清孔1～2min后，将振冲器提出孔口。

(4) 成桩的操作过程。成孔后，先将振冲器提出孔口，从孔口往下填料，然后下降振冲器至填料中进行振密，待密实电流达到规定的数值时将振冲器提出孔口，如此自下而上反复进行直至孔口时，成桩操作即告完成，如图6-17所示。

(5) 振冲桩施工时桩顶部约1m范围内的桩体密实度难以保证，一般应予挖除，另做地基，或用振动碾压使之压实。

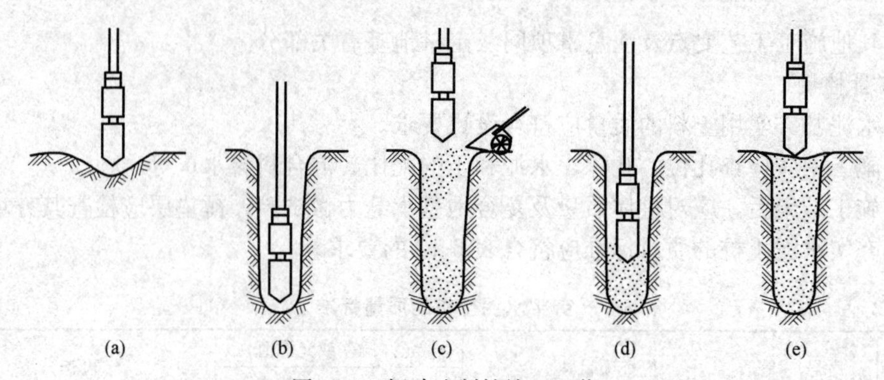

图 6-17 振冲法制桩施工工艺

(a) 定位；(b) 振冲下沉；(c) 加填料；(d) 振密；(e) 成桩

6.6 注浆地基

6.6.1 水泥注浆地基

水泥注浆地基是将水泥浆通过压浆泵、灌浆管均匀地注入土体中，以填充、渗透和挤密等方式驱走岩石裂隙中或土颗粒间的水分和气体，并填充其位置，硬化后将岩土胶结成一个整体，形成一个强度大、压缩性低、抗渗性高和稳定性良好的新的岩土体，从而使地基得到加固。水泥注浆地基可以防止或减少渗透和不均匀的沉降，在建筑工程中的应用较为广泛。

水泥注浆法的特点是：能与岩土体结合形成强度高、渗透性小的结石体；取材容易，配方简单，操作易于掌握；无环境污染，价格便宜等。

水泥注浆适用于软黏土、粉土、新近沉积黏性土、砂土提高强度的加固和渗透系数大于2～10cm/s的土层的止水加固，以及已建工程局部松软地基的加固。

1. 机具设备

灌浆设备主要是压浆泵，其选用原则是：能满足灌浆压力的要求，一般为1.2～1.5倍；能满足岩土吸浆量的要求；压力稳定，能保证安全可靠地运转；机身轻便，结构简单，易于组装、拆卸、搬运。水泥压浆泵多用泥浆泵或砂浆泵代替。国产泥浆泵、砂浆泵类型较多，常用于灌浆的有BW-250/50型、TBW-200/40型、TBW-250/40型、NSB-100/30型泥浆泵及100/15（C-232）型砂浆泵等。配套机具有搅拌机、灌浆管、阀门、压力表等；此外，还有钻孔机等机具设备。

2. 材料要求及配合比

（1）水泥。用强度等级为42.5的普通硅酸盐水泥；在特殊条件下也可使用矿渣水泥、火山灰质水泥或抗硫酸盐水泥，要求新鲜无结块。

（2）水。一般用饮用淡水，不应采用含硫酸盐大于0.1%、氯化钠大于0.5%及含过量糖、悬浮物质、碱类的水。

灌浆一般用净水泥浆，常用水灰比为1∶1～8∶1；如要求快凝，可采用快硬水泥或在水中掺入水泥用量为1%～2%的氯化钙；如要求缓凝，可掺加水泥用量为0.1%～0.5%的木质素磺酸钙；也可掺加其他外加剂以调节水泥浆的性能。对裂隙或孔隙较大、可灌性好的地层，可在浆液中掺入适量的细砂，或粉煤灰比例为1∶0.5～1∶3，以节约水泥，并可减少收缩。对不以提高固结强度为主的松散土层，也可在水泥浆中掺加细粉质黏土配成水泥黏土浆。灰泥比为 1∶（3～8）（水泥∶土，体积比）时，可以提高浆液的稳定性，防止沉淀和析水，使填充更加密实。

3. 施工工艺要点

（1）高压喷射注浆法地基施工。高压喷射注浆法就是利用钻机把带有喷嘴的注浆管钻入（或置入）至土层预定的深度，以 20～40MPa 的压力把浆液或水从喷嘴中喷射出来，形成喷射流冲击破坏土层及预定形状的空间，当能量大、速度快和脉动状的喷射流的动压力大于土层结构强度时，土颗粒便从土层中剥落下来，一部分细粒土随浆液或水冒出地面，其余土颗粒在射流的冲击力、离心力和重力等作用下，与浆液搅拌混合，并按一定的浆土比例和质量大小，有规律地重新排列。这样注入的浆液将冲下的部分土混合凝结成加固体，从而达到加固土体的目的。该法具有增大地基强度，提高地基承载力，止水防渗，减小支挡结构物的土压力，防止砂土液化和降低土的含水量等多种功能。其施工顺序为：开始钻进→钻进结束→高压喷射注浆开始→边旋转边提升→喷射完毕，桩体形成，如图 6-18 所示。

高压喷射注浆法的注浆形式分为旋转喷射注浆（旋喷）、定向喷射注浆（定喷）和在某一角度范围内摆动喷射注浆（摆喷）三种。其中，旋喷喷射注浆形成的水泥土加固体呈圆柱状，称旋喷桩。

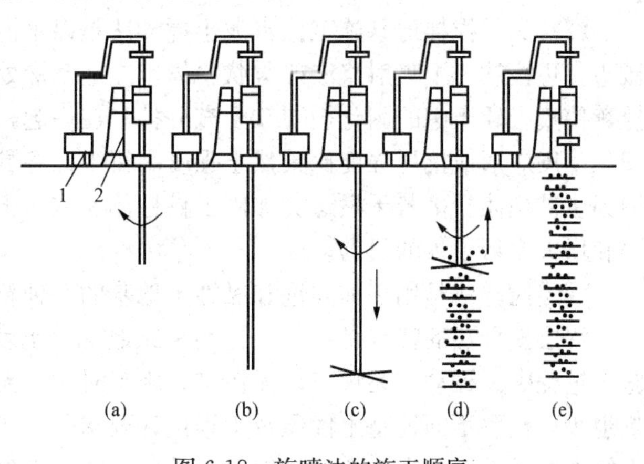

图 6-18　旋喷法的施工顺序

（a）钻进；（b）钻进结束；（c）高压喷射注浆；（d）边旋转边提升；（e）桩体形成

1—超高压力水泵；2—钻机

高压喷射注浆法适用于淤泥、淤泥质土、黏性土、粉土、黄土、砂土、人工填土和碎石等地基。当土中含有较多的大粒径块石、坚硬黏性土、大量植物根茎或过多的有机质时，应根据现场试验结果确定其适用程度。

高压喷射注浆法的施工工艺流程如图 6-19 所示。操作要点如下：

1）钻机就位。钻机需平置于牢固坚实的地方，钻杆（注浆管）对准孔位中心，偏差不超过 10cm，打斜管时需按设计调整钻架角度。

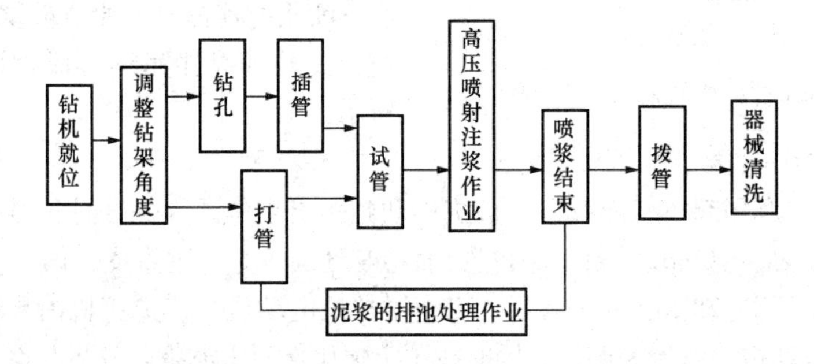

图 6-19　高压喷射注浆法的施工工艺流程

2）钻孔下管或打管。钻孔的目的是将注浆管顺利置入预定位置，可先钻孔后下管，也可直接打管，在下（打）管过程中，需防止管外泥沙或管内的小块水泥浆堵塞喷嘴。

3）试管。当注浆管置入土层预定深度后应用清水试压，若注浆设备和高压管路安全正常，则可搅拌制作水泥浆，开始高压喷射注浆作业。

4）高压喷射注浆作业。浆液的材料、种类和配合比要视加固对象而定，在一般情况下，水泥浆的水灰比为1∶2～1∶1，若用以改善灌注桩的桩身质量，则应减小水灰比或采用化学浆。高压射浆自上而下连续进行，注意检查浆液的初凝时间、注浆流量、风量、压力、旋转和提升速度等参数，应符合设计要求。喷射压力高即射流能量大、加固长度大、效果好，若提升速度和旋转速度适当降低，则加固长度会随之增加。在射浆过程中参数可随土质的不同而改变，若参数一直不变，则容易使浆量增大。

5）喷浆结束与拔管。喷浆由下而上至设计高度后，拔出喷浆管，喷浆即告结束。把浆液填入注浆孔中，将多余的清除掉，为了防止浆液凝固时发生收缩，拔管要及时，切不可久留孔中，否则浆液凝固后将不能被拔出。

6）浆液冲洗。当喷浆结束后，应立即清洗高压泵、输浆管路、注浆管及喷头。

（2）深层搅拌地基施工。水泥土搅拌法是以水泥作为固化剂的主剂，通过特制的搅拌机械边钻边往软土中喷射浆液或雾状粉体，在地基深处将软土和固化剂（浆液或粉体）强制搅拌，使喷入软土中的固化剂与软土充分拌和在一起，利用固化剂和软土之间产生的一系列物理化学反应形成抗压强度比天然土强度高得多，并具有整体性、水稳定性和一定强度的水泥加固土桩柱体，由若干根这类加固土桩柱体和桩间土构成复合地基，从而达到提高地基承载力和增大变形模量的目的。

深层搅拌法是用于加固饱和黏性土地基的一种新技术。

深层搅拌法的特点是：将固化剂和原地基软土就地搅拌混合，最大限度地利用了原土；施工过程中无振动、无噪声、无污染；施工时对土无侧向挤压，因而对周围既有建筑物的影响很小；按照不同地基土性质及工程设计要求，合理选择固化剂及其配方，设计比较灵活；土体加固后重度基本不变，对软弱下卧层不致产生附加沉降；根据上部结构的需要，可灵活地采用柱状、壁状、格栅状和块状等加固体（这些加固体与天然地基形成复合地基，共同承担建筑物的荷载）；可有效地提高地基承载力；施工工期较短，造价低廉，效益显著。

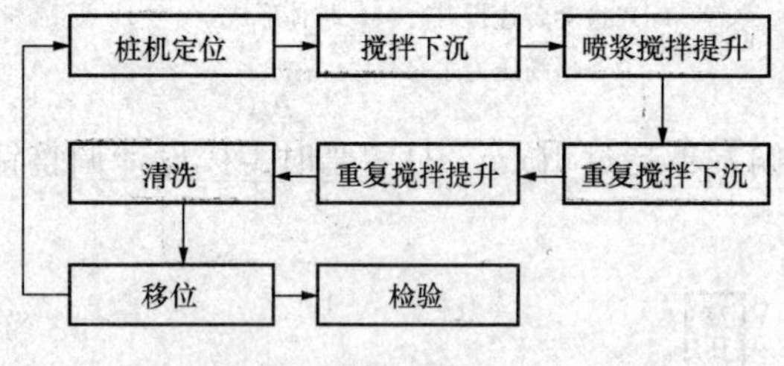

图 6-20　深层搅拌法的施工工艺流程

深层搅拌法的施工工艺流程如图 6-20 所示，施工过程为：定位下沉→沉入到设计深度→喷浆搅拌提升→原位重复搅拌下沉→重复搅拌提升→搅拌完毕形成加固体，如图 6-21 所示。

深层搅拌法的操作要点如下：

1）桩机定位。利用起重机或绞车将桩机移动到指定桩位。为保证桩位准确，必须使用定位卡，桩位偏差不大于 50mm，导向架和搅拌轴应与地面垂直，垂直度的偏差不应超过 1.5%。

2）搅拌下沉。当冷却水循环正常后，启动搅拌机电动机，使搅拌机沿导向架切土搅拌下沉，下沉速度由电动机的电流表监控；同时按预定配比拌制水泥浆，并将其倒入集料斗备喷。

3）喷浆搅拌提升。搅拌机下沉到设计深度后，开启灰浆泵，使水泥浆连续自动喷入地基，并保持出口压力为 0.4～0.6MPa，搅拌机边旋转边喷浆边按已确定的速度提升，直至设计要求的桩顶标高。搅拌头如被软黏土包裹，应及时清除。

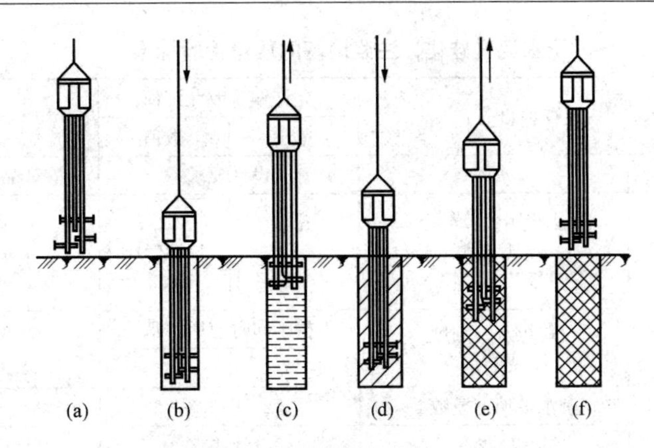

图 6-21　深层搅拌法的施工过程

(a) 定位下沉；(b) 沉入到设计深度；(c) 喷浆搅拌提升；(d) 原位重复搅拌下沉；
(e) 重复搅拌提升；(f) 搅拌完毕形成加固体

4）重复搅拌下沉。为使土中的水泥浆与土充分搅拌均匀，再次将搅拌机边旋转边沉入土中，直到设计深度。

5）重复搅拌提升。将搅拌机边旋转边提升，再次至设计要求的桩顶标高，并上升至地面，制桩完毕。

6）清洗。向已排空的集料斗注入适量清水，开启灰浆泵清洗管道，直至基本干净，同时将黏附于搅拌头上的土清洗干净。

7）移位。重复上述步骤 1)～步骤 6)，进行下根桩的施工。

(3) 施工注意事项，有以下几点：

1）所使用的水泥浆应过筛，制备好的浆液不得离析，泵送必须连续。

2）喷浆量及搅拌深度必须采用经国家计量部门认证的检测仪器自动记录。

3）当水泥浆液到达出浆口后，应喷浆搅拌 30s，在水泥浆与桩端土充分搅拌后，再开始提升搅拌头。

4）施工中因故停浆时，应将搅拌头下沉至停浆点以下 0.5m 处，待恢复供浆时再喷浆搅拌提升。

4. 质量控制

(1) 施工前应检查有关技术文件（注浆点位置、浆液配比、注浆施工技术参数、检测要求等），对有关浆液组成材料的性能及注浆设备进行检查。

(2) 施工中应经常抽查浆液的配比及主要性能指标、注浆的顺序、注浆过程中的压力控制等。

(3) 施工结束后应检查注浆体强度、承载力等。检查孔数为总量的2%～5%，若不合格率大于或等于 20%则应进行 2 次注浆。检验应在 15d（对砂土、黄土）或 60d（对黏性土）进行。

(4) 水泥注浆地基的质量检验标准见表 6-13。

6.6.2　硅化注浆地基

硅化注浆地基是将以硅酸钠（水玻璃）为主剂的混合溶液（或水玻璃水泥浆）通过注浆管均匀地注入地层，浆液赶走土粒间或岩土裂隙中的水分和空气，并将岩土胶结成一整体，形成强度较大、防水性能较好的结石体，从而使地基得到加强，该法也称硅化注浆法或硅化法。

表 6-13　　水泥（硅化）注浆地基的质量检验标准

项目	序号	检查项目		允许偏差或允许值		检查方法
				单位	数值	
主控项目	1	原材料检验	水泥	设计要求		查产品合格证书或抽样送检
		原材料检验	注浆用砂：粒径 细度模数 含泥量及有机物含量	mm %	＜2.5 ＜2.0 ＜3	试验室试验
		原材料检验	粉煤灰：细度 烧失量	不粗于同时使用的水泥 %	 ＜3	试验室试验
		原材料检验	水玻璃：模数	2.5～3.3		抽样送检
		原材料检验	其他化学浆液	设计要求		查出厂质保书或抽样送检
	2	注浆体强度		设计要求		取样检验
	3	地基承载力		设计要求		按规定的方法
一般项目	1	各种注浆材料称量误差		%	＜3	抽查
	2	注浆孔位		mm	±20	用钢尺量
	3	注浆孔深		mm	±100	量测注浆管长度
	4	注浆压力（与设计参数比）		%	±10	检查压力表读数

1. 硅化法分类

硅化法根据浆液注入的方式分为压力硅化法、电动硅化法和加气硅化法三类。

(1) 压力硅化法。压力硅化根据溶液的不同，又可分为压力双液硅化、压力单液硅化和压力混合液硅化三种。

1) 压力双液硅化法。它是将水玻璃与氯化钙溶液用泵或压缩空气通过注液管轮流压入土中，溶液接触反应后生成硅胶，将土的颗粒胶结在一起，使其具有强度和不透水性。氯化钙溶液的作用主要是加速硅胶的形成，其反应式为

$$Na_2O \cdot nSiO_2 + CaCl_2 + mH_2O \rightarrow nSiO_2 \cdot (m-1)H_2O + Ca(OH)_2 + 2NaCl$$

2) 压力单液硅化法。它是将水玻璃单独压入含有盐类（如黄土）的土中，同样使水玻璃与土中钙盐起反应生成硅胶，将土粒胶结，其反应式为

$$Na_2O \cdot nSiO_2 + CaSO_4 + mH_2O \rightarrow nSiO_2 \cdot (m-1)H_2O + Na_2SO_4 + Ca(OH)_2$$

3) 压力混合液硅化法。它是将水玻璃和铝酸钠混合液一次压入土中，水玻璃与铝酸钠反应，生成硅胶和硅酸铝盐的凝胶物质，黏结砂土，起到加固和堵水作用，其反应式为

$$3(Na_2O \cdot nSiO_2) + Na_2OAl_2O_3 \rightarrow Al(SiO_3)_3 + 3(n-1)SiO_2 + 4Na_2O$$

(2) 电动硅化法。电动硅化法又称电动双液硅化法、电化学加固法，是在压力双液硅化法的基础上设置电极通入直流电，经过电渗作用扩大溶液的分布半径。施工时，把有孔灌浆液管作为阳极，铁棒作为阴极（也可用滤水管进行抽水），将水玻璃和氯化钙溶液先后由阳极压入土中，通电后，孔隙水由阳极流向阴极，而化学溶液也随之渗流分布于土的孔隙中，经化学反应后生成硅胶，经过电渗作用还可以使硅胶部分脱水，加速加固过程，并增加其强度。

(3) 加气硅化法。它是先在地基中注入少量二氧化碳（CO_2），使土中空气部分被 CO_2 所取代，从而使土体活化，然后将水玻璃压入土中，其后又灌入 CO_2，由于碱性水玻璃溶液强烈地吸收 CO_2 形成自真空作用，促使水玻璃溶液在土中能够均匀分布，并渗透到土的微孔隙中，使 95%～97%的孔隙被硅胶所填充，在土中起到胶结作用，从而使地基得到加固，

加气硅化的化学反应方程式为

$$Na_2SiO_3 + 2CO_2 + nH_2O \rightarrow SiO_2 \cdot nH_2O + 2NaHCO_3$$

硅化法设备工艺简单，使用机动灵活，技术易于掌握，加固效果好，可提高地基强度，消除土的湿陷性，降低压缩性。根据检测，双液硅化砂土的抗压强度可达 1.0～5.0MPa；单液硅化黄土的抗压强度可达 0.6～1.0MPa；压力混合液硅化砂土强度的可达 1.0～1.5MPa；用加气硅化法比压力单液硅化法加固的黄土的强度高 50%～100%，可有效减少附加下沉，加固土的体积可增大一倍，水稳性可提高 1～2 倍，渗透系数可降低数百倍，水玻璃用量可减少 20%～40%，成本可降低 30%。

各种硅化方法的适用范围应根据被加固土的种类、渗透系数而定，可参见表6-14。硅化法多用于局部加固新建或已建的建（构）筑物基础、稳定边坡及作防渗帷幕等。但硅化法不宜用于被沥青、油脂和石油化合物浸透和地下水 pH 值大于 9.0 的土。

表 6-14　　各种硅化法的适用范围及化学溶液的浓度

硅化方法	土的种类	十的渗透系数（m/d）	溶液的密度（t=18℃）	
			水玻璃（模扩 2.5～3.3）	氯化钙
压力双液硅化	砂类土和黏性土	0.1～10	1.35～1.38	1.26～1.28
		10～20	1.38～1.41	—
		20～80	1.41～1.44	—
压力单液硅化	湿陷性黄土	0.1～2	1.13～1.25	—
压力混合液硅化	粗砂、细砂	—	水玻璃与铝酸钠按体积比 1∶1 混合	—
电动双液硅化	各类土	⩽0.1	1.13～1.21	1.07～1.11
加气硅化	砂土、湿陷性黄土、一般黏性土	0.1～2	1.09～1.21	—

注　压力混合液硅化所用水玻璃模数为 2.4～2.8，波美度为 40°；水玻璃铝酸钠浆液温度为 13～15℃，凝胶时间为 13～15s，浆液初期黏度为 4×10^{-3}Pa·s。

2. 机具设备及材料要求

（1）硅化灌浆主要机具设备有振动打拔管机（振动钻或三脚架穿心锤）、注浆花管、压力胶管、ϕ42 连接钢管、齿轮泵或手摇泵、压力表、磅秤、浆液搅拌机、储液罐、三脚架、倒链等。

（2）灌浆材料。

1）水玻璃，模数宜为 2.5～3.3，不溶于水的杂质含量不得超过 2%，颜色为透明或稍带浑浊。

2）氯化钙溶液，pH 值不得小于 5.5～6.0，每升溶液中杂质不得超过 60g，悬浮颗粒不得超过 1%。

3）硅化所用化学溶液的浓度，可按规范选取。

4）铝酸钠的含铝量为 180g/L，苛化系数为 2.4～2.5。

5）二氧化碳采用工业用二氧化碳（压缩瓶装）。

采用水玻璃水泥浆注浆时，水泥用强度等级为 32.5 的普通水泥，要求新鲜无结块；水玻璃模数一般用 2.4～3.0，浓度以 30～45 波美度合适。水泥水玻璃配合比：水泥浆的水灰比 0.8∶1～1∶1；水泥浆与水玻璃的体积比为 1∶0.6～1∶1。对孔隙较大的土层也可采用“三水浆”，常用配合比为：水泥∶水∶水玻璃∶细砂＝1∶（0.7～0.8）∶适量∶0.8。

3. 施工工艺要点

(1) 施工前，应先在现场进行灌浆试验，确定各项技术参数。

(2) 灌注溶液的钢管可采用内径为20～50mm，壁厚大于5mm的无缝钢管。它由管尖、有孔管、无孔接长管及管头等组成。管尖做成25°～30°圆锥体，尾部带有丝扣与有孔管连接；有孔管的长度一般为0.4～1.0m，每米长度内有60～80个直径为1～3mm的向外扩大成喇叭形的孔眼，分4排交错排列；无孔接长管的长度一般为1.5～2.0m，两端有丝扣。电极采用直径不小于22mm的钢筋或直径为33mm的钢管。在通过不加固土层的注浆管和电极表面须涂沥青绝缘，以防电流的损耗和腐蚀。灌浆管网系统包括输送溶液和输送压缩空气的软管、泵、软管与注浆管的连接部分、阀等，其规格应能适应灌注溶液所采用的压力。泵或空气压缩设备应能以0.2～0.6MPa的压力向每个灌浆管供应1～5L/min的溶液，灌浆管的平面布置如图6-22所示。灌浆管的间距为1.73R，各行间距为1.5R（R为一根灌浆管的加固半径，其数值见表6-15）；电极沿每行注液管设置，间距与灌浆管相同。土的加固可分层进行，砂类土每一加固层的厚度为灌浆管有孔部分的长度加0.5R，湿陷性黄土及黏土类土按试验确定。

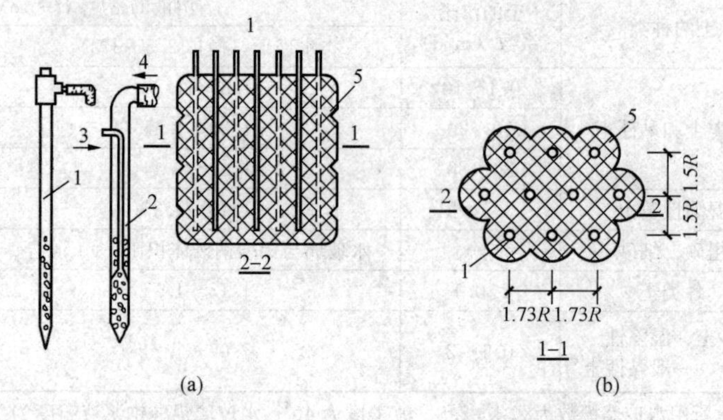

图6-22 压力硅化注浆管排列及构造

(a) 灌浆管构造；(b) 灌浆的排列与分层加固

1—单液灌浆管；2—双液灌浆管；3—第一种溶液；4—第二种溶液；5—硅化加固区

表6-15 土的压力硅化加固半径

项次	土的类别	加固方法	土的渗透系数（m/d）	土的加固半径（m）
1	砂土	压力双液硅化法	2～10	0.3～0.4
			10～20	0.4～0.6
			20～50	0.6～0.8
			50～80	0.8～1.0
2	粉砂	压力单液硅化法	0.3～0.5	0.3～0.4
			0.5～1.0	0.4～0.6
			1.0～2.0	0.6～0.8
			2.0～5.0	0.8～1.0
3	湿陷性黄土	压力单液硅化法	0.1～0.3	0.3～0.4
			0.3～0.5	0.4～0.6
			0.5～1.0	0.6～0.9
			1.0～2.0	0.9～1.0

（3）设置灌浆管时，借打入法或钻孔法（振动打拔管机、振动钻或三脚架穿心锤）沉入土中，保持垂直和距离正确，管子四周孔隙用土填塞夯实。电极可用打入法或先钻孔2～3m再打入。

（4）硅化加固的土层以上应保留1m厚的不加固土层，以防溶液上冒，必要时须夯填素土或打灰土层。

（5）灌注溶液的压力一般在0.2～0.4MPa（始）到0.8～1.0MPa（终）的范围内，采用电动硅化法时，不得超过0.3MPa（表压）。

（6）土的加固程序一般自上而下进行，如土的渗透系数随深度而增大，则应自下而上进行。如相邻土层的土质不同，则渗透系数较大的土层应先进行加固。灌注溶液的顺序根据地下水的流速而定，当地下水流速在1m/d时，向每个加固层自上而下灌注水玻璃，然后自下而上灌注氯化钙溶液，每层厚度为0.6～1.0m；当地下水流速为1～3m/d时，轮流将水玻璃和氯化钙溶液均匀地注入每个加固层中；当地下水流速大于3m/d时，应同时将水玻璃和氯化钙溶液注入，以减低地下水流速，然后轮流将两种溶液注入每个加固层。采用双液硅化法灌注时，先由单数排的灌浆管压入，然后从双数排的灌浆管压入；采用单液硅化法时，溶液应逐排灌注。灌注水玻璃与氯化钙溶液的间隔时间不得超过表6-16的规定。溶液灌注速度宜符合表6-17的规定。

表6-16　向注液管中灌注水玻璃和氯化钙溶液的间隔时间

地下水流速（m/d）	0.0	0.5	1.0	1.5	3.0
最大间隔时间（h）	24	6	4	2	1

注　当加固土的厚度大于5m，且地下水流速小于1m/d时，为避免超过上述间隔时间，可将加固的整体沿竖向分成几段进行。

（7）灌浆溶液的总用量Q（单位为L）可按下式确定

$$Q \approx 1000KVn \qquad (6\text{-}1)$$

式中：V为硅化土的体积（m^3）；n为土的孔隙率；K为经验系数，对淤泥、黏性土、细砂，K=0.3～0.5，中砂、粗砂，K=0.5～0.7，砾砂，K=0.7～1.0，湿陷性黄土，K=0.5～0.8。

表6-17　土的渗透系数和灌注速度

土的名称	土的渗透系数（m/d）	溶液灌注速度（L/min）
砂类土	＜1	1～2
	1～5	2～5
	10～20	2～3
	20～80	3～5
湿陷性黄土	0.1～0.5	2～3
	0.5～2.0	3～5

采用双液硅化时，两种溶液用量应相等。

（8）电动硅化是在灌注溶液的同时通入直流电，电压梯度采用0.50～0.75V/cm。电源可由直流发电机或直流电焊机供给。灌注溶液与通电工作要连续进行，通电时间最长不超过36h。为了提高加固的均匀性，可采用每隔一定时间后变换电极改变电流方向的办法。加固地区的地表水，应注意疏干。

（9）加气硅化工艺与压力单液硅化法基本相同，只在灌浆前先通过灌浆管加气，然后灌浆，再加一次气，即告完成。

（10）土的硅化完毕，用桩架或三脚架借倒链或绞磨将管子和电极拔出，遗留孔洞用1∶5水泥砂浆或黏土填实。

4. 质量控制

（1）施工前应掌握有关技术文件（注浆点位置、浆液配比、注浆施工参数、检测要求等）。浆液组成材料的性能应符合设计要求，注浆设备应确保正常运转。

（2）施工中应经常抽查浆液的配比及主要性能指标、注浆顺序、注浆过程的压力控制等。

（3）施工结束后应检查注浆体强度、承载力等。检查孔数为总量的2%～5%，若不合格率大于或等于20%，则应进行二次注浆。检查应在注浆15d（砂土、黄土）或60d（黏性土）时进行。

（4）硅化注浆地基的质量检验标准见表6-13。

6.7 预 压 地 基

预压法是在建筑物建造前，对建筑场地进行预压，使土体中的水排出，逐渐固结，地基发生沉降，同时强度逐步提高的方法。预压法适用于处理淤泥质土、淤泥和冲填土等饱和黏性土地基。可使地基的沉降在加载预压期间基本完成或大部分完成，使建筑物在使用期间不致产生过大的沉降和沉降差。同时，可增加地基土的抗剪强度，从而提高地基的承载力和稳定性。真空预压法适用于超软黏性土地基、边坡、码头岸坡等地基稳定性要求较高的工程地基加固，土越软，加固效果越明显。

预压法包括堆载预压法和真空预压法两大类。堆载预压法是以建筑场地上的堆载作为加载系统，在加载预压下使地基的固结沉降基本完成，提高地基土强度的方法。对于持续荷载下体积发生很大的压缩和强度会增长的土，而又有足够的时间进行压缩时，这种方法特别适用。真空预压法是在需要加固的软黏土地基上覆盖一层不透气的密封膜使之与大气隔绝，用真空泵抽气使膜内保持较高的真空度，在土的孔隙水中产生负的孔隙水压力，孔隙水逐渐被吸出从而达到预压效果。

堆载预压法的特点是在建筑物施工前，在地基表面分级堆土或施加荷载，使地基土压实、沉降固结，从而提高强度和减少建筑物建成后的沉降量。待达到预定标准后再卸载，建造建（构）筑物。

根据排水系统的不同，堆载预压法有砂井堆载预压法、袋装砂井堆载预压法、塑料排水带堆载预压法、无竖向排水体的普通堆载预压法。

堆载材料一般以散料为主，如采用施工场地附近的土、砂、石子、砖、石块等。

塑料排水带堆载预压法的特点是塑料排水带单孔过水面积大，排水沟通畅；质量轻，强度高，耐久性好，排水沟槽截面不易因受土压力作用而压缩变形；排水带采用机械埋设，效率高，管理简单，可缩短地基加固周期，特别适于在大面积超软弱地基土上进行机械化施工；加固效果与袋装砂井堆载预压法相同，承载力可提高70%～100%，经100d，固结度可达到80%；加固费用比袋装砂井堆载预压法节省10%左右。

真空预压法的特点是不需要堆载，省去了加载和卸载工序，节省了大量堆载材料、能源和运输费用，缩短了加固施工工期；所用设备和施工工艺比较简单，无需大量的大型设备，便于大面积使用；无噪声、无振动、无污染，可做到文明施工。

6.7.1 砂井堆载预压地基

砂井堆载预压地基是在软弱地基中用钢管打孔，灌砂设置砂井作为竖向排水通道，并在砂井顶部设置砂垫层作为水平排水通道，在砂垫层上部压载以增加土中附加应力，使土体中孔隙水较快地通过砂井和砂垫层排出，从而加速土体固结，使地基得到加固。

一般软黏土的结构呈蜂窝状或絮状，在固体颗粒周围充满水，当受到应力作用时，土体中的孔隙水慢慢排出，孔隙因体积变小而发生体积压缩，常称为固结。由于黏土的孔隙率很小，故这一过程是非常缓慢的。一般黏土的渗透系数很小，为 $10^{-9}\sim10^{-7}$cm/s，而砂的渗透系数为 $10^{-3}\sim10^{-2}$cm/s，两者相差很大。因此，当地基黏土层的厚度很大，仅采用堆载预压而不改变黏土层的排水边界条件时，黏土层的固结将十分缓慢，地基土的强度增长过慢而不能快速堆载，使预压时间变长。当在地基内设置砂井等竖向排水体系时，可缩短排水距离，有效地加速土的固结，图 6-23 所示为典型的砂井地基剖面。

砂井堆载预压可加速饱和软黏土的排水固结，使沉降及早完成和稳定（下沉速度可加快 2.0～2.5 倍），同时可大大提高地基的抗剪强度和承载力，防止基土滑动破坏；而且，施工机具、方法简单，就地取材，不用“三材”，可缩短施工期限，降低造价。砂井堆载预压适用于透水性低的饱和软弱黏性土加固；用于机场跑道、油罐、冷藏库、水池、水工结构、道路、路堤、堤坝、码头、岸坡等工程地基处理。对于泥炭等有机沉积地基则不适用。

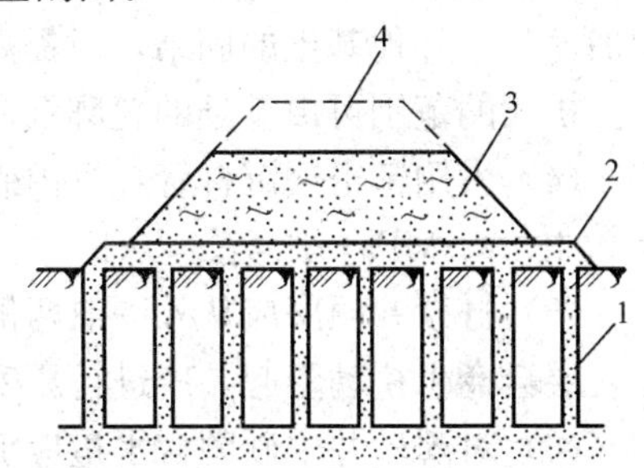

图 6-23　典型的砂井地基剖面

1—临时超载填土；2—永久性填土；3—砂垫层；4—砂井

1. 砂井的构造和布置

（1）砂井的直径和间距。砂井的直径和间距由黏性土层的固结特性和施工期限确定。一般情况下，当砂井的直径和间距取细而密时，其固结效果较好，常用直径为 300～400mm。井径不宜过大或过小，过大不经济，过小施工易造成灌砂率不足、缩颈或砂井不连续等质量问题。砂井的间距一般按经验由井径比 $n=d_e/d_w=6\sim10$ 确定（d_e 为每个砂井的有效影响范围的直径；d_w 为砂井直径），常用井距为砂井直径的 6～9 倍，一般不应小于 1.5m。

（2）砂井长度。砂井长度的选择与土层分布、地基中附加应力的大小、施工期限和条件等因素有关。当软土层不厚、底部有透水层时，砂井应尽可能穿透软土层；如软土层较厚，但中间有砂层或砂透镜体时，砂井应尽可能打至砂层或透镜体。当黏土层很厚，其中又无透水层时，可按地基的稳定性及建筑物变形要求处理的深度来决定。按稳定性控制的工程，如路堤、土坝、岸坡、堆料场等，砂井深度应通过稳定性分析确定，砂井长度应超过最危险滑弧面的深度 2m。从沉降角度考虑，砂井长度应穿过主要的压缩层。砂井长度一般为 10～20m。

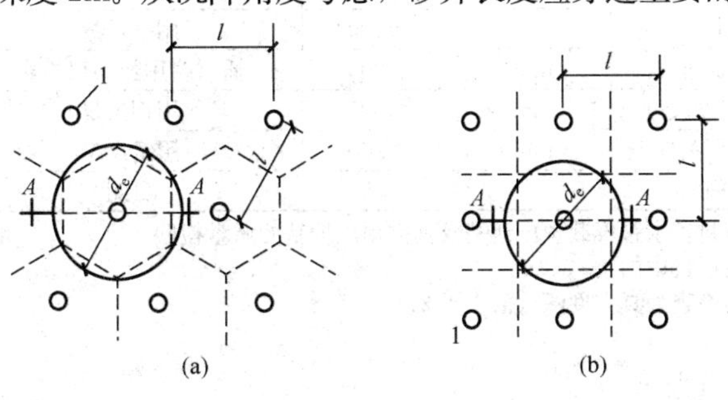

图 6-24　砂井平面布置

(a) 正三角形排列；(b) 正方形排列

（3）砂井的布置和范围。砂井常按等边三角形和正方形布置，如图 6-24 所示。当砂井为等边三角形布置时，砂井的有效排水范围为正六边形，正方形排列时则为正方形，如图 6-24 中虚线所示。假设每个砂井的有效影响面积为圆面积，如砂井距为 l，则等效圆（有效影响范围）的直径 d_e 与 l 的关系如下。

等边三角形排列时

$$d_e = \sqrt{\frac{2\sqrt{3}}{\pi}} l = 1.05l \tag{6-2}$$

正方形排列时

$$d_e = \sqrt{\frac{4}{\pi}} l = 1.13l \tag{6-3}$$

由井径比就可算出井距 l。因为等边三角形排列比正方形排列紧凑和有效，故较常采用，但理论上两种排列效果相同（当 d_e 相同时）。砂井的布置范围宜比建筑物基础范围稍大，因为基础以外一定范围内地基中仍然产生由于建筑物荷载而引起的压应力和剪应力。如能加速基础外地基土的固结，对提高地基的稳定性和减小侧向变形及由此引起的沉降均有好处。扩大的范围可由基础的轮廓线向外增大 2～4m。

（4）采用锤击法沉桩管，管内砂子也可用吊锤击实，或用空气压缩机向管内通气（气压为 0.4～0.5MPa）压实。

（5）打砂井顺序应从外围或两侧向中间进行，如砂井间距较大可逐排进行。打砂井后基坑表层会产生松动隆起，应进行压实。

（6）对灌砂井中砂的含水量应加以控制，对饱和水的土层，砂可采用饱和状态；对非饱和土和杂填土，或能形成直立孔的土层，含水量可采用 7%～9%。

2. 质量控制

（1）施工前应检查施工监测措施，沉降、孔隙水压力等原始数据，排水设施、砂井（包括袋装砂井）等位置。

（2）堆载施工应检查堆载高度、沉降速率。

（3）施工结束后应检查地基土的十字板剪切强度、标贯或静压力触探值及要求达到的其他物理力学性能，重要建筑物地基应做承载力检验。

（4）砂井堆载预压地基质量标准见表 6-18。

表 6-18　砂井堆载预压地基质量标准

项目	序号	检查项目	允许偏差或允许值		检查方法
			单位	数值	
主控项目	1	预压载荷	%	≤2	水准仪
	2	固结度（与设计要求比）	%	≤2	根据设计要求采用不同方法
	3	承载力或其他性能指标	设计要求		按规定方法
一般项目	1	沉降速率（与控制值比）	%	±10	水准仪
	2	砂井或塑料排水带位置	mm	±100	用钢尺量
	3	砂井或塑料排水带插入深度	mm	±200	插入时用经纬仪检查
	4	插入塑料排水带时的回带长度	mm	≤500	用钢尺量
	5	塑料排水带或砂井高出砂垫层的距离	mm	≥200	用钢尺量
	6	插入塑料排水带的回带根数	%	<5	目测

注　1. 本表适用于砂井堆载、袋装砂井堆载、塑料排水带堆载预压地基及真空预压地基的质量检验。
2. 砂井堆载、袋装砂井堆载预压地基无一般项目中的 4、5、6。
3. 如为真空预压，则主控项目中预压荷载的检查为真空度降低值小于 2%。

6.7.2　袋装砂井堆载预压地基

袋装砂井堆载预压地基，是在普通砂井堆载预压基础上改良和发展的一种新方法。普通砂井的施工，存在着以下普遍性问题。

（1）砂井成孔方法易使井周围土扰动，使透水性减弱（即涂抹作用），或使砂井中混入较多泥沙，或难使孔壁直立。

（2）砂井不连续或缩井、断颈、错位现象很难完全避免。

（3）所用成井设备相对笨重，不便于在软弱地基上进行大面积施工。

（4）砂井采用大截面完全是考虑施工的需要，从排水要求出发则不需要，因为会造成材料的大量浪费。

（5）造价相对比较高。采用袋装砂井可基本解决大直径砂井堆载预压存在的问题，使砂井的设计和施工更趋合理和科学化，是一种比较理想的竖向排水体系。

袋装砂井堆载预压地基的特点是：能保证砂井的连续性，不易混入泥沙，或使透水性减弱；打设砂井设备实现了轻型化，比较适于在软弱地基上施工；采用小截面砂井，用砂量大为减少；施工速度快，每班能完成 70 根以上；工程造价降低，每平方米地基的袋装砂井费用仅为普通砂井的 50%左右。

袋装砂井堆载预压地基的适用范围同砂井堆载预压地基。

1. 构造及布置

（1）砂井直径和间距。袋装砂井直径根据所承担的排水量和施工工艺要求决定，一般采用 7～12cm，间距为 1.5～2.0m，井径比为 15～25。袋装砂井长度应比砂井孔长度长 50cm，使其放入井孔内后可露出地面，以便能埋入排水砂垫层中。

（2）砂井布置。可按三角形或正方形布置，由于袋装砂井直径小、间距小，因此要加固同样土所需打设袋装砂井的根数比普通砂井要多，如直径为 70mm 的袋装砂井按 1.2m 正方形布置，则每 1.44m^2 需打设一根；如直径为 400mm 的普通砂井按 1.6m 正方形布置，则每 2.56m^2 需打设一根，前者打设的根数为后者的 1.8 倍。

2. 材料要求

（1）装砂袋应具有良好的透水性、透气性，一定的耐腐蚀、抗老化性能，装砂不易漏失，并有足够的抗拉强度，能承受袋内装砂自重和弯曲所产生的拉力，一般多采用聚丙烯编织布或玻璃丝纤维布、黄麻片、再生布等，其技术性能见表 6-19。

表 6-19　砂袋材料的技术性能

砂袋材料	渗透性(cm/s)	抗拉试验			弯曲 180°试验		
		标距(cm)	伸长率(%)	抗拉强度(kPa)	弯心直径(cm)	伸长率(%)	破坏情况
聚丙烯编织袋	$>1\times10^{-2}$	20	25.0	1700	7.5	23	完整
玻璃丝纤维布	—	20	3.1	940	7.5	—	未到 180°折断
黄麻片	$>1\times10^{-2}$	20	5.5	1920	7.5	4	完整
再生白布	—	20	15.5	450	7.5	10	完整

（2）砂用中、细砂，含泥量不大于 3%。

3. 施工工艺要点

袋装砂井施工工艺是先用振动、锤击或静压方式把井管沉入地下，然后向井管中放入预先装好砂料的圆柱形砂袋，最后拔起井管将砂袋填充在孔中形成砂井；也可先将管沉入土中放入袋子（下部装少量砂或吊重），然后依靠振动锤的振动灌满砂，最后拔出套管。

打设机械可采用 EHZ-8 型袋装砂井打设机，其一次能打设两根砂井；也可采用各种导管式的振动打设机械，如履带臂架式、步履臂架式、轨道门架式、吊机导架式等打设机械。所有钢管的内径宜略大于砂井直径，以减小施工过程中对地基的扰动。

袋装砂井的施工程序是：定位、整理桩尖（活瓣桩尖或预制混凝土桩尖）→沉入导管、将砂袋放入导管→往管内灌水（减少砂袋与管壁的摩擦力）、拔管。

袋装砂井在施工过程中应注意以下几点：

(1) 定位要准确，砂井要有较好的垂直度，以确保排水距离与理论计算一致。

(2) 袋中装砂宜用风干砂，不宜采用湿砂，避免砂干燥后，体积减小，造成袋装砂井缩短与排水垫层不搭接等质量事故。

(3) 施工时应避免聚丙烯编织袋被太阳曝晒老化。砂袋入口处的导管口应装设滚轮，下放砂袋要仔细，防止砂袋破损漏砂。

(4) 施工中要经常检查桩尖与导管口的密封情况，避免管内进泥过多，造成井阻，影响加固深度。

(5) 确定袋装砂井施工长度时，应考虑袋内砂体积减小、袋装砂井在井内的弯曲、超深及伸入水平排水垫层内的长度等因素，防止砂井全部沉入孔内，造成顶部与排水垫层不连接，影响排水效果。

4. 质量控制

袋装砂井堆载预压地基质量控制同砂井堆载预压地基。

6.7.3 塑料排水带堆载预压地基

塑料排水带堆载预压地基，是先将带状塑料排水带用插板机插入软弱土层中，组成垂直和水平排水体系，然后在地基表面堆载预压（或真空预压），土中孔隙水沿塑料带的沟槽上升溢出地面，从而加速了软弱地基的沉降过程，使地基得到压密加固，如图 6-25 所示。

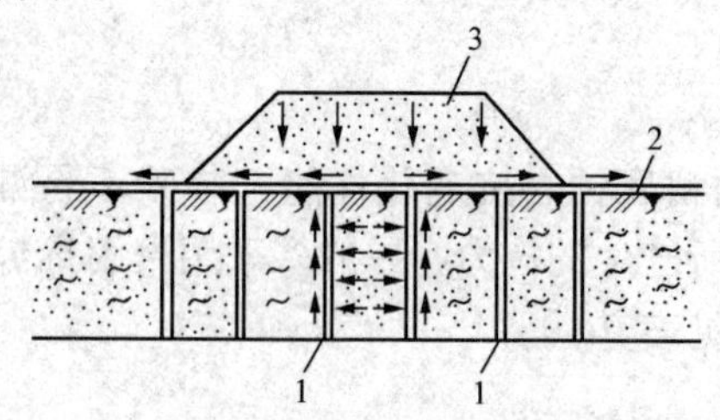

图 6-25 塑料排水带堆载预压法

1—塑料排水带；2—堆载；3—土工织物

塑料排水带堆载预压地基的特点如下：

(1) 板单孔过水面积大，排水畅通。

(2) 质量轻、强度高、耐久性好，其排水沟槽截面不易因受土压力作用而压缩变形。

(3) 用机械埋设，效率高，运输省，管理简单，特别适于在大面积超软弱地基土上进行机械化施工，可缩短地基加固周期。

(4) 加固效果与袋装砂井相同，承载力可提高70%～100%，经 100d，固结度可达到 80%；加固费用比袋装砂井节省 10%左右。

塑料排水带堆载预压地基的适用范围与砂井堆载预压、袋装砂井堆载预压相同。

1. 塑料排水带的性能和规格

塑料排水带由芯带和滤膜组成。芯带是由聚丙烯和聚乙烯塑料加工而成，两面有间隔沟槽的带体，土层中的固结渗流水通过滤膜渗入到沟槽内，并通过沟槽从排水垫层中排出。根据塑料排水带的结构，要求滤网膜渗透性好，与黏土接触后，其渗透系数不低于中粗砂，排水沟槽输水畅通，不因受土压力作用而减小。塑料排水带的结构因所用材料不同，结构形式也各异，主要有图 6-26 所示的几种。

(1) 带芯材料。沟槽型排水带，如图 6-26 (a)、(b)、(c) 所示，多采用聚丙烯或聚乙烯塑料带芯，聚氯乙烯制作的质地较软，延伸率大，在土压作用下易变形，使过水截面减小。多孔型带芯如图 6-26 (d)、(e)、(f) 所示，一般用耐腐蚀的涤纶丝无纺布。

（2）滤膜材料。滤膜材料一般用耐腐蚀的涤纶衬布，涤纶布不低于60号，含胶量不小于35%，既保证涤纶布泡水后的强度满足要求，又有较好的透水性。

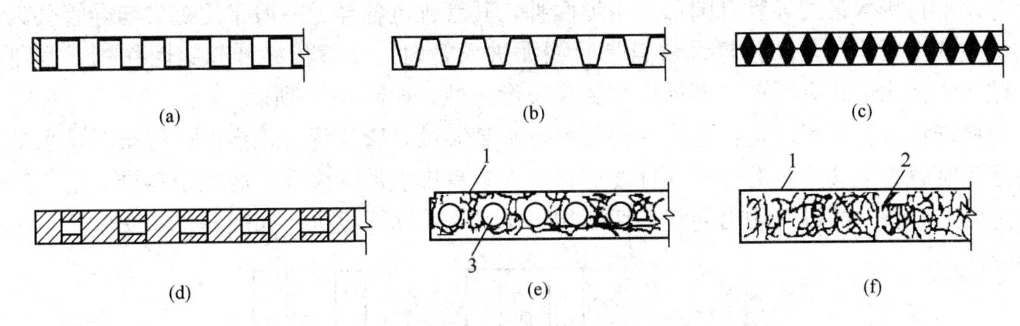

图6-26　塑料排水带的结构形式

(a) 门形塑料带；(b) 梯形槽塑料带；(c) 三角形槽塑料带；(d) 硬透水膜塑料带；(e) 无纺布螺栓孔排水带；(f) 无纺布柔性排水带

1—滤膜；2—无纺布；3—螺栓排水孔

塑料排水带的排水性能主要取决于截面周长，而很少受其截面积的影响。

塑料排水带设计时，把塑料排水带换算成相当直径的砂井，根据两种排水体与周围土接触面积相等的原理，换算直径D，可按下式计算

$$D=2\alpha(b+\delta)/\pi \tag{6-4}$$

式中：b为塑料排水带宽度（mm）；δ为塑料排水带厚度（mm）；α为换算系数，考虑塑料排水带截面并非圆形，其渗透系数与砂井不同而采取的换算系数，取$\alpha=0.75\sim1.0$。

2. 施工工艺

施工主要设备为插带机，基本上可与袋装砂井打设机械共用，只需将圆形导管改为矩形导管。IJB-16型步履式插带机的构造如图6-27所示，每次可同时插设两根塑料排水带。

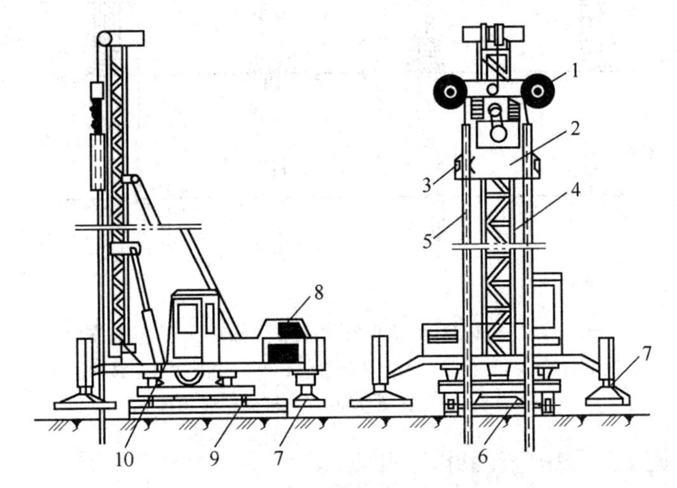

图6-27　IJB-16型步履式插带机的构造

1—塑料带及其卷盘；2—振动锤；3—卡盘；4—导架；5—套杆；6—履靴；7—液压支腿；8—动力设备；9—转盘；10—回转轮

施工时也可用国内常用的打设机械，其振动打设工艺和锤击振动力大小可根据每次打设根数、导管截面大小、入土长度及地基的均匀程度而定。

打设塑料排水带的导管有圆形和矩形两种，其管靴也各异，一般采用桩尖与导管分离设置。桩尖的主要作用是防止打设塑料带时淤泥进入管内，并对塑料带起锚固作用，避免拔出。桩尖的常用形式有圆形、倒梯形和倒梯楔形三种，如图 6-28 所示。

塑料排水带打设程序是：定位→将塑料排水带通过导管从管下端穿出→将塑料排水带与桩尖连接贴紧管下端并对准桩位→打设桩管插入塑料排水带→拔管、剪断塑料排水带。工艺流程为施工准备→插设→拔出导管→切断塑料排水带移动插板机，如图 6-29 所示。

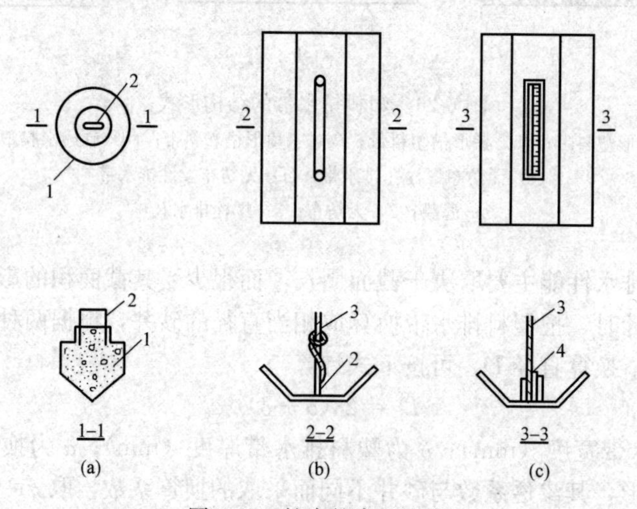

图 6-28 桩尖的常用形式

(a) 混凝土圆形桩尖；(b) 倒梯形桩尖；(c) 倒梯楔形固定桩尖

1—混凝土桩尖；2—塑料带固定架；3—塑料带；4—塑料楔

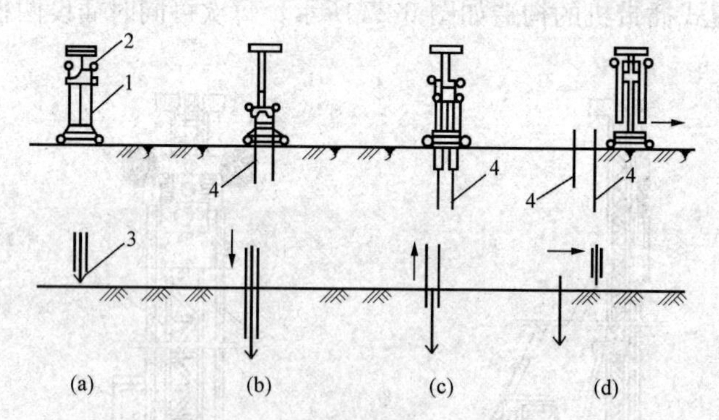

图 6-29 塑料排水带堆载预压法插板施工工艺流程

(a) 施工准备；(b) 插设；(c) 拔出导管；(d) 切断塑料，移动插板机

1—导管；2—塑料板卷筒；3—桩尖；4—塑料板

塑料排水带在施工过程中应注意以下几点。

(1) 塑料排水带滤水膜在转盘和打设过程中应避免损坏，防止淤泥进入带芯堵塞输水孔，影响塑料排水带的排水效果。

(2) 塑料排水带与桩尖锚旋要牢固，防止拔管时脱离，将塑料排水带拔出。打设时严格控制间距和深度，如塑料排水带拔起超过 2m 以上，则应进行补打。

(3) 桩尖平端与导管下端要连接紧密，防止错缝，以免在打设过程中淤泥进入导管，增加对塑料排水带的阻力，或将塑料带拔出。

(4) 塑料排水带需接长时，为减小带与导管的阻力，应采用在滤水膜内平搭接的连接方法，搭接长度应在 20mm 以上，以保证输水畅通和有足够的搭接强度。

3. 质量控制

(1) 施工前应检查施工监测措施，沉降、孔隙水压力等原始数据，排水措施，塑料排水带等位置。

(2) 堆载施工时应检查堆载高度、沉降速度。

(3) 施工结束后应检查地基土的十字板剪切强度、标准贯入值或静力触探值及要求达到的其他物理力学性能，重要建筑物应做承载力检验。

(4) 塑料排水带堆载预压地基和排水带质量检验标准见表 6-18。

6.7.4　真空预压地基

真空预压法是以大气压力作为预压荷载，它是先在需加固的软土地基表面铺设一层透水砂垫层或砂砾层，再在其上覆盖一层不透气的塑料薄膜或橡胶布，将四周密封好，使其与大气隔绝，在砂垫层内埋设渗水管道，然后与真空泵连通进行抽气，使透水材料保持较高的真空度，在土的孔隙水中产生负的孔隙水压力，将土中孔隙水和空气逐渐吸出，从而使土体固结，如图 6-30 所示。对于渗透系数小的软黏土，为加速孔隙水的排出，也可在加固部位设置砂井、袋装砂井或塑料板等竖向排水系统。

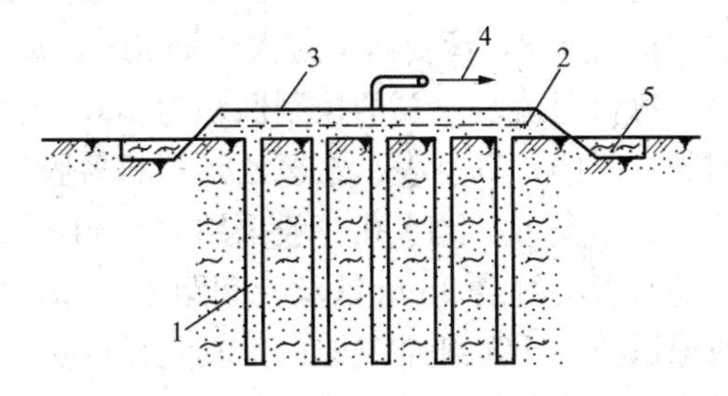

图 6-30　真空预压地基

1—砂井；2—薄膜；3—抽水、气；4—砂垫层；5—黏土

真空预压在抽气前，薄膜内外均承受一个大气压 p_a 的作用，抽气后薄膜内气压逐渐下降，薄膜内外形成一个压力差（称为真空度），首先是砂垫层，其次是砂井中的气压降至 p_v，使薄膜紧贴砂垫层，由于土体与砂垫层和砂井间存在压差，从而发生渗流，使孔隙水沿着砂井或塑料排水带上升而流入砂垫层内，被排出塑料薄膜外；地下水在上升的同时，在塑料排水带附近的形成真空负压，使土内的孔隙水压形成压差，促使土中的孔隙水压力不断下降，有效应力不断增加，从而使土体固结，土体和砂井间的压差，开始时为 $p_a - p_v$，随着抽气时间的增长，压差逐渐变小，最终趋向于零，此时渗流停止，土体固结完成。故真空预压过程，实质是利用大气压差作预压荷载（当膜内外真空度达到 600mmHg 时，相当于堆载 5m 高的砂卵石），使土体逐渐排水固结的过程。

同时，真空预压使地下水位降低，相当于增加一个附加应力，抽气前地下水离地面高 h_1，抽气后地下水位降至 h_2，在此高差范围内的土体从浮重度变为湿重度，使土骨架相应增加了水高（$h_1 - h_2$）的固结压力作用，使土体产生固结。此外，在饱和土体孔隙中含有少量的封闭气泡，在真空压力下封闭气泡被排出孔隙，因而使土的渗透性加大，固结过程加速。

真空预压法的特点有如下几个：

(1) 不需要大量堆载，可省去加载和卸载工序，节省大量原材料、能源和运输能力，缩短预压时间。

(2) 真空法所产生的负压使地基土的孔隙水加速排出，可缩短固结时间；同时由于孔隙水被排出，渗流速度的增大，地下水位的降低，由渗流力和降低水位引起的附加应力也随之增大，提高了加固效果，且负压可通过管路送到任何场地，适应性强。

(3) 孔隙渗流水的流向及渗流力引起的附加应力均指向被加固土体，土体在加固过程中的侧向变形很小，真空预压可一次加足，地基不会发生剪切破坏而引起地基失稳，可有效缩短总的排水固结时间。

(4) 适用于超软黏性土，以及边坡、码头、岸边等地基稳定性要求较高的工程地基加固，土越软，加固效果越明显。

(5) 所用设备和施工工艺比较简单，无需大量的大型设备，便于大面积使用。

(6) 无噪声、无振动、无污染，可做到文明施工。

(7) 技术经济效果显著，根据我国在天津新港区的大面积实践，当真空度达到600mmHg时，经60d抽气，不少井区土的固结度可达到80%以上，地面沉降达57cm，同时能耗降低1/3，工期缩短2/3，比一般堆载预压降低造价1/3。

真空预压法适于饱和均质黏性土及含薄层砂夹层的黏性土，特别适于新淤填土、超软土地基的加固，但不适于在加固范围内有足够水源补给的透水土层，以及无法堆载的倾斜地面和施工场地狭窄的工程进行地基处理。

1. 施工工艺

真空预压的主要设备为真空泵，一般宜用射流真空泵，它由射流箱及离心泵组成。射流箱的规格为ϕ48，承受压力应大于96kPa，离心泵的型号为3BA-9、ϕ50，每个加固区宜设两台泵（每台射流真空泵的控制面积为1000m^2）。配套设备有集水罐、真空滤水管、真空管、止回阀、阀门、真空表、聚氯乙烯塑料薄膜等。滤水管采用钢管或塑料管材，应能承受足够的压力而不变形。滤水孔一般采用ϕ8～ϕ10，间距为5cm，梅花形布置。滤水孔的制作方法是：滤水管上缠绕3mm铁丝，间距为5cm，外包尼龙窗纱布一层，最外面再包一层渗透性好的编织布、土工纤维或棕皮。真空预压法为保证在较短的时间内达到加固效果，一般与竖向排水井联合使用，其工艺布置及流程如图6-31所示。

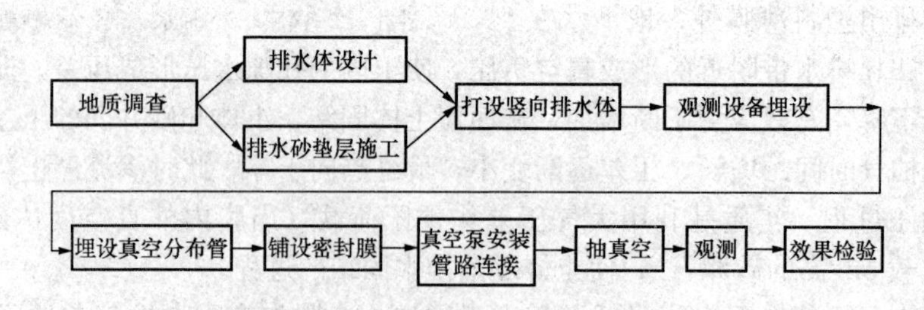

图6-31 真空预压的工艺布置及流程

2. 施工工艺方法要点

(1) 真空预压法中竖向排水系统的设置同砂井（或袋装砂井、塑料排水带）堆载预压法，即应先整平场地，设置排水通道，在软弱地基表面铺设砂垫层或在土层中再加设砂井（或埋设袋装砂井、塑料排水带），再设置抽真空装置及膜内外管道，如图6-32所示。

(2) 砂垫层中水平分布滤管的埋设，一般宜采用条形或鱼刺形（如图6-33所示），铺设距离要适当，使真空度分布均匀，管上部应覆盖100～200mm厚的砂层。

（3）砂垫层上密封薄膜，一般采用 2～3 层聚氯乙烯薄膜，应按先后顺序同时铺设，并在加固区四周，在离基坑线外缘 2m 处开挖深度为 0.8～0.9m 的沟槽，将薄膜的周边放入沟槽内，用黏土或粉质黏土回填压实，要求气密性好，密封不漏气，或采用板桩覆水封闭（如图 6-34 所示），而以膜上全面覆水较好，既密封好又减缓薄膜的老化。

（4）当面积较大，宜分区预压，区与区的间隔距离以 2～6m 为佳。

（5）做好真空度、地面沉降量、深层沉降、水平位移、孔隙水压力和地下水位的现场测试工作，掌握变化情况，作为检验和评价预压效果的依据。随时分析，如发现异常，应及时采取措施，以免影响最终加固效果。

（6）真空预压结束后，应清除砂槽和腐殖土层，避免在地基内形成水平渗水暗道。

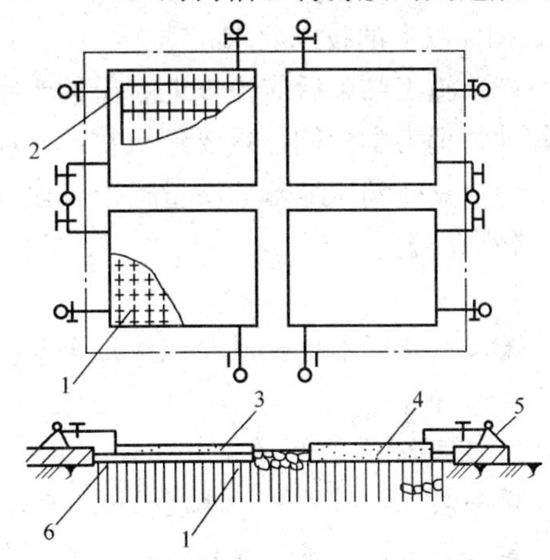

图 6-32　真空预压法中竖向排水系统的设置
1—袋装砂井；2—膜下管道；3—封闭膜；
4—砂垫层；5—真空装置；6—回填沟槽

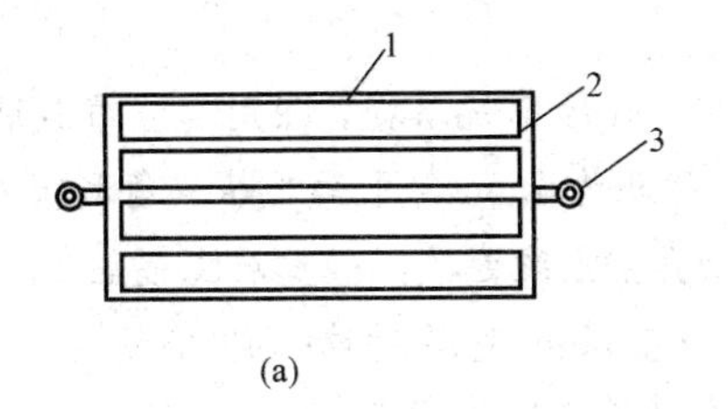

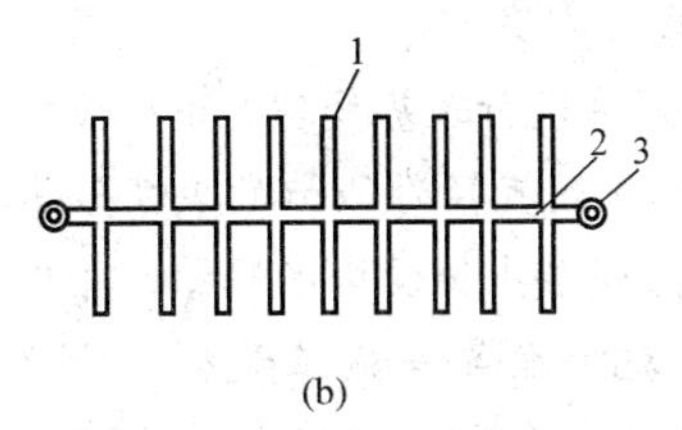

图 6-33　真空分布管排列
（a）条形；（b）鱼刺形
1—滤水管回路；2—水平接管；3—真空管路闸阀

图 6-34　薄膜周边密封方法
（a）挖沟折铺；（b）围堰内面覆水密封；（c）封板密封；（d）板桩墙加沟内覆水
1—密封膜；2—填土压实；3—板桩；4—覆水

3. 质量控制

（1）施工前应检查施工监测措施、沉降、孔隙水压力等原始数据，排水设施，砂井（包括袋装砂井）或塑料排水带等位置及真空分布管的距离等。

（2）施工中应检查密封膜的密封性能、真空表读数等。泵及膜内真空度应达到 96kPa 和 73kPa 以上的技术要求。

（3）施工结束后应检查地基土的十字板剪切强度、标准贯入度或静力触探值及要求达到的其他物理力学性能，重要建筑物地基应进行承载力检验。

（4）真空预压地基的质量标准见表 6-18。

【例 6-3】

1. 工程概况

某工程地下水位较浅；试验区全长为 266m，加固处理宽度为 50～54m，设计最大填高为 5.4m。

2. 工程地质条件

第一层土：耕植土，厚度为 0.5～1.5m。

第二层土：淤泥，饱和水、流塑状态。

第三层土：淤泥质细砂，饱和水、松散，平均厚度为 5.7m。

第四层土：淤泥，饱和水、流塑状态，钻孔至 30m 未钻透。

3. 技术及施工方案

采用真空预压法进行软基处理，并在抽真空 40d 后填筑路堤，即用真空堆载联合预压法进行处理。竖向排水体采用直径为 7cm 的袋装砂井，井距为 1.3m，平面呈等三角形布置。水平向排水体为砂垫层，在砂垫层中铺设排水滤管，并与抽真空系统连接，砂垫层上覆盖 2 层塑料密封膜。

工艺流程：施工准备→施工放样→制作砂垫层→夹层封堵（水平滤管埋设、密封沟开挖）→密封膜铺设→真空泵安装→抽真空→路堤填筑→卸载验收。

真空预压阶段：真空度上升阶段的日均沉降量为 30mm，最大日沉降量为 53mm，随后沉降速率变缓，整个真空预压阶段表面沉降速率是一个渐变收敛的过程。

真空堆载联合作用阶段，沉降速率逐渐变缓。

第 1 次吹砂 1.2m 高，最大沉降量为 252mm，最小沉降量为 154mm。

第 2 次吹砂 1.8m 高，最大沉降量为 332mm，最小沉降量为 262mm。

第 3 次吹砂 1.2m 高，最大沉降量为 169mm，最小沉降量为 75mm。

真空堆载联合作用下产生的最大累积沉降量为 216mm，最小累积沉降量为 57.1mm，33d 内平均日最大沉降量为 21.6mm，最小日沉降量为 17.3mm。

4. 处理效果

从该试验结果可以看出，由于吹砂开始前已有 40d 的真空预压期，被加固土体已产生最大 1.11m、最小 0.934m 的累积沉降，故土体固结使地基的抗剪强度提高；袋装砂井提高了被加固土体的整体抗剪强度，达到了提高承载力的效果，但真空预压技术处理费用较高，在采用这种地基处理方法之前应做充分的经济分析。

6.8 土工合成材料地基

6.8.1 土工织物地基

土工织物地基又称土工聚合物地基、土工合成材料地基，是在软弱地基中或边坡上埋设土工织物作为加筋，使形成弹性复合土体，起到排水、反滤、隔离、加固和补强等方面的作用，以提高土体承载力，减少沉降和增加地基的稳定。图 6-35 所示为土工织物加固地基、边坡的应用。

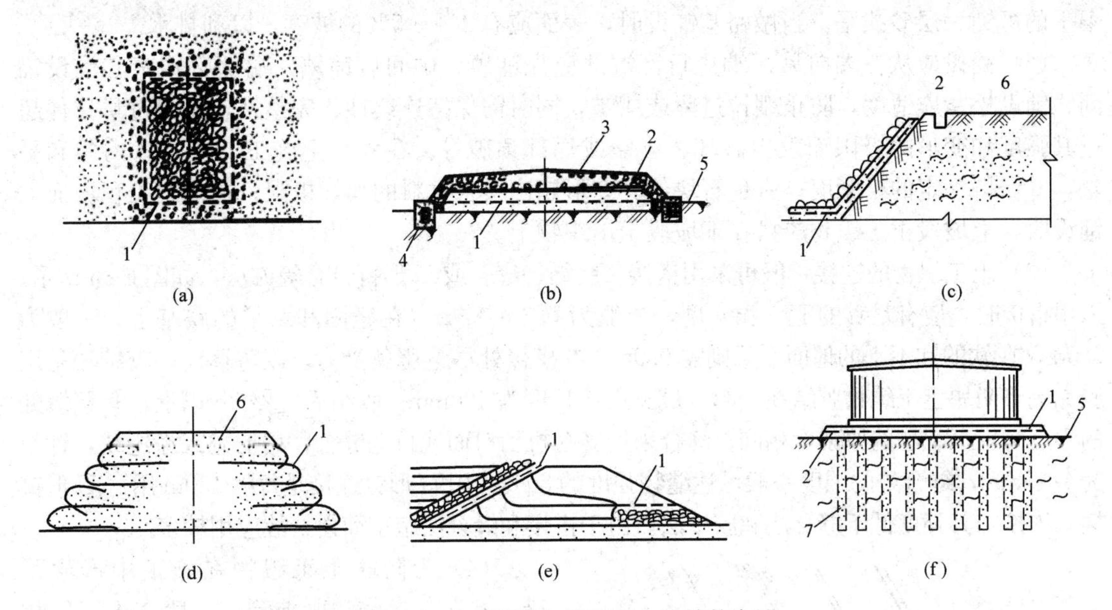

图 6-35　土工织物加固地基、边坡的应用

(a) 排水；(b) 稳定路基；(c) 稳定边坡或护坡；(d) 加固路堤；(e) 土坝反滤；(f) 加速地基沉降

1—土工织物；2—渗水盲沟；3—道渣；4—砂垫；5—软土层；6—填土或填料夯实；7—砂井

土工织物是由聚酯纤维（涤纶）、聚丙纤维（腈纶）和聚丙烯纤维（丙纶）等高分子化合物（聚合物）经无纺工艺制成，它是将聚合物原料投入经过熔融挤压喷出纺丝，直接平铺成网，然后用黏合剂黏合（化学方法或湿法）、热压黏合（物理方法或干法）或针刺结合（机械方法）等方法将网连接成布。土工织物产品因制造方法和用途不一，其宽度和质量的规格变化甚大，用于岩土工程的宽度为 2～18m，质量大于或等于 0.1kg/m^2，开孔尺寸（等效孔径）为 0.05～0.5mm，导水性不论垂直向或水平向，其渗透系数 $k \geqslant 10^{-2}$ cm/s（相当于中、细砂的渗透系数）；抗拉强度为 10～30kN/m（高强度的达 30～100kN/m）。

土工织物质地柔软，质量轻，整体连续性好；施工方便，抗拉强度高，没有显著的方向性，各向强度基本一致；弹性、耐磨性、耐腐蚀性、耐久性和抗微生物侵蚀性好，不易霉烂和虫蛀；而且，土工织物具有毛细作用，内部具有大小不等的网眼，有较好的渗透性（水平向的渗透系数为 1×10^{-3}～1×10^{-1}cm/s）和良好的疏导作用，水可竖向、横向排出。材料为工厂制品，材质易保证，施工简便，造价较低，与砂垫层相比可节省大量砂石材料，节省费用 1/3 左右。土工织物用于加固软弱地基或边坡，作为加筋使形成复合地基，可提高土体强度，使承载力增大 3～4 倍，显著减少沉降，提高地基稳定性。但土工聚合物的抗紫外线（老化）能力较低，如埋在土中，不受阳光紫外线照射，则不受影响，可使用 40 年以上。

土工织物适用于加固软弱地基，以加速土的固结，提高土体强度；用于公路、铁路路基作加强层，防止路基翻浆、下沉；用于堤岸边坡，可使结构坡角加大，又能充分压实；作挡土墙后的加固，可代替砂井。此外，还可用于河道和海港岸坡的防冲；水库、渠道的防渗，以及土石坝、灰坝、尾矿坝与闸基的反滤层和排水层，可取代砂石级配良好的反滤层，达到节约投资、缩短工期、保证安全使用的目的。

1. 施工工艺

(1) 铺设土工织物前，应将基土表面压实、修整平顺均匀，清除杂物、草根，表面凹凸不平的可铺一层砂找平。当做路基铺设时，表面应有4%～5%的坡度，以利排水。

(2) 铺设应从一端向另一端进行，端部应先铺填，中间后铺填，端部必须精心铺设锚固，铺设松紧应适度，防止绷拉过紧或褶皱，同时需保持连续性、完整性，避免过量拉伸超过其强度和变形的极限而发生破坏、撕裂或局部顶破等。在斜坡上施工，应注意均匀和平整，并保持一定的松紧度；避免石块使其变形超出聚合材料的弹性极限；在护岸工程坡面上铺设时，上坡段土工织物应搭在下坡段土工织物上。

(3) 土工织物的连接一般可采用搭接、胶结、缝合或U形钉钉合等方法，如图6-36所示。采用搭接时，应有足够的宽（长）度，一般为0.3～0.9m，在坚固和水平的路基上，一般为0.3m，在软的和不平的地面上，则需0.9m；在搭接处尽量避免受力，以防移动；胶结法是用胶黏剂将两块土工织物胶结在一起，最少搭接长度为100mm，胶结后应停2h以上，其接缝处的强度与土工织物的原强度相同；缝合采用缝合机面对面或折叠缝合，用尼龙或涤纶线，针距为7～8mm，缝合处的强度一般可达缝物强度的80%；用U形钉连接是每隔1.0m用一U形钉插入连接，其强度低于缝合法和胶结法。由于搭接和缝合法施工简便，故应用较多。

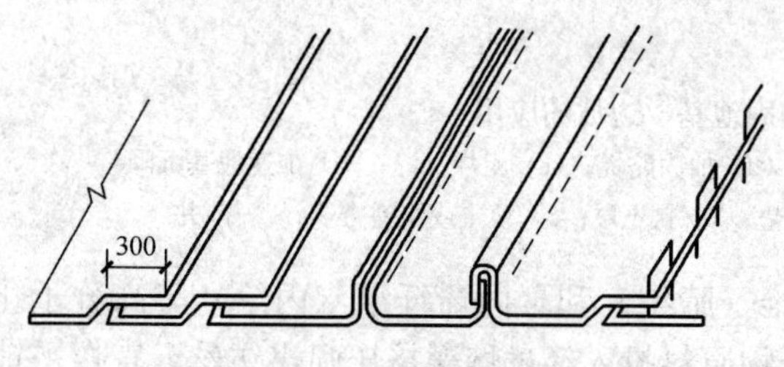

图6-36 土工织物的连接方法

(4) 为防止土工织物在施工中产生顶破、穿刺、擦伤和撕破等，一般在土工织物下面宜设置砾石或碎石垫层，在其上面设置砂卵石保护层，其中碎石能承受压应力，土工织物承受拉应力，充分发挥织物的约束作用和抗拉效应，铺设方法同砂、砾石垫层。

(5) 铺设一次不宜过长，以免下雨渗水难以处理，土工织物铺好后应随即铺设上面的砂石材料或土料，避免长时间曝晒和暴露，使材料劣化。

(6) 土工织物用于作反滤层时应做到连续，不得出现扭曲、褶皱和重叠。土工织物上抛石时，应先铺一层30mm厚的卵石层，并限制高度在1.5m以内，对于重而带棱角的石料，抛掷高度应不大于50cm。

(7) 土工织物上铺垫层时，第一层的铺垫厚度应在50cm以下，用推土机铺垫时，应防止刮土板损坏土工织物，在局部不应加过大的集中应力。

(8) 铺设时，应注意端头位置和锚固，在护坡坡顶可使土工织物末端绕在管子上，埋设于坡顶沟槽中，以防土工织物下落；在堤坝处，应使土工织物终止在护坡块石之内，避免冲刷时加速坡脚冲刷成坑。

(9) 对于有水位变化的斜坡，施工时对直接堆置于土工织物上的大块石之间的空隙应进行填塞或设垫层，以避免水位下降时，上坡中的饱和水因来不及渗出形成显著的水位差，使土挤向没有压载空隙，引起土工织物鼓胀而造成损坏。

(10) 现场施工中发现土工织物受到损坏时，应立即修补好。

2. 质量控制

(1) 施工前应对土工织物的物理性能（单位面积的质量、厚度、相对密度）、强度、延伸率及土、砂石料等进行检验。土工织物以 100m² 为一批，每批抽查 5%。

（2）施工过程中应检查清基、回填料铺设厚度及平整度、土工织物的铺设方向、搭接缝的搭接长度或缝接状况、土工织物与结构的连接状况等。

（3）施工结束后，应进行承载力检验。

（4）土工织物地基质量检验标准见表 6-20。

表 6-20　　土工织物（土工合成材料）地基质量检验标准

项目	序号	检查项目	允许偏差或允许值		检查方法
			单位	数值	
主控项目	1	土工织物（土工合成材料）强度	%	≤5	置于夹具上做拉伸试验（结果与设计标准相比）
	2	土工织物（土工合成材料）延伸率	%	≤3	置于夹具上做拉伸试验（结果与设计标准相比）
	3	地基承载力	设计要求		按规定方法
一般项目	1	土工织物（土工合成材料）搭接长度	mm	≥300	用钢尺量
	2	土石料有机质含量	%	≤5	焙烧法
	3	层面平整度	mm	≤20	用 2m 靠尺
	4	每层铺设厚度	mm	±25	水准仪

6.8.2　加筋土地基

加筋土地基是由填土和填土中布置一定量的带状筋体（或称拉筋）及直立的墙面板三部分组成的一个整体的复合结构，如图 6-37 所示。这种结构内部存在着墙面土压力、拉筋的拉力及填土与拉筋间的摩擦力等相互作用的内力，并维持互相平衡，从而可保证这个复合结构的内部稳定。同时这一复合体又能抵抗拉筋尾部后面填土所产生的侧压力，使整个复合结构保持稳定。

松散土在自重作用下堆放就成为具有天然安息角的斜坡面，但若在填土中分层布置埋设一定数量的水平带状拉筋作加筋处理，则拉筋与土层之间由于土的自重而压紧，因而使土和拉筋之间的摩擦充分起作用，在拉筋方向获得和拉筋的抗拉强度相适应的黏聚力，使其成为整体，可阻止土颗粒的移动，其横向变形等于拉筋的伸长变形，一般拉筋的弹性系数比土的变形系数大得多，故侧向变形可忽略不计，因而能使土体保持直立和稳定。

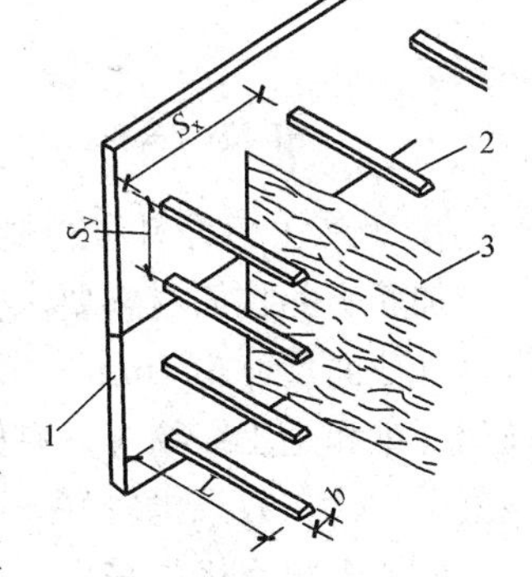

图 6-37　加筋土结构物的剖面
1—面板；2—拉筋；3—填料

加筋土地基与拉筋共同作用，可充分利用材料性能，使挡墙结构轻型化，其体积仅相当重力式挡墙结构的 3%～5%，对地基土的要求较低；加筋土的墙面和拉筋由工厂预制，可实现工厂化生产，加速工程进度，降低施工成本；适应性强，加筋为柔性材料，可以承受地基较大的变形，它所容许的沉降比传统的挡墙要大，因而更适合在软弱地基上进行构筑；加筋土用于重力式构筑物，墙面垂直，节省用地面积，有效减少土方量；挡墙面板薄，基础尺寸小，可节省工程投资 20%～60%；而且理论上可不受高度限制；用作挡土结构时，面板的形式可按需要进行美化设计，有利于美化环境；加筋土复合结构的整体性能好，结构稳定性强，有良好的抗震性能；结构简单，施工方便，除压实机械外，不需配备其他机械，施工迅速，质量易于控制。

加筋土适用于山区或城市道路的挡土墙、护坡、路堤、桥台、河坝及水工结构和工业结构等工程，图6-38所示为加筋土的部分应用。此外，还可用于处理滑坡。

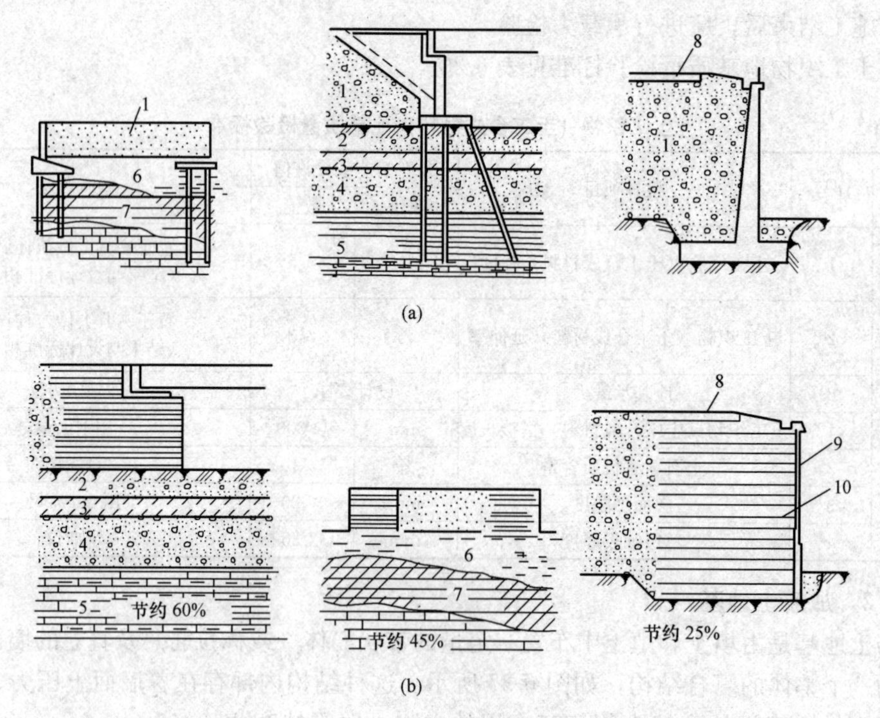

图6-38 加筋土的部分应用

(a) 常规深基处理方法；(b) 加筋土处理方法（不用深基）

1—填土；2—矿渣；3—粉土；4—砾石；5—泥灰岩；6—近代冲积层；7—白垩土；8—公路；9—面板；10—拉筋

1. 加筋土的材料和构造要求

加筋土的拉筋材料要求抗拉强度高、延伸率小、耐腐蚀和有一定的柔韧性，多采用镀锌带钢（截面尺寸为5mm×40mm或5mm×60mm）、铝合金钢带和不锈带钢、钢条、尼龙绳、玻璃纤维和土工织物等。有的地区，就地取材，用竹筋、包装用塑料带、多孔废钢片、钢筋混凝土替代，效果也较好，可满足要求。

回填土料宜优先采用一定级配的砾砂土或砂类土，有利于压密和与拉筋间产生良好的摩阻力，也可采用碎石土、黄土、中低液限黏性土等；但不得使用腐殖土、冻土、白垩土及硅藻土等，以及对拉筋有腐蚀性的土。

面板一般采用钢筋混凝土预制构件，其厚度不应小于80mm，混凝土强度等级不应低于C20；简易的面板也可采用半圆形油桶或椭圆形钢管。面板的设计应满足坚固、美观、运输方便和安装容易等要求，同时要求能承受拉筋一定距离的内部土引起的局部应力集中。面板的形式有十字形、槽形、六角形、L形、矩形、Z形等，一般多用十字形，其高度和宽度为50～150mm；厚度为80～250mm。面板上的拉筋结点，可采用预锚拉环、钢板锚头或留穿筋孔等形式。钢拉环应采用直径不小于10mm的钢筋，钢板锚头采用厚度不小于3mm的钢板，露于混凝土外部部分应做防锈处理；土工聚合物与钢拉环的接触面应做隔离处理。十字形面板与拉筋连接多在两侧预留小孔，内插销子，将面板竖向连锁起来，如图6-39所示。

面板与拉筋的连接处必须能承受施工设备和面板附近回填土压密时所产生的应力。

拉筋的锚固长度 L 一般由计算确定，同时要满足 $L \geqslant 0.7H$（H 为挡土墙高度）的构造要求。

2. 施工工艺要点

(1) 加筋土工程结构物的施工程序是：基础施工、构件预制→面板安装→填料摊铺、压密和拉筋铺设→地面设施施工。

(2) 基础开挖时，基槽（坑）底平面尺寸一般应大于基础外缘 0.3m，基础底面应整平夯实。基础底面必须平整，使面板能够直立。

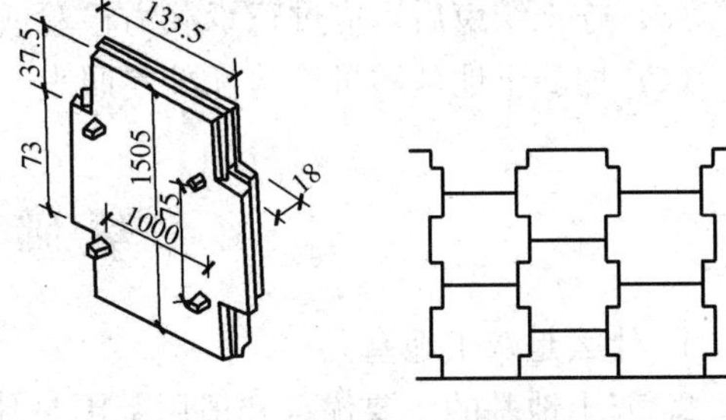

图 6-39　预制混凝土面板的拼装

(3) 面板可在工厂或附近就地预制。安装时可采用人工或机械进行。每块板布置有安装的插销和插销孔。拼装时由一端向另一端自下而上逐块吊装就位，拼装最下一层面板时，应把半尺寸的和全尺寸的面板相间地、平衡地安装在基础上。安装时单块面板的倾斜度一般宜内倾 1/150 左右，作为填料压实时面板外倾的预留度。为防止填土时面板向内外倾斜而不成一垂直面，宜用夹木螺栓或支斜撑撑住，水平误差用软木条或低强度砂浆调整，水平及倾斜误差应逐块调整，不得将误差累积到最后再进行调整。

(4) 拉筋应铺设在已经压实的填土上，并与墙面垂直，拉筋与填土间的空隙应用砂垫平，以防拉筋断裂。采用钢条作拉筋时，要用螺栓将它与面板连接。钢带或钢筋混凝土带与面板拉环的连接，以及钢带、钢筋混凝土带间的连接，可采用电焊、扣环或螺栓连接。聚丙烯土工聚合物带与面板连接时，可将带一端从面板预埋拉环或预留孔中穿过，折回与另一端对齐。聚合物可采用左右环孔合拼穿过、上下穿过或单孔穿过，并绑扎防止抽动（如图 6-40 所示），但避免土工聚合物带在环（孔）上绑成死结。

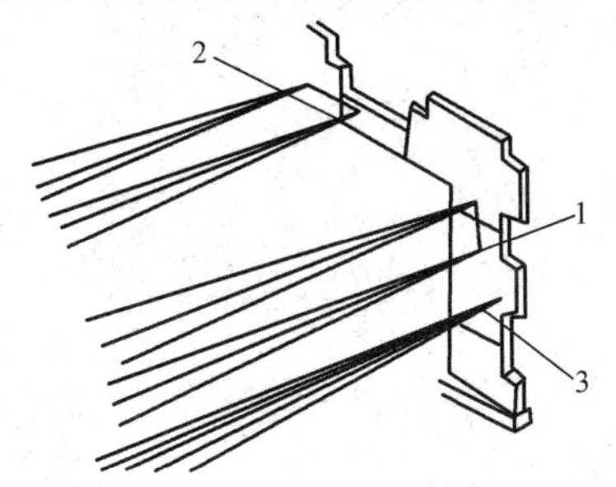

图 6-40　聚丙烯土工聚合物带拉筋穿孔法

1—左右穿筋；2—单孔穿筋；3—上下穿筋

(5) 填土的铺设与压实，可与拉筋的安装同时进行，在同一水平层内，前面铺设和绑拉筋，后面即可填土和进行压密。当拉筋的垂直间距较大时，填土可分层进行。每层填土厚度应根据上下两层拉筋的间距和碾压机具的性能确定，一般一次铺设厚度不应小于 200mm。压实时一般应先轻后重，但不得使用羊足碾。压实作业应先从拉筋中部开始，并沿平行于墙面板的方向逐步驶向尾部，而后再向面板方向进行碾压，严禁平行拉筋方向碾压，直到压到最佳密实度为止。土料在运输、铺设、碾压时，离板面不应小于 2.0m。在靠近面板区域时应使用轻型压密机械，如平板式振动器或手扶式振动压路机压实。

(6) 加筋土挡墙内填土的压实度，距面板 1.0m 以外，路槽底面以下 0～80cm 深度，对高速、一级公路应不小于 95%，对二、三、四级公路应不小于 93%；路槽底面 80cm 以下深度，对各级公路均应大于 90%；距面板 1.0m 以内，全部墙高，对各级公路均应不小于 90%。

3. 质量控制

(1) 施工前应对拉筋材料的物理性能（单位面积的质量、厚度、相对密度）、强度、延伸率及土、砂石料等进行检验。拉筋材料以 $100m^2$ 为一批，每批抽查 5%。

(2) 施工过程中应检查清基、回填料铺设厚度、拉筋（土工合成材料）的铺设方向、搭接长度或缝接状况、拉筋与结构的连接状况等。

(3) 施工结束后，应进行承载力检验或检测。

(4) 加筋土地基质量检验标准参照表 6-20。

基础训练

1. 什么是灰土地基？
2. 灰土地基的主要优点和适用范围是什么？
3. 灰土地基施工时如何控制土料含水量？
4. 砂和砂石地基的概念和适用范围是什么？
5. 砂和砂石地基对材料的主要要求有哪些？
6. 砂和砂石地基的压实一般可采用什么方法？
7. 施工时当地下水位较高或在饱和的软弱地基上施工时应采取什么措施？
8. 粉煤灰地基铺设时对粉煤灰的含水量有何要求？
9. 简述粉煤灰地基施工工艺流程。
10. 强夯地基有哪几种方法？什么是强夯法和强夯置换法？有什么特点？说明其适用范围。
11. 采用预压法进行地基处理时需要进行哪些质量检测？标准有哪些？
12. 振冲法加固地基有哪些特点？
13. 简述振冲法的施工步骤。

学习情境 7　浅基础施工

【学习目标】

- 掌握无筋扩展基础的构造要求
- 掌握扩展基础的构造要求
- 掌握无筋扩展基础的施工要求、施工方法
- 掌握扩展基础的施工要求、施工方法

【引例导入】

某工程基础形式为独立基础和条形基础。独立基础埋置深度为 0.6～1m，底部设垫层 C15 混凝土，厚度为 100mm，基础混凝土强度等级为 C35；墙下条形基础底部设垫层为 100mm 厚 C15 混凝土，基础底宽 700～1500mm，厚度为 600mm，混凝土强度等级为 C35。

请问你如何开挖出基槽？混凝土如何浇筑？

任何建筑物都建造在地层上，建筑物的全部荷载均由它下面的地层来承担。受建筑物荷载影响的那一部分地层称为地基；建筑物在地面以下并将上部荷载传递至地基的结构称为基础；在基础上面建造的是上部结构，如图 7-1 所示。基础底面至地面的距离，称为基础的埋置深度（简称埋深）。直接支承基础的地层称为持力层，在持力层下方的地层称为下卧层。地基基础是保证建筑物安全和满足使用要求的关键之一。

基础的作用是将建筑物的全部荷载传递给地基。与上部结构一样，基础应具有足够的强度、刚度和耐久性。对于开挖基坑后可以直接修筑基础的地基，称为天然地基。不能满足要求而需要事先进行人工处理的地基，称为人工地基。地基和基础是建筑物的根基，又属于地下隐蔽工程，故它的勘察、设计和施工质量直接关系着建筑物的安危。在建筑工程事故中，地基基础方面的事故最多。而且地基基础事故一旦发生，补救异常困难。从造价或施工工期上看，基础工程在建筑物中所占比例很大，有的工程可达 30%以上。因此，地基及基础在建筑工程中的重要性是显而易见的。

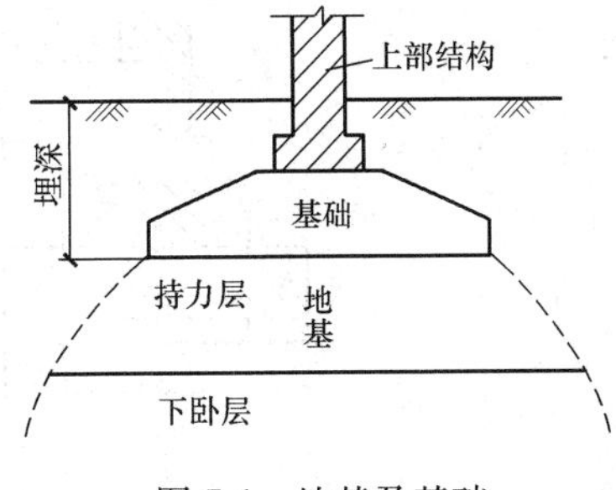

图 7-1　地基及基础

浅基础一般指基础埋深小于基础宽度或深度不超过 5m 的基础。浅基础根据结构形式可分为扩展基础、柱下条形基础、柱下交叉条形基础、筏形基础、箱形基础等。

7.1　浅基础构造

7.1.1　无筋扩展基础

无筋扩展基础是基础的一种做法，它是由砖、毛石、混凝土或毛石混凝土、灰土和三合土等材料组成的，且不需配置钢筋的墙下条形基础或柱下独立基础，如图 7-2 所示。无筋扩展基础适用于多层民用建筑和轻型厂房。

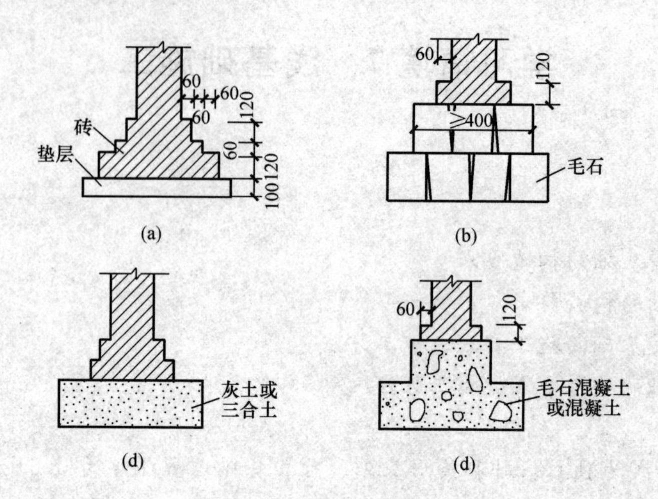

图 7-2 无筋扩展基础

(a) 砖基础；(b) 毛石基础；(c) 灰土基础；(d) 毛石混凝土基础、混凝土基础

无筋扩展基础（如图 7-3 所示）的高度应满足下式的要求

$$H_0 \geqslant \frac{b-b_0}{2\tan\alpha} \tag{7-1}$$

式中：b 为基础底面宽度（m）；b_0 为基础顶面的墙体宽度或柱脚宽度（m）；H_0 为基础高度（m）；$\tan\alpha$ 为基础台阶宽高比（b_2 ∶ H_0），其允许值可按表 7-1 选用；b_2 为基础台阶宽度（m）。

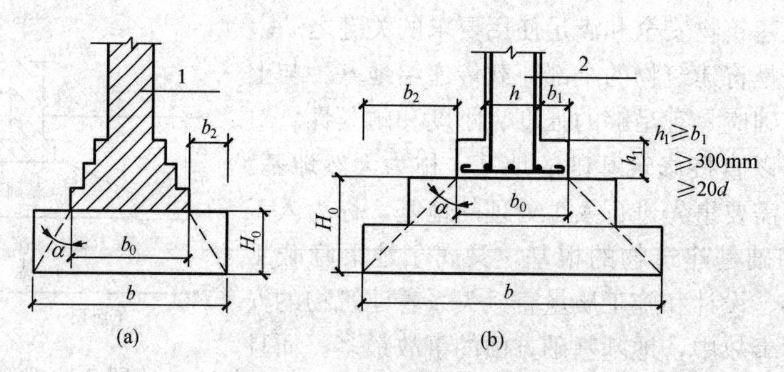

图 7-3 无筋扩展基础构造

1—承重墙；2—钢筋混凝土柱；d—柱中纵向钢筋直径（mm）

表 7-1　　无筋扩展基础台阶宽高比的允许值

基础材料	质量要求	台阶宽高比的允许值		
		$p_k \leqslant 100$	$100 < p_k \leqslant 200$	$200 < p_k \leqslant 300$
混凝土基础	C15 混凝土	1∶1.00	1∶1.00	1∶1.25
毛石混凝土基础	C15 混凝土	1∶1.00	1∶1.25	1∶1.50
砖基础	砖不低于 MU10、砂浆不低于 M5	1∶1.50	1∶1.50	1∶1.50
毛石基础	砂浆不低于 M5	1∶1.25	1∶1.50	—

续表

基础材料	质量要求	台阶宽高比的允许值		
		$p_k \leqslant 100$	$100 < p_k \leqslant 200$	$200 < p_k \leqslant 300$
灰土基础	体积比为3∶7或2∶8的灰土，其最小干密度：粉土为1550kg/m^3；粉质黏土为1500kg/m^3；黏土为1450kg/m^3	1∶1.25	1∶1.50	—
三合土基础	体积比为1∶2∶4～1∶3∶6（石灰∶砂∶骨料），每层约虚铺220mm厚，夯至150mm	1∶1.50	1∶2.00	—

注　1. p_k为作用标准组合时的基础底面处的平均压力值（kPa）。
2. 阶梯形毛石基础的每阶伸出宽度，不宜大于200mm。
3. 当基础由不同材料叠合组成时，应对接触部分做抗压验算。
4. 当混凝土基础单侧扩展范围内基础底面处的平均压力值超过300kPa时，应进行抗剪验算；对基础底面反力集中于立柱附近的岩石地基，应进行局部受压承载力验算。

采用无筋扩展基础的钢筋混凝土柱，其柱脚高度h_1不得小于b_1（见图7-3），并不应小于300mm且不小于$20d$（d为柱中的纵向受力钢筋的最大直径）。当柱纵向钢筋在柱脚内的竖向锚固长度不满足锚固要求时，可沿水平方向弯折，弯折后的水平锚固长度不应小于$10d$，且不应大于$20d$。

1. 砖基础构造

砖基础有条形基础和独立基础，基础下部扩大部分称为大放脚、上部为基础墙。砖基础的大放脚通常采用等高式和间隔式两种，如图7-4所示。

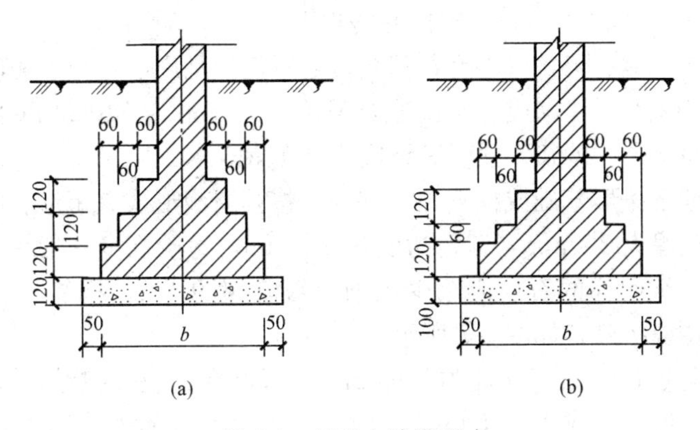

图7-4　基础大放脚形式
（a）等高式砌法；（b）间隔式砌法

等高式大放脚是两皮一收，两边各收进1/4砖长，即高为120mm，宽为60mm；不等高式大放脚是两皮一收和一皮一收相间隔，两边各收进1/4砖长，即高为120mm与60mm，宽为60mm。

大放脚一般采用“一顺一丁”的砌法，上、下皮垂直灰缝相互错开60mm。

在砖基础的转角处和交接处，为错缝需要应加砌配砖（3/4砖、半砖或1/4砖）。在这些交接处，纵横墙要隔皮砌通；大放脚的最下一皮及每层的最上一皮应以丁砌为主。

底宽为2砖半的等高式砖基础大放脚转角处分皮的砌法，如图7-5所示。

当砖基础底标高不同时，应从低处砌起，并应由高处向低处搭砌，当设计无要求时，搭砌长度不应小于砖基础大放脚的高度，如图7-6所示。

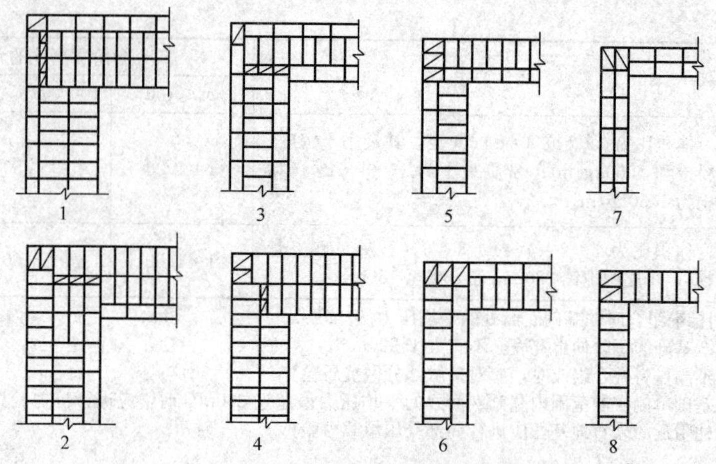

图 7-5　大放脚转角处分皮砌法

1～8—分层砌筑层数

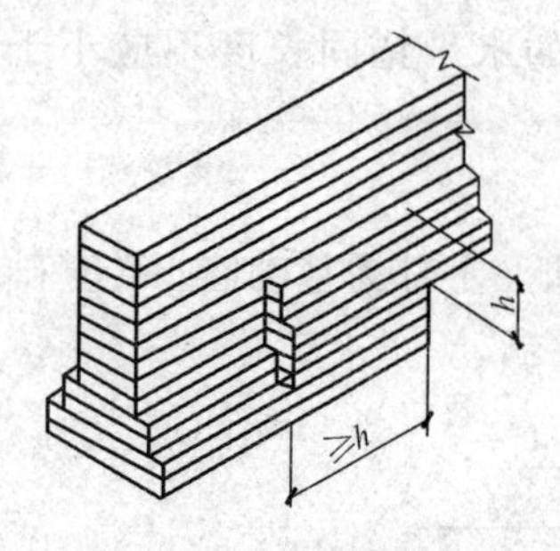

图 7-6　基础底面标高不同时砖基础的搭砌

砖基础的转角处和交接处应同时砌筑，当不能同时砌筑时，应留置斜槎。

对基础墙的防潮层，当设计无具体要求时，宜用 1∶2 水泥砂浆加适量防水剂铺设，其厚度宜为 20mm。防潮层的位置宜在室内地面标高以下一皮砖处。

2. 石砌体基础构造

(1) 毛石基础。毛石基础是用毛石与水泥砂浆或水泥混合砂浆砌成。所用毛石强度等级一般为 MU20 以上，砂浆宜用水泥砂浆，强度等级应不低于 M5。

毛石基础可作墙下条形基础或柱下独立基础，按其断面形式有矩形、阶梯形和梯形。基础的顶面宽度应比墙厚大 200mm，即每边宽出 100mm，每阶高度一般为 300～400mm，并至少砌二皮毛石。上级阶梯的石块应至少压砌下级阶梯的 1/2，相邻阶梯的毛石应相互错缝搭砌，如图 7-7 所示。

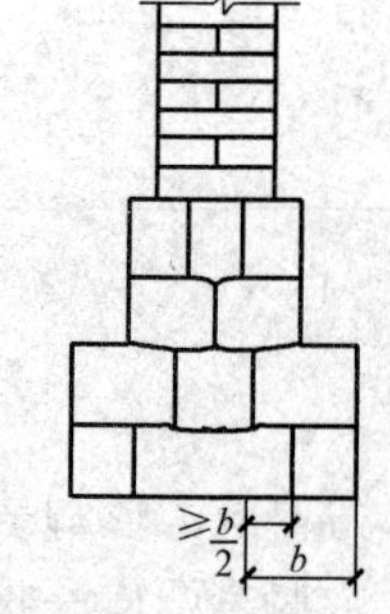

图 7-7　阶梯形毛石基础

毛石基础必须设置拉结石，同皮内每隔 2m 左右设置一块。拉结石的长度，如基础宽度等于或小于 400mm，则应与基础宽度相等；如基础宽度大于 400mm，可用两块拉结石内外搭接，搭接长度不应小于 150mm，且其中一块拉结石的长度不应小于基础宽度的 2/3。

(2) 料石基础。砌筑料石基础的第一皮石块应用丁砌层坐浆砌筑，以上各层料石可按一顺一丁进行砌筑。阶梯形料石基础，上级阶梯的料石至少压砌下级阶梯料石的 1/3，如图 7-8 所示。

3. 灰土与三合土基础构造

灰土与三合土基础构造如图 7-9 所示。两者构造相似，只是填料不同。灰土基础材料的拌料宜为 3∶7 或 2∶8（体积配合比）。土料宜采用不含松软杂质的粉质黏性土及塑性指数大于 4 的粉土。对土料应过筛，其粒径不得大于 15mm，土中的有机质含量不得大于 5%。

灰土用的熟石灰应在使用前 1d 将生石灰浇水消解。熟石灰中不得含有未熟化的生石灰块和过多的水分。生石灰消解 3～4d 筛除生石灰块后使用，过筛粒径不得大于 5mm。

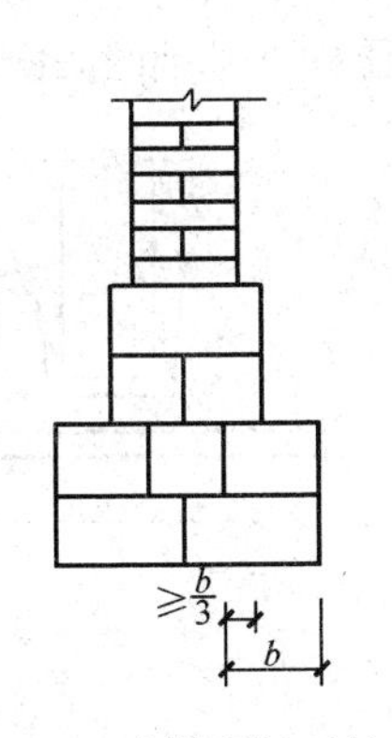

图 7-8　阶梯形料石基础

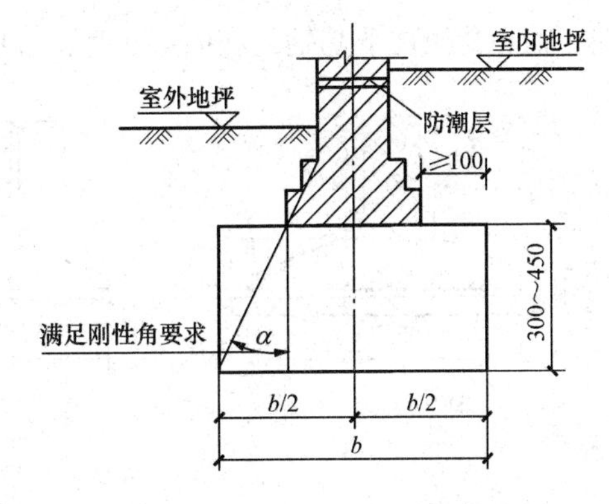

图 7-9　灰土与三合土基础构造

三合土基础材料的拌料宜为1∶2∶4～1∶3∶6（体积配合比），宜采用消石灰、砂、碎砖配置。砂宜采用中、粗砂和泥沙。砖应粉碎，其粒径为20～60mm。

4. 混凝土基础与毛石混凝土基础构造

当荷载较大、地下水位较高时常采用混凝土基础。混凝土基础的强度较高，耐久性、抗冻性、抗渗性、耐腐蚀性都很好。基础的截面形式常采用台阶形，阶梯高度一般不小于300mm。

（1）构造要求。毛石混凝土基础与混凝土基础的构造相同，当基础体积较大时，为了节约混凝土的用量，降低造价，可掺入一些毛石，掺入量不宜超过30%，形成毛石混凝土基础。构造详图如图7-10所示。

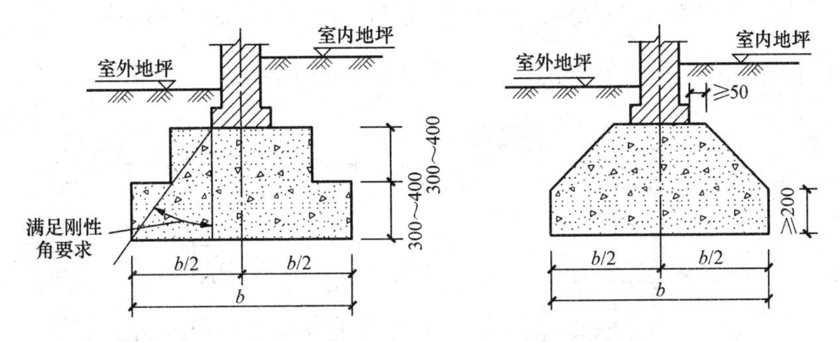

图 7-10　混凝土基础或毛石混凝土基础

（2）材料要求。混凝土的强度等级不宜低于C15；毛石要选用坚实、末风化的石料，其抗压强度不低于30kPa；毛石尺寸不宜大于截面最小宽度的1/3，且不大于300mm；毛石在使用前应清洗表面泥垢、水锈，并剔除尖条和扁块。

7.1.2　扩展基础

用钢筋混凝土建造的基础抗弯能力强，不受刚性角限制，称为扩展基础，如图7-11所示。扩展基础将上部结构传来的荷载通过向侧边扩展成一定底面积，使作用在基础底面的压应力等于或小于地基土的允许承载力，而基础内部的应力应同时满足材料本身的强度要求，这种起到压力扩散作用的基础称为扩展基础，包括柱下钢筋混凝土独立基础和墙下钢筋混凝土条形基础。

1. 柱下钢筋混凝土独立基础

柱下钢筋混凝土独立基础有现浇台阶形基础、现浇锥形基础和预制柱的杯口形基础，如图7-12所示。杯口形基础又可分为单肢杯口形基础、双肢杯口形基础、低杯口形基础和高杯口形基础。轴心受压柱下基础的底面形状为正方形，而偏心受压柱下基础的底面形状为矩形。

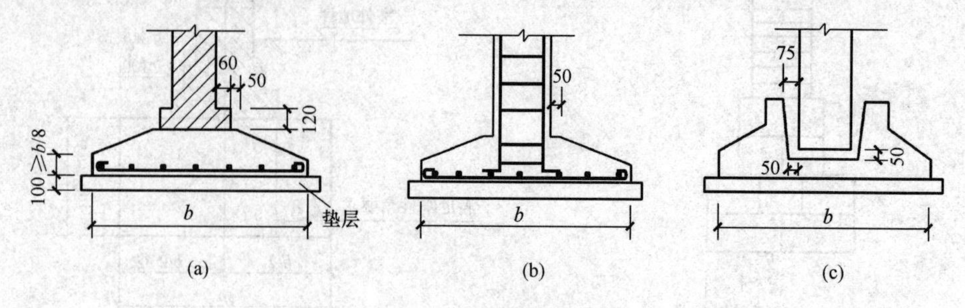

图 7-11 扩展基础

(a) 钢筋混凝土条形基础；(b) 现浇独立基础；(c) 预制杯形基础

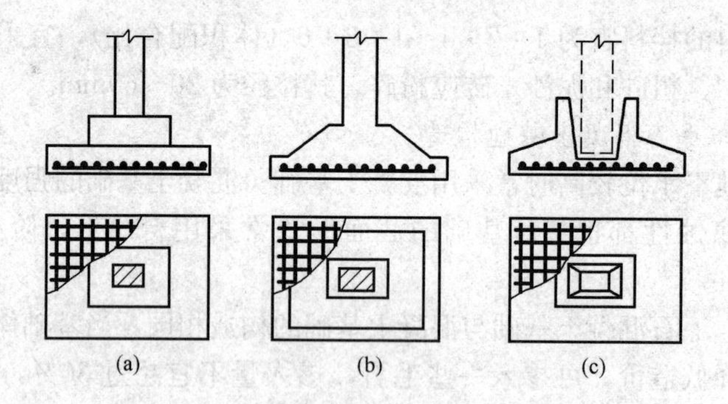

图 7-12 柱下钢筋混凝土独立基础

(a) 现浇台阶形基础；(b) 现浇锥形基础；(c) 预制柱的杯口形基础

现浇柱下钢筋混凝土独立基础的构造要求如图 7-13 所示。

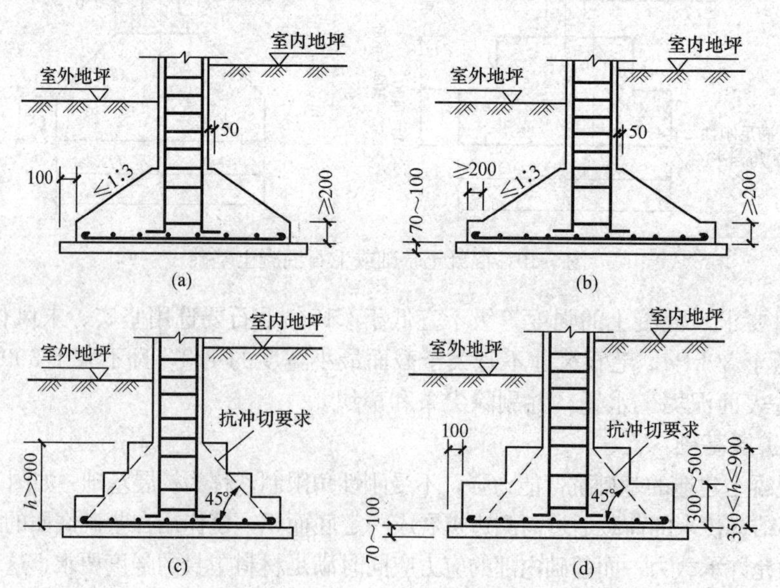

图 7-13 现浇柱下钢筋混凝土独立基础的构造要求

(a) 现浇锥形基础（一）；(b) 现浇锥形基础（二）；(c) 现浇阶梯形基础（一）；(d) 现浇阶梯形基础（二）

基础垫层的厚度不宜小于 70mm，混凝土强度等级为 C15。基础混凝土强度等级不宜小于C20。锥形基础边缘的高度不宜小于200mm；阶梯形基础每阶高度宜为300～500mm。底板受力钢筋（如图7-14所示）的直径不宜小于10mm，间距不宜大于200mm，且不宜小于100mm。当有垫层时，底板钢筋保护层的厚度为40mm，无垫层时为70mm。当基础的边长尺寸大于2.5m时，受力钢筋的长度可缩短10%，钢筋应交错布置，如图7-15所示。

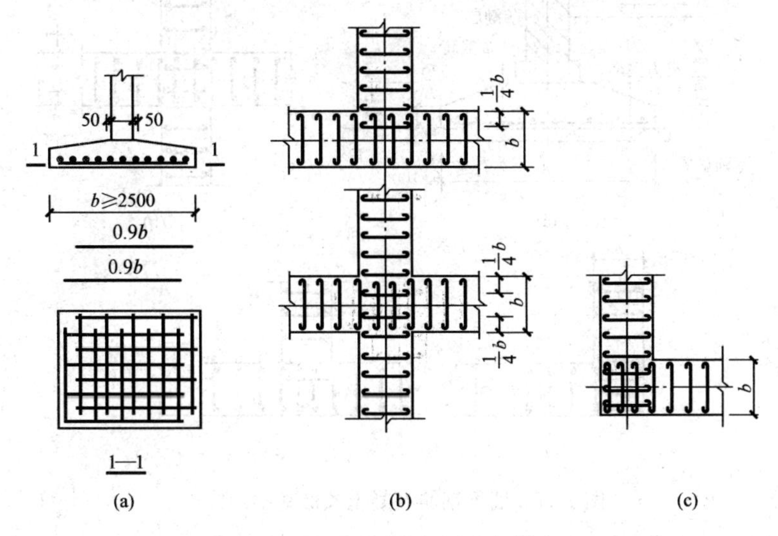

图7-14　扩展基础底板受力钢筋布置

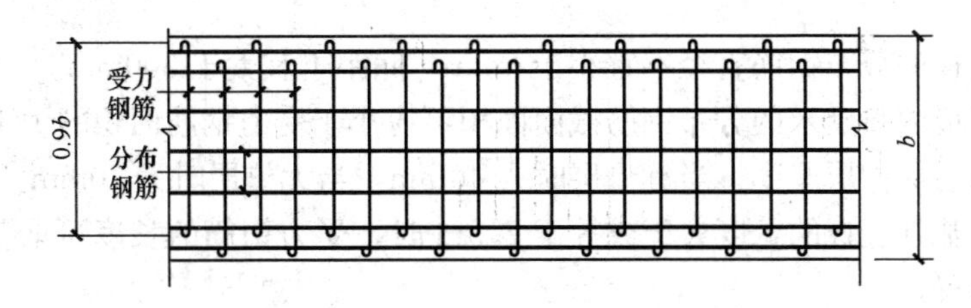

图7-15　受力钢筋缩短后的纵向布置

2. 墙下钢筋混凝土条形基础

墙下钢筋混凝土条形基础根据受力条件可分为不带肋和带肋两种，如图7-16所示。

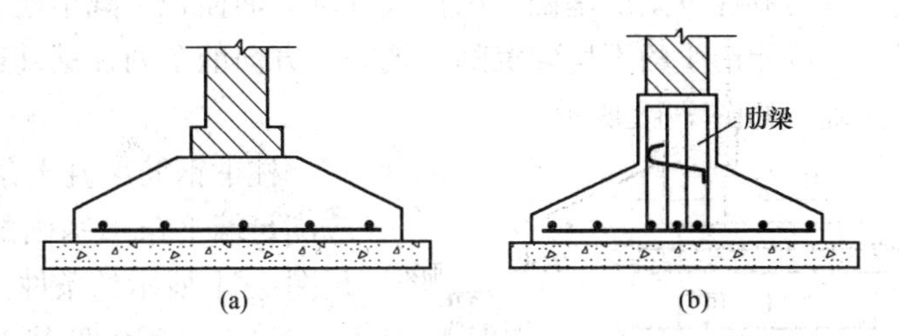

图7-16　墙下钢筋混凝土条形基础

（a）不带肋；（b）带肋

（1）墙下钢筋混凝土条形基础的构造如图7-17（a）所示。图7-17（b）、（c）、（d）所示分别为条形基础交接处的构造处理要求。

（2）基础垫层的厚度不宜小于70mm，混凝土强度等级应为C15。

（3）基础底板混凝土强度等级不宜低于C20。

（4）当钢筋混凝土底板的厚度不小于200mm时，底板应作成平板。

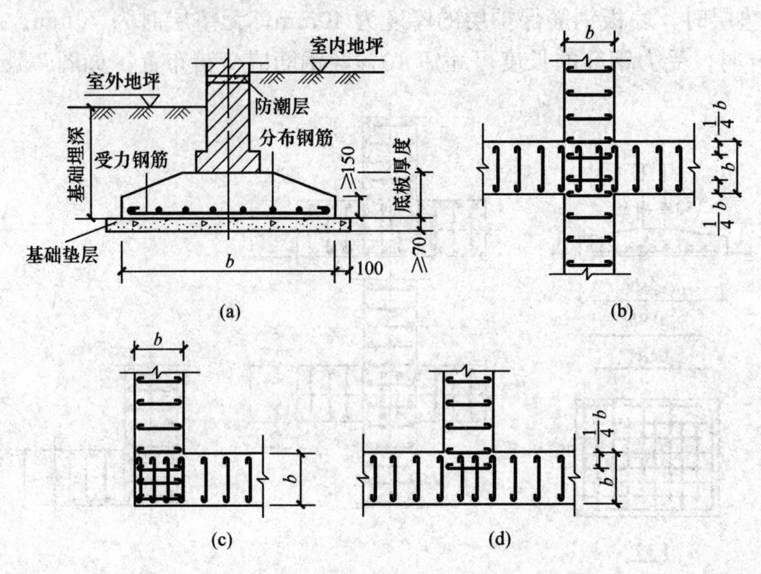

图7-17 墙下钢筋混凝土条形基础的构造

（5）基础底板的受力钢筋直径不宜小于10mm，间距不宜大于200mm，且不宜小于100mm。

（6）基础底板的分布钢筋直径不宜小于8mm，间距不宜大于300mm。

（7）基础底板内每延米的分布钢筋截面面积不应小于受力钢筋面积的1/10。

（8）底板钢筋保护层厚度，当有垫层时为40mm，当无垫层时为70mm。

（9）当条形基础底板的宽度大于或等于2.5m时，受力钢筋的长度可取基础宽度的0.9倍，并应交错布置。

7.1.3 柱下条形基础与柱下交叉条形基础

1. 柱下条形基础

当上部荷载较大，地基承载力较低，独立基础的底面面积不能满足设计要求时，可把若干柱子的基础连成一条构成柱下条形基础，以扩大基础底面面积，减小地基反力，并可以通过形成整体刚度来调整可能产生的不均匀沉降。把一个方向的单列柱基础连在一起就形成了单向（柱下）条形基础，如图7-18所示。

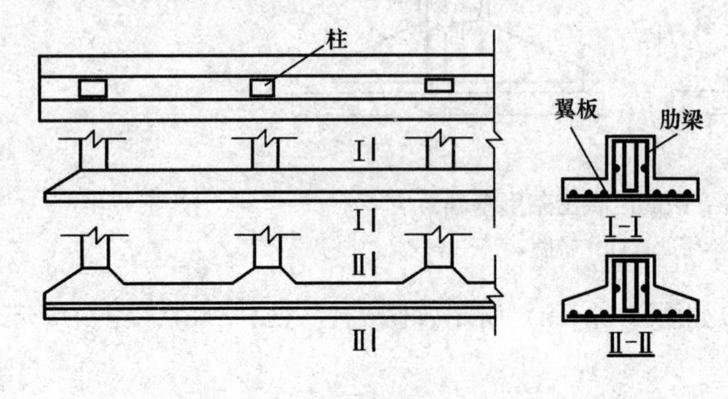

图7-18 单向条形基础

柱下钢筋混凝土条形基础的构造除应满足墙下条形基础的构造外，还应满足图7-19所示的条件。

（1）柱下条形基础梁端部应向外挑出，其长度宜为第一跨柱距的0.25倍。

（2）柱下条形基础梁高度，宜为柱距的1/8～1/4，翼板的厚度不宜小于200mm。当翼板的厚度小于或等于250mm时应作成平板，当翼板的厚度大于250mm时，宜采用变截面，其坡度不宜大于1∶3，如图7-19（a）所示。

（3）当梁高大于700mm时，在梁的两侧沿高度间隔300～400mm设置一根直径不小于10mm的腰筋，并设置构造拉筋，如图7-19（a）所示。

（4）当柱截面尺寸等于或大于基础梁宽时，应满足图7-19（b）的规定。

（5）基础梁顶部按计算所配纵向受力钢筋应贯通全梁，底部通长钢筋不应少于底部受力钢筋总面积的1/3。

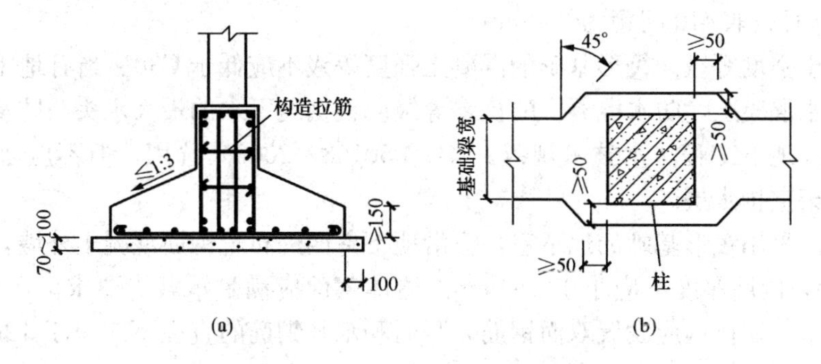

图7-19　柱下钢筋混凝土条形基础

2. 柱下交叉条形基础

当上部荷载较大，采用单向条形基础仍不能满足承载力要求时，可以把纵、横柱基础连在一起，组成十字交叉条形基础，如图7-20所示。

7.1.4　筏形基础

当地基承载力低，而上部结构的荷载又较大，以致十字交叉条形基础仍不能提供足够的底面面积来满足地基承载力的要求时，可采用钢筋混凝土满堂板基础，这种平板基础称为筏形基础。

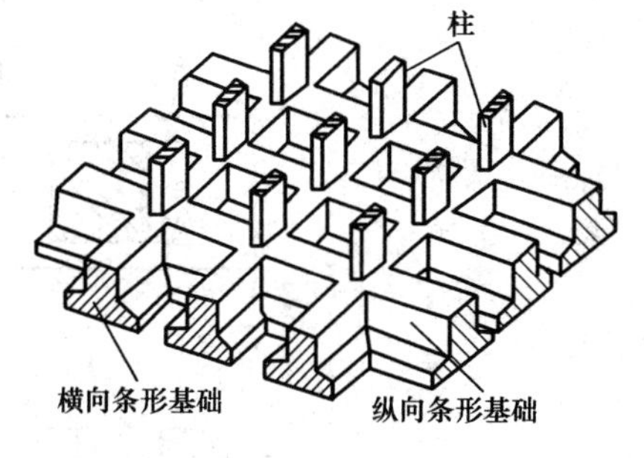

图7-20　十字交叉条形基础

筏形基础具有比十字交叉条形基础更大的整体刚度，有利于调整地基的不均匀沉降，能较好地适应上部结构荷载分布的变化。筏形基础还可满足抗渗要求。

筏形基础分为平板式和梁板式。平板式一般采用等厚度平板，如图7-21（a）所示；当柱荷载较大时，可局部加大柱下板厚或设墩基础以防止筏板被冲剪破坏，如图7-21（b）所示。当柱距较大，柱荷载相差也较大时，宜沿柱轴纵横向设置基础梁，如图7-21（c）、（d）所示。

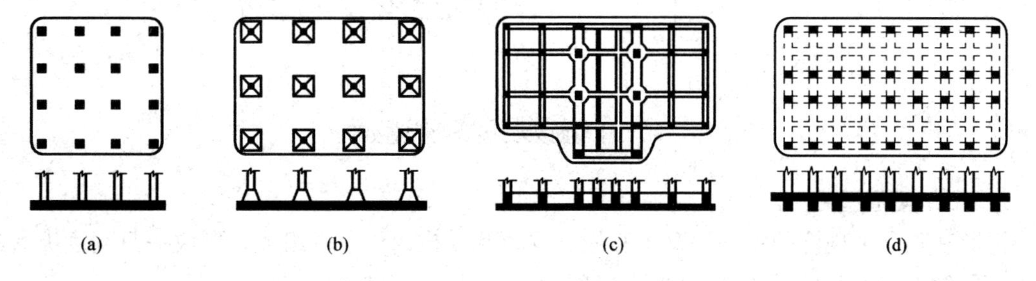

图7-21　筏形基础

（a）平板式（一）；（b）平板式（二）；（c）梁板式（一）；（d）梁板式（二）

（1）板厚。等厚度筏形基础一般取 200～400mm 厚，且板厚与最大双向板的短边之比不宜小于 1/20，由抗冲切强度和抗剪强度控制。有悬臂筏板可作成坡度，但端部厚度不小于 200mm，且悬臂长度不宜大于 2.0m。

（2）肋梁挑出。梁板的肋梁应适当挑出 1/6～1/3 的柱距。纵横向支座配筋应有 15%连通，跨中钢筋按实际配筋率全部连通。

（3）配筋间距。筏形分布钢筋在板厚小于或等于 250mm 时，取 ϕ8 间距为 250mm；板厚大于 250mm 时，取 ϕ10 间距为 200mm。

（4）混凝土强度等级。筏形基础的混凝土强度等级不应低于 C30。当有地下室时，筏形基础应采用防水混凝土，防水混凝土的抗渗等级应根据地下水的最大水头与防渗混凝土层厚度的比值，按《地下工程防水技术规范》（GB 50108—2008）选用，但不应小于 0.6MPa。必要时，宜设架空排水层。

（5）墙体。采用筏形基础的地下室，应沿地下室四周布置钢筋混凝土外墙，外墙厚度不应小于 250mm，内墙厚度不应小于 200mm。墙体截面应满足承载力要求，还应满足变形、抗裂及防渗要求。墙体内应设置双面钢筋，竖向和水平钢筋的直径不应小于 12mm，间距不应大于 300mm。

（6）施工缝。筏形基础与地下室外墙的连接缝、地下室外墙沿高度的水平接缝都应严格按施工缝要求采取措施，必要时设通长止水带。

（7）柱、梁连接。柱与肋梁交接处的构造处理应满足图 7-22 所示的要求。

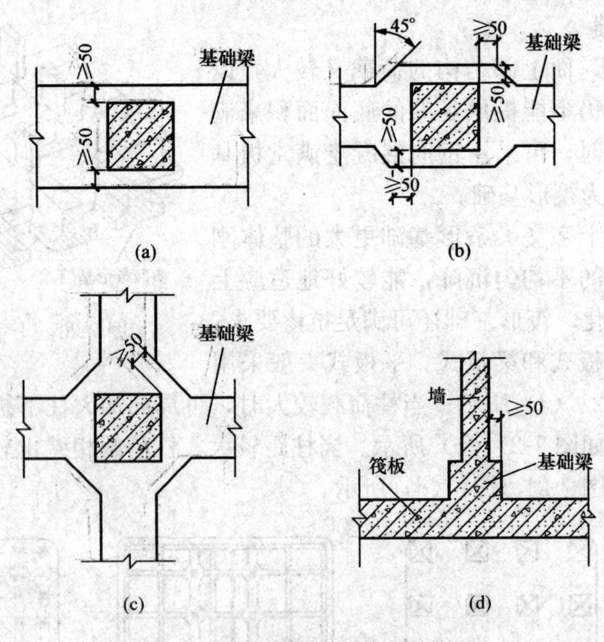

图 7-22 柱与肋梁交接处的构造处理

7.1.5 箱形基础

箱形基础是由现浇的钢筋混凝土底板、顶板和纵横内外隔墙组成，形成一只刚度极大的箱子，故称为箱形基础，如图 7-23（a）所示。

箱形基础具有比筏形基础更大的抗弯刚度，相对弯曲很小，可视为绝对刚性基础。为了加大底板刚度，可进一步采用“套箱式”箱形基础，如图 7-23（b）所示。箱形基础埋置深度较深，基础空腹，从而卸除了基础底面处原有地基的自重应力，因此，也就大大减小了作用于基础底面的附加应力，减少了建筑物的沉降，这种基础又称为补偿性基础。

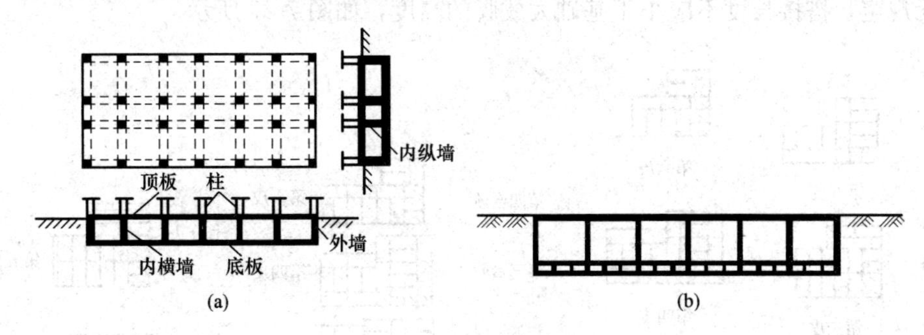

图 7-23 箱形基础

（a）常规式；（b）套箱式

7.2 浅基础施工

7.2.1 无筋扩展基础施工

1. 砖基础施工

（1）工艺流程。砖基础施工包括地基验槽、砖基放线、砖浇水、材料见证取样、配制砂浆、排砖撂底、立皮数杆、墙体盘角、立杆挂线、砌砖基础、验收、养护等步骤。其工艺流程如图 7-24 所示。

（2）施工要点。

1）砌砖基础前，应先将垫层清扫干净，并用水润湿，立好皮数杆，检查防潮层以下砌砖的层数是否相符。

2）从相对设立的龙门板上拉上大放脚准线，根据准线交点在垫层面上弹出位置线，即为基础大放脚边线。基础大放脚的组砌法如图 7-25 所示。大放脚转角处要放七分头，七分头应在山墙和檐墙两处分层交替放置，一直砌到实墙。

3）大放脚一般采用“一顺一丁”的砌筑法，竖缝至少错开 1/4 砖长。大放脚的最下一皮及各个台阶的上面一皮应以丁砌为主，砌筑时宜采用“三一”砌法，即一铲灰、一块砖、一挤揉。

4）开始操作时，在墙转角和内外墙交接处应砌大角，先砌筑 4～5 皮砖，经水平尺检查无误后进行挂线，砌好撂底砖，再砌以上各皮砖。挂线方法如图 7-26 所示。

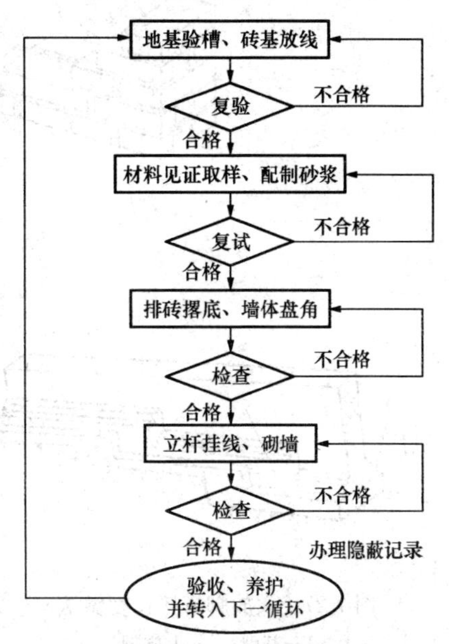

图 7-24 砖基础砌筑的工艺流程

5）砌筑时，所有承重墙基础应同时进行。基础接槎必须留斜槎，高低差不得大于

1.2m。预留孔洞必须在砌筑时预先留出，位置要准确。暖气沟墙可以在基础砌完后再砌，但基础墙上放暖气沟盖板的出檐砖，必须同时砌筑。

6）有高低台的基础底面，应从低处砌起，并按大放脚的底部宽度由高台向低台搭接。如设计无规定，搭接长度不应小于基础大放脚的高度，如图 7-27 所示。

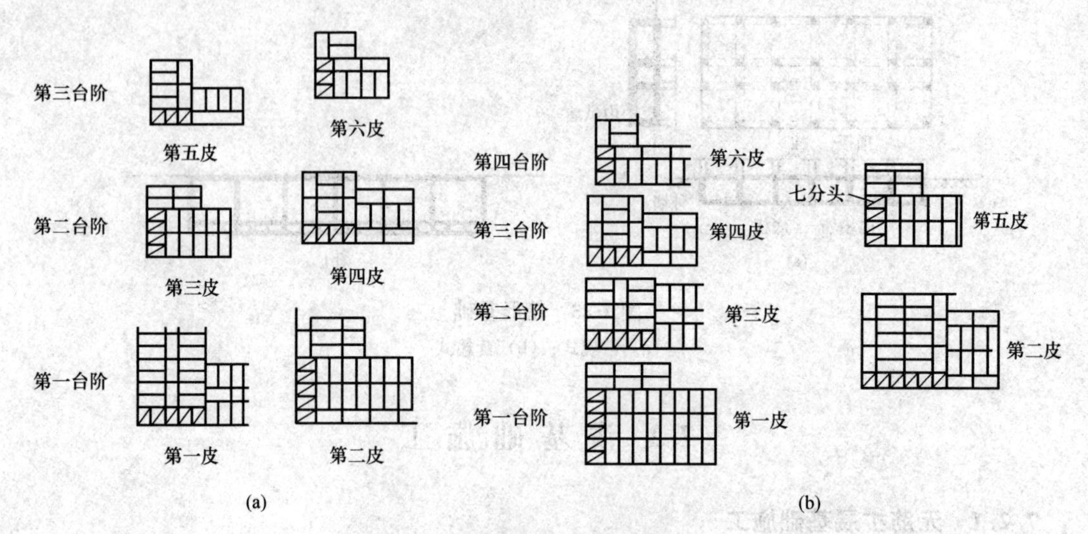

图 7-25 基础大放脚的组砌法

（a）皮三收等高式大放脚；（b）皮四收不等高式大放脚

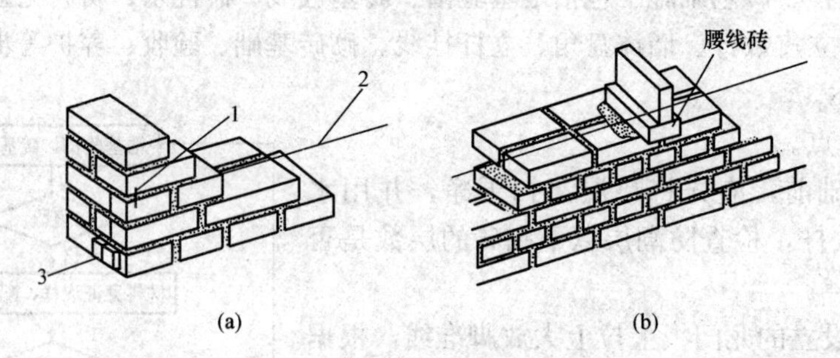

图 7-26 挂线方法

1—别线棍；2—准线；3—简易挂线坠

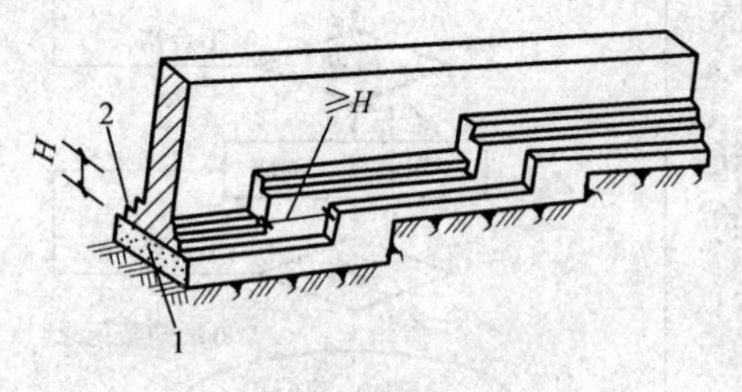

图 7-27 大放脚搭接长度做法

1—基础；2—大放脚

7）砌完基础大放脚，开始砌实墙部位时，应重新抄平放线，确定墙的中线和边线，再立皮数杆。砌到防潮层时，必须用水平仪找平，并按图纸规定铺设防潮层。如设计未作具体规定，宜用 1∶2.5 水泥砂浆加适量的防水剂铺设，其厚度一般为 20mm。砌完基础经验收后，应及时清理基槽（坑）内的杂物和积水，并在两侧同时填土，分层夯实。

8）在砌筑时，要做到上跟线、下跟棱；角砖要平、绷线要紧；上灰要准、铺灰要活；皮数杆要牢固垂直；砂浆饱满，灰缝均匀，横平竖直，上下错缝，内外搭砌，咬槎严密。

9）砌筑时，灰缝砂浆要饱满，水平灰缝的厚度宜为 10mm，不应小于 8mm，也不应大于12mm。每皮砖要挂线，它与皮数杆的偏差值不得超过10mm。

10）在基础中预留洞口及预埋管道时，其位置和标高应准确，避免凿打墙洞；管道上部应预留沉降空隙。基础上铺放地沟盖板的出檐砖，应同时砌筑，并应用丁砖砌筑，立缝碰头灰应打严实。

11）基础砌至防潮层时，须用水平仪找平，并按设计铺设防水砂浆（掺加水泥质量3%的防水剂）防潮层。

2. 毛石基础施工

（1）工艺流程。毛石基础施工包括地基找平、基墙放线、材料见证取样、配置砂浆、立皮数杆挂线、基础底面找平、盘角、石块砌筑、勾缝等步骤，其工艺流程如图7-28所示。

（2）施工要点。

1）砌筑前应检查基槽（坑）的尺寸、标高、土质，清除杂物，夯平槽（坑）底。

2）根据设置的龙门板在槽底放出毛石基础底边线，在基础转角处、交接处立上皮数杆。皮数杆上应标明石块规格及灰缝厚度，砌阶梯形基础还应标明每一台阶的高度。

3）砌筑时，应先砌转角处及交接处，然后砌中间部分。毛石基础的灰缝厚度宜为20～30mm，砂浆应饱满。石块间的较大空隙应先用砂浆填塞后，再用碎石块嵌实，不得先嵌石块后填砂浆或干塞石块。

4）基础的组砌形式应内外搭砌、上下错缝，拉结石、丁砌石交错设置。毛石墙中的拉结石，每0.7m墙面不应少于1块。

5）砌筑毛石基础时应双面挂线，挂线方法如图7-29所示。

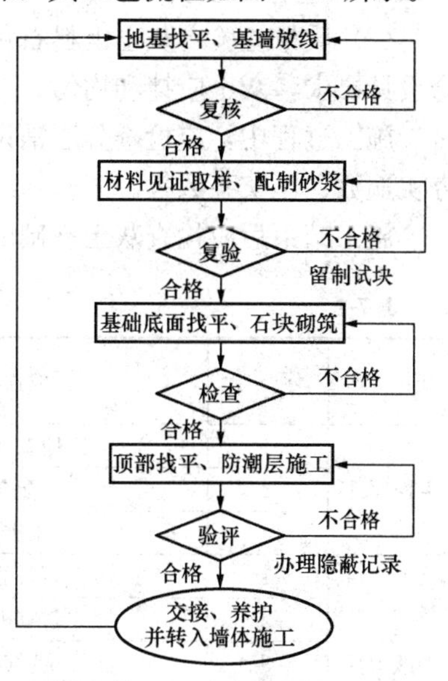

图7-28　毛石基础砌筑的工艺流程

6）基础外墙转角处、纵横墙交接处及基础最上一层，应选用较大的平毛石砌筑。每隔0.7m须砌一块拉结石，上下两皮拉结石位置应错开，立面形成梅花形。当基础宽度在400mm以内时，拉结石的宽度应与基础宽度相等；当基础宽度超过400mm时，可用两块拉结石内外搭砌，搭接长度不应小于150mm，且其中一块长度不应小于基础宽度的2/3。毛石基础每天的砌筑高度不应超过1.2m。

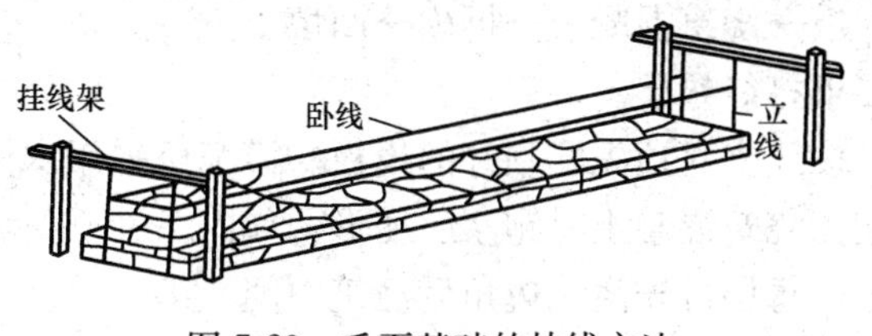

图7-29　毛石基础的挂线方法

7）每天应在当天砌完的砌体上铺一层灰浆，表面应粗糙。夏季施工时，对刚砌完的砌体，应用草袋覆盖养护5～7d，避免风吹、日晒和雨淋。毛石基础全部砌完后，要及时在基础两边均匀分层回填，分层夯实。

3. 灰土与三合土基础施工

（1）施工要点。施工工艺：清理槽底→分层回填灰土并夯实→基础放线→砌筑大放脚、基础墙→回填房心土→防潮层。

1）施工前应先验槽，清除松土，如有积水、淤泥应清除晾干，槽底要求平整干净。

2）拌和灰土时，应根据气温和土料的湿度搅拌均匀。灰土的颜色应一致，含水量宜控制在最优含水量±2%的范围（最优含水量可通过室内击实试验求得，一般为14%～18%）。

3）填料时应分层回填。其厚度宜为200～300mm，夯实机具可根据工程大小和现场机具条件确定。夯实遍数一般不少于4遍。

4）灰土上下相邻土层接槎应错开，其间距不应小于500mm。接槎不得在墙角、柱墩等部位，在接槎500mm范围内应增加夯实遍数。

5）当基础底面标高不同时，土面应挖成阶梯或斜坡搭接，按先深后浅的顺序施工，搭接处应夯压密实。当分层分段铺设时，接头处应作成斜坡或阶梯形搭接，每层错开0.5～1.0m，并应夯压密实。

（2）质量检验。灰土土料石灰或水泥（当水泥代替土中的石灰时）等材料及配合比应符合设计要求，灰土应拌和均匀。

施工过程中，应检查分层铺设的厚度、分段施工时上下两层的搭接长度、夯实加水量、夯实遍数、压实系数等。

施工结束后应检查灰土基础的承载力，灰土地基的质量验收标准见表7-2。

表7-2　　灰土地基的质量验收标准

项　目	序　号	检查项目	允许偏差和允许值		检查方法
			单位	数值	
主控项目	1	地基承载力	设计要求		按规定方法
	2	配合比	设计要求		按拌和时的体积比
	3	压实系数	设计要求		现场实测
一般项目	1	石灰的粒径	mm	≤5	筛分法
	2	土料有机质含量	%	≤5	试验室焙烧法
	3	土颗粒粒径	mm	≤15	筛分法
	4	含水量（与要求的最优含水量比较）	%	±2	烘干法
	5	分层厚度偏差（与设计要求比较）	mm	±50	水准仪

4. 混凝土基础施工

施工工艺：基础垫层→基础放线→基础支模→浇筑混凝土→拆模→回填土。

（1）清理槽底验槽并做好记录。按设计要求打好垫层。

（2）在基础垫层上放出基础轴线及边线，按线支立预先配制好的模板。模板可采用木模板，也可采用钢模板。模板支立要求牢固，避免浇筑混凝土时跑浆、变形，如图7-30所示。

（3）台阶式基础宜按台阶分层浇筑混凝土，每层可先浇筑边角后浇筑中间。第一层浇筑完成后，可停0.5～1.0h，待下部密实后再浇筑上一层。

（4）当基础截面为锥形，斜坡较陡时，斜面部分应支模板浇筑，并防止模板上浮。斜坡较平缓时，可不支模板，但应将边角部位振捣密实，人工修整斜面。

（5）混凝土初凝后，外露部分要覆盖并浇水养护，待混凝土达到一定强度后方可拆除模板。

7.2.2　钢筋混凝土基础施工

1. 钢筋混凝土独立基础的施工要点

施工工艺：基础垫层→基础放线→绑扎钢筋→支基础模板→浇筑混凝土→拆模。

(1) 清理槽底验槽并做好记录。按设计要求打好垫层，垫层混凝土的强度等级不宜低于C15。

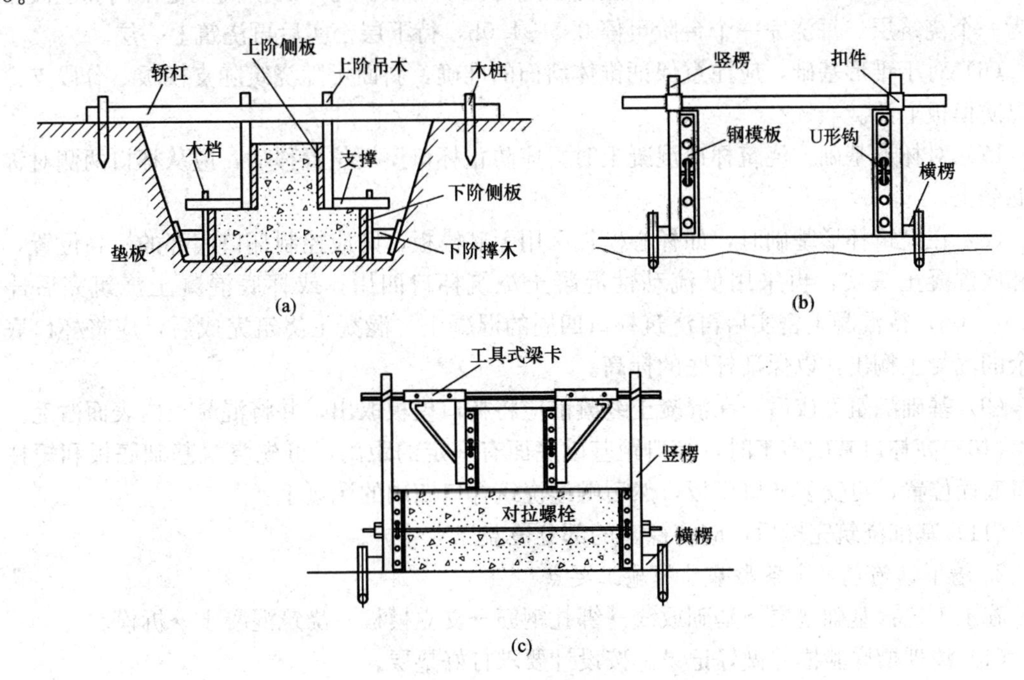

图 7-30　基础模板

(a) 阶梯条形基础木模板支模；(b) 单阶条形基础钢模板；(c) 双阶条形基础钢模板

(2) 在基础垫层上放出基础轴线及边线，绑扎好基础底板钢筋网片。

(3) 按线支立预先配制好的模板。模板既可采用木模板，如图 7-31 (a) 所示；也可采用钢模板，如图 7-31 (b) 所示。先将下阶模板支好，再支好上阶模板，然后支放杯心模板。模板支立要求牢固，避免浇筑混凝土时跑浆、变形。

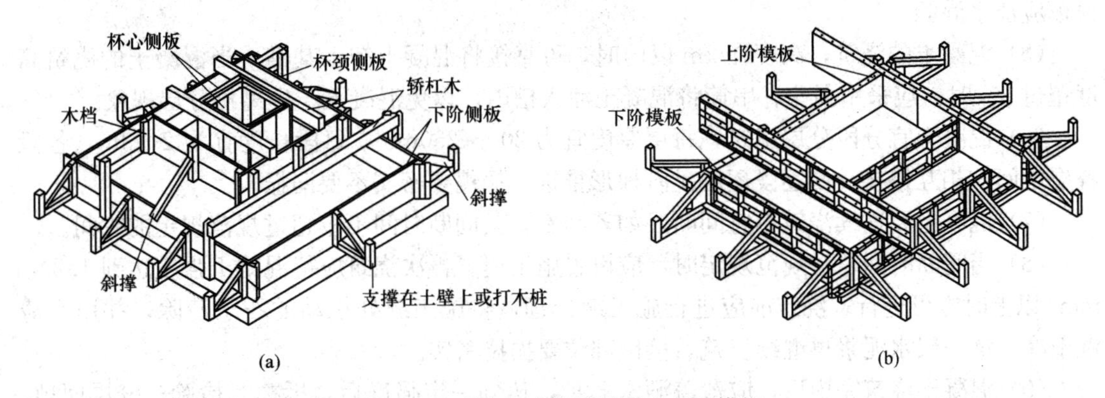

图 7-31　现浇独立钢筋混凝土基础模板

(a) 杯形基础木模板支模；(b) 阶梯形现浇柱基础钢模板

如为现浇柱基础，模板支完后要将插筋按位置固定好，并进行复线检查。现浇混凝土独立基础轴线位置的偏差不宜大于 10mm。

(4) 基础在浇筑前，应清除模板内和钢筋上的垃圾、杂物，堵塞模板的缝隙和孔洞，木模板应浇水湿润。

(5) 对阶梯形基础，基础混凝土宜分层连续浇筑完成。每一台阶高度范围内的混凝土可分为一个浇筑层。每浇完一个台阶可停 0.5～1.0h，待下层密实后再浇筑上一层。

(6) 对于锥形基础，应注意保证锥体斜面的准确，斜面可随浇筑随支模板，分段支撑加固以防模板上浮。

(7) 对杯形基础，浇筑杯口混凝土时，应防止杯口模板位置移动，应从杯口两侧对称浇捣混凝土。

(8) 在浇筑杯形基础时，如杯心模板采用无底模板，则应控制杯口底部的标高位置，先将杯底混凝土捣实，再采用低流动性混凝土浇筑杯口四周；或杯底混凝土浇筑完后停顿 0.5～1.0h，待混凝土密实后再浇筑杯口四周的混凝土。混凝土浇筑完成后，应将杯口底部多余的混凝土掏出，以保证杯底的标高。

(9) 基础浇筑完成后，在混凝土终凝前应将杯口模板取出，并将混凝土内表面凿毛。

(10) 高杯口基础施工时，杯口距基础底面有一定的距离，可先浇筑基础底板和短柱至杯口底面位置，再安装杯口模板，然后继续浇筑杯口四周的混凝土。

(11) 基础浇筑完毕后，应将裸露的部分覆盖浇水养护。

2. 墙下钢筋混凝土条形基础的施工要点

施工工艺：基础垫层→基础放线→绑扎钢筋→支立模板→浇筑混凝土→拆模。

(1) 清理槽底验槽并做好记录。按设计要求打好垫层。

(2) 在基础垫层上放出基础轴线及边线，绑扎好基础底板和基础梁钢筋，要将柱子插筋按位置固定好，检验钢筋。

(3) 钢筋检验合格后，按线支立预先配制好的模板。模板既可采用木模板，也可采用钢模板。先将下阶模板支好，再支好上阶模板，模板支立要求牢固，避免浇筑混凝土时跑浆、变形。

(4) 基础在浇筑前，应清除模板内和钢筋上的垃圾、杂物，堵塞模板的缝隙和孔洞，木模板应浇水湿润。

(5) 混凝土的浇筑，高度在 2m 以内时，可直接将混凝土卸入基槽；当混凝土的浇筑高度超过 2m 时，应采用漏斗、串筒将混凝土溜入槽内，以免混凝土产生离析分层现象。

(6) 混凝土宜分段分层浇筑，每层厚度宜为 200～250mm，每段长度宜为 2～3m，各段各层之间应相互搭接，使逐段逐层呈阶梯形推进，振捣要密实不要漏振。

(7) 混凝土要连续浇筑不宜间断，如若间断，其间断时间不应超过规范规定的时间。

(8) 当间断时间超过规范规定时，应设置施工缝。再次浇筑应待混凝土强度达到 $1.2N/mm^2$ 以上时方可进行。浇筑前应进行施工缝处理，将施工缝处松动的石子清除，并用水清洗干净，浇一层水泥浆再继续浇筑，接槎部位要振捣密实。

(9) 混凝土浇筑完毕后，应覆盖洒水养护，达到一定强度后，拆模、检验、分层回填、夯实房心土。

3. 钢筋混凝土筏形基础施工要点

施工工艺：基础垫层→基础放线→绑扎钢筋→支立模板→浇筑混凝土→拆模。

(1) 筏形基础为满堂基础，基坑施工的土方量较大，首先做好土方开挖。开挖时注意保证基础底面持力层不被扰动，当采用机械开挖时，不要挖到基础底面标高，应保留 200mm

左右最后人工清槽。

(2) 开槽施工中应做好排水工作，可采用明沟排水。当地下水位较高时，可预先采用人工降水措施，使地下水位降至基础底面500mm以下，保证基坑在无水的条件下进行开挖和基础施工。

(3) 基坑施工完成后应及时进行验槽。验槽后清理槽底，进行垫层施工。垫层的厚度一般取100mm。

(4) 当垫层混凝土达到一定强度后，使用引桩和龙门架在垫层上进行基础放线、绑扎钢筋、支设模板、固定柱或墙的插筋。

(5) 筏形基础在浇筑前，应搭建脚手架以便运送灰料，清除模板内和钢筋上的垃圾、泥土、污物，木模板应浇水湿润。

(6) 混凝土的浇筑方向应平行于次梁的方向。对于平板式筏形基础则应平行于基础的长边方向。筏形基础的混凝土浇筑应连续施工，若不能整体浇筑完成，则应设置竖直施工缝。施工缝的预留位置，当平行于次梁长度方向浇筑时，应在次梁中间1/3跨度范围内。对于平板式筏形基础的施工缝，可在平行于短边方向的任何位置设置。

(7) 当继续开始浇筑时应进行施工缝处理，将施工缝处活动的石子清除，用水清洗干净，浇撒一层水泥浆，再继续浇筑混凝土。

(8) 对于梁板式筏形基础，梁高出地板部分的混凝土可分层浇筑。每层浇筑厚度不宜大于200mm。

(9) 基础浇筑完毕后，基础表面应覆盖并洒水养护。当混凝土强度达到设计强度的25%以上时即可拆模，待基础验收合格后即可回填土。

7.2.3 大体积混凝土基础施工

大体积混凝土要选用中低热水泥，当掺加粉煤灰或高效缓凝型减水剂时，可以延迟水化热释放速度，降低热峰值；当掺入适量的U形混凝土膨胀剂时，可防止或减少混凝土的收缩开裂，并使混凝土致密化，提高混凝土的抗渗性。在满足混凝土泵送的条件下，尽量选用粒径较大、级配良好的石子；尽量降低砂率，一般宜控制在42%～45%。为了控制混凝土的出机温度和浇筑温度，冬季在不冻结的前提下，宜采用冷骨料、冷水搅拌混凝土；夏季如气温较高，还应对砂石进行保温，砂石料场应设简易遮阳装置，必要时向骨料喷冷水。

大体积混凝土的浇筑方法有三种，如图7-32所示。

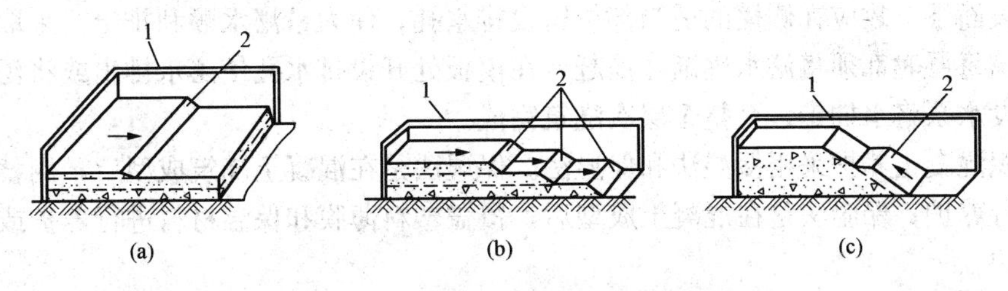

图7-32　大体积混凝土的浇筑方法

(a) 全面分层法；(b) 分段分层法；(c) 斜面分层法

1—模板；2—浇筑面

全面分层法适用于结构面积不大、混凝土拌和、运输能力强时的情况，施工时可将整体结构分为若干层进行浇筑施工，但应保证层间间隔时间尽量缩短，必须在前层混凝土初凝之

前将其次层混凝土浇筑完毕，否则层间面应按施工缝的方法处理。对于全面分层浇筑的结构面积应满足

$$F \leqslant QT/H$$

式中：F 为结构平面面积（m^2）；H 为浇筑混凝土分层厚度（m），一般情况下 $H \leqslant 0.4$m，对于泵送混凝土，$H \leqslant 0.6$m；Q 为每小时浇筑混凝土量（m^3/h）；T 为混凝土从开始浇筑至初凝的延续时间（等于混凝土初凝时间减去混凝土的运输时间，h）。

对于分段分层法，混凝土浇筑时每段浇筑高度应根据结构特点、钢筋的疏密程度决定，一般分层高度为振捣器作用半径的1.25倍，最大不得超过500mm。混凝土浇筑时，严格控制下灰厚度、混凝土振捣时间。浇筑应分为若干单元，每个浇筑单元的间隔时间不得超过3h。

对于斜面分层法，混凝土浇筑采用“分段定点、循序推进、一个坡度、一次到顶”的方法——自然流淌形成斜坡混凝土的浇筑方法。该方法能较好地适应泵送工艺，提高泵送效率，简化混凝土的泌水处理，保证了上下层混凝土不超过初凝时间，一次连续完成。当混凝土大坡面的坡角接近端部模板时，应改变混凝土的浇筑方向，即从顶端往回浇筑。

大体积混凝土浇筑时每浇筑一层混凝土都应及时均匀振捣，保证混凝土的密实性。混凝土振捣采用赶浆法，以保证上下层混凝土接槎部位结合良好，防止漏振，确保混凝土密实。振捣上一层时应插入下层约50mm，以消除两层之间的接槎。平板振动器移动的间距，应能保证振动器的平板覆盖范围，以振实振动部位的周边。

在混凝土初凝之前的适当时间内进行两次振捣，可以排除混凝土因泌水在粗骨料、水平钢筋下部生成的水分和空隙，提高混凝土与钢筋的握裹力。两次振捣的时间间隔宜控制在2h左右。

混凝土应连续浇筑，特殊情况下如需间歇，其间歇时间应尽量缩短，并应在前一层混凝土凝固前将下一层混凝土浇筑完毕。间歇的最长时间，按水泥的品种及混凝土的凝固条件而定，一般超过2h就应按“施工缝”处理。

当混凝土的强度不小于1.5MPa时，才能浇筑下层混凝土；在继续浇筑混凝土之前，应将施工缝界面处的混凝土表面凿毛，剔除浮动石子，并用清水冲洗干净后，再浇一遍高强度等级水泥砂浆，然后继续浇筑混凝土且振捣密实，使新老混凝土紧密结合。

采用斜面分层法浇筑混凝土用泵送时，在浇筑、振捣过程中，上涌的泌水和浮浆将顺坡向集中在坡面下，故应在侧模的适当部位留设排水孔，使大量泌水顺利排出。采取全面分层法时，浇筑每层时都须将泌水逐渐往前赶，在模板处开设排水孔使泌水排出或将泌水排至施工缝处，设水泵将水抽走，至整个层次浇筑完成。

大体积混凝土养护采用保湿法和保温法。保湿法是在混凝土浇筑成型后，用蓄水、洒水或喷水进行养护；保温法是在混凝土成型后，覆盖塑料薄膜和保温材料进行养护或采用薄膜养生液养护。

在混凝土结构内部有代表性的部位布设测温点，测温点应布置在边缘与中间，按十字交叉布置，间距为3～5m，沿浇筑高度应布置在底部中间和表面，测点距离底板四周边缘要大于1m。通过测温全面掌握混凝土养护期间其内部的温度分布状况及温度梯度变化情况，以便定量、定性地指导控制降温速率。测温可以采用信息化预埋传感器的先进测温方法，也可以采用埋设测温管、玻璃棒温度计的测温方法。每日测量不少于4次（早晨、中午、傍晚、

半夜）。

基础训练

1. 简述毛石基础、料石基础和砖基础的构造。
2. 简述砖砌基础的工艺流程及施工要点。
3. 简述毛石基础的工艺流程及施工要点。
4. 简述天然地基上建造浅基础的施工工艺。
5. 简述砖基础的施工要点。
6. 砖基础施工的注意事项是什么？
7. 简述混凝土基础的施工要点。
8. 现浇钢筋混凝土独立基础的构造要求有哪些？
9. 简述现浇钢筋混凝土独立基础的施工要点。
10. 简述筏形基础的材料和构造要求。

学习情境8　灌注桩基础施工

【学习目标】

- 掌握泥浆护壁成孔灌注桩的施工工艺流程，熟悉回转钻机成孔、潜水钻机成孔、冲击钻机成孔、冲抓锥成孔等成孔、清孔方法，掌握水下浇筑混凝土的施工方法
- 掌握干作业钻孔灌注桩的施工机械、施工工艺及操作要点
- 掌握人工挖孔灌注桩的施工设备、施工工艺及施工注意事项
- 掌握锤击沉管灌注桩和振动沉管灌注桩的施工方法
- 掌握夯扩桩的布置和施工方法
- 掌握压浆管的制作、压浆管的布置、压浆桩位的选择、压浆施工顺序、压桩方法

【引例导入】

某拟建的多层公寓，有5幢16～24层高层建筑及少量附属建筑，1个一层大型地下停车库。工程桩数量见表8-1。

表8-1　钻孔灌注桩工程数量表

编号	子项名称	桩径（mm）	桩长（m）	桩数根	地质资料上的成孔深度（m）
1	1号楼	800	50	296	55
		600	24	24	32
2	2号楼	800	40	80	43
3	3号楼	800	50	244	58
		600	40	6	43.5
4	4号楼	800	40	62	37
5	5号楼	600	40	55	47.5

桩身混凝土强度等级为C30，为预拌混凝土，混凝土坍落度为18～20cm，混凝土灌注前孔底沉渣≤50mm，桩身混凝土加灌高度为1.5m。拟建工程场地复杂程度为中等复杂，地基复杂程度为中等复杂地基。

请问你拟采用什么方法施工？采用什么钻孔设备？施工质量如何保证？

混凝土灌注桩是直接在施工现场桩位上成孔，然后在孔内安装钢筋笼，浇筑混凝土成桩。与预制桩相比，灌注桩具有不受地层变化限制、不需要接桩和截桩、节约钢材、振动小、噪声小等特点，但施工工艺复杂，影响质量的因素较多。灌注桩按成孔方法分为泥浆护壁成孔灌注桩、干作业钻孔灌注桩、人工挖孔灌注桩、沉管灌注桩等。近年来出现了夯扩桩、管内泵压桩、变径桩等新工艺，特别是变径桩，将信息化技术引入到桩基础中。

灌注桩施工的一般规定如下：

（1）不同桩型的适用条件应符合下列规定。

1）泥浆护壁成孔灌注桩宜用于地下水位以下的黏性土、粉土、砂土、填土、碎石土及风化岩层。

2）旋挖成孔灌注桩宜用于黏性土、粉土、砂土、填土、碎石土及风化岩层。

3）冲孔灌注桩除宜用于上述地质情况外，还能穿透旧基础、建筑垃圾填土或大孤石等障碍物。在岩溶发育地区应慎重使用，采用时，应适当加密勘察钻孔。

4）长螺旋钻孔压灌桩后插钢筋笼宜用于黏性土、粉土、砂土、填土、非密实的碎石类土、强风化岩。

5）干作业钻（挖）孔灌注桩宜用于地下水位以上的黏性土、粉土、填土、中等密实以上的砂土、风化岩层。

6）在地下水位较高、有承压水的砂土层、滞水层，厚度较大的流塑状淤泥、淤泥质土层中不得选用人工挖孔灌注桩。

7）沉管灌注桩宜用于黏性土、粉土和砂土；夯扩桩宜用于桩端持力层（埋置深度不超过 20m）的中、低压缩性黏性土、粉土、砂土和碎石类土。

（2）成孔设备就位后，必须平整、稳固，确保在成孔过程中不发生倾斜和偏移。应在成孔钻具上设置控制深度的标尺，并应在施工中进行观测记录。

（3）成孔的控制深度应符合下列要求：

1）摩擦型桩。摩擦型桩应以设计桩长控制成孔深度；端承摩擦型桩必须保证设计桩长及桩端进入持力层深度。当采用锤击沉管法成孔时，桩管入土深度控制应以标高为主，以贯入度控制为辅。

2）端承型桩。当采用钻（冲）、挖掘成孔时，必须保证桩端进入持力层的设计深度；当采用锤击沉管法成孔时，桩管入土深度控制以贯入度为主，以控制标高为辅。

8.1　泥浆护壁成孔灌注桩

泥浆护壁成孔是利用原土自然造浆或人工造浆浆液进行护壁，通过循环泥浆将被钻头切下的土块携带排出孔外成孔，然后安装绑扎好的钢筋笼，用导管法水下灌注混凝土沉桩。此法对无论地下水位高或低的土层都适用，但在岩溶发育地区慎用。

8.1.1　施工工艺流程和施工准备

1. 施工工艺流程

泥浆护壁成孔灌注桩的施工工艺流程如图 8-1 所示。

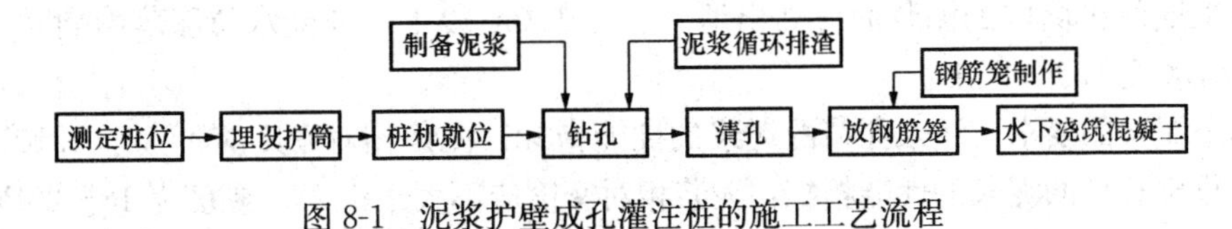

图 8-1　泥浆护壁成孔灌注桩的施工工艺流程

2. 施工准备

（1）埋设护筒。护筒具有导正钻具、控制桩位、隔离地面水渗漏、防止孔口坍塌、抬高孔内静压水头和固定钢筋笼等作用，应认真埋设。

护筒是用厚度为4～8mm的钢板制成的圆筒，其内径应大于钻头直径100mm，护筒的长度以1.5m为宜，在护筒的上、中、下各加一道加劲筋，顶端焊两个吊环，其中一个吊环供起吊之用，另一个吊环是用于绑扎钢筋笼吊杆，压制钢筋笼的上浮，护筒顶端同时正交刻四道槽，以便挂十字线，以备验护筒、验孔之用。在其上部开设1个或2个溢浆孔，便于泥浆溢出，进行回收和循环利用。

埋设时，先放出桩位中心点，在护筒外80～100cm的过中心点的正交十字线上埋设控制桩，然后在桩位外挖出比护筒大60cm的圆坑，深度为2.0m。在坑底填筑20cm厚的黏土并夯实，将护筒用钢丝绳对称吊放进孔内，在护筒上找出护筒的圆心（可拉正交十字线），然后通过控制桩放样，找出桩位中心，移动护筒，使护筒的中心与桩位中心重合。同时，用水平尺（或吊线坠）校验护筒竖直后，在护筒周围回填含水量适合的黏土，分层夯实，夯填时要防止护筒的偏斜，护筒埋设后，质量员和监理工程师验收护筒中心偏差和孔口标高。当中心偏差符合要求后，钻机就可就位开钻。

（2）制备泥浆。泥浆的主要作用有：泥浆在桩孔内吸附在孔壁上，将土壁上的孔隙填补密实，避免孔内壁漏水，保证护筒内水压的稳定；泥浆相对密度大，可加大孔内水压力，可以稳固土壁、防止塌孔；泥浆有一定的黏度，通过循环泥浆可使切削碎的泥石渣屑悬浮起来后被排走，起到携砂、排土的作用；泥浆对钻头有冷却和润滑作用。

1）制作泥浆时所用的主要材料。

a. 膨润土。以蒙脱石为主的黏土性矿物。

b. 黏土。塑性指数I_P＞17、粒径小于0.005mm的黏粒含量大于50%的黏土为泥浆的主要材料。

2）泥浆的性能指标。相对密度为1.1～1.15；黏度为18～20Pa·s；含砂率为6%；pH值为7～9；胶体率为95%；失水量为30mL/30min。

3）测量项目及要求。

a. 钻进开始时，测定一次闸门口泥浆下面0.5m处泥浆的性能指标。钻进过程中每隔2h测定一次进浆口和出浆口的相对密度、含砂量、pH值等指标。

b. 在停钻过程中，每天测一次各闸门出口0.5m处泥浆的性能指标。

4）泥浆的拌制。为了有利于膨润土和羧甲基纤维素完全溶解，应根据泥浆需用量选择膨润土搅拌机，其转速宜大于200r/min。

投放材料时，应先注入规定数量的清水，边搅拌边投放膨润土，待膨润土大致溶解后，均匀地投入羧甲基纤维素，再投入分散剂，最后投入增大比重剂及渗水防止剂。

5）泥浆的护壁。

a. 施工期间护筒内的泥浆面应高出地下水位1.0m以上，在受水位涨落影响时，泥浆面应高出最高水位1.5m以上。

b. 循环泥浆的要求。注入孔口的泥浆的性能指标：泥浆相对密度应不大于1.10，黏度为18～20s；排出孔口的泥浆的性能指标：泥浆相对密度应不大于1.25，黏度为18～25Pa·s。

c. 在清孔过程中，应不断置换泥浆，直至浇筑水下混凝土。

d. 废弃的泥浆、渣应按环境保护的有关规定处理。

（3）钢筋笼的制作。钢筋笼的制作场地应选择在运输和就位都比较方便的场所，在现场内进行制作和加工。钢筋进场后应按钢筋的不同型号、不同直径、不同长度分别进行堆放。

1）钢筋骨架的绑扎顺序。

a. 主筋调直，在调直平台上进行。

b. 骨架成形，在骨架成形架上安放架立筋，按等间距将主筋布置好，用电弧焊将主筋与架立筋固定。

c. 将骨架抬至外箍筋滚动焊接器上，按规定的间距缠绕箍筋，并用电弧焊将箍筋与主筋固定。

2）主筋接长。主筋接长可采用对焊、搭接焊、绑条焊的方法。主筋对接，在同一截面内的钢筋接头数不得多于主筋总数的 50%，相邻两个接头间的距离不小于主筋直径的 35 倍，且不小于 500mm。主筋、箍筋焊接长度，单面焊为 $10d$，双面焊为 $5d$。

3）钢筋笼保护层。为确保桩混凝土保护层的厚度，应在主筋外侧设钢筋的定位钢筋，同一断面上定位 3 处，按 120°布置，沿桩长的间距为 2m。

4）钢筋笼的堆放。堆放钢筋笼时应考虑安装顺序、钢筋笼变形和防止事故发生等因素，堆放不准超过两层。

8.1.2　成孔

桩架安装就位后，挖泥浆槽、沉淀池，接通水电，安装水电设备，制备符合要求的泥浆。用第一节钻杆（每节钻杆长约 5m，按钻进深度用钢销连接）的一端接好钻机，另一端接上钢丝绳，吊起潜水钻，对准埋设的护筒，悬离地面，先空钻，然后慢慢钻入土中，注入泥浆，待整个潜水钻入土，观察机架是否垂直平稳，检查钻杆是否平直后，再正常钻进。

泥浆护壁成孔灌注桩的成孔方法按成孔机械分类有回转钻机成孔、潜水钻机成孔、冲击钻机成孔、冲抓锥成孔等，其中以钻机成孔应用最多。

1. 回转钻机成孔

回转钻机是由动力装置带动钻机回转装置转动，再由其带动带有钻头的钻杆移动，由钻头切削土层。回转钻机适用于地下水位较高的软、硬土层，如淤泥、黏性土、砂土、软质岩层。

回转钻机的钻孔方式根据泥浆循环方式的不同，分为正循环回转钻机成孔和反循环回转钻机成孔。

（1）正循环回转钻机成孔。正循环回转钻机成孔的工艺原理如图 8-2 所示，由空心钻杆内部通入泥浆或高压水，从钻杆底部喷出，携带钻下的土渣沿孔壁向上流动，由孔口将土渣带出流入泥浆池。

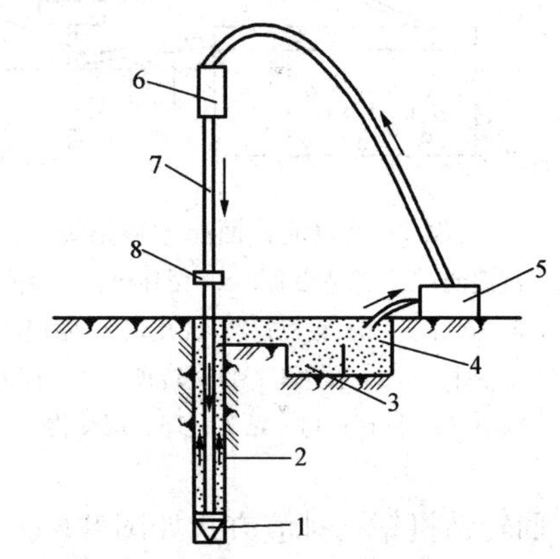

图 8-2　正循环回转钻机成孔的工艺原理

1—钻头；2—泥浆循环方向；3—钻机回转装置；4—钻杆；5—水龙头；6—泥浆泵；7—泥浆池；8—沉淀池

正循环回转钻机成孔的泥浆循环系统有自流回灌式和泵送回灌式两种。泥浆循环系统由泥浆池、沉淀池、循环槽、泥浆泵、除砂器等设施设备组成，并设有排水、清洗、排渣等设施。泥浆池和沉淀池应组合设置。一个泥浆池配置的沉淀池不宜少于两个。泥浆池的容积宜为单个桩孔容积的 1.2～1.5 倍，每个沉淀池的最小容积不宜小于 $6m^3$。

（2）反循环回转钻机成孔。反循环回转钻机成孔的工艺原理如图 8-3 所示。泥浆带渣流动的方向

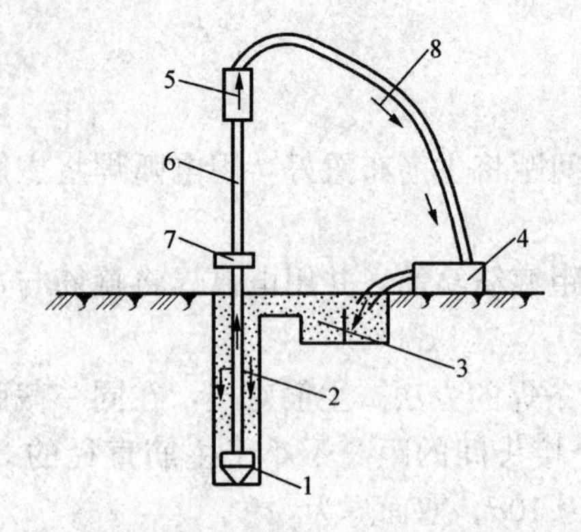

图 8-3 反循环回转钻机成孔的工艺原理
1—钻头；2—新泥浆流向；3—钻机回转装置；4—钻杆；5—水龙头；6—混合液流向；7—砂石泵；8—沉淀池

与正循环回转钻机成孔的情形相反。反循环工艺的泥浆上流的速度较快，能携带较大的土渣。

反循环回转钻机成孔一般采用泵吸反循环钻进。其泥浆循环系统由泥浆池、沉淀池、循环槽、砂石泵、除渣设备等组成，并设有排水、清洗、排废浆等设施。

地面循环系统有自流回灌式（如图 8-4 所示）和泵送回灌式（如图 8-5 所示）两种。循环方式应根据施工场地、地层和设备情况合理选择。

泥浆池、沉淀池、循环槽的设置应符合下列规定：

（1）泥浆池的数量不应少于 2 个，每个池的容积不应小于桩孔容积的 1.2 倍。

（2）沉淀池的数量不应少于 3 个，每个池的容积宜为 15～20m³。

（3）循环槽的截面面积应是泵组水管截面面积的 3～4 倍，坡度不小于 10%。

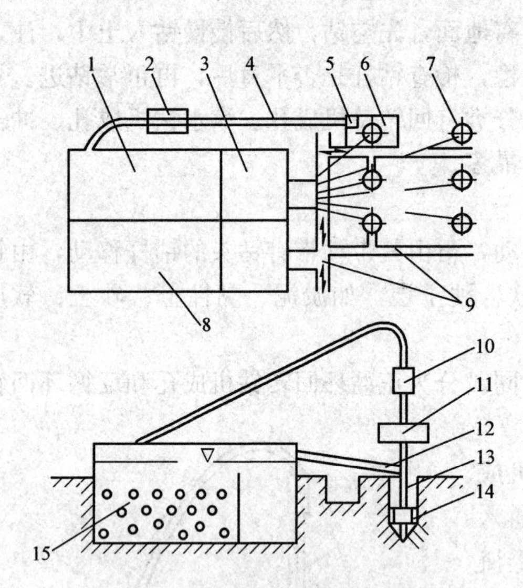
图 8-4 自流式回灌循环系统
1—沉淀池；2—除渣设备；3—循环池；4—出水管；5—砂石泵；6—钻机；7—桩孔；8—溢流池；9—溢流槽；10—水龙头；11—转盘；12—回灌管；13—钻杆；14—钻头；15—沉淀物

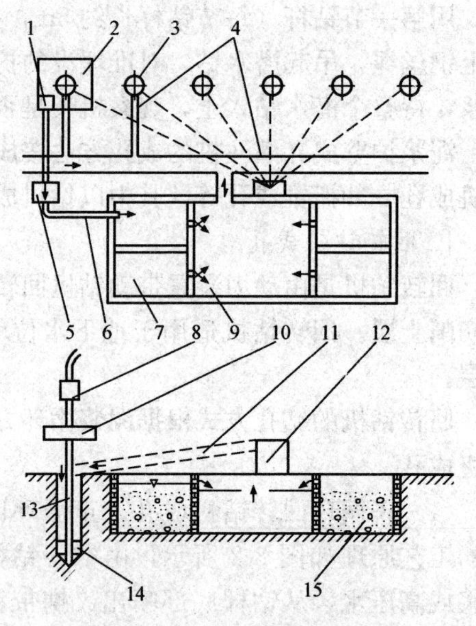
图 8-5 泵送回灌式循环系统
1—砂石泵；2—钻机；3—桩孔；4—泥浆溢流槽；5—除渣设备；6—出水管；7—沉淀池；8—水龙头；9—循环池；10—转盘；11—回灌管；12—回灌泵；13—钻杆；14—钻头；15—沉淀物

回转钻机钻孔排渣方式如图 8-6 所示。

2. 潜水钻机成孔

潜水钻机成孔示意图如图 8-7 所示。潜水钻机是一种将动力、变速机构和钻头连在一起加以密封，潜入水中工作的一种体积小而轻的钻机，这种钻机的钻头有多种形式，以适应不同的桩径和不同土层的需要。钻头可带有合金刀齿，靠电动机带动刀齿旋转切削土层或岩层。钻头靠桩架悬吊吊杆定位，钻孔时钻杆不旋转，仅钻头部分将切削下来的泥渣通过泥浆循环排出孔外。钻机桩架轻便，移动灵活，钻进速度快，噪声小，钻孔直径为 500～1500mm，钻孔深度可达 50m，甚至更深。

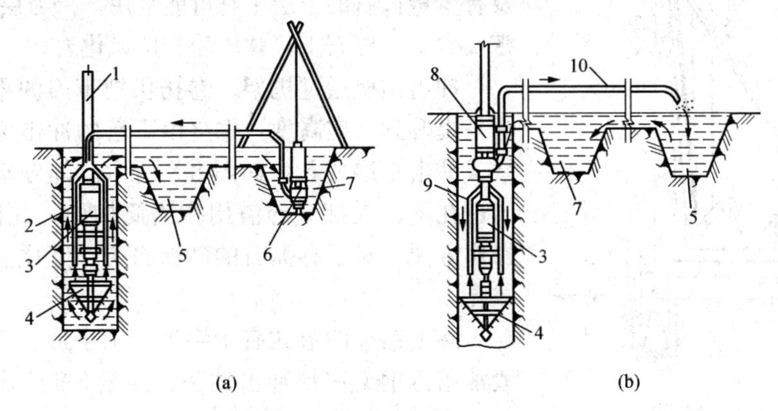

图 8-6　回转钻机钻孔排渣方式

(a) 正循环排渣；(b) 泵举反循环排渣

1—钻杆；2—送水管；3—主机；4—钻头；5—沉淀池；6—潜水泥浆泵；7—泥浆池；8—砂石泵；9—抽渣管；10—排渣胶管

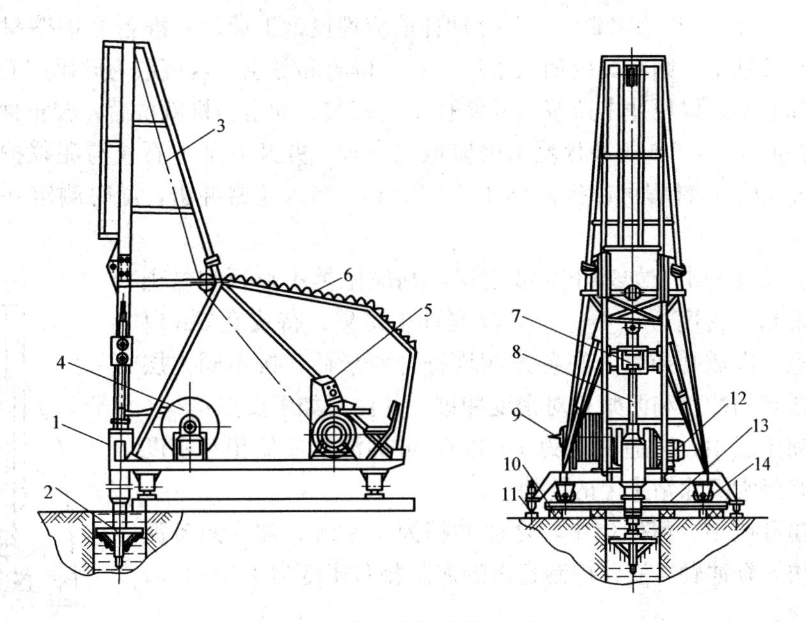

图 8-7　潜水钻机成孔示意图

1—钻头；2—主机；3—电缆和水管卷筒；4—钢丝绳；5—遮阳板；6—配电箱；7—活动导向；8—方钻杆；9—进水口；10—枕木；11—支腿；12—卷扬机；13—轻轨；14—行走车轮

潜水钻机成孔适用于黏性土、淤泥、淤泥质土、砂土等钻进，也可钻入岩层，尤其适用于在地下水位较高的土层中成孔。当钻一般黏性土、淤泥、淤泥质土及砂土时，宜用笼式钻头；穿过不厚的砂夹卵石层或在强风化岩上钻进时，可镶焊硬质合金刀头的笼式钻头；遇孤石或旧基础时，应用带硬质合金齿的筒式钻头。

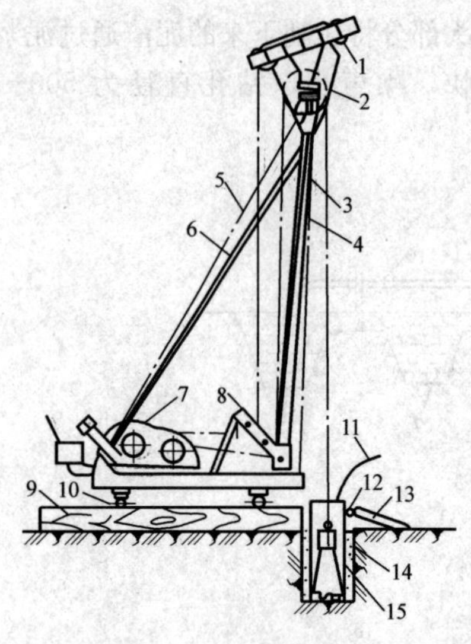

图 8-8 简易冲击钻孔机

1—副滑轮；2—主滑轮；3—主杆；4—前拉索；5—供浆管；6—溢流口；7—泥浆渡槽；8—护筒回填土；9—钻头；10—导向轮；11—双滚筒卷扬机；12—钢管；13—垫木；14—斜撑；15—后拉索

3. 冲击钻机成孔

冲击钻机成孔适用于穿越黏土、杂填土、砂土和碎石土，在季节性冻土、膨胀土、黄土、淤泥和淤泥质土及有少量孤石的土层中有可能采用。持力层应为硬黏土、密实砂土、碎石土、软质岩和微风化岩。

冲击钻机通过机架、卷扬机把带刃的重钻头（冲击锤）提升到一定高度，靠自由下落的冲击力切削破碎岩层或冲击土层成孔，如图 8-8 所示。部分碎渣和泥浆挤压进孔壁，大部分碎渣用掏渣筒掏出。此法设备简单、操作方便，对于有孤石的砂卵石岩、坚质岩、岩层均可成孔。

冲击钻头的形式有十字形、工字形、人字形等，一般常用铸钢十字形冲击钻头，如图 8-9 所示。在钻头锥顶与提升钢丝绳间设有自动转向装置，冲击锤每冲击一次转动一个角度，从而保证桩孔冲成圆孔。当遇有孤石及进入岩层时，锤底刃口应用硬度高、韧性好的钢材予以镶焊或用螺栓连接。锤重一般为 1.0～1.5t。

冲孔前应埋设钢护筒，并准备好护壁材料。若表层为淤泥、细砂等软土，则在筒内加入小块片石、砾石和黏土；若表层为砂砾卵石，则投入小颗粒砂砾石和黏土，以便冲击造浆，并使孔壁挤密实。冲击钻机就位后，校正冲锤中心对准护筒中心，在 0.4～0.8m 的冲程范围内应低提密冲，并及时加入石块与泥浆护壁，直至护筒下沉 3～4m 以后，冲程可以提高到 1.5～2.0m，转入正常冲击，随时测定并控制泥浆的相对密度。

开孔时应低锤密击，如表土为散土层，则应抛填小片石和黏土块，保证泥浆相对密度为 1.4～1.5，反复冲击造壁。待成孔 5m 以上时，应检查一次成孔质量，在各方面均符合要求后，按不同土层情况，根据适当的冲程和泥浆相对密度冲进，并注意如下要点：

(1) 在黏土层中，合适冲程为 1～2m，可加清水或低相对密度泥浆护壁，并经常清除钻头上的泥块。

(2) 在粉砂或中、粗砂层中，合适冲程为 1～2m，加入制备泥浆或抛黏土块，勤冲勤排渣，控制孔内的泥浆相对密度为 1.3～1.5，制成坚实孔壁。

(3) 在砂夹卵石层中，冲程可为 1～3m，加入制备泥浆或抛黏土块，勤冲勤排渣，控制孔内的泥浆相对密度为 1.3～1.5，制成坚实孔壁。

(4) 遇孤石时，应在孔内抛填不少于 0.5m 厚的相似硬度的片石或卵石以及适量黏土块。开始用低锤密击，待感觉到孤石顶部基本冲平、钻头下落平稳不歪斜、机架摇摆不大时，可逐步加大冲程至 2～4m；或高低冲程交替冲击，控制泥浆相对密度为 1.3～1.5，直

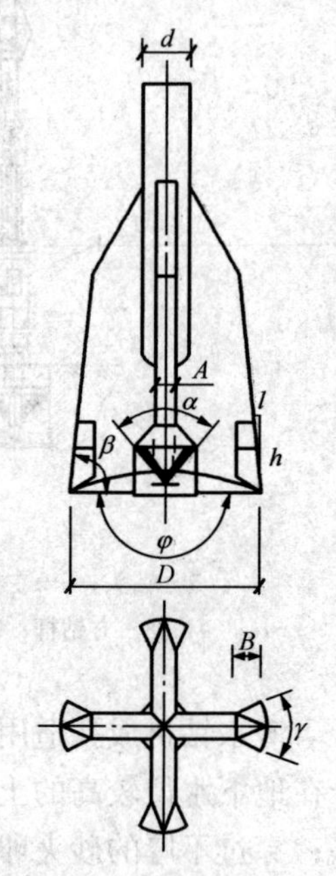

图 8-9 十字形冲击钻头

至将孤石击碎挤入孔壁。

(5) 进入基岩后，开始应低锤勤击，待基岩表面冲平后，再逐步加大冲程至 3～4m，泥浆相对密度控制在 1.3 左右。如基岩土层为砂类土层，则不宜用高冲程，应防止基岩土层塌孔，泥浆相对密度应为 1.3～1.5。

(6) 一般能保持进尺时，尽量不用高冲程，以免扰动孔壁，引发塌孔、扩孔或卡钻事故。

(7) 冲进时，必须准确控制和预估松绳的合适长度，并保证有一定余量，应经常检查绳索磨损、卡扣松紧、转向装置灵活状态等情况，防止发生空锤断绳或掉锤事故。如果冲孔发生偏斜，则应在回填片石（厚度为 300～500mm）后重新冲孔。

(8) 当冲进时出现缩径、塌孔等问题时，应立即停冲提钻并探明塌孔等问题的位置，同时抛填片石及黏土块至塌孔位置上 1～2m 处，重新冲进造壁。开始应用低锤勤击，加大泥浆相对密度。

(9) 遇卡钻时，应交替起钻、落钻，受阻后再落钻、再提起。必要时可用打捞套、打捞钩助提。遇掉钻时，应立即用打捞工具打捞，如钻头被塌孔土料埋设，可用空气吸泥器或高压射水排出并冲散覆盖土料，露出钻头预设打捞环以后，再行打捞。如钻头在孔底倾覆或歪斜，应先拨正再提起。

(10) 每冲进 4～5m 及孔斜、缩径或塌孔处理后应及时检查钻孔。

(11) 凡停止冲进时，必须将钻头提至最高点。在土质较好时，可提离孔底 3～5m。如停冲时间较长，应提至地面放稳。

4. 冲抓锥成孔

冲抓锥锥头上有一重铁块和活动抓片，通过机架和卷扬机将冲抓锥提升到一定高度，下落时松开卷筒刹车，抓片张开，锥头便自由下落冲入土中，然后开动卷扬机提升锥头，这时抓片闭合抓土，如图 8-10 所示，抓土后冲抓锥整体提升到地面上卸去土渣，依次循环成孔。

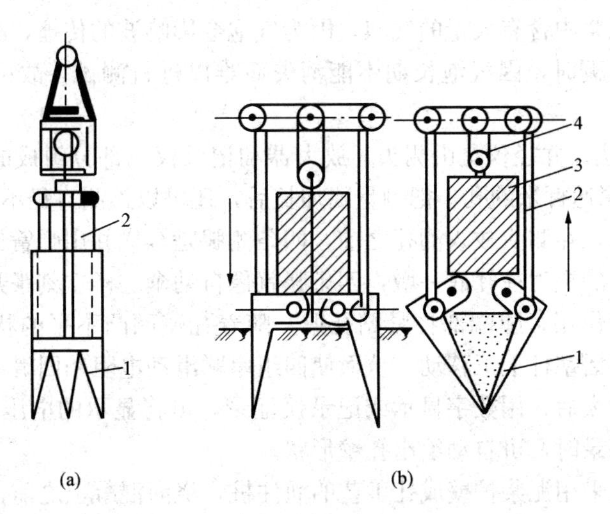

图 8-10　冲抓锥锥头

(a) 抓土；(b) 提土

1—连杆；2—抓土；3—滑轮组；4—压重

冲抓锥成孔的施工过程、护筒安装要求、泥浆护壁循环等与冲击成孔施工相同。

冲抓锥成孔直径为450～600mm，孔深可达10m，冲抓高度宜控制在1.0～1.5m，适用于松软土层（砂土、黏土）中冲孔，但遇到坚硬土层时宜换用冲击钻施工。

5. 成孔质量和沉渣检查

(1) 成孔质量的检查方法。桩成孔质量检测方法主要有圆环测孔法（常规测法）、声波孔壁测定仪法、井径仪测定法三种。

1）圆环测孔法。圆环测孔法的基本原理是在所成好的孔内利用铅丝下钢筋圆环，铅丝吊点位于钢筋圆环中间，利用铅丝线的垂直倾斜角测定成孔质量。此方法快速简便，是常用的成孔检测方法。

2）声波孔壁测定仪法。声波孔壁测定仪的测定原理是：由发射探头发出声波，声波穿过泥浆到达孔壁，泥浆的声阻远小于孔壁土层介质的声阻抗，声波可以从孔壁产生反射，利用发射和接收的时间差及已知声波在泥浆中的传播速度，计算出探头到孔壁的距离，通过探头的上下移动，便可以通过记录仪绘出孔壁的形状。声波孔壁测定仪可以用来检测钻孔的形状和垂直度。

测定仪由声波发生器、发射和接收探头、放大器、记录仪和提升机构组成。声波发生器的主要部件是振荡器，振荡器产生的一定频率的电脉冲经放大后由发射探头转换为声波。多数仪器的振荡频率是可调的，通过不同频率的声波来满足不同的检测要求。

放大器把接收探头传来的电信号进行放大、整形和显示，一般用进标记时或数字显示。人们可以根据波的初至点和起始信号之间的光标长度，确定波在介质中的传播时间。

在钢制底盘上安装有8个探头（4个发射探头，4个接收探头），它们可以同时测定正交两个方向的孔壁形状。探头由无级变速的电动卷扬机提升或下降，它和热敏刻痕记录仪的走纸速度是同步的，或者是成比例调节的。因此，探头每提升或下降一次，可以在自动记录仪上连续绘出孔壁形状和垂直度。在孔口和孔底都设有停机装置，以防止探头上升到孔口或下降到孔底时电缆和钢丝绳被拉断。

刚钻完的孔，泥浆中含有大量的气泡，因为气泡会影响波的传播，故只有待气泡消失后才能测试。当泥浆很稠时，因气泡长期不能消失而难以进行测试，故可以采用井径仪进行测试。

3）井径仪测定法。井径仪是由测头、放大器和记录仪三部分组成的，可以检测直径为80～600mm的浸透深达百米的孔，把测量腿加长后，还可以检测直径不大于1200mm的孔。

测头是机械式的，在测头放入测孔之前，四条测腿是合拢并用弹簧锁住的；将测头放入孔内后，靠测头自身的重力往孔底一墩，四条腿就像自动伞一样立刻张开，再将测头往上提升时，由于弹簧力的作用，腿端部将紧贴孔壁，随着孔壁凹凸不平的状态相应地张开或收拢，带动密封筒内的活塞杆上下移动，从而使四组串联滑动电阻来回滑动，把电阻变化变为电压变化，信号经放大后，用数字显示或记录仪记录，可将显示的电压值与孔径建立关系，用静电显影记录仪记录时，可自动绘出孔壁形状。

(2) 沉渣检查。采用泥浆护壁成孔工艺的灌注桩，浇灌混凝土之前，孔底沉渣应满足以下要求：端承型桩不大于50mm；摩擦端承桩或端承型摩擦桩不大于100mm；纯摩擦桩不大于30mm。假如清孔不良，孔底沉渣太厚，将影响桩端承力的发挥，从而大大降低桩的承载力。常用的测试方法是垂球法。

垂球法是利用质量不少于1kg的铜球锥体作为垂球，如图8-11所示，顶端系上测绳，把垂球慢慢沉入孔内，施工孔深与测量孔深之差即为沉渣厚度。

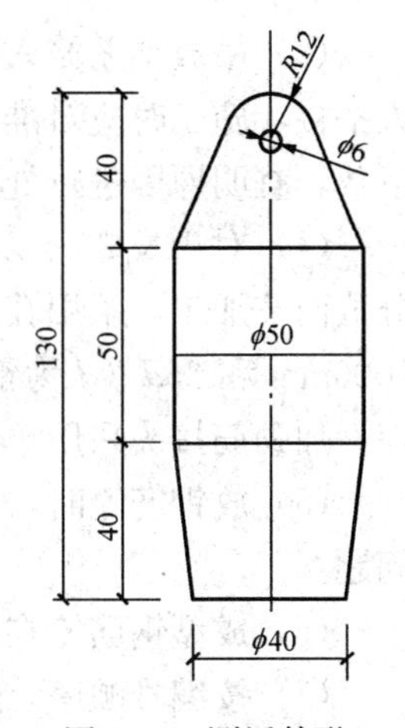

图8-11　测锤外形

8.1.3　清孔

成孔后，必须保证桩孔进入设计持力层深度。当孔达到设计要求后，即进行验孔和清孔。验孔是用探测器检查桩位、直径、深度和孔道情况；清孔即清除孔底沉渣、淤泥浮土，以减少桩基础的沉降量，提高承载能力。清孔的方法有以下几种。

1. 抽浆法

抽浆清孔比较彻底，适用于各种钻孔方法的摩擦桩、支承桩和嵌岩桩，但孔壁易坍塌的钻孔使用抽浆法清孔时，操作要注意，防止塌孔。

(1) 用反循环方法成孔时，泥浆的相对密度一般控制在1.1以下，孔壁不易形成泥皮，钻孔终孔后，只需将钻头稍提起空转，并维持反循环5～15min就可完全清除孔底沉淀土。

(2) 正循环成孔，空气吸泥机清孔。空气吸泥机可以把灌注水下混凝土的导管作为吸泥管，气压为0.5MPa，使管内形成强大的高压气流向上涌，同时不断地补足清水，被搅动的泥渣随气流上涌从喷口排出，直至喷出清水为止。对稳定性较差的孔壁应采用泥浆循环法清孔或抽筒排渣，清孔后泥浆的相对密度应控制在1.15～1.25；原土造浆的孔，清孔后泥浆的相对密度应控制在1.1左右，在清孔时，必须及时补充足够的泥浆，并保持浆面稳定。

正循环成孔清孔完毕后，即将弯管拆除，装上漏斗，即可开始灌注水下混凝土。用反循环钻机成孔时，也可等安好灌浆导管后再用反循环方法清孔，以清除下钢筋笼和灌浆导管过程中沉淀的钻渣。

2. 换浆法

采用泥浆泵，通过钻杆以中速向孔底压入相对密度为1.15左右、含砂率小于4%的泥浆，把孔内悬浮钻渣多的泥浆替换出来。对正循环回转钻，不需另加机具，且孔内仍为泥浆护壁，不易塌孔。但该法缺点较多，首先，若有较大泥团掉入孔底很难清除；再有就是相对密度小的泥浆会从孔底流入孔中，轻重不同的泥浆在孔内会产生对流运动，要花费很长的时间才能降低孔内泥浆的相对密度，清孔所花时间较长；当泥浆含砂率较高时，不能用清水清孔，以免砂粒沉淀而达不到清孔的目的。

3. 掏渣法

该法主要针对冲抓法所成的桩孔，采用掏渣筒进行掏渣清孔。

4. 用砂浆置换钻渣清孔法

先用抽渣筒尽量清除大颗粒钻渣，然后以活底箱在孔底灌注0.6m厚的特殊砂浆（相对密度较小，能浮在拌和混凝土之上）；采用比孔径稍小的搅拌器，慢速搅拌孔底砂浆，使其与孔底残留钻渣混合；吊出搅拌器，插入钢筋笼，灌注水下混凝土；连续灌注的混凝土把混有钻渣并浮在混凝土之上的砂浆一直推到孔口，达到清孔的目的。

8.1.4　钢筋笼吊放

(1) 起吊钢筋笼采用扁担起吊法，起吊点在钢筋笼上部箍筋与主筋连接处，吊点对称。

(2) 钢筋笼设置3个起吊点，以保证钢筋笼在起吊时不变形。

(3) 吊放钢筋笼入孔时，实行“一、二、三”的原则，即一人指挥、二人扶钢筋笼、三人搭接，施工时应对准孔位，保持垂直，轻放、慢放入孔，不得左右旋转。若遇阻碍应停止下放，查明原因进行处理。严禁高提猛落和强制下入。

(4) 对于长 20m 以下钢筋笼采用整根加工、一次性吊装的方法，长 20m 以上的钢筋笼分成两节加工，采用孔口焊接的方法；钢筋在同一节内的接头采用帮条焊连接，接头错开 1000mm 和 35*d*（*d* 为钢筋直径）的较大值。螺旋筋与主筋采用点焊，加劲筋与主筋采用点焊，加劲筋接头采用单面焊 10*d*。

(5) 放钢筋笼时，要求有技术人员在场，以控制钢筋笼的桩顶标高及防止钢筋笼上浮等问题。

(6) 成型钢筋笼在吊放、运输、安装时，应采取防变形措施。

(7) 按编号顺序，逐节垂直吊焊，上下节笼各主筋应对准校正，采用对称施焊，按设计图要求，在加强筋处对称焊接保护层定位钢板，按图纸补加螺旋筋，确认合格后，方可下入。

(8) 钢筋笼安装入孔时，应保持垂直状态，避免碰撞孔壁，徐徐下入，若中途遇阻不得强行墩放（可适当转向起下）。如果仍无效果，则应起笼扫孔重新下入。

(9) 钢筋笼按确认长度下入后，应保证笼顶在孔内居中，吊筋均匀受力，牢靠固定。

8.1.5　水下浇筑混凝土

在灌注桩、地下连续墙等基础工程中，常要直接在水下浇筑混凝土。其方法是将密封连接的钢管（或强度较高的硬质非金属管）作为水下混凝土的灌注通道（导管），其底部以适当的深度埋在灌入的混凝土拌和物内，在一定的落差压力作用下，形成连续密实的混凝土桩身，如图 8-12 所示。

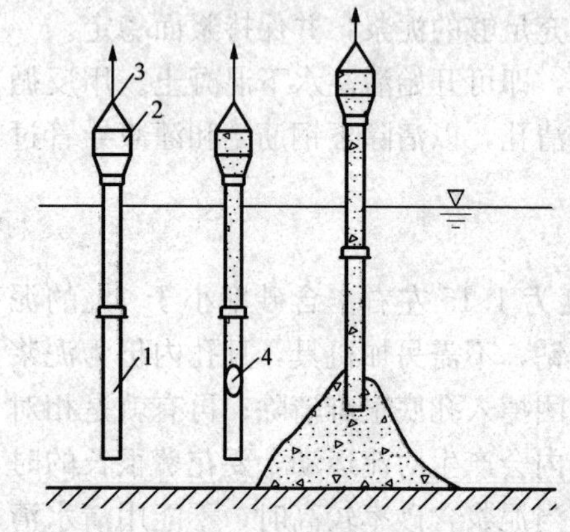

图 8-12　导管法浇筑水下混凝土

1—导管；2—盛料漏斗；3—提升机具；4—球塞

1. 导管灌注的主要机具

导管灌注的主要机具有：向下输送混凝土用的导管；导管进料用的漏斗；储存量大时还应配备储料斗；首批隔离混凝土控制器具，如滑阀、隔水塞和底盖等；升降安装导管、漏斗的设备，如灌注平台等。

(1) 导管。

1) 导管由每段长度为 1.5～2.5m（脚管为 2～3m)、管径为 200～300mm、厚度为 3～6mm 的钢管用法兰盘加止水胶垫并用螺栓连接而成。导管要确保连接严密、不漏水。

2) 导管的设计与加工制造应满足下列条件：

a. 导管应具有足够的强度和刚度，便于搬运、安装和拆卸。

b. 导管的分节长度为 3m，最底端一节导管的长度应为 4.0～6.0m，为了配合导管柱的长度，上部导管的长度可以是 2、1、0.5m 或 0.3m。

c. 导管应具有良好的密封性。导管采用法兰盘连接，用橡胶 O 形密封圈密封。法兰盘的外径宜比导管外径大 100mm 左右，法兰盘的厚度宜为 12～16mm，在其周围对称设置的连接螺栓孔不少于 6 个，连接螺栓的直径不小于 12mm。

d. 最下端一节导管底部不设法兰盘，宜以钢板套圈在外围加固。

e. 为避免提升导管时法兰挂住钢筋笼，可设锥形护罩。

f. 每节导管应平直，其定长偏差不得超过管长的0.5%。

g. 导管连接部位内径偏差不大于2mm，内壁应光滑平整。

h. 将单节导管连接为导管柱时，其轴线偏差不得超过±10mm。

i. 导管加工完后，应对其尺寸规格、接头构造和加工质量进行认真检查，并应进行连接、过阀（塞）和充水试验，以保证其密闭性合格和在水下作业时导管不漏水。检验水压一般为0.6～1.0MPa，以不漏水为合格。

(2) 盛料漏斗和储料斗。盛料漏斗位于导管顶端，漏斗上方装有振动设备以防混凝土在导管中阻塞。提升机具用来控制导管的提升与下降，常用的提升机具有卷扬机、电动葫芦、起重机等。

1) 导管顶部应设置漏斗。漏斗的设置高度应适应操作的需要，并应在灌注到最后阶段，特别时灌注接近桩顶部位时，能满足对导管内混凝土柱高度的需要，保证上部桩身的灌注质量。混凝土柱的高度，在桩顶低于桩孔中的水位时，一般应比该水位至少高出2.0m，在桩顶高于桩孔水位时，一般应比桩顶至少高0.5m。

2) 储料斗应有足够的容量以储存混凝土（即初存量），以保证首批灌入的混凝土（即初灌量）能达到要求的埋管深度。

3) 漏斗与储料斗用4～6mm厚的钢板制作，要求不漏浆及挂浆，漏泄顺畅、彻底。

(3) 隔水塞、滑阀和底盖。

1) 隔水塞。隔水塞一般采用软木、橡胶、泡沫塑料等制成，其直径比导管内径小15～20mm。例如，混凝土隔水塞宜制成圆柱形，采用3～5mm厚的橡胶垫圈密封，其直径宜比导管内径大5～6mm，混凝土强度不低于C30，如图8-13所示。

隔水塞也可用硬木制成球状塞，在球的直径处钉上橡胶垫圈，表面涂上润滑油脂制成。此外，隔水塞还可用钢板塞、泡沫塑料和球胆等制成。不管由何种材料制成，隔水塞在灌注混凝土时应能舒畅下落和排出。

为保证隔水塞具有良好的隔水性能和能顺利地从导管内排出，隔水塞的表面应光滑，形状尺寸规整。

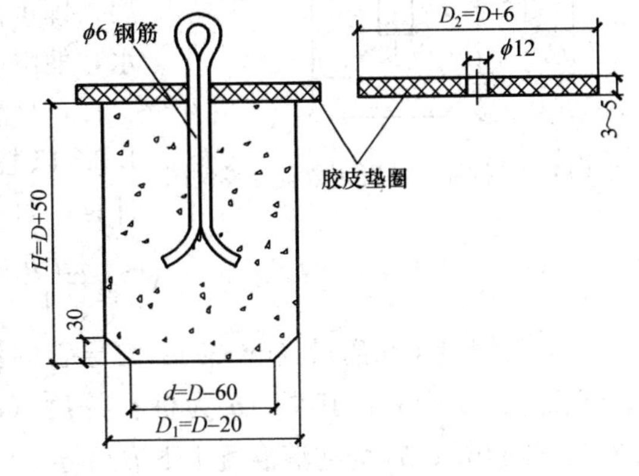

图8-13　混凝土隔水塞

D—导管内径，mm

2) 滑阀。滑阀采用钢制叶片，下部为密封橡胶垫圈。

3) 底盖。底盖既可用混凝土制成，也可用钢制成。

2. 水下混凝土灌注

采用导管法浇筑水下混凝土的关键是：①保证混凝土的供应量大于导管内混凝土必须保持的高度和开始浇筑时导管埋入混凝土堆内必需的埋置深度所要求的混凝土量；②严格控制导管的提升高度，且只能上下升降，不能左右移动，以避免造成管内发生返水事故。

水下浇筑的混凝土必须具有较强的流动性和黏聚性及良好的流动性，能依靠其自重和自身的流动能力来实现摊平和密实，有足够的抵抗泌水和离析的能力，以保证混凝土在堆内扩散过程中不离析，且在一定时间内其原有的流动性不降低。因此，要求水下浇筑混凝土中水泥的用量及砂率宜适当增加，泌水率控制在 2%～3%；粗骨料粒径不得大于导管的 1/5 或钢筋间距的 1/4，并不宜超过 40mm；坍落度为 150～180mm。施工开始时采用低坍落度，正常施工时则用较大的坍落度，且维持坍落度的时间不得少于 1h，以便混凝土能在一个较长的时间内靠其自身的流动能力实现密实成型。

(1) 灌注前的准备工作。

1）根据桩径、桩长和灌注量，合理选择导管和起吊运输等机具设备的规格、型号。每根导管的作用半径一般不大于 3m，所浇混凝土的覆盖面积不宜大于 $30m^2$，当面积过大时，可用多根导管同时浇筑。

2）导管吊入孔时，应将橡胶圈或胶皮垫安放周整、严密，确保密封良好。导管在桩孔内的位置应保持居中，防止跑管，撞坏钢筋笼并损坏导管。导管底部距孔底（孔底沉渣面）高度，以能放出隔水塞及首批混凝土为度，一般为 300～500mm。导管全部入孔后，计算导管柱总长和导管底部位置，并再次测定孔底沉渣厚度，若超过规定，应再次清孔。

3）将隔水塞或滑阀用 8 号铁丝悬挂在导管内水面上。

(2) 施工顺序。施工顺序为：放钢筋笼→安设导管→使滑阀（或隔水塞）与导管内水面紧贴→灌注首批混凝土→连续不断灌注直至桩顶→拔出护筒。

(3) 灌注首批混凝土。在灌注首批混凝土之前最好先配制 0.1～0.3m^3 的水泥砂浆放入滑阀（隔水塞）以上的导管和漏斗中，然后放入混凝土，确认初灌量备足后，即可剪断铁丝，借助混凝土的重力排出导管内的水，使滑阀（隔水塞）留在孔底，灌入首批混凝土。

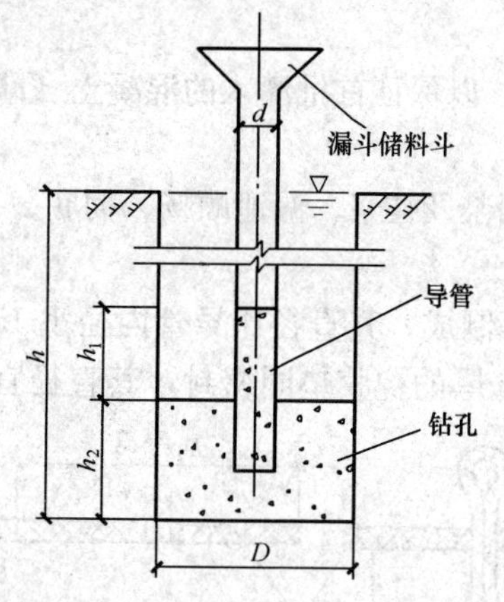

图 8-14 首批灌注混凝土数量计算例图

首批灌注混凝土的数量应能满足导管埋入混凝土中 1.2m 以上。首批灌注混凝土数量应按图 8-14 和式（8-1）计算，即

$$V \geqslant \frac{\pi d^2 h_1}{4} + \frac{k\pi D^2 h_2}{4} \tag{8-1}$$

式中：V 为混凝土初灌量（m^3）；h_1 为导管内混凝土柱与管外泥浆柱平衡所需高度，$h_1 = (h-h_2)\ r_w/r_c$（m），其中，h 为桩孔深度（m），r_w 为泥浆密度，r_c 为混凝土密度，取 $2.3\times10^3 kg/m^3$；h_2 为初灌混凝土下灌后导管外混凝土面的高度，取 1.3～1.8m；d 为导管内径（m）；D 为桩孔直径（m）；k 为充盈系数，取 1.3。

混凝土浇筑应从最深处开始，相邻导管下口的标高差不应超过导管间距的 1/20～1/15，并保证混凝土表面均匀上升。

(4) 连续灌注混凝土。首批混凝土灌注正常后，应连续不断灌注混凝土，严禁中途停工。在灌注过程中，应经常用测锤探测混凝土面的上升高度，并适时提升、逐级拆卸导管，保持导管的合理埋深。探测次数一般不宜少于所适用的导管节数，并应在每次起升导管前，探测一次管内外混凝土面的高度。遇特别情况（局部严重超径、缩径、漏失层位和灌注量特别大时的桩孔等）时应增加探测次数，同时观察返水情况，以正确分析和判定孔内的情况。

在水下灌注混凝土时，应根据实际情况严格控制导管的最小埋置深度，以保证桩身混凝土的连续均匀，使其不会裹入混凝土上面的浮浆皮和土块等，防止出现断桩现象。对导管的最大埋置深度，则以能使管内混凝土顺畅流出，便于导管起升和减少灌注提管、拆管的辅助作业时间来确定。最大埋置深度不宜超过最下端一节导管的长度。灌注接近桩顶部位时，为确保桩顶混凝土质量，漏斗及导管的高度应严格按有关规定执行。

混凝土灌注的上升速度不得小于2m/h。灌注时间必须控制在埋入导管中的混凝土不丧失流动性时间。必要时可掺入适量缓凝剂。

(5) 桩顶混凝土的浇筑。桩顶的灌注标高按照设计要求，且应高于设计标高1.0m以上，以便清除桩顶部的浮浆渣层。桩顶灌注完毕后，应立即探测桩顶面的实际标高，常用带有标尺的钢杆和装有可开闭的活门钢盒组成的取样器探测取样，以判断桩顶的混凝土面。

3. 施工注意事项

(1) 导管法施工时的注意事项。

1) 灌注混凝土必须连续进行，不得中断，否则先灌入的混凝土达到初凝，将阻止后灌入的混凝土从导管中流出，造成断桩。

2) 从开始搅拌混凝土起，在1.5h内应尽量完成灌注。

3) 随孔内混凝土的上升，需逐步快速拆除导管，时间不宜超过15min，拆下的导管应立即冲洗干净。

4) 在灌注过程中，当导管内的混凝土不满含有空气时，后续的混凝土宜通过溜槽徐徐灌入漏斗和导管，不得将混凝土整斗从上面倾入管内，以免在导管内形成高压气囊，挤出管节间的橡胶垫而使导管漏水。

(2) 为防止钢筋笼上浮，应采取以下措施：

1) 在孔口固定钢筋笼上端。

2) 灌注混凝土的时间应尽量加快，以防止混凝土进入钢筋笼时，流动性过小。

3) 当孔内混凝土接近钢筋笼时，应保持埋管的深度，并放慢灌注速度。

4) 当孔内混凝土面进入钢筋笼1～2m后，应适当提升导管，减小导管的埋置深度，增大钢筋笼在下层混凝土中的埋置深度。

(3) 在灌注将近结束时，由于导管内混凝土柱的高度减少，超压力降低，而使管外的泥浆及所含渣土的稠度和相对密度增大。如出现混凝土上升困难的情况，可在孔内加水稀释泥浆，也可掏出部分沉淀物，使灌注工作顺利进行。

(4) 依据孔深、孔径确定初灌量，初灌量不宜小于1.2m^3，且保证一次埋管深度不小于1000mm。

(5) 水下混凝土的灌注要连续进行，为此在灌注前需做好各项准备工作，同时配备发电机一台，以防停电造成事故。

(6) 在水下混凝土的灌注过程中，勤测混凝土面的上升高度，适时拔管，最大埋管深度不宜大于8m，最小埋管深度不宜小于1.5m。桩顶超灌高度宜控制在800～1000mm，这样既可保证桩顶混凝土的强度，又可防止材料的浪费。

(7) 其他注意事项。

1) 在堆放导管时，须垫平放置，不得搭架摆设。

2) 在吊运导管时，不得超过5节连接一次性起吊。

3) 导管在使用后，应立即冲洗干净。

4）在连接导管时，须垫放橡胶垫并拧紧螺栓以免出现漏水、漏气等现象。

5）如桩基础施工场地布置影响到混凝土的灌注时，可在场地外设置1～2台汽车泵输送至桩的灌注位置。

4. 常见质量缺陷的原因及控制技术

（1）导管堵塞。对混凝土配比或坍落度不符合要求、导管过于弯折或者前后台配合不够紧密的控制措施如下：

1）保证粗骨料的粒径、混凝土的配比和坍落度符合要求。

2）避免灌注管路有过大的变径和弯折，每次拆卸下来的导管都必须清洗干净。

3）加强施工管理，保证前后台配合紧密，及时发现和解决问题。

（2）偏桩。偏桩一般有桩平移偏差和垂直度超标偏差两种。偏桩大多是因为场地原因、桩机对位不仔细、地层原因等引起的。其控制措施如下：

1）施工前清除地下障碍，平整压实场地以防钻机偏斜。

2）放桩位时认真仔细，严格控制误差。

3）注意检查复核桩机在开钻前和钻进过程中的水平度和垂直度。

（3）断桩、夹层。断桩、夹层是因为提钻太快泵送混凝土跟不上提钻速度或者是相邻桩太近串孔造成的。其控制措施如下：

1）保持混凝土灌注的连续性，可以采取加大混凝土泵量、配备储料罐等措施。

2）严格控制提速，确保中心钻杆内有0.1m^{3}以上的混凝土，如灌注过程中因意外原因造成灌注停滞时间大于混凝土的初凝时间，应重新成孔灌桩。

（4）桩身混凝土强度不足。压灌桩按照泵送混凝土和后插钢筋的技术要求，坍落度一般不小于18～22cm，因此要求和易性要好。配比中一般加有粉煤灰，这样会造成混凝土前期强度较低，加上粗骨料的粒径较小，如果不注意对用水量加以控制则很容易造成混凝土强度降低。具体控制措施如下：

1）优化粗骨料级配。大坍落度混凝土一般用粒径为0.5～1.5cm的碎石，根据桩径和钢筋长度及地下水情况可以加入部分粒径为2～4cm的碎石，并尽量不要加大砂率。

2）合理选择外加剂。尽量用早强型减水剂代替普通泵送剂。

3）粉煤灰的选用要经过配比试验确定掺量，粉煤灰至少应选用Ⅱ级灰。

（5）桩身混凝土收缩。桩身混凝土收缩是普遍现象，一般通过外加剂和超灌予以解决，施工中保证充盈系数大于1。控制措施如下：

1）桩顶至少超灌0.4～0.7m，并防止孔口土混入。

2）选择减水效果好的减水剂。

（6）桩头质量问题。桩头质量问题多为夹泥、气泡、混凝土不足、浮浆太厚等，一般是由于操作控制不当引起的。其控制措施如下：

1）及时清除或外运桩口出土，防止下笼时混入混凝土中。

2）保持钻杆顶端气阀开启自如，防止混凝土中积气造成桩顶混凝土含气泡。

3）桩顶浮浆多因孔内出水或混凝土离析，应超灌排除浮浆后才终孔成桩。

4）按规定要求进行振捣，并保证振捣质量。

（7）钢筋笼下沉。钢筋笼下沉一般随混凝土的收缩而出现，但有时也因桩顶钢筋笼固定措施不当而出现。其控制措施如下：

1）避免混凝土收缩从而防止笼子下沉。

2）笼顶必须用铁丝加支架固定，12h 后才可以拆除。

(8) 钢筋笼无法沉入。钢筋笼无法沉入多是由于混凝土配合比不好或桩周围土对桩身产生挤密作用。其控制措施如下：

1）改善混凝土配合比，保证粗骨料的级配和粒径满足要求。

2）选择合适的外加剂，并保证混凝土灌注量达到要求。

3）吊放钢筋笼时保证垂直和对位准确。

(9) 钢筋笼上浮。由于相邻桩间距太近导致施工时混凝土串孔或桩周围土壤挤密作用造成前一支桩钢筋笼上浮。其控制措施如下：

1）在相邻桩间距太近时进行跳打，保证混凝土不串孔，只要桩初凝后钢筋笼一般不会再上浮。

2）控制好相邻桩的施工时间间隔。

(10) 护筒冒水。埋设护筒时若周围填土不密实，或者由于起落钻头时碰动了护筒，都易造成护筒外壁冒水。其控制措施是：初发现护筒冒水时，可用黏土在护筒四周填实加固。若护筒发生严重下沉或位移，则应返工重埋。

8.2　干作业钻孔灌注桩

干作业钻孔灌注桩是先用钻机在桩位处钻孔，然后在桩孔内放入钢筋骨架，再灌注混凝土而成的桩。其施工过程如图 8-15 所示。

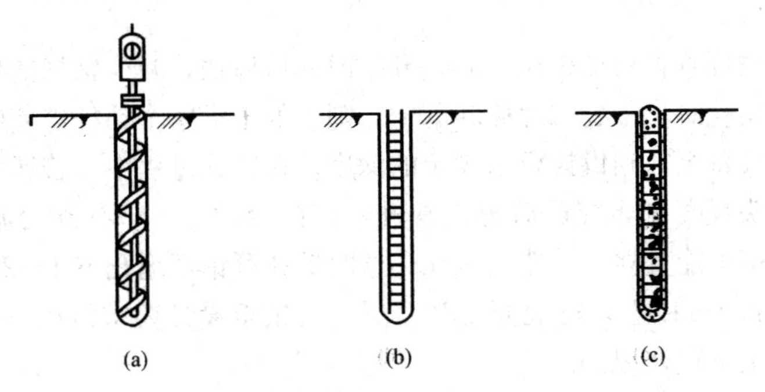

图 8-15　干作业钻孔灌注桩的施工过程

(a) 钻机进行钻孔；(b) 放入钢筋骨架；(c) 浇筑混凝土

8.2.1　施工机械

干作业成孔一般采用螺旋钻机钻孔，如图 8-16 和图 8-17 所示。螺旋钻机根据钻杆形式不同可分为整体式螺旋、装配式长螺旋和短螺旋三种。螺旋钻杆是一种动力旋动钻杆，它是利用钻头的螺旋叶旋转削土，土块由钻头旋转上升而带出孔外。螺旋钻头的外径分别为 400、500、600mm，钻孔深度相应为 12、10、8m。螺旋钻机适用于成孔深度内没有地下水的一般黏土层、砂土及人工填土地基，不适用于有地下水的土层和淤泥质土。

8.2.2　施工工艺

干作业钻孔灌注桩的施工步骤为：螺旋钻机就位对中→钻进成孔、排土→钻至预定深度、停钻→起钻，测孔深、孔斜、孔径→清理孔底虚土→钻机移位→安放钢筋笼→安放混凝土溜筒→灌注混凝土成桩→桩头养护。

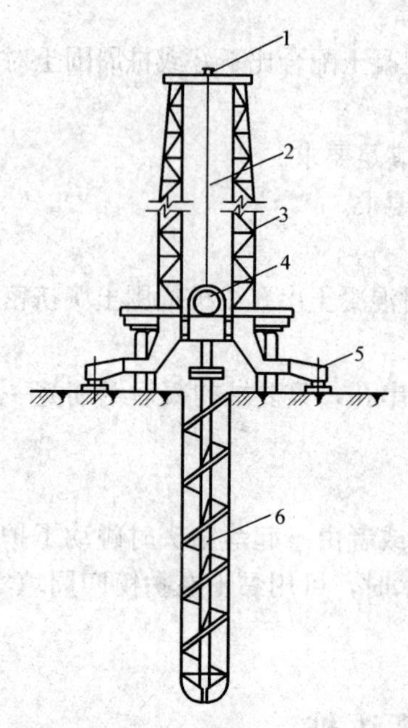

图 8-16 全螺旋钻机

1—导向滑轮；2—钢丝绳；3—龙门导架；
4—动力箱；5—千斤顶支腿；6—螺旋钻杆

图 8-17 液压步履式长螺旋钻机

1. 钻孔

钻机就位后，钻杆垂直对准桩位中心，开钻时先慢后快，减少钻杆的摇晃，及时纠正钻孔的偏斜或位移。钻孔时，螺旋刀片旋转削土，削下的土沿整个钻杆螺旋叶片上升而涌出孔外，钻杆可逐节接长直至钻到设计要求规定的深度。在钻孔过程中，若遇到硬物或软岩，应减速慢钻或提起钻头反复钻，穿透后再正常进钻。在砂卵石、卵石或淤泥质土夹层中成孔时，这些土层的土壁不能直立，易造成塌孔，这时钻孔可钻至塌孔下 1～2m，用低强度等级的混凝土回填至塌孔 1m 以上，待混凝土初凝后，再钻至设计要求深度，也可用 3∶7 夯实灰土回填代替混凝土进行处理。

2. 清孔

钻孔至规定要求深度后，孔底一般都有较厚的虚土，需要进行专门的处理。清孔的目的是将孔内的浮土、虚土取出，减小桩的沉降。常用的方法是采用 25～30kg 的重锤对孔底虚土进行夯实，或投入低坍落度的素混凝土，再用重锤夯实；或是使钻机在原深处空转清土，然后停止旋转，提钻卸土。

3. 钢筋混凝土施工

桩孔钻成并清孔后，先吊放钢筋笼，后浇筑混凝土。

钢筋骨架的主筋、箍筋、直径、根数、间距及主筋保护层均应符合设计规定，应绑扎牢固，防止变形。用导向钢筋将其送入孔内，同时防止泥土杂物掉进孔内。

钢筋骨架就位后，为防止孔壁坍塌，避免雨水冲刷，应及时浇筑混凝土。即使土层较好，没有雨水冲刷，从成孔至混凝土浇筑的时间间隔也不得超过 24h。灌注桩的混凝土强度等级不得低于C15，坍落度一般采用80～100mm，混凝土应连续浇筑，分层浇筑、分层捣实，每层厚度为50～60cm。当混凝土浇筑到桩顶时，应适当超过桩顶标高，以保证在凿除浮浆层后，桩顶标高和质量能符合设计要求。

8.2.3　施工注意事项

(1) 应根据地层情况合理选择螺旋钻机和调整钻进参数，并可通过电流表来控制进尺速度，如果电流值增大，则说明孔内阻力增大，此时应降低钻进速度。

(2) 开始钻进及穿过软硬土层交界处时，应缓慢进尺，保持钻具垂直；钻进含有砖头瓦块卵石的土层时，应防止钻杆跳动与机架摇晃。

(3) 钻进中遇憋车、不进尺或钻进缓慢的情况时，应停机检查，找出原因，采取措施，避免盲目钻进，导致桩孔严重倾斜、垮孔，甚至卡钻、折断钻具等恶性孔内事故的发生。

(4) 遇孔内渗水、垮孔、缩径等异常情况时，立即起钻，采取相应的技术措施；当上述情况不严重时，可采取调整钻进参数、投入适量黏土球、经常上下活动钻具等措施保持钻进顺畅。

(5) 在冻土层、硬土层施工时，宜采用高转速、小给进量、恒钻压的方法。

(6) 对短螺旋钻进，每回次进尺宜控制在钻头长度的2/3左右，砂层、粉土层可控制在0.8～1.2m，黏土、粉质黏土控制在0.6m以下。

(7) 钻至设计深度后，应使钻具在孔内空转数圈以清除虚土，然后起钻，盖好孔口盖，防止杂物落入。

8.3　人工挖孔灌注桩

人工挖孔灌注桩是采用人工挖掘方法成孔，然后放置钢筋笼，浇筑混凝土而成的桩基础，如图8-18所示。施工布置如图8-19所示。其施工特点如下：

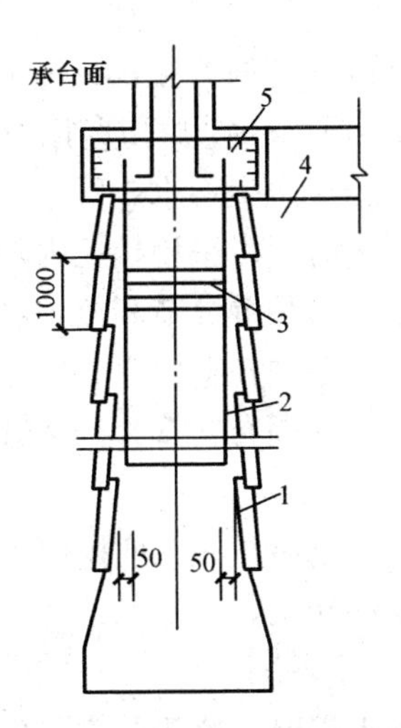

图8-18　人工挖孔灌注桩的构造

1—承台；2—地梁；3—箍筋；4—主筋；5—护壁

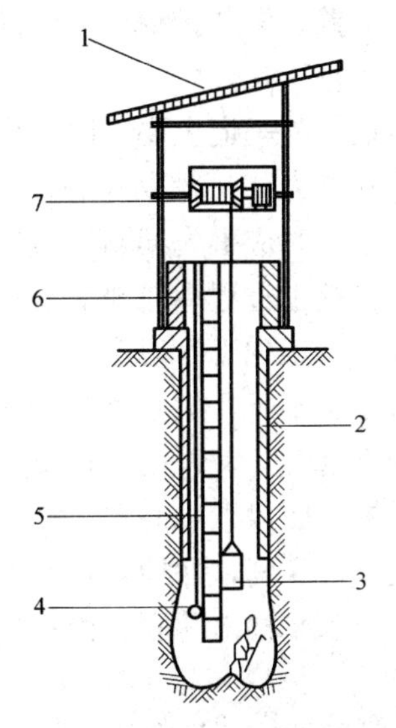

图8-19　人工挖孔桩的施工布置

1—雨篷；2—混凝土护壁；3—装土铁桶；4—低压照明灯；5—应急钢爬梯；6—砖砌井圈；7—电动轱辘提升机

(1) 设备简单。

(2) 无噪声、无振动、不污染环境，对施工现场周围原有建筑物的影响小。

(3) 施工速度快，可按施工进度要求决定同时开挖桩孔的数量，必要时各桩孔可同时施工。

(4) 土层情况明确，可直接观察到地质变化，桩底沉渣能清除干净，施工质量可靠。尤其当高层建筑选用大直径的灌注桩，而施工现场又在狭窄的市区时，采用人工挖孔比机械挖孔具有更大的适应性。但其缺点是人工消耗量大，开挖效率低，安全操作条件差等。

8.3.1 施工设备

人工挖孔灌注桩的施工设备一般可根据孔径、孔深和现场具体情况选用，常用的有如下几种：

(1) 电动葫芦（或手摇轱辘）和提土桶，用于材料和弃土的垂直运输及供施工人员上下工作施工使用。

(2) 护壁钢模板。

(3) 潜水泵，用于抽出桩孔中的积水。

(4) 鼓风机、空气压缩机和送风管，用于向桩孔中强制送入新鲜空气。

(5) 镐、锹、土筐等挖运工具，若遇硬土或岩石时，尚需风镐、潜孔钻。

(6) 插捣工具，用于插捣护壁混凝土。

(7) 应急软爬梯，用于施工人员上下。

(8) 安全照明设备、对讲机、电铃等。

8.3.2 施工工艺

施工时，为确保挖土成孔的施工安全，必须考虑预防孔壁坍塌和流沙发生的措施。因此，施工前应根据地质水文资料拟定出合理的护壁措施和降排水方案。护壁方法很多，可以采用现浇混凝土护壁、沉井护壁、喷射混凝土护壁等。

1. 挖土

挖土是人工挖孔的一道主要工序，采用由上向下分段开挖的方法，每施工段的挖土高度取决于孔壁的直立能力，一般取 0.8～1.0m 为一个施工段，开挖井孔直径为设计桩径加混凝土护壁厚度。挖土时应事先编制好防治地下水方案，避免产生渗水、冒水、塌孔、挤偏桩位等不良后果。在挖土过程中遇地下水时，在地下水不多时，可采用桩孔内降水法，用潜水泵将水抽出孔外。若出现流沙现象，则首先应考虑采用缩短护壁分节和抢挖、抢浇筑护壁混凝土的办法，若此法不行，就必须沿孔壁打板桩或用高压泵在孔壁冒水处灌注水玻璃水泥砂浆。当地下水较丰富时，宜采用孔外布井点降水法，即在周围布置管井，在管井内不断抽水使地下水位降至桩孔底以下 1.0～2.0m。

当桩孔挖到设计深度，并检查孔底土质已达到设计要求后，在孔底挖成扩大头。待桩孔全部成型后，用潜水泵抽出孔底的积水，然后立即浇筑混凝土。

2. 护壁

现浇混凝土护壁法施工即分段开挖、分段浇筑混凝土护壁，此法既能防止孔壁坍塌，又能起到防水作用。为防止塌孔和保证操作安全，对直径在 1.2m 以上的桩孔多设混凝土支护，每节高度为 0.9～1.0m，厚度为 8～15cm，或加配适量直径为 6～10mm 的光圆钢筋，混凝土强度等级选用 C20 或 C25，如图 8-20 所示。护壁制作主要分为支设护壁模板和浇筑护壁混凝土两个步骤。对直径在 1.2m 以下的桩孔，井口砌 1/4 砖或 1/2 砖护圈（高度为 1.2m），下部遇有不良土体时用半砖护砌。孔口第一节护壁应高出地面 10～20cm，以防止泥水、机具、杂物等掉进孔内。

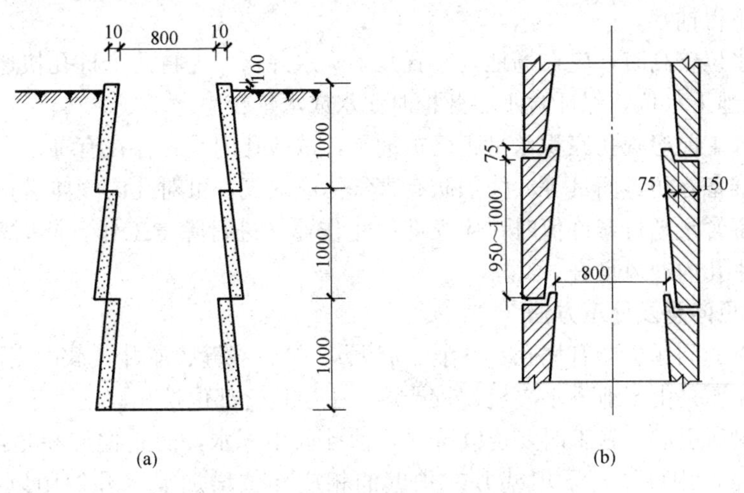

图 8-20　钢筋混凝土护壁形式

(a) 外齿式护圈；(b) 内齿式护圈

护壁施工采用工具式活动钢模板（由 4～8 块活动钢模板组合而成）支撑有锥度的内模。内模支设后，将用角钢和钢板制成的两半圆形合成的操作平台吊放入桩孔内，置于内模板顶部，以放置料具和浇筑混凝土操作之用。

护壁混凝土的浇筑采用钢筋插实，也可通过敲击模板或用竹竿木棒反复插捣。不得在桩孔水淹没模板的情况下灌注混凝土。若遇土质差的部位，为保证护壁混凝土的密实，应根据土层的渗水情况使用速凝剂，以保证护壁混凝土快速达到设计强度的要求。

护壁混凝土内模拆除宜在 12h 之后进行，当发现护壁有蜂窝、渗水的现象时，应及时补强加以堵塞或导流，防止孔外水通过护壁流入桩子内，以防造成事故。当护壁混凝土强度达到 1MPa（常温下约 24h）时可拆除模板，开挖下段的土方，再支模浇筑护壁混凝土，如此循环，直至挖到设计要求的深度。

3. 放置钢筋笼

桩孔挖好并经有关人员验收合格后，即可根据设计要求放置钢筋笼。钢筋笼在放置前，要清除其上的油污、泥土等杂物，防止将杂物带入孔内，并再次测量孔底虚土厚度，按要求清除。

4. 浇筑桩身混凝土

钢筋笼吊入验收合格后应立即浇筑桩身混凝土。灌注混凝土时，混凝土必须通过溜槽；当落距超过 3m 时，应采用串桶，串桶末端距孔底高度不宜大于 2m；也可采用导管泵送；混凝土宜采用插入式振捣器振实。当桩孔内渗水量不大时，在抽除孔内积水后，用串筒法浇筑混凝土。如果桩孔内渗水量过大，积水过多不便排干时，则应采用导管法水下浇筑混凝土。

5. 照明、通风、排水和防毒检查

(1) 在孔内挖土时，应有照明和通风设施。照明采用 12V 低压防水灯。通风设施采用

1.5kW鼓风机，配以直径为100mm的塑料送风管，经常检查，有洞即补，出风口离开挖面80cm左右。

(2) 对无流沙威胁但孔内有地下水渗出的情况，应在孔内设坑，用潜水泵抽排。有人在孔内作业时，不得抽水。

(3) 地下水位较高时，应在场地内布置几个降水井（可先将几个桩孔快速掘进作为降水井），用来降低地下水位，保证含水层开挖时无水或水量较小。

(4) 每天开工前检查孔底积水是否已被抽干，试验孔内是否存在有毒、有害气体，保持孔内的通风，准备好防毒面具等。为预防有害气体或缺氧，可对孔内气体进行抽样检测。凡一次检测的有毒含量超过容许值时，应立即停止作业，进行除毒工作。同时需配备鼓风机，确保施工过程中孔内通风良好。

8.3.3 常见问题及处理方法

挖孔桩常见的问题主要有塌孔、井涌（流泥）、护壁裂缝、淹井、截面变形和超量六种。

(1) 塌孔主要是由于地下水渗流比较严重，土层变化部位挖孔深度大于土体稳定极限高度和支护不及时所引起。施工时要连续降水，使孔底不积水，防止偏位和超挖并及时支护。对塌方严重孔壁，用砂、石子填塞并在护壁的相应部位增加泄水孔，用以排除孔洞内的积水。

(2) 井涌发生是由于土颗粒较细，当地下水位差很大时，土颗粒悬浮在水中成流态泥土从井底上涌。当出现流动性的涌土、涌砂时，可采取减小护壁高度（护壁的高度为300～500mm），随挖随浇筑混凝土的方法进行施工。

(3) 护壁裂缝产生的主要原因是护壁过厚，其自重大于土体的极限摩擦力，因而导致下滑，引起裂缝，如过度抽水、塌方使护壁失去支撑土体也可使护壁产生裂缝。因此护壁不宜太大，尽量减轻自重，在护壁内适当配Φ10@200mm的竖向钢筋。裂缝一般可不处理，但要加强施工监视、观察，发现问题及时处理。

(4) 淹井是由于井孔内遇较大泉眼或遇到渗透系数较大的砂砾层，附近的地下水在井孔中集中。处理方法是在群桩中设置深井并用水泵抽水以降低地下水位。当施工完成后，该深井用砂砾封堵。

(5) 截面变形是在挖孔时桩的中心线与半径未及时量测，护壁支护未严格控制尺寸而引起。所以在挖孔时每节支护都要量测桩的中心线和半径，遇松软土层要加强支护，严格认真控制支护尺寸。

(6) 超量产生往往是每层未控制好截面，孔壁塌落，遇有地下土洞、下水道、古墓和坑穴等均会出现超挖。要求在施工未出现特殊原因尽量不要超挖，当遇有上述孔洞时，可用3∶7灰土或其他地基加固材料填补并拍、夯实。

8.3.4 施工安全措施

(1) 井下人员须配备相应安全的设施设备。提升吊桶机构的传动部分及地面扒杆必须牢靠，制作、安装应符合施工设计要求。人员不得乘盛土吊桶上下，必须另配钢丝绳及滑轮并有断绳保护装置，或使用安全爬梯上下。

(2) 孔口注意安全防护。孔口应避免落物伤人，孔内应设半圆形防护板，随挖掘深度逐层下移。吊运物料时，作业人员应在防护板下面工作。

(3) 每次下井作业前应检查井壁和抽样检测井内空气，当有害气体超过规定时，应进行处理。用鼓风机送风时严禁用纯氧进行通风换气。

(4) 井内照明应采用安全矿灯或 12V 防爆灯具。桩孔较深时，上下联系可通过对讲机等方式，地面不得少于 2 名监护人员。井下人员应轮换作业，连续工作时间不应超过 2h。

(5) 挖孔完成后，应当天验收，并及时将桩身钢筋笼就位和浇筑混凝土。正在浇筑混凝土的桩孔周围 10m 半径内，其他桩不得有人作业。

8.4 沉管灌注桩

沉管灌注桩是利用锤击打桩设备或振动沉桩设备，将带有钢筋混凝土的桩尖（或钢板靴）或带有活瓣式桩靴的钢管沉入土中（钢管直径应与桩的设计尺寸一致），造成桩孔，然后放入钢筋骨架并浇筑混凝土，随之拔出套管，利用拔管时的振动将混凝土捣实，便形成所需要的灌注桩。利用锤击沉桩设备沉管、拔管成桩，称为锤击沉管灌注桩，如图 8-21 所示；利用振动器振动沉管、拔管成桩，称为振动沉管灌注桩，如图 8-22 所示。

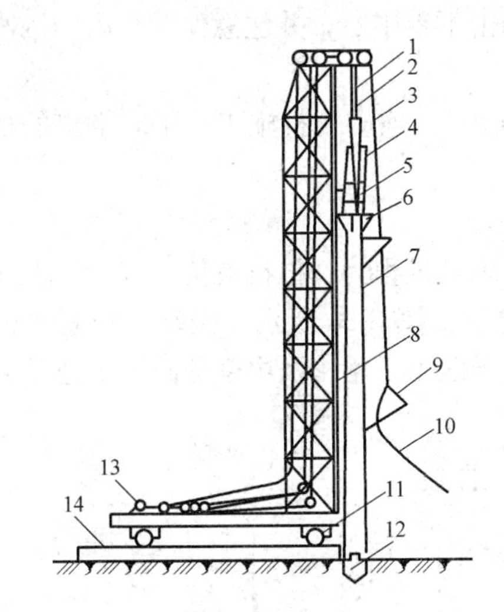

图 8-21　锤击沉管灌注桩

1—桩锤钢丝绳；2—桩管滑轮组；3—吊斗钢丝绳；4—桩锤；5—桩帽；6—混凝土漏斗；7—桩管；8—桩架；9—混凝土吊斗；10—回绳；11—行驶用钢管；12—预制桩靴；13—枕木；14—卷扬机

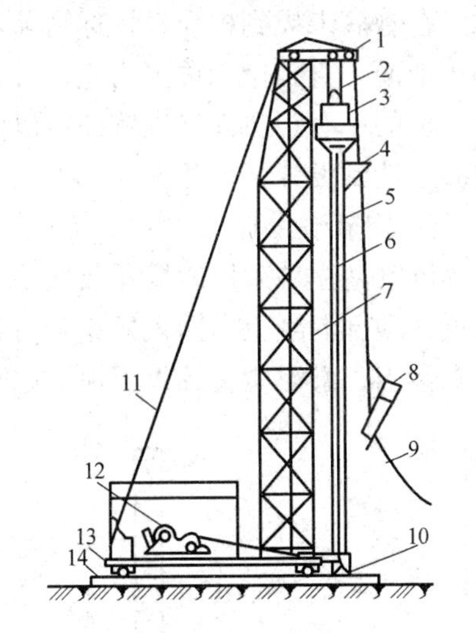

图 8-22　振动沉管灌注桩

1—导向滑轮；2—滑轮组；3—激振器；4—混凝土漏斗；5—桩帽；6—加压钢丝绳；7—桩管；8—混凝土吊斗；9—回绳；10—活瓣桩靴；11—枕木；12—行驶用钢管；13—卷扬机；14—缆风绳

沉管灌注桩在施工过程中对土体有挤密和振动影响作用。施工中应结合现场施工条件考虑成孔的顺序，主要有如下几种：

(1) 间隔一个或两个桩位成孔。

(2) 在邻桩混凝土初凝前或终凝后成孔。

(3) 一个承台下桩数在 5 根以上者，中间的桩先成孔，外围的桩后成孔。

为了提高桩的质量和承载能力，沉管灌注桩常采用单打法、复打法、翻插法等施工工艺。

(1) 单打法（又称一次拔管法）。拔管时，每提升 0.5～1.0m，振动 5～10s，然后拔管

0.5～1.0m，这样反复进行，直至全部拔出。

（2）复打法。在同一桩孔内连续进行两次单打，或根据需要进行局部复打。施工时，应保证前后两次沉管轴线重合，并在混凝土初凝之前进行。

（3）翻插法。钢管每提升0.5m，再下插0.3m，这样反复进行，直至拔出。

施工时注意及时补充套筒内的混凝土，使管内混凝土面保持一定高度并高于地面。

1. 锤击沉管灌注桩

锤击沉管灌注桩适用于一般黏性土、淤泥质土和人工填土地基。其施工过程为：就位→沉套管→初灌混凝土→放置钢筋笼、灌注混凝土→拔管成桩，如图8-23所示。

锤击沉管灌注桩的施工要点如下：

（1）桩尖与桩管接口处应垫麻（或草绳）垫圈，以防地下水渗入管内和作缓冲层。沉管时先用低锤锤击，观察无偏移后，再开始正常施打。

（2）拔管前应先锤击或振动套管，在测得混凝土确已流出套管时方可拔管。

（3）桩管内的混凝土应尽量填满，拔管时要均匀，保持连续密锤轻击，并控制拔管速度，一般土层以不大于1m/min为宜；软弱土层与软硬交界处，应控制在0.8m/min以内为宜。

（4）在管底未拔到桩顶设计标高前，倒打或轻击不得中断，并注意保持管内的混凝土始终略高于地面，直到全管拔出为止。

（5）桩的中心距在5倍桩管外径以内或小于2m时，均应跳打施工；中间空出的桩须待邻桩混凝土达到设计强度的50%以后，方可施打。

2. 振动沉管灌注桩

振动沉管灌注桩采用激振器或振动冲击沉管，施工过程为：桩机就位→沉管→上料→拔出钢管→在顶部混凝土内插入短钢筋并浇满混凝土，如图8-24所示。振动沉管灌注桩宜用于一般黏性土、淤泥质土及人工填土地基，更适用于砂土、稍密及中密的碎石土地基。

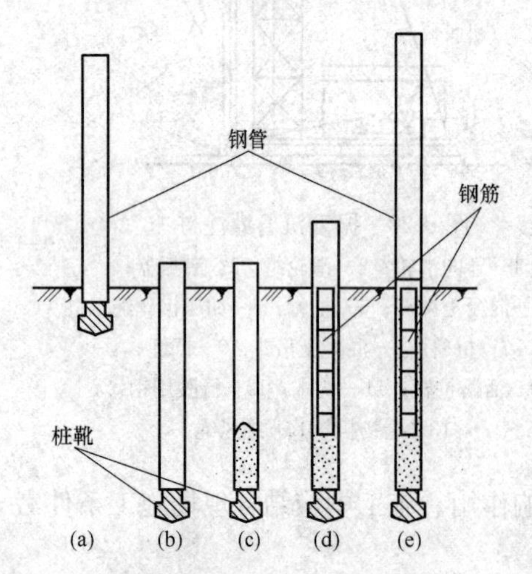

图8-23 沉管灌注桩的施工过程

（a）就位；（b）沉套管；（c）初灌混凝土；（d）放置钢筋笼、灌注混凝土；（e）拔管成桩

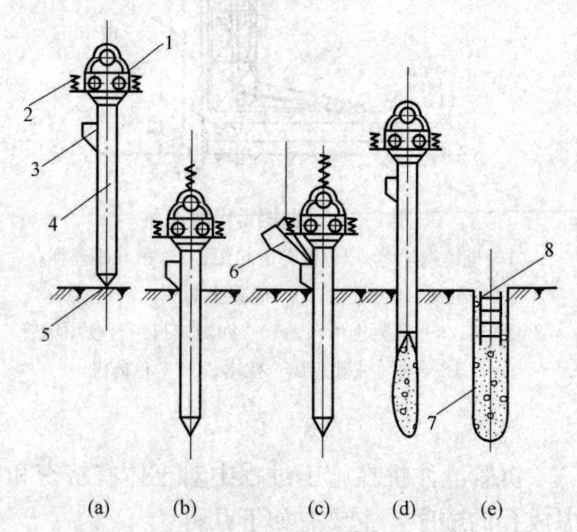

图8-24 振动套管成孔灌注桩的成桩过程

（a）桩机就位；（b）沉管；（c）上料；（d）拔出钢管；（e）插入短钢筋并浇满混凝土

1—振动锤；2—加压减振弹簧；3—加料口；4—桩管；5—活瓣桩尖；6—上料口；7—混凝土桩；8—短钢筋骨架

振动沉管灌注桩的施工要点如下：

(1) 桩机就位。将桩尖活瓣合拢对准桩位中心，利用振动器及桩管自重把桩尖压入土中。

(2) 沉管。开动振动箱，桩管即在强迫振动下迅速沉入土中。沉管过程中，应经常探测管内有无水或泥浆，如发现水、泥浆较多时，应拔出桩管，用砂回填桩孔后方可重新沉管。

(3) 上料。桩管沉到设计标高后停止振动，放入钢筋笼，再上料斗将混凝土灌入桩管内，一般应灌满桩管或略高于地面。

(4) 拔管。开始拔管时，应先启动振动箱 8～10min，并用吊铊测得桩尖活瓣确已张开，混凝土确已从桩管中流出以后，卷扬机方可开始抽拔桩管，边振边拔。拔管速度应控制在 1.5m/min 以内。

8.5 夯 扩 桩

夯扩桩（夯压成型灌注桩）是在普通沉管灌注桩的基础上加以改进，增加一根内夯管，如图 8-25 所示，使桩端扩大的一种桩型。内夯管的作用是在夯扩工序时，将外管混凝土夯出管外，并在桩端形成扩大头；在施工桩身时利用内管和桩锤的自重将桩身混凝土压实。夯扩桩适用于一般黏性土、淤泥、淤泥质土、黄土、硬黏性土；也可用于有地下水的情况；可在 20 层以下的高层建筑基础中使用。桩端持力层可为可塑至硬塑粉质黏土、粉土或砂土，且具有一定厚度。如果土层较差，没有较理想的桩端持力层时，可采用二次或三次夯扩。

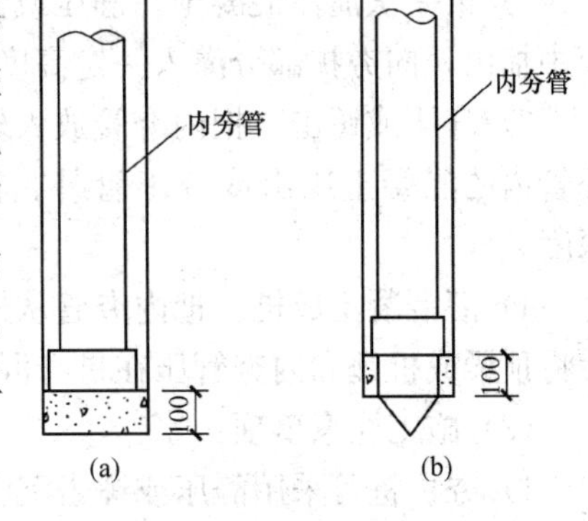

图 8-25　内夯管
(a) 平底内夯管；(b) 锥底内夯管

1. 施工机械

夯扩桩可采用静压或锤击沉桩机械设备。静压法沉桩机械设备由桩架、压液或液压抱箍、桩帽、卷扬机、钢索滑轮组或液压千斤顶等组成。压桩时，开动卷扬机，通过桩架顶梁逐步将压梁两侧的压桩滑轮组钢索收紧，并通过压梁将整个压桩机的自重和配重施加在桩顶上，把桩逐渐压入土中。

2. 施工工艺

夯扩桩施工时，先在桩位处按要求放置干混凝土，然后将内外管套叠对准桩位，再通过柴油锤将双管打入地基土中至设计要求深度；接着将内夯管拔出，向外管内灌入一定高度（H）的混凝土，然后将内管放入外管内压实灌入的混凝土，再将外管拔起一定高度（h）。通过柴油锤与内夯管夯打管内混凝土，夯打至外管底端深度略小于设计桩底深度处（差值为 c）。此过程为一次夯扩，如需第二次夯扩，则重复一次夯扩步骤即可，如图 8-26 所示。

(1) 操作要点：

1) 放内外管。在桩心位置上放置钢筋混凝土预制管塞，在预制管塞上放置外管，外管内放置内夯管。

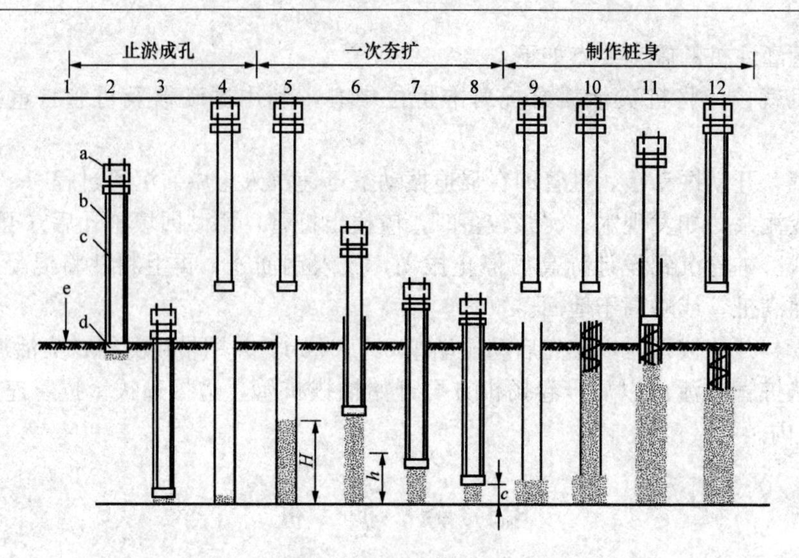

图 8-26 夯扩桩施工

a—柴油锤；b—外管；c—内管；d—内管底板；e—C20 干硬混凝土；$H>h>c$

2）第一次灌注混凝土。静压或锤击外管和内夯管，当其沉入设计深度后把内夯管从外管中抽出，向夯扩部分灌入一定高度的混凝土。

3）静压或锤击。把内夯管放入外管内，将外管拔起一定高度。静压或锤击内夯管，将外管内的混凝土压出或夯出管外。在静压或锤击作用下，使外管和内夯管同步沉入规定深度。

4）灌混凝土成桩。把内夯管从外管内拔出，向外管内灌满桩身部分所需的混凝土，然后将顶梁或桩锤和内夯管压在桩身混凝土上，上拔外管，外管拔出后，混凝土成桩。

（2）施工注意事项：

1）夯扩桩可采用静压或锤击沉管进行夯压、扩底、扩径。内夯管比外管短 100mm，内夯管底端可采用闭口平底或闭口锥底。

2）沉管过程中，外管封底可采用干硬性混凝土、无水混凝土，经夯击形成阻水、阻泥管塞，其高度一般为 100mm。当不出现由内、外管间隙涌水、涌泥的情况时，也可不采取上述封底措施。

3）桩的长度较大或需配置钢筋笼时，桩身混凝土宜分段灌注，拔管时内夯管和桩锤应施压于外管中的混凝土顶面，边压边拔。

4）工程施工前宜进行试成桩，应详细记录混凝土的分次灌入量、外管上拔高度、内管夯击次数、双管同步沉入深度，并检查外管的封底情况，有无进水、涌泥等，经核定后作为施工控制依据。

8.6 PPG 灌注桩后压浆法

PPG 灌注桩后压浆法是利用预先埋设于桩体内的注浆系统，通过高压注浆泵将高压浆液压入桩底，浆液克服土粒之间的抗渗阻力，不断渗入桩底沉渣及桩底周围土体孔隙中，排走孔隙中的水分，充填于孔隙之中。由于浆液的充填胶结作用，在桩底形成一个扩大头。另一方面，随着注浆压力及注浆量的增加，一部分浆液克服桩侧摩擦阻力及上覆土压力沿桩土界面不断向上泛浆，高压浆液破坏泥皮，渗入（挤入）桩侧土体，使桩周围松动（软化）的土体得到挤密加强。浆液不断向上运动，上覆土压力不断减小，当浆液向上传递的反力大于桩侧摩擦阻力及上覆土压力时，浆液将以管状流溢出地面。因此，控制一定的注浆压力和注浆量，可使桩底土体及桩周围土体得到加固，从而有效提高桩端阻力和桩侧阻力，达到大幅度提高承载力的目的。

灌注桩后压浆法有以下几种类型：

(1) 借桩内预设构件进行压浆加固，改善桩侧摩擦和支承情况。使用一根钢管及装在其内部的内管所组成的套管，使后灌浆通过单阀按照不连续的 1m 的间隔进行压浆。

(2) 桩端压浆，加固桩端地基。通过压浆管将浆液压入桩端。使用的浆液视地基岩土类型而定，对于密砂层，宜采用渗透性良好、强度高的灌浆材料。灌注桩后压浆法用于灌注桩修补加固时，可利用钻孔抽芯孔分段自下而上向桩身进行后压浆补强。

(3) 桩侧压浆，破坏和消除泥皮，填充桩侧间隙，提高桩土黏结力，提高桩侧摩擦阻力。

PPG 灌注桩后压浆法施工工艺流程为：准备工作→按设计水灰比拌制水泥浆液→水泥浆经过滤至储浆桶（不断搅拌）→注浆泵、加筋软管与桩身压浆管连接→打开排气阀并开泵放气→关闭排气阀先试压清水，待注浆管道通畅后再压注水泥浆液→桩检测。

8.6.1　注浆设备及注浆管的安装

高压注浆系统由浆液搅拌器、带滤网的储浆斗、高压注浆泵、压力表、高压胶管、预埋在桩中的注浆导管和单向阀等组成。

1. 高压注浆泵

高压注浆泵是实施后压浆的主要设备，高压注浆泵一般采用额定压力为 6～12MPa，额定流量为 30～100L/min 的注浆泵；高压注浆泵的压力表量程为额定泵压的 1.5～2.0 倍。一般工程常用 2TGZ-120/105 型高压注浆泵，该泵的浆量和压力根据实际需要可随意变挡调速，可吸取浓度较大的水泥浆、化学浆液、泥浆、油、水等介质的单液浆或双液浆，吸浆量和喷浆量可大可小。2TGZ 型高压注浆泵技术参数见表 8-2。

表 8-2　2TGZ 型注浆泵技术参数

传动速度	排浆量 (L/min)	最大压力 (MPa)	电动机 (kW)	质量 (kg)	长 (mm)	宽 (mm)	高 (mm)
1	32	10.5	11	1070	1900	1000	750
2	38	9					
3	75	5					
4	120	3					

浆液搅拌器的容量应与额定压浆流量相匹配，搅拌器的浆液出口应设置水泥浆滤网，避免因水泥团进入储浆筒后被吸入注浆导管内而造成堵管或爆管事件的发生。

高压注浆泵与注浆管之间采用能承受 2 倍以上最大注浆压力的加筋软管，其长度不超过 50cm，输浆软管与注浆管之间设置卸压阀。

2. 压浆管的制作

注浆管一般采用 ϕ25 管壁厚度为 2.5mm 的焊接钢管，管阀与注浆管焊接连接。注浆管随同钢筋笼一起沉入钻孔中，边下放钢筋笼边接长注浆管，注浆管紧贴钢筋笼内侧，并用铁丝在适当位置固定牢固，注浆管应沿钢筋笼圆周对称设置，注浆管的根数根据设计要求及桩径大小确定。注浆管压浆后可取代等强度截面钢筋。注浆管的根数根据桩径大小进行设置，可参照表 8-3 的规定。

表 8-3　注浆管根数

桩径（mm）	$D<1000$	$1000\leqslant D<2000$	$D\geqslant 2000$
根数	2	3	4

桩底压浆时，管阀底端进入桩端土层的深度应根据桩端土层的类别确定，持力层过硬时可适当减小，持力层较软弱及孔底沉渣较厚时可适当增加。一般管阀进入桩端土层的深度可参照表 8-4 确定。

表 8-4　管阀进入土层深度

桩端土层类别	黏性土、黏土、砂土	碎石土、风化岩
管阀进入土层深度（mm）	≥200	≥100

桩侧压浆时，管阀设置应综合地层情况、桩长、承载力增幅要求等因素确定，一般离桩底 5～15m 以上每 8～10m 设置一道。

压浆管的长度应比钢筋笼的长度多出 55cm，在桩底部长出钢筋笼 5cm，上部高出桩顶混凝土面 50cm，但不得露出地面以便于保护。

桩底压浆管采用两根通长注浆管布置于钢筋笼内，用铁丝绑扎，分别放于钢筋笼两侧。注浆管一般超出钢筋笼 300～400mm，其超出部分钻上花孔，予以密封。

桩侧压浆管由钢导管下放至设计标高，用弹性软管（PVC）连接。在预定的灌浆断面弹性软管环置于钢筋笼外侧捆绑，钢管置于钢筋笼内，两者用三通连接，在弹性软管沿环向外侧均匀钻一圈小孔，并予以密封。

在压浆管最下部 20cm 处制作成压浆喷头（俗称“花管”），在该部分采用钻头均匀钻出 4 排（每排 4 个）、间距为 3cm、直径为 3mm 的压浆孔作为压浆喷头；用图钉将压浆孔堵严，外面套上同直径的自行车内胎并在两端用胶带封严，这样压浆喷头就形成了一个简易的单向装置。当注浆时，压浆管中的压力将车胎迸裂、图钉弹出，水泥浆通过注浆孔和图钉的孔隙压入碎石层中，而灌注混凝土时该装置又可以保证混凝土浆不会将压浆管堵塞。

将两根压浆管对称绑在钢筋笼的外侧。成孔后清孔、提钻、下钢筋笼。在钢筋笼的吊装安放过程中要注意对压浆管的保护，钢筋笼不得扭曲，以免造成压浆管在丝扣连接处松动，喷头部分应加混凝土垫块进行保护，不得摩擦孔壁以免造成压浆孔的堵塞。

8.6.2 水泥浆配制与注浆

1. 水泥浆配制

采用与灌注桩混凝土同强度等级的普通硅酸盐水泥与清水拌制成水泥浆液，水灰比根据地下土层情况适时调整，一般水灰比为 0.45～0.6。

先根据试验按搅拌筒上的对应刻度确定出一定水灰比的水泥浆液，在正式搅拌前，将一定水灰比水泥浆液的对应刻度在搅拌筒外壁上做出标记。配制水泥浆液时先在搅拌机内加一定量的水，然后边搅拌边加入一定量的水泥，根据水灰比再补加水，水泥浆搅拌好后应达到对应刻度。搅拌时间不少于3min，浆液中不得混有水泥结石、水泥袋等杂物。水泥浆搅拌好后，过滤后放入储浆筒，水泥浆在储浆筒内也要不断地进行搅拌。

2. 注浆

在碎石层中，水泥浆在工作压力的作用下影响面积较大。为防止压浆时水泥浆液从邻近薄弱地点冒出，压浆的桩应在混凝土灌注完成3～7d后，并且该桩周围至少8m范围内没有钻机钻孔作业，且该范围内的桩混凝土灌注完成也应在3d以上。

压浆时最好采用整个承台群桩一次性压浆，压浆时先施工周边桩再施工中间桩。压浆时采用两根桩循环压浆，即先压第一根桩的A管，压浆量约占总量的70%，压完后再压另一根桩的A管，然后依次为第一根桩的B管和第二根桩的B管，这样就能保证同一根桩两根管的压浆时间间隔在30～60min以上，给水泥浆一个在碎石层中扩散的时间。压浆时应做好施工记录，记录的内容应包括施工时间、压浆开始及结束时间、压浆数量及出现的异常情况和处理的措施等。

注浆前，为使整个注浆线路畅通，应先用压力清水开塞，开塞的时机为桩身混凝土初凝后、终凝前，用高压水冲开出浆口的管阀密封装置和桩侧混凝土（桩侧压浆时）。开塞采用逐步升压法，当压力骤降、流量突增时，表明通道已经开通，应立即停机，以防止大量水涌入地下。

正式注浆作业之前，应进行试注浆，对浆液水灰比、注浆压力、注浆量等工艺参数进行调整优化，最终确定工艺参数。

在注浆过程中，应严格控制单位时间内水泥浆的注入量和注浆压力。注浆速度一般控制在30～50L/min。

当设计对压浆量无具体要求时，应根据下列公式计算压浆量：

桩底压浆水泥用量

$$G_{cp} = \pi(htd + \xi n_0 d^3) \tag{8-2}$$

桩侧注浆水泥用量

$$G_{cs} = \pi[t(L-h)d + \xi m n_0 d^3] \tag{8-3}$$

式中：G_{cp}、G_{cs}分别为桩底、桩侧注浆水泥用量（t）；d、L分别为桩直径（m）、桩长（m）；h为桩底压浆时浆液沿桩侧上升高度（m），桩底单压浆时，h可取10～20m，桩侧为细粒土时取高值，为粗粒土时取低值，复式压浆时，h可取桩底至其上桩侧压浆断面的距离；t为包裹于桩身表面的水泥结石厚度，可取0.01～0.03m，桩侧为细粒土及正循环成孔取高值，粗粒土及反循环孔取低值；n_0为桩底、桩侧土的天然孔隙率，$n_0 = e_0/(1+e_0)$，e_0为天然孔隙比；ξ为水泥充填率，对于细粒土取0.2～0.3，对于粗粒土取0.5～0.7；m为桩侧注浆横断面数。

注浆压力可通过试压浆确定，也可以根据下式计算确定，即

$$p_g = p_w + \zeta_x \Sigma \gamma_i h_i \tag{8-4}$$

式中：p_g为泵压（kPa）；p_w为桩侧、桩底注浆处静水压力；γ_i为注浆点以上第i层土的有效重度（kPa）；h_i注浆点以上第i层土的厚度（m）；ζ_x为注浆阻力经验系数，与桩底桩侧土层类别、饱和度、密实度、浆液稠度、成桩时间、输浆管长度等有关。桩底压浆时ζ_x的取值见表8-5。

表 8-5 桩底压浆 ζ_x 取值

土层类别	软土	饱和黏性土、粉土、粉细砂	非饱和黏性土、粉土、粉细砂	中粗砂砾、卵石	风化岩
ζ_x	1.0～1.5	1.5～2.0	20～40	1.2～3.0	10～40

当土的密实度高、浆液水灰比小、输浆管长度大、成桩间歇时间长时，ζ_x 取高值；对于桩侧压浆，ζ_x 取桩底压浆取值的 0.3～0.7 倍。

被压浆桩离正在成孔桩作业点的距离不小于 10d（d 为桩径），桩底压浆应对两根注浆管实施等量压浆，对于群桩压浆，应先外围、后内部。

在压浆过程中，当出现下列情况之一时应改为间歇压浆，间歇时间为 30～180min。间歇压浆可适当降低水灰比，若间歇时间超过 60min，则应用清水清洗注浆管和管阀，以保证后续压浆能正常进行。

（1）注浆压力长时间低于正常值。

（2）地面出现冒浆或周围桩孔串浆。

对注浆过程采用“双控”的方法进行控制。当满足下列条件之一时可终止压浆：

（1）压浆总量和注浆压力均达到设计要求。

（2）压浆总量已经达到设计值的 70%，且注浆压力达到设计注浆压力的 150%并维持 5min 以上。

（3）压浆总量已经达到设计值的 70%，且桩顶或地面出现明显上抬。桩体上抬不得超过 2mm。

压浆作业过程记录应完整，并经常对后压浆的各项工艺参数进行检查，发现异常情况时，应立即查明原因，采取措施后继续压浆。

压浆作业过程的注意事项如下：

（1）后压浆施工过程中，应经常对后压浆的各工艺参数进行检查，发现异常立即采取处理措施。

（2）压浆作业过程中，应采取措施防止爆管、甩管、漏电等。

（3）操作人员应佩戴安全帽、防护眼镜、防尘口罩。

（4）压浆泵的压力表应定期进行检验和核定。

（5）在水泥浆液中可根据实际需要掺加外加剂。

（6）施工过程中，应采取措施防止粉尘污染环境。

（7）对于复式压浆，应先桩侧后桩底；当多断面桩侧压浆时，应先上后下，间隔时间不宜少于 3h。

基础训练

1. 简述泥浆护壁成孔灌注桩的施工工艺流程。
2. 简述回转钻机成孔、潜水钻机成孔、冲击钻机成孔、冲抓锥成孔等成孔、清孔方法。
3. 简述水下浇筑混凝土的施工方法。

4. 简述干作业钻孔灌注桩的施工工艺。
5. 简述人工挖孔灌注桩的施工工艺。
6. 简述锤击沉管灌注桩和振动沉管灌注桩的施工方法。
7. 简述夯扩桩的布置和施工方法。
8. 简述压浆管的制作、压浆管的布置、压浆桩位的选择、压浆施工顺序、压桩方法。

学习情境 9　预制桩基础施工

【学习目标】
- 掌握打桩前的准备工作及桩的制作、运输、堆放要求、方法
- 掌握锤击沉桩设备及选择、桩架的选择方法，掌握锤击沉桩工艺
- 掌握静力沉桩设备及选择、桩架的选择方法，掌握静力沉桩工艺
- 掌握振动沉桩设备及选择、桩架的选择方法，掌握振动沉桩工艺

【引例导入】

某工程采预制钢筋混凝土方桩（国家标准图集 04G361），桩型号：ZH-50-XXCG，混凝土强度等级为 C45，预制桩截面尺寸为 500mm×500mm，图纸设计长度为 11～16.5m，数量 980 根，主要工作内容包括运输、试桩、打桩（锤击）、截桩等。设计严禁接桩。工期为接到开工令后 30 日内。

你如何组织施工？打桩采用什么设备？质量如何控制？

预制桩按桩体材料的不同，可分为钢筋混凝土桩、钢桩。钢筋混凝土预制桩是在预制构件厂或施工现场预制，用沉桩设备在设计位置上将其沉入土中。其特点有坚固耐久，不受地下水或潮湿环境影响，能承受较大荷载，施工机械化程度高、进度快，能适应不同土层施工。目前最常用的预制桩是预应力混凝土管桩。它是一种细长的空心等截面预制混凝土构件，是在工厂经先张预应力、离心成型、高压蒸养等工艺生产而成。管桩按桩身混凝土强度等级的不同分为 PC 桩（C60、C70）和 PHC 桩（C80）；按桩身抗裂弯距的大小分为 A 型、AB 型和 B 型（A 型最大，B 型最小）；外径有 300、400、500、550mm 和 600mm，壁厚为 65～125mm，常用节长为 7～12m，特殊节长为 4～5m。

钢筋混凝土预制桩施工前，应根据施工图设计要求、桩的类型、成孔过程对土的挤压情况、地质探测和试桩等资料制定施工方案。

9.1　打桩前的准备工作

9.1.1　施工场地准备

桩基础工程在施工前，应根据工程规模的大小和复杂程度，编制整个分部工程施工组织设计或施工方案。沉桩前，现场准备工作的内容有处理障碍物、平整场地、抄平放线定桩位、铺设水电管网、沉桩机械设备的进场和安装及桩的供应等。

(1) 处理障碍物。打桩前，宜向城市管理、供水、供电、煤气、电信、房管等有关单位提出申请，认真处理高空、地上和地下的障碍物；对现场周围（一般为 10m 以内）的建筑物、驳岸、地下管线等做全面检查，必要时予以加固或采取隔振措施或拆除，以免打桩中由

于振动的影响引起倒塌。

（2）平整场地。打桩场地必须平整、坚实，必要时宜铺设道路，经压路机碾压密实，场地四周应挖排水沟以利排水。

（3）抄平放线定桩位。在打桩现场附近设水准点，其位置应不受打桩影响，数量不得少于两个，用以抄平场地和检查桩的入土深度。要根据建筑物的轴线控制桩定出桩基础的每个桩位，可用小木桩标记。正式打桩之前，应对桩基础的轴线和桩位复查一次，以免因小木桩挪动、丢失而影响施工。桩位放线允许偏差为 20mm。

（4）进行打桩试验。施工前应做不少于 2 根桩的打桩工艺试验，用以了解桩的沉入时间、最终沉入度、持力层的强度、桩的承载力，以及施工过程中可能出现的各种问题和反常情况等，以便检验所选的打桩设备和施工工艺，确定是否符合设计要求。

（5）确定打桩顺序。打桩顺序直接影响到桩基础的质量和施工速度，应根据桩的密集程度（桩距大小）、桩的规格、桩的长短、桩的设计标高、工作面布置、工期要求等综合考虑。根据桩的密集程度，打桩顺序一般分为逐排打设、自中部向四周打设和由中间向两侧打设 3 种，如图 9-1 所示。当桩的中心距大于 4 倍桩的边长或直径时，可采用上述两种打法，或逐排单向打设，如图 9-1（a）所示；反之，当桩的中心距不大于 4 倍桩的直径或边长时，应自中部向四周施打，如图 9-1（b）所示，或由中间向两侧对称施打，如图 9-1（c）所示。

根据基础的设计标高和桩的规格，宜按先深后浅、先大后小、先长后短的顺序进行打桩。

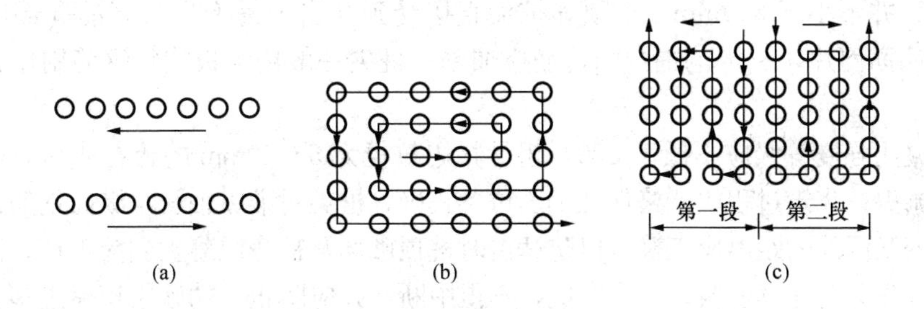

图 9-1　打桩顺序

（a）逐排打设；（b）自中部向四周打设；（c）由中间向两侧打设

（6）桩帽、垫衬和送桩设备机具准备。

9.1.2　桩的制作、运输和堆放

1. 桩的制作

较短的桩多在预制厂生产。较长的桩一般在打桩现场附近或打桩现场就地预制。

桩分节制作时，单节长度应满足桩架的有效高度、制作场地条件、运输与装卸能力的要求，同时应避免桩尖接近硬持力层或桩尖处于硬持力层中接桩，上节桩和下节桩应尽量在同一纵轴线上预制，使上下节钢筋和桩身减小偏差。如在工厂制作，为便于运输，单节长度不宜超过 12m；如在现场预制，单节长度不宜超过 30m。

制桩时，应做好浇筑日期、混凝土强度、外观检查、质量鉴定等记录，以供验收时查用。每根桩上应标明编号、制作日期，如不预埋吊环，则应标明绑扎位置。

实心混凝土方桩现场预制时多采用工具式木模板或钢模板，支在坚实平整的地坪上，模板应平整牢靠、尺寸准确。制作预制桩的方法有并列法、间隔法、重叠法和翻模法等，现场

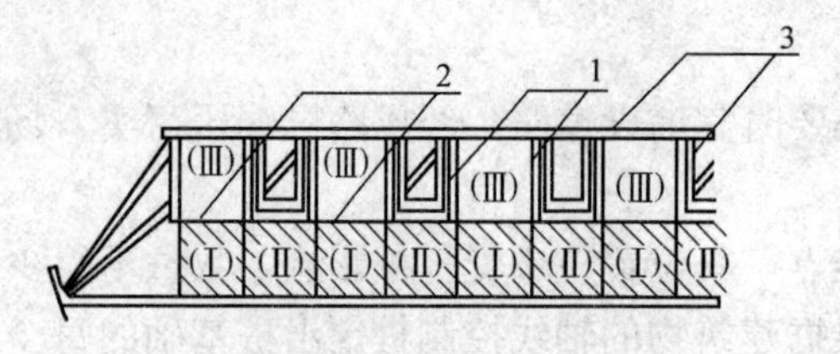

图 9-2 间隔重叠法施工

1—隔离剂或隔离层；2—侧模板；3—卡具；

Ⅰ、Ⅱ、Ⅲ—第一、二、三批浇筑桩

多采用间隔重叠法施工，如图 9-2 所示，一般重叠层数不宜超过四层。施工时，桩与桩、桩与底模之间应涂刷隔离剂，防止黏结。上层桩或邻桩的浇筑须在下层桩或邻桩的混凝土达到设计强度的 30%以后才能进行，浇筑完毕后要加强养护，防止由于混凝土收缩产生裂缝。

钢筋混凝土桩的预制程序为：压实、整平制作场地→场地地坪做三七灰土或浇筑混凝土→支模→绑扎钢筋骨架、安设吊环→浇筑桩混凝土→养护至 30%强度拆模→支间隔端头模板、刷隔离剂、绑扎钢筋→浇筑间隔桩混凝土→同法间隔重叠制作第二层桩→养护至 70%强度起吊→达 100%强度后运输、堆放。

桩的制作场地应平整、坚实，排水通畅，不得产生不均匀沉降，以防桩产生变形。模板可保证桩的几何尺寸准确，使桩面平整、挺直；桩顶面模板应与桩的轴线垂直；桩尖四棱锥面呈正四棱锥体，且桩尖位于桩的轴线上。

桩身配筋与沉桩方法有关，锤击沉桩的纵向钢筋配筋率不宜小于 0.8%，静力压桩不宜小于 0.4%，桩的纵向钢筋直径不宜小于 14mm，当桩截面宽度或直径大于或等于 350mm 时，纵向钢筋不应少于 8 根。钢筋骨架主筋连接时宜采用对焊或电弧焊；主筋接头配置在同一截面内的数量，对于受拉钢筋不得超过 50%；相邻两根主筋接头截面的距离应大于 35 倍的主筋直径，并不小于 500mm。桩顶和桩尖直接受到冲击力易产生很高的局部应力，故应在桩顶设置钢筋网片，一定范围内的箍筋应加密；桩尖一般用钢板或粗钢筋制作，并与钢筋骨架焊牢。

桩的混凝土强度等级应不低于 C30，粗骨料用粒径为 5～40mm 的碎石或卵石，宜用机械搅拌、机械振捣；浇筑过程应严格保证钢筋位置正确，桩尖对准纵轴线，纵向钢筋顶部保护层不宜过厚，钢筋网片的距离应正确，以防锤击时桩顶破坏及桩身混凝土剥落破坏。混凝土浇筑应由桩顶向桩尖方向连续浇筑，一次完成，不得中断，并应防止一端砂浆积聚过多。桩顶与桩尖处不得有蜂窝、麻面和裂缝。浇筑完毕应覆盖、洒水养护不少于 7d。拆模时，混凝土应达到一定的强度，保证不掉角，桩身不缺损。

预制桩制作的允许偏差：横截面边长为±5mm；保护层厚度为±5mm，桩顶对角线之差为 10mm；桩顶平面对桩中心线的位移为 10mm；桩身弯曲矢高不大于 0.1%桩长，且不大于 20mm；桩顶平面对桩中心线的倾斜不大于 30mm。桩的表面应平整、密实，掉角的深度不应超过 10mm，且局部蜂窝和掉角的缺损总面积不得超过该桩表面全部面积的 0.5%，并不得过分集中；由于混凝土收缩产生的裂缝，深度不得大于 20mm，宽度不得大于 0.25mm；横向裂缝长度不得超过边长的一半（管桩、多角形桩不得超过直径或对角线的 1/2）。

2. 桩的运输

当桩的混凝土强度达到设计强度标准值的 70%后方可起吊，若需提前起吊，则必须采取必要的措施并经强度和抗裂度验算合格后方可进行。桩在起吊搬运时，必须做到平稳提升，避免冲击和振动，吊点应同时受力，保护桩身质量。吊点位置应严格按设计规定进行绑扎。若无吊环，设计又无规定时，绑扎点的数量和位置按桩长而定，应符合起吊弯矩最小（或正负弯矩相等）的原则，如图 9-3 所示。用钢丝绳捆绑桩时应加衬垫，以避免损坏桩身和棱角。

桩运输时的混凝土强度应达到设计强度标准值的 100%。桩从制作处运到现场以备打桩时，应根据打桩顺序随打随运，避免二次搬运。对于桩的运输方式，短桩运输可采用载重汽车，现场运距较近时，可直接用起重机吊运，也可采用轻轨平板车运输；长桩运输可采用平板拖车、平台挂车等运输。装载时桩的支承点应按设计吊点位置设置，并垫实、支撑和绑扎牢固，以防止运输中发生晃动或滑动。

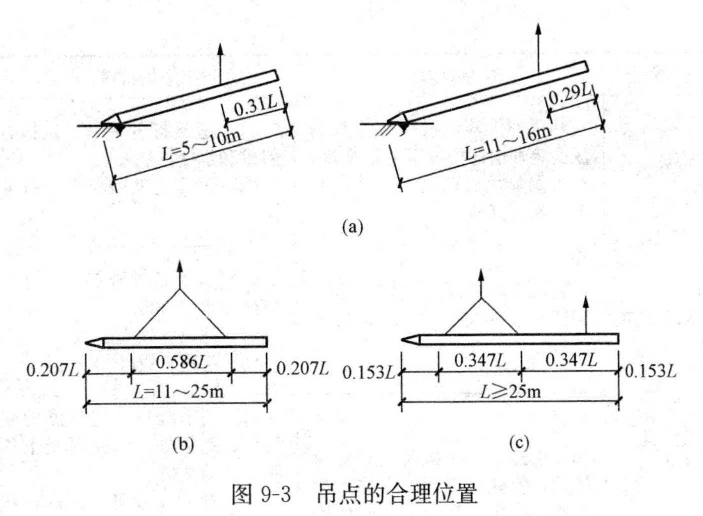

图 9-3　吊点的合理位置
(a) 一个吊点；(b) 两个吊点；(c) 三个吊点

3. 桩的堆放

桩堆放时，地面必须平整、坚实，垫木间距应根据吊点确定，各层垫木应位于同一垂直线上，最下层垫木应适当加宽，堆放层数不宜超过 4 层。不同规格的桩，应分别堆放。

9.2　锤　击　沉　桩

9.2.1　打桩设备及选择

打桩所用的机械设备主要由桩锤、桩架及动力装置三部分组成。桩锤是对桩施加冲击力，将桩打入土中的机具；桩架的主要作用是支持桩身和桩锤，并在打桩过程中保持桩的方向不偏移；动力装置一般包括启动桩锤用的动力设施（取决于所选桩锤），如采用蒸汽锤时，则需配蒸汽锅炉、卷扬机等。

1. 桩锤

(1) 选择桩锤类型。常用的桩锤有落锤、柴油桩锤、单动汽锤、双动汽锤、振动桩锤、液压锤桩等。桩锤的工作原理、适用范围和特点见表 9-1。

表 9-1　各类桩锤的工作原理、适用范围及特点

桩锤种类	原　理	适用范围	特　点
落锤	用绳索或钢丝绳通过吊钩由卷扬机沿桩架导杆提升到一定高度，然后自由下落，利用锤的重力夯击桩顶，使桩沉入土中	(1) 适用于打木桩及细长尺寸的钢筋混凝土预制桩。 (2) 在一般土层、黏土和含有砾石的土层均可使用	(1) 构造简单，使用方便，费用低。 (2) 冲击力大，可通过调整锤重和落距改变打击能力。 (3) 锤击速度慢（每分钟 6～20 次），效率低，贯入能力低，桩顶部易被打坏
柴油桩锤	以柴油为燃料，以冲击部分的冲击力和燃烧压力为驱动力来推动活塞往返运动，引起锤头跳动夯击桩顶进行打桩	(1) 适于打各种桩。 (2) 适用于在一般土层中打桩，不适用于在硬土和松软土中打桩	(1) 质量轻，体积小，打击能量大。 (2) 不需外部能量，机动性强，打桩快，桩顶不易被打坏，燃料消耗少。 (3) 振动大，噪声高，润滑油飞散，遇硬土或软土时不宜使用

续表

桩锤种类	原　理	适用范围	特　点
单动汽锤	利用外供蒸汽或压缩空气的压力将冲击体托升至一定高度，配气阀释放出蒸汽，使其自由下落锤击打桩	（1）适于打各种桩，包括打斜桩和水中打桩。 （2）尤其适于用套管法打灌注桩	（1）结构简单，落距小，精度高，桩头不易损坏。 （2）打桩速度及冲击力较落锤大，效率较高（每分钟 25～30 次）
双动汽锤	利用蒸汽或压缩空气的压力将锤头上举及下冲，增加夯击能量	（1）适于打各种桩，并可打斜桩和水中打桩。 （2）适应各种土层。 （3）可用于拔桩	（1）冲击力大，工作效率高（每分钟 100～200 次）。 （2）设备笨重，移动较困难
振动桩锤	利用锤的高频振动带动桩身振动，使桩身周围的土体产生液化，减小桩侧与土体间的摩阻力，将桩沉入或拔出土中	（1）适于施打一定长度的钢管桩、钢板桩、钢筋混凝土预制桩和灌注桩。 （2）适用于亚黏土、黄土和软土，特别适于在砂性土、粉细砂中沉桩，不宜用于岩石、砾石和密实的黏性土层	（1）施工速度快，使用方便，施工费用低，施工无公害污染。 （2）结构简单，维修保养方便。 （3）不适于打斜桩
液压锤桩	单作用液压锤是冲击块通过液压装置提升到预定的高度后快速释放，冲击块以自由落体方式打击桩体。而双作用锤是冲击块通过液压装置提升到预定高度后，以液压驱使下落，冲击块能获得更大的加速度、更高的冲击速度与冲击能量来打击桩体，每一击贯入度更大	（1）适于打各种桩。 （2）适于在一般土层中打桩	（1）施工无烟气污染，噪声较低，打击力峰值小，桩顶不易损坏，可用于水下打桩。 （2）结构复杂，保养与维修工作量大，价格高，冲击频率小，作业效率比柴油锤低

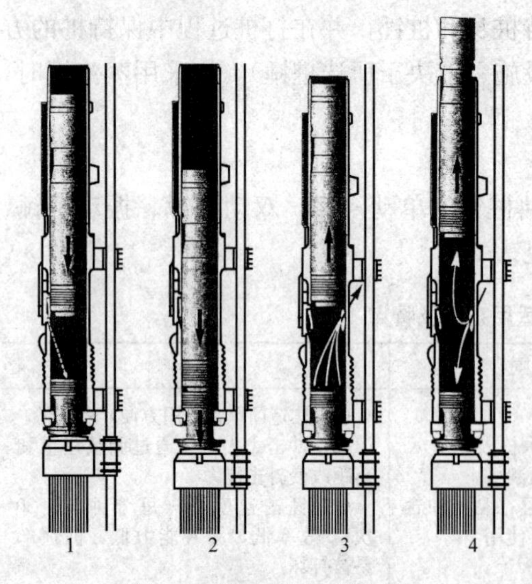

图 9-4　柴油锤的工作原理

常用的柴油锤和单缸两冲程柴油机一样，是依靠上活塞的往复运动产生冲击进行沉桩作业的。其工作原理如图 9-4 所示。下面分 4 个程序详细说明。

1）燃料的供给和压缩开始。上活塞下落撞击燃油泵杠杆，使燃油泵将一定量柴油喷至下活塞冲击面。当上活塞继续下落经过吸排气口时，将排气口封闭，开始压缩汽缸内的空气。逐渐增加的空气压力将下活塞和桩帽紧密地压在桩头上。

2）冲击和爆炸。上活塞继续下降，克服压缩空气的阻力与下活塞碰撞，即发生冲击，同时将下活塞冲击面上的柴油雾化飞溅至燃烧室内，同时将桩打下。燃烧室内的油雾和高压空气混合后被点燃爆炸，爆炸力继续将桩往下打，同时将上活塞向上弹起构成了一个工作循环。

3）排气。上活塞被膨胀的气体继续向上推，当最后一道活塞环离开排气口时，汽缸内燃烧的高温高压废气立即从排气口排出。

4）扫气。上活塞继续向上运动，汽缸内产生部分真空，外部的新鲜空气通过吸排气口进入汽缸，并彻底将废气扫出，燃油泵的压油杠杆被释放恢复原位，燃油泵重新吸入柴油。上活塞到达最高点之后，由于自重作用向下降落，迫使汽缸内的气体进行搅动，使混合气体部分排出汽缸外。

筒式柴油打桩锤的打桩过程是气体压力和冲击力的联合作用。它实现了上活塞对下活塞的一个冲击过程，然后产生一个爆炸力，即二次打桩，这个力虽然比冲击力要小，但它是作用在已经被冲动了的桩上，所以对桩的下沉还是有很大作用的。

（2）选择桩锤质量。用锤击法沉桩，选择桩锤是关键，一个是锤的类型，另一个是锤的质量。锤击应该有足够的冲击能量，施工中宜选择重锤低击。桩锤过重，所需动力设备过大，会消耗过多的能源，不经济，且易将桩打坏；桩锤过轻，必将增大落距，锤击功很大部分被桩身吸收，使桩身产生回弹，桩不易打入，且锤击次数过多，常常出现桩头被打坏或使混凝土保护层脱落的现象，严重的甚至使桩身断裂。因此，应选择稍重的锤，用重锤低击和重锤快击的方法效果较好。锤重一般根据施工现场情况、机具设备性能、工作方式、工作效率等条件选择。表 9-2 为锤重选择表示例。

表 9-2　　锤重选择表示例

锤型			柴油锤（t）					
			2.0	2.5	3.5	4.5	6.0	7.2
锤的动力性能		冲部分重（t）	2.0	2.5	3.5	4.5	6.0	7.2
		总重（t）	4.5	6.5	7.2	9.6	15.0	18.0
		冲击力（kN）	2000	2000～2500	2500～4000	4000～5000	5000～7000	7000～10 000
		常用冲程（m）	1.8～2.3					
适用的桩规格		预制方桩、预应力管桩的边长或直径（mm）	250～350	350～400	400～450	450～500	500～550	550～600
		钢管桩直径（mm）	400	400	400	600	900	900～1000
持力层	黏性土粉土	一般进入深度（m）	1～2	1.5～2.5	2～3	2.5～3.5	3～4	3～5
		静力触探比贯入阻力 p_s 平均值（MPa）	3	4	5	>5	>5	>5
	砂土	一般进入深度（m）	0.5～1.0	0.5～1.5	1.0～2.0	1.5～2.5	2.0～3.0	2.5～3.5
		标准贯入度击数（N）	15～25	20～30	30～40	40～45	45～50	50
锤的常用控制贯入度（cm/10 击）			—	2～3	—	3～5	4～8	—
设计单桩极限承载力（kN）			400～1200	800～1600	2500～4000	3000～5000	5000～7000	7000～10 000

2. 桩架

桩架的形式有多种，常用的桩架（能适应多种桩锤）有两种基本形式：一种是沿轨道行驶的多功能桩架；另一种是安装在履带底盘上的履带式桩架。

多功能桩架由立柱、斜撑、回转工作台、底盘及传动机构组成，如图 9-5 所示。这种桩架的机动性和适应性很强，在水平方向可做 360°回转，立柱可前后倾斜，可适应各种预制桩及灌注桩施工；缺点是机构庞大，组装拆迁较麻烦。

履带式桩架以履带式起重机为底盘，增加立柱与斜撑用以打桩，如图 9-6 所示。此种桩架具有操作灵活、移动方便、施工效率高等优点，适用于各种预制桩及灌注桩施工。

选择桩架时应考虑以下因素。

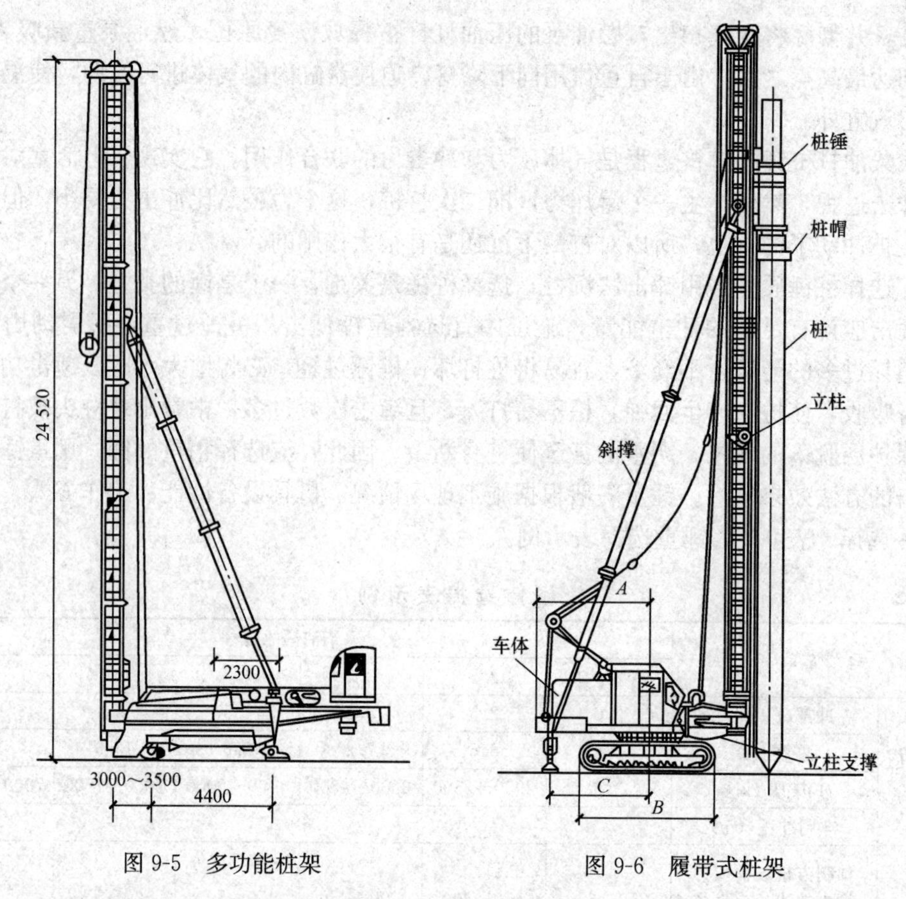

图 9-5 多功能桩架　　图 9-6 履带式桩架

(1) 桩的材料、桩的截面形状与尺寸、桩的长度和接桩方式。

(2) 桩的种类、数量、桩距及布置方式，施工精度要求。

(3) 施工场地的条件，打桩作业环境，作业空间。

(4) 所选定桩锤的形式、质量和尺寸。

(5) 投入桩架的数量。

(6) 施工进度要求及打桩速率要求。

桩架高度必须适应施工要求，一般可按桩长分节接长，桩架高度应满足以下要求：桩架高度＝单节桩长＋桩帽高度＋桩锤高度＋滑轮组高度＋起锤位移高度（1～2m）。

9.2.2 打桩工艺

1. 打桩顺序

打入的桩对土体有挤压作用，先打入的桩常由于水平推挤而造成偏移和变位，后打入的桩则难以达到设计标高或入土深度，造成土体的隆起和挤压。打桩顺序是否合理直接影响到桩基础的质量、施工速度及周围环境，故应根据桩的密集程度、桩径、桩的规格、桩的设计标高、工作面布置、工期要求等综合考虑，合理确定。

当桩距大于或等于 4 倍桩的边长或桩径时，打桩顺序与土壤的挤压关系不大，采用何种打桩顺序相对灵活。而当桩距小于 4 倍桩的边长或桩径时，土壤挤压不均匀的现象会很明显，选择打桩顺序尤为重要。

当桩不太密集，桩的中心距大于或等于 4 倍桩的直径时，可采用逐排打桩和自边缘向中间打桩的顺序。逐排打桩时，桩架单向移动，桩的就位与起吊均很方便，故打桩效率较高。但当桩较密集时，逐排打桩会使土体向一个方向挤压，导致土体挤压不均匀，后面的桩不容易打入，最终会引起建筑物的不均匀沉降。自边缘向中间打桩，当桩较密集时，中间部分土体挤压较密实，桩难以打入，而且在打中间桩时，外侧的桩可能因挤压而浮起。因此，这两种打设方法适用于桩不太密集时的施工。

当桩较密集时，即桩距小于 4 倍桩的直径时，一般情况下应采用自中央向边缘打和分段打的方式。采用这两种打桩方式打桩时，土体由中央向两侧或向四周均匀挤压，易于保证施工质量。

此外，根据桩的规格、埋置深度、长度的不同，且桩较密集时，宜按“先大后小、先深后浅、先长后短”的顺序打设，这样可避免后施工的桩对先施工的桩产生挤压而发生桩位偏斜。当一侧毗邻建筑物时，由毗邻建筑物处向另一方向打设。

打桩顺序确定后，还需要考虑打桩机是往后“退打”，还是向前“顶打”，以便确定桩的运输和布置堆放。当桩顶头高出地面时，采用往后退打的方法施工。当打桩后桩顶的实际标高在地面以下时，可采用向前顶打的方法施工，只要现场条件许可，宜将桩预先布置在桩位上，以避免场内二次搬运，有利于提高施工速度，降低费用。打桩后留有的桩孔要随时铺平，以便行车和移动打桩机。

2. 打桩施工的工艺过程

打桩施工是确保桩基础工程质量的重要环节。主要工艺过程如下：

（1）吊桩就位。打桩机就位后，先将桩锤和桩帽吊起，其高度应超过桩顶，并固定在桩架上，然后吊桩并送至导杆内，垂直对准桩位，在桩的自重和锤重的压力下，缓缓送下插入土中，桩插入时的垂直度偏差不得超过 0.5%。桩插入土后即可固定桩帽和桩锤，使桩身、桩帽、桩锤在同一铅垂线上，确保桩能垂直下沉。在桩锤和桩帽之间应加弹性衬垫，如硬木、麻袋、草垫等；桩帽和桩顶周围四边应有 5～10mm 的间隙，以防损伤桩顶。

（2）打桩。打桩开始时，采用短距轻击，一般为 0.5～0.8m，以保证桩能正常沉入土中。待桩入土一定深度（1～2m）且桩尖不宜产生偏移时，再按要求的落距连续锤击。这样可以保证桩位的准确和桩身的垂直。打桩时宜用重锤低击，这样桩锤对桩头的冲击小，回弹也小，桩头不易损坏，大部分能量都用于克服桩身与土的摩擦阻力和桩尖阻力，桩能较快地沉入土中。用落锤或单动汽锤打桩时，最大落距不宜大于 1m。用柴油锤时，应使锤跳动正常。在整个打桩过程中应做好测量和记录工作，遇有贯入度剧变，桩身突然发生倾斜、移位或有严重回弹，桩顶或桩身出现严重裂缝或破碎等异常情况时，应暂停打桩，及时研究处理。

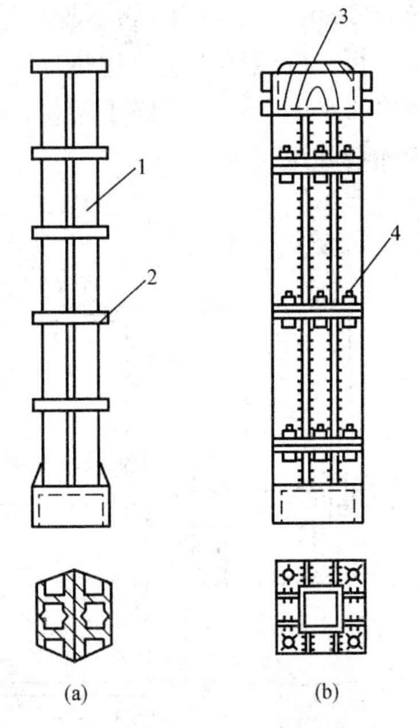

图 9-7　钢送桩构造
（a）钢轨送桩；（b）钢板送桩
1—钢轨；2—15mm 厚钢板箍；3—硬木垫；4—连接螺栓

（3）送桩。当桩顶标高低于地面时，借助送桩器将桩顶送入土中的工序称为送桩。送桩时桩与送桩管的纵轴线应在同一直线上，锤击送桩将桩送入土中，送桩结束，拔出送桩管后，桩孔应及时回填或加盖，如图 9-7 所示。

（4）接桩。钢筋混凝土预制长桩受运输条件和桩架高度的限制，一般分成若干节预制，分节打入，在现场进行接桩。常用的接桩方法有焊接法、法兰接法和硫黄胶泥锚接法等，如图 9-8 所示。

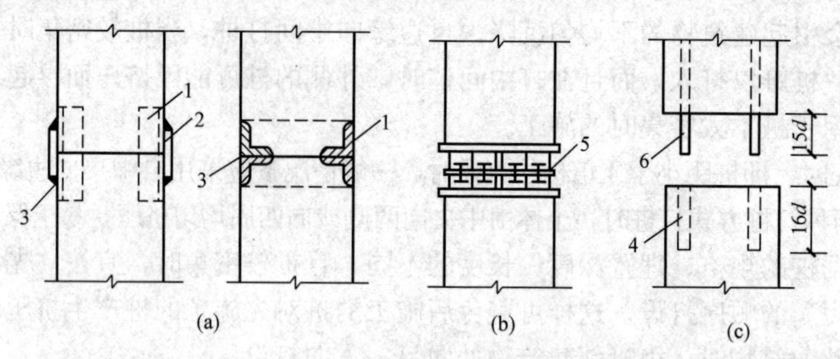

图 9-8 桩的接头形式

(a) 焊接法；(b) 法兰接法；(c) 硫黄胶泥锚接法

1—角钢与主筋焊接；2—钢板；3—焊缝；4—浆锚孔；5—预埋法兰；6—预埋锚筋；d—锚栓直径

1) 焊接法接桩。焊接法接桩目前应用最多，其节点构造如图 9-9 所示。接桩时，必须对准下节桩并保证垂直无误后，用点焊将拼接角钢连接固定，再次检查位置正确无误后，进行焊接。施焊时，应两人同时对角对称地进行，以防因节点变形不均匀而引起桩身歪斜，焊缝要连续饱满。接长后，桩中心线的偏差不得大于 10mm，节点弯曲矢高不得大于 0.1%桩长。

2) 法兰接桩法。法兰接桩法是用法兰盘和螺栓连接，其接桩速度快，但耗钢量大，多用于预应力混凝土管桩。

3) 硫黄胶泥锚接法接桩。采用该法接桩时，首先将上节桩对准下节桩，使四根锚筋插入锚筋孔中（直径为锚筋直径的 2.5 倍），下落压梁并套住桩顶，然后将桩和压梁同时上升约 200mm，以 4 根锚筋不脱离锚筋孔为度，如图 9-10 所示。此时，安设好施工夹箍（由 4 块木板，内侧用人造革包裹 40mm 厚的树脂海绵块而成），将溶化的硫黄胶泥注满锚筋孔内和接头平面上，然后将上节桩和压梁同时下落，当硫黄胶泥冷却并拆除施工夹箍后，即可继续加荷施压。

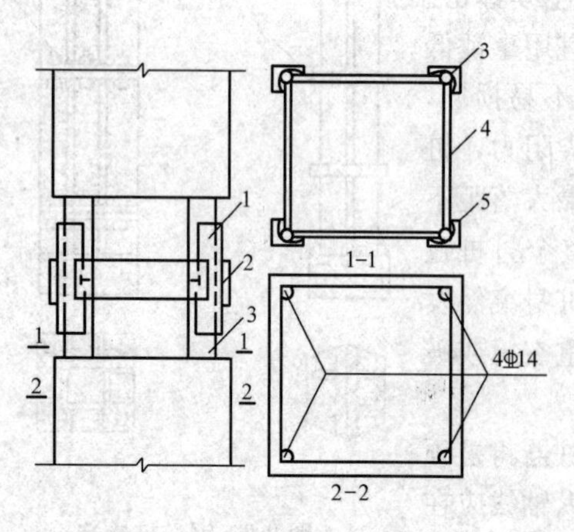

图 9-9 焊接法接桩节点构造

1—角钢与主筋焊接；2—钢板；3—主筋；4—箍筋；5—焊缝

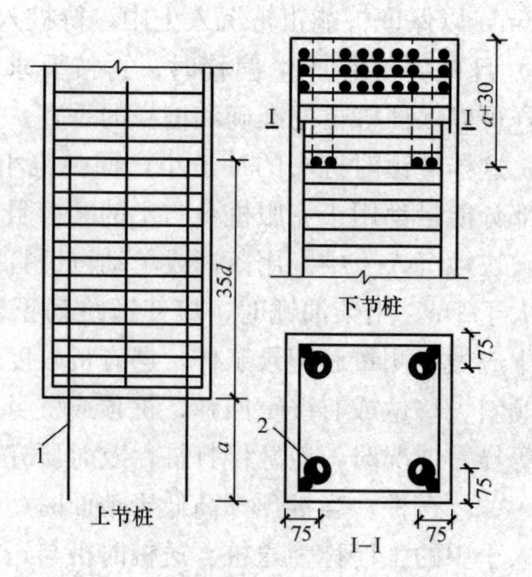

图 9-10 浆锚法接桩节点构造

1—锚筋；2—锚筋孔

为保证接桩质量，应做到将锚筋刷净并调直；锚筋孔内应有完好螺纹，无积水、杂物和油污；接桩时接点的平面和锚筋孔内应灌满胶泥；灌注时间不得超过2min；灌注后的停歇时间应符合有关规定。

(5) 截桩。当预制钢筋混凝土桩的桩顶露出地面并影响后续桩施工时，应立即截桩头。截桩头前，应测量桩顶标高，将桩头多余部分凿去。截桩一般可采用人工或风动工具（如风镐等）来完成。截桩时不得把桩身混凝土打裂，并保证桩身主筋伸入承台内，其锚固长度必须符合设计规定。一般桩身主筋伸入混凝土承台内的长度：受拉时不小于25倍主筋直径；受压时不小于15倍主筋直径。主筋上黏着的混凝土碎块要清除干净。

(6) 打桩质量控制。打桩质量包括两个方面的内容：①能否满足贯入度或标高的设计要求；②打入后的偏差是否在施工及验收规范允许范围以内。贯入度是指一阵（每10击为一阵，落锤、柴油桩锤）或者1min（单动汽锤、双动汽锤）桩的入土深度。

为保证打桩的质量，应遵循以下原则：端承型桩即桩端达到坚硬土层或岩层，以控制贯入度为主，桩端标高可作参考；摩擦型桩即桩端位于一般土层，以控制桩端设计标高为主，贯入度可作参考。打（压）入桩（预制混凝土方桩、先张法预应力管桩、钢桩）的桩位偏差，必须符合规范的规定。打斜桩时，斜桩倾斜度的允许偏差不得大于倾斜角正切值的15%。

1) 打桩停锤的控制原则。为保证打桩质量，应遵循以下停打控制原则：

a. 摩擦型桩以控制桩端设计标高为主，贯入度可作为参考。

b. 端承型桩以贯入度控制为主，桩端标高可作参考。

c. 贯入度已达到而桩端标高未达到时，应继续锤击3阵，按每阵10击的平均贯入度不大于设计规定的数值加以确认，必要时施工控制贯入度应通过试验与相关单位会商确定。此处的贯入度是指桩最后10击的平均入土深度。

2) 打桩允许偏差。桩平面位置的偏差，单排桩不大于100mm，多排桩一般为0.5～1个桩的直径或边长；桩的垂直偏差应控制在0.5%之内；按标高控制的桩，桩顶标高的允许偏差为－50～＋100mm。

3) 承载力检查。施工结束后应对承载力进行检查。桩的静荷载试验根数应不少于总桩数的1%，且不少于3根；当总桩数少于50根时，应不少于2根；当施工区域地质条件单一，又有足够的实际经验时，可根据实际情况由设计人员酌情而定。

(7) 打桩过程控制。打桩时，如果沉桩尚未达到设计标高，而贯入度突然变小，则可能是土层中央有硬土层，或遇到孤石等障碍物，此时应会同设计勘探部门共同研究解决，不能盲目施打。打桩时，若桩顶或桩身出现严重裂缝、破碎等情况，应立即暂停，分析原因，在采取相应的技术措施后，方可继续施打。

打桩时，除了注意桩顶与桩身由于桩锤冲击被破坏外，还应注意桩身受锤击应力而导致的水平裂缝。在软土中打桩时，桩顶以下1/3桩长范围内常会因反射的应力波使桩身受拉而引起水平裂缝，开裂的地方常出现在易形成应力集中的吊点和蜂窝处，采用重锤低击和较软的桩垫可减小锤击拉应力。

(8) 打桩对周围环境影响的控制。打桩时，邻桩相互挤压导致桩位偏移，产生浮桩，则会影响整个工程质量。在已有建筑群中施工，打桩还会引起已有地下管线、地面交通道路及建筑物的损坏和不安全。为了避免或减小沉桩挤土效应和对邻近建筑物、地下管线等影响，施打大面积密集桩群时，可采取下列辅助措施：

1）预钻孔沉桩，预钻孔孔径比桩径（或方桩对角线）少 50～100mm，深度视桩距和土的密实度、渗透性而定，深度宜为桩长的 1/3～1/2，施工时应随钻随打，桩架宜具备钻孔、锤击双重性能。

2）设置袋装砂井或塑料排水板消除部分超孔隙水压力，减少挤土现象。

3）设置隔离板桩或开挖地面防震沟，消除部分地面震动。

4）沉桩过程中应加强邻近建筑物、地下管线等的观测和监护。

9.3 静 力 压 桩

静力压桩是在软土地基上，利用静力压桩机或液压压桩机用无振动的静力压力（自重和配重）将预制桩压入土中的一种新工艺。静力压桩已被我国的大中城市较为广泛地采用，与普通的打桩和振动沉桩相比，压桩可以消除噪声和振动的公害，故特别适用于医院和有防震要求部门附近的施工。

压桩与打桩相比，由于避免了锤击应力，桩的混凝土强度及其配筋只要满足吊装弯矩和使用期的受力要求就可以，因而桩的断面和配筋可以减小；压桩引起的挤土也少得多，因此，压桩是软土地区一种较好的沉桩方法。

9.3.1 静力压桩设备

静力压桩机如图 9-11、图 9-12 所示，其工作原理是通过安置在压桩机上的卷扬机的牵引，由钢丝绳、滑轮及压梁将整个桩机的自重力（800～1500kN）反压在桩顶上，以克服桩身下沉时与土的摩擦力，迫使预制桩下沉。桩架的高度为 10～40m，压入桩的长度可达 37m，桩断面尺寸为 400mm×400mm～500mm×500mm。

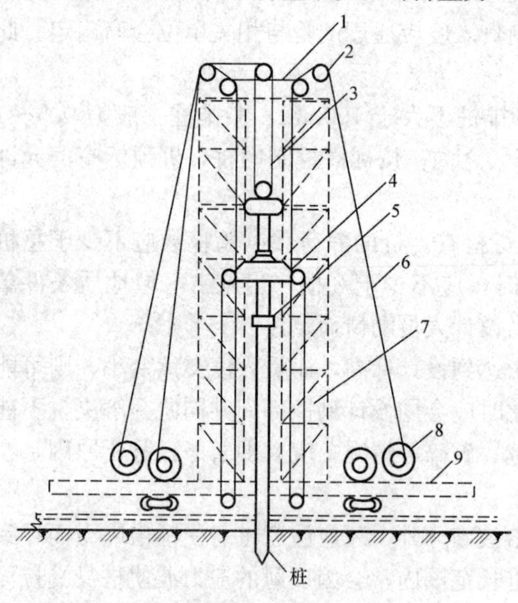

图 9-11 静力压桩机

1—桩架顶梁；2—导向滑轮；3—提升滑轮组；4—压梁；5—桩帽；6—钢丝绳；7—压桩滑轮组；8—卷扬机；9—底盘

近年来，我国引进的 WYJ-200 型和 WYJ-400 型压桩机，是液压操纵的先进设备。其静压力有 2000kN 和 4000kN 两种，单根制桩长度可达 20m。

9.3.2 压桩工艺

静力压桩适用于软弱土层，压桩机应配足额定的质量，可根据地质条件、试压情况确定修正。若桩在初压时，桩身发生较大幅度移位、倾斜；在压力过程中桩身突然下沉或倾斜，桩顶混凝土破坏或压桩阻力剧变，则应暂停压桩待研究处理。

压桩施工前应做好定位放样及水平标高的控制，固定测点，各节预制桩均应弹出中心线以利在接桩时便于控制垂直度。压桩的工艺流程如图 9-13 所示。

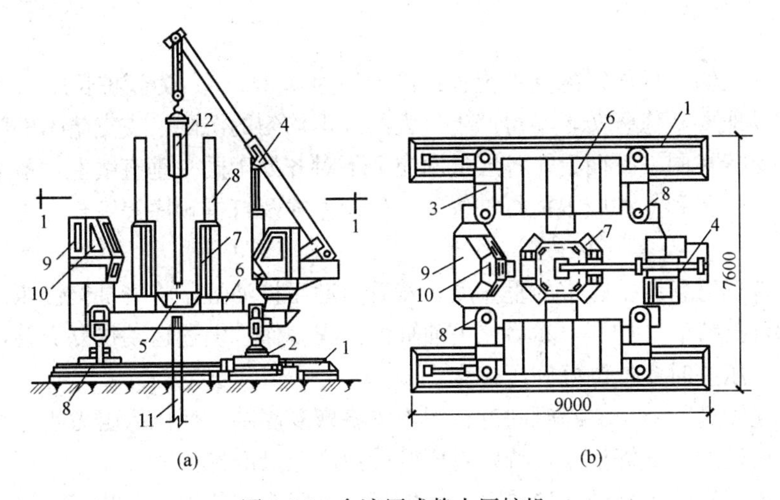

图 9-12 全液压式静力压桩机

(a) 立面图；(b) 平面图

1—操纵室；2—电控系统；3—吊入上节桩；4—起重机；5—液压系统；6—导向架；7—配重铁块；8—短船行走及回转机构；9—长船行走机构；10—已压入下节桩；11—夹持与压板装置；12—桩

1. 测量放线定桩位

(1) 根据提供的测量基准点用经纬仪放出各轴线，定出桩位。

(2) 每根桩施工前均用经纬仪复测，并请监理人员检查验收。

2. 桩机就位

(1) 将压桩机移至桩位处，观察水平仪和挂在压架上的垂球，调平机身。

(2) 以导桩器中心为准，用垂球对准桩尖圆心，找准桩位。

3. 吊桩、插桩

驱动夹持油缸，将夹持板放置在适合的高度。启动卷扬机吊起管桩，再将管桩（或桩段）吊入夹持梁内，夹持油缸驱动夹持滑块，通过夹持板将管桩夹紧，然后压桩油缸做伸程动作，使夹持机构在导向桩架内向下运动，带动管桩挤入土中。微微启动压桩油缸，将管桩压入土中 0.5～1.0m 后，用两台经纬仪双向调整桩身垂直度。

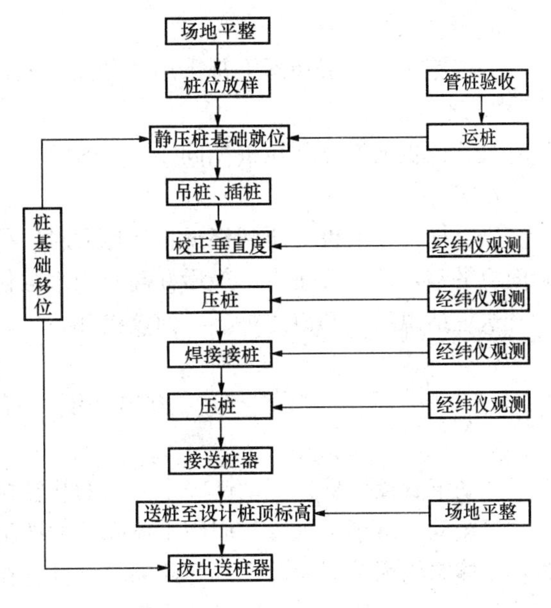

图 9-13 静压管桩施工工艺流程

管桩插桩时必须校正管桩的垂直度，采用两台经纬仪距正在施工的管桩约 20m 处成 90°放置，两台经纬仪的观测结果均符合要求后才能进行压桩。

桩在进行吊装、运输与堆放时应注意以下几个方面：

(1) 管桩吊装时宜采用两支点法，也可采用勾吊法，吊钩钩于管桩两端板处，绳索与桩身水平交角应不大于 45°。

(2) 管桩在起吊、装卸、运输过程中，必须做到平稳，轻起轻放，严禁抛掷、碰撞、滚落。

(3) 管桩在运输、堆放时的支点位置距两端均为 $0.21L$ (L 为管桩长度)。

(4) 堆桩场地要平稳坚实，不得产生过大的或不均匀的沉降。支点垫木的间距应与吊点位置相同，并保持在同一平面上，各层垫木应上下对齐处于同一垂直线上，最下层的垫木应适当加宽。堆放位置和方法应根据打桩位置、吊运方式及打桩顺序等综合考虑。

4. 压桩

通过定位装置重新调整管桩的垂直度，然后启动压桩油缸，将管桩慢慢压入土中。压桩油缸行程走满，夹持油缸伸程，然后压桩油缸做回程动作，上述运动往复交替，即可实现桩机的压桩工作。压桩时要控制好施压速度。

压桩必须连续进行，若中断时间过长则土体将恢复固结，使压入阻力明显增大，增加了压桩的困难。压桩时应做好记录，特别对压桩读数应记录准确。

压桩过程中，当桩尖碰到夹砂层时，压桩阻力可能会突然增大，甚至因超过压桩能力而使桩机上抬。这时可以最大的压桩力作用在桩顶，采用“停车再开、忽停忽开”的办法使桩缓慢下沉穿过砂层。如果工程中有少量桩确实不能压至设计标高而相差不多时，可以采用截去桩顶的办法。

5. 接桩

压桩施工，一般情况下都采用“分段压入、逐段接长”的方法。

6. 继续压桩

继续压桩的操作与压桩相同。

7. 送桩

当管桩（顶节桩）压到接近自然地面时，用专用送桩器将桩压送到设计标高，送桩器的断面应平整，器身应垂直，最后标高应用水准仪控制。

送桩结束后，卸出送桩器，回填桩孔。

9.4 振动沉桩

振动沉管灌注桩在振动锤竖直方向的往复振动作用下，桩管以一定的频率和振幅产生竖向往复振动，减小了桩管与周围土体间的摩擦阻力，当强迫振动频率与土体的自振频率相同时，土体结构因共振而破坏。与此同时，桩管在压力作用下而沉入土中，在达到设计要求深度后，边拔管、边振动、边灌注混凝土、边成桩。

振动冲击沉管灌注桩是利用振动冲击锤在冲击和振动时的共同作用，使桩尖对四周的土层进行挤压，改变土体的结构排列，使周围土层挤密，桩管迅速沉入土中，在达到设计标高后，边拔管、边振动、边灌注混凝土、边成桩。

振动冲击沉管灌注桩的适用范围与锤击沉管灌注桩基本相同，由于其贯穿砂土层的能力较强，因此还适用于稍密碎石土层。振动冲击沉管灌注桩也可用于中密碎石土层和强风化岩层。在饱和淤泥等软弱土层中使用时，必须采取保证质量措施，并经工艺试验成功后才可使用。当地基中存在承压水层时，应谨慎使用。

振动冲击沉管灌注桩具有施工噪声小、不产生废气、沉桩速度快、施工简便、操作安全、结构简单、辅助设备少、质量轻、体积小、对桩头的作用力均匀而使桩头不易损坏等特点。振动冲击沉管灌注桩还可以用来拔桩，适于砂质黏土、砂土、软土地区施工，不宜用于砾石和密实的黏土层。如用于砂砾石和黏土层中，则需配以水冲法辅助施工。

9.4.1　振动沉桩设备

振动沉桩设备是指用振动方法使桩振动而沉入地层的桩工机械。作业时，桩与周围土壤产生振动，使桩面的摩擦阻力减小，桩杆由于自重克服桩面及桩尖的阻力而穿破地层下沉。振动沉桩设备还可以利用共振原理，加强沉桩效果。

沉桩机由振动器、夹桩器、传动装置、电动机等组成，如图 9-14 所示。它的主要工作装置是振动冲击锤，如图 9-15 所示，在转轴上有若干块质量和形状相同的偏心块。每对转轴的偏心块对称布置，并由一对相同的齿轮传动，转速相同，转向相反，因此，两轴运转时所产生的扰动力在水平方向相互平衡抵消，防止沉桩机和桩的横向摆动，在垂直方向扰动力相互叠加，形成激振力促使桩身振动。转轴的转速可以调节，因而振动器的激振频率、振幅和振动力也是可调的，以适应各种不同规格的桩和不同性质的地层。振动器的变频有机械、气压、液压或电磁等多种方式。振动器下部是夹桩器，备有各种不同的规格尺寸，以便与各种不同截面的桩相连接，使沉桩机和桩连成一体。夹桩器的操纵有杠杆式、液压式、气压式等。

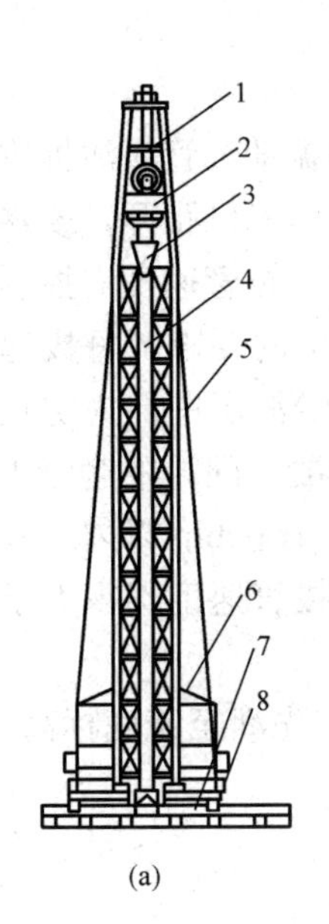

(a)

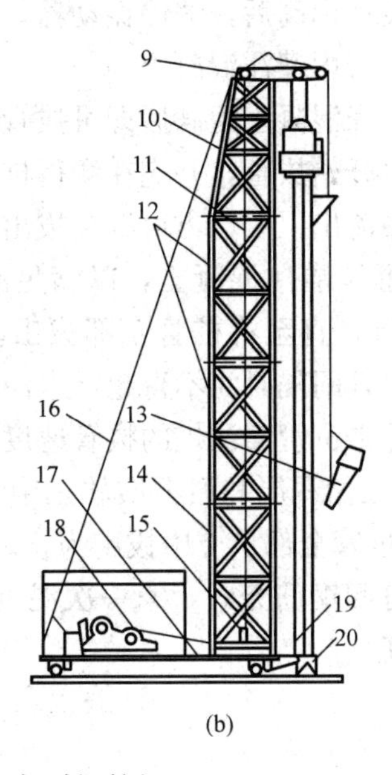

(b)

图 9-14　振动沉桩机

(a) 正面；(b) 侧面

1—滑轮组；2—振动锤；3—漏斗口；4—桩管；5—前拉索；6—遮栅；7—滚筒；8—枕木；9—架顶；10—架身顶段；11—钢丝绳；12—架身中段；13—吊斗；14—架身下段；15—导向滑轮；16—后拉索；17—架底；18—卷扬机；19—加压滑轮；20—活瓣桩尖

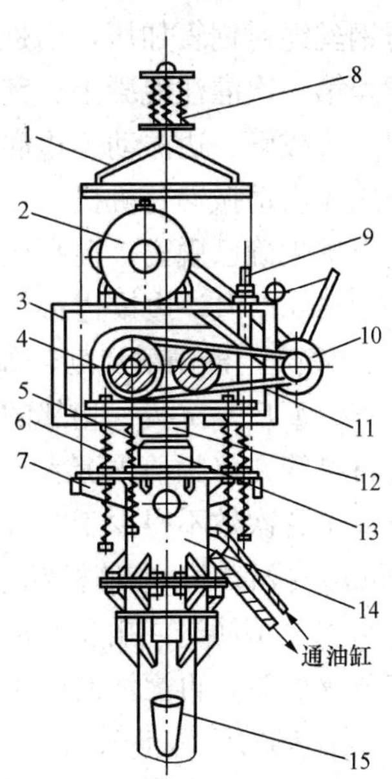

图 9-15　振动冲击锤

1—吊环；2—电动机；3—支架；4—振动箱；5—减振弹簧；6—工作弹簧；7—底座；8—缓冲架；9—压轮；10—离合器；11—三角传动带；12—上锤钻；13—下锤钻；14—液压夹头；15—桩管

9.4.2　振动沉桩工艺

1. 振动沉管施工法的类型

振动沉管施工法一般有单打法、反插法、复打法等。施工方法应根据土质情况和荷载要求分别选用。

（1）单打法。单打法即一次拔管法，拔管时每提升0.5～1.0m，振动5～10s；再拔管0.5～1.0m，振动5～10s，如此反复进行，直至全部拔出为止。该法宜采用预制桩尖，一般情况下振动沉管灌注桩均采用此法，单打法适用于含水量较小的土层。

（2）复打法。复打法是在同一桩孔内进行两次单打，即按单打法制成桩后再在混凝土桩内成孔并灌注混凝土。采用此法可扩大桩径，大大提高桩的承载力，适用于软弱饱和土层。

（3）反插法。反插法是将套管每提升0.5m，再下沉0.3m，反插深度不宜大于活瓣桩尖长度的2/3，如此反复进行，直至拔离地面。此法也可扩大桩径，提高桩的承载力，适用于软弱饱和土层。

2. 基本施工程序

单打法、反插法、复打法的基本施工程序如下：

（1）桩机就位。将桩管对准预先埋设在桩位上的预制桩尖（采用钢筋混凝土封口桩尖）或将桩管对准桩位中心，把桩尖活瓣合拢（采用活瓣桩尖），然后放松卷扬机钢丝绳，利用桩机和桩管自重，把桩尖竖直压入土中。

（2）振动沉管。开动振动锤，同时放松滑轮，使桩管逐渐下沉，并开动加压卷扬机，通过加压钢丝绳对钢管加压。当桩管下沉至设计标高后，关停振动器。

（3）第一次灌注混凝土。利用吊斗向桩管内灌注混凝土。

（4）边拔管、边振动、边灌注混凝土。当混凝土灌满后即可拔管。用振动沉管灌注桩拔管时，应先启动振动打桩机，振动片刻后再开始拔管，并应在测得桩尖活瓣确已张开，或钢筋混凝土桩尖确已脱离，混凝土已从桩管中流出以后，方可继续拔出桩管。拔管速度应控制在1.5m/min以内，边拔边振，边向管内继续灌注混凝土，以满足灌注量的要求。每拔起50cm，即停拔，再振动片刻，如此反复进行，直至将桩管全部拔出。在淤泥层中，为防止缩颈，宜上下反复沉拔。相邻的桩施工时，其间隔时间不得超过水泥的初凝时间，中途停顿时，应将桩管在停顿前先沉入土中。振动冲击沉管灌注桩的拔管速度应在1m/min以内。桩锤上下冲击的次数不得少于70次/min；但在淤泥层和淤泥质软土中，其拔管速度不得大于0.8m/min。拔管时，应使桩锤连续冲击至桩管全部从土中拔出为止。

（5）安放钢筋笼或插筋，成桩。当桩身配钢筋笼时，第一次混凝土应先灌至笼底标高，然后安放钢筋笼，再灌注混凝土至桩顶标高。

3. 施工时的注意事项

（1）单打法施工应遵守以下规定：

1）必须严格控制最后30s的电流、电压值，其值按设计要求或根据试桩和当地经验确定。

2）桩管内灌满混凝土后，先振动5～10s，再开始拔管，应边振边拔，每拔0.5～1.0m停拔、振动5～10s，如此反复，直至桩管全部拔出。

3）在一般土层内，拔管速度宜为1.2～1.5m/min，用活瓣桩尖时宜慢，用预制桩尖时可适当加快，在软弱土层中，宜控制在0.6～0.8m/min。

（2）反插法施工应遵守以下规定：

1）桩管灌满混凝土之后，先振动再拔管，每次拔管高度为0.5～1.0m，反插深度为0.3～0.5m；在拔管过程中，应分段添加混凝土，保持管内混凝土面始终不低于地表面或高于地下水位 1.0～1.5m，拔管速度应小于 0.5m/min。

2）在桩尖处的 1.5m 范围内，宜多次反插，以扩大桩的端部断面。

3）穿过淤泥夹层时，应当放慢拔管速度，并减小拔管高度和反插深度。在流动性淤泥中不宜使用反插法。

（3）混凝土的充盈系数不得小于 1.0；对于混凝土充盈系数小于 1.0 的桩，宜全长复打，对可能有断桩和缩颈的桩，应采用局部复打。成桩后的桩身混凝土顶面标高应不低于设计标高 500mm。全长复打桩的入土深度宜接近原桩长，局部复打应超过断桩或缩颈区 1m 以上。

全长复打桩施工时应遵守以下规定：第一次灌注混凝土应达到自然地面；应随拔管随清除黏在管壁上和散落在地面上的泥土；前后两次沉管的轴线应重合；复打施工必须在第一次灌注的混凝土初凝之前完成。

9.5　桩基础施工质量验收

9.5.1　一般规定

（1）桩位的放样允许偏差：群桩为 20mm，单排桩为 10mm。

（2）桩基础工程的桩位验收，除设计有规定外，还应按下述要求进行：

1）当桩顶设计标高与施工场地标高相同，或桩基础施工结束后，有可能对桩位进行检查时，桩基础工程的验收应在施工结束后进行。

2）当桩顶设计标高低于施工场地标高，送桩后无法对桩位进行检查时，对打入桩可在每根桩桩顶沉至场地标高时，进行中间验收，待全部桩施工结束，承台或底板开挖到设计标高后，再做最终验收。对灌注桩可对护筒位置做中间验收。

（3）打（压）入桩（预制混凝土方桩、先张法预应力管桩、钢桩）的桩位偏差，必须符合表 9-3 的规定。斜桩倾斜度的偏差不得大于倾斜角正切值的 15%（倾斜角是指桩的纵向中心线与铅垂线间夹角）。

表 9-3　　预制桩（钢桩）桩位的允许偏差　　mm

序号	检查项目	允许偏差或允许值
1	带有基础梁的桩： （1）垂直基础梁的中心线。 （2）沿基础梁的中心线	 $100+0.01H$ $150+0.01H$
2	桩数为 1～3 根桩基中的桩	100
3	桩数为 4～16 根桩基中的桩	1/2 桩径或边长
4	桩数大于 16 根桩基中的桩： （1）最外边的桩。 （2）中间桩	 1/3 桩径或边长 1/2 桩径或边长

注　H 为施工现场地面标高与桩顶设计标高的距离。

（4）灌注桩的平面位置和垂直度的允许偏差如表 9-4 所示。桩顶标高至少要比设计标高高出 0.5m，桩底清孔的质量按不同的成桩工艺有不同的要求，应按相关规定的要求执行。每浇筑 $50m^2$ 必须有 1 组试件，小于 $50m^2$ 的桩，每根桩必须有 1 组试件。

表 9-4　　灌注桩的平面位置和垂直度的允许偏差

序号	成孔方法		桩径允许偏差（mm）	垂直度允许偏差（%）	桩位允许偏差（mm）	
					1～3 根、单排桩基垂直于中心线方向和群桩基础的边桩	条形桩基沿中心线方向和群桩基础的中间桩
1	泥浆护壁钻孔桩	$D \leqslant 1000$mm	±50	<1	$D/6$，且不大于 100	$D/4$，且不大于 150
		$D>1000$mm	±50		$100+0.01H$	$150+0.01H$
2	套管成孔灌注桩	$D \leqslant 500$mm	−20	<1	70	150
		$D>500$mm			100	150
3	干成孔灌注桩		−20	<1	70	150
4	人工挖孔桩	混凝土护壁	+50	<0.5	50	150
		钢套管护壁	+50	<1	100	200

注　1. 桩径允许偏差的负值是指个别断面。
2. 采用复打、反插法施工的桩，其桩径允许偏差不受本表限制。
3. H 为施工现场地面标高与桩顶设计标高的距离，D 为设计桩径。

（5）工程桩应进行承载力检验。对于地基基础设计等级为甲级，或地质条件复杂，成桩质量可靠性差的灌注桩，应采用静荷载试验的方法进行检验，检验桩数不应少于总数的 1%，且不应少于 3 根；当总桩数少于 50 根时，不应少于 2 根。

（6）桩身质量应进行检验。对设计等级为甲级，或地质条件复杂，成桩质量可靠性差的灌注桩，抽检数量不应少于总数的 30%，且不应少于 20 根；其他桩基工程的抽检数量不应少于总数的 20%，且不应少于 10 根；对混凝土预制桩及地下水位以上且终孔后经过核验的灌注桩，检验数量不应少于总桩数的 10%，且不得少于 10 根；每个柱子承台下不得少于 1 根。

（7）砂、石子、钢材、水泥等原材料的质量、检验项目、批量和检验方法，应符合国家现行标准的规定。

（8）除上述规定的主控项目外，其他主控项目应全部检查。对一般项目，除已明确规定外，其他可按 20% 抽查，但混凝土灌注桩应全部检查。

9.5.2　静力压桩

（1）静力压桩包括锚杆静压桩及其他各种非冲击力沉桩。

（2）施工前应对成品桩（锚杆静压成品桩一般均由工厂制造，运至现场堆放）进行外观及强度检验，接桩用焊条或半成品硫黄胶泥应有产品合格证书，或送有关部门检验，压桩用压力表、锚杆规格及质量也应进行检查。硫黄胶泥半成品应每 100kg 做一组试件（3 件）。

（3）压桩过程中应检查压力、桩垂直度、接桩间歇时间、桩的连接质量及压入深度。重要工程应对电焊接桩的接头做 10% 的探伤检查。对承受压力的结构应加强观测。

（4）施工结束后，应做桩的承载力及桩体质量检验。

（5）静力压桩的质量检验标准如表 9-5 所示。

表 9-5　　静力压桩的质量检验标准

项目	序号	检查项目	允许偏差或允许值		检查方法
			单位	数值	
主控项目	1	桩体质量检验	按基桩检测技术规范		按基桩检测技术规范
	2	桩位偏差	见表 9-3		用钢尺量
	3	承载力	按基桩检测技术规范		按基桩检测技术规范

续表

项目	序号	检查项目		允许偏差或允许值		检查方法
				单位	数值	
一般项目	1	成品桩质量	外观	表面平整，颜色均匀，掉角深度＜10mm，蜂窝面积小于总面积 0.5％		直观
			外形尺寸	见表 9-3		见表 9-3
			强度	满足设计要求		检查产品合格证书或钻芯试压
	2	硫黄胶泥质量（半成品）		设计要求		检查产品合格证书或抽样送检
	3	接桩	电焊接桩：焊缝质量	见表 9-8		见表 9-8
			电焊结束后停歇时间	min	＞1.0	秒表测定
			硫黄胶泥接桩：胶泥浇注时间 浇注后停歇时间	min min	＜2 ＞7	秒表测定 秒表测定
	4	电焊条质量		设计要求		检查产品合格证书
	5	压桩压力（设计有要求时）		％	±5	查压力表读数
	6	接桩时上下节平面偏差 接桩时节点弯曲矢高		mm	＜10 ＜1/1000l	用钢尺量 用钢尺量，l 为两节桩长
	7	桩顶标高		mm	±50	水准仪

9.5.3　先张法预应力管桩

（1）施工前应检查进入现场的成品桩、接桩用电焊条等产品的质量。

（2）施工过程中应检查桩的贯入情况、桩顶完整状况、电焊接桩质量、桩体垂直度、电焊后的停歇时间。重要工程应对电焊接头做 10％的焊缝探伤检查。

（3）施工结束后，应做承载力检验及桩体质量检验。

（4）先张法预应力管桩的质量检验标准如表 9-6 所示。

表 9-6　　先张法预应力管桩的质量检验标准

项目	序号	检查项目		允许偏差或允许值		检查方法
				单位	数值	
主控项目	1	桩体质量检验		按基桩检测技术规范		按基桩检测技术规范
	2	桩位偏差		见表 9-3		用钢尺量
	3	承载力		按基桩检测技术规范		按基桩检测技术规范
一般项目	1	成品桩质量	外观	无蜂窝、露筋、裂缝、色感均匀、桩顶处无孔隙		直观
			桩径 管壁厚度 桩尖中心线 顶面平整度 桩体曲	mm mm mm mm	±5 ±5 ＜2 10 ＜1/1000l	用钢尺量 用钢尺量 用钢尺量 用水平尺量 用钢尺量，l 为桩长
	2	接桩	焊缝质量	见表 9-10		见表 9-10
			电焊结束后停歇时间 上下节平面偏差 节点弯曲矢高	min mm	＞1.0 ＜10 ＜1/1000l	秒表测定 用钢尺量 用钢尺量，l 为桩长
	3	停锤标准		设计要求		现场实测或查沉桩记录
	4	桩顶标高		mm	±50	水准仪

9.5.4 混凝土预制桩

（1）桩在现场预制时，应对原材料、钢筋骨架（其质量检验标准如表9-7所示）、混凝土强度进行检查；采用工厂生产的成品桩时，桩进场后应进行外观及尺寸检查。

表9-7 预制桩钢筋骨架的质量检验标准 mm

项目	序号	检查项目	允许偏差或允许值	检查方法
主控项目	1	主筋距桩顶距离	±5	用钢尺量
	2	多节桩锚固钢筋位置	5	用钢尺量
	3	多节桩预埋铁件	±3	用钢尺量
	4	主筋保护层厚度	±5	用钢尺量
一般项目	1	主筋间距	±5	用钢尺量
	2	桩尖中心线	10	用钢尺量
	3	箍筋间距	±20	用钢尺量
	4	桩顶钢筋网片	±10	用钢尺量
	5	多节桩锚固钢筋长度	±10	用钢尺量

（2）施工中应对桩体垂直度、沉桩情况、桩顶完整状况、接桩质量等进行检查。对电焊接桩，重要工程应做10%的焊缝探伤检查。

（3）施工结束后，应对承载力及桩体质量做检验。

（4）对长桩或总锤击数超过500击的锤击桩，只有符合桩体强度和28d龄期这两个条件时才能锤击。

（5）混凝土预制桩的质量检验标准如表9-8所示。

表9-8 混凝土预制桩的质量检验标准

项目	序号	检查项目	允许偏差或允许值		检查方法
			单位	数值	
主控项目	1	桩体质量检验	按基桩检测技术规范		按基桩检测技术规范
	2	桩位偏差	见表9-3		用钢尺量
	3	承载力	按基桩检测技术规范		按基桩检测技术规范
一般项目	1	砂、石、水泥、钢材等原材料（现场预制时）	符合设计要求		检查出厂质保文件或抽样送检
	2	混凝土配合比及强度（现场预制时）	符合设计要求		检查称量及试块记录
	3	成品桩外形	表面平整，颜色均匀，掉角深度<10mm，蜂窝面积小于总面积的0.5%		直观
	4	成品桩裂缝（收缩裂缝或成吊、装运、堆放引起的裂缝）	深度<20mm，宽度<0.25mm，横向裂缝不超过边长的一半		裂缝测定仪，该项在地下水有侵蚀地区及锤击数超过500击的长桩不适用
	5	成品桩尺寸：横截面边长 桩顶对角线差 桩尖中心线 桩身弯曲矢高 桩顶平整度	mm mm mm mm	±5 <10 <10 <1/1000l <2	用钢尺量 用钢尺量 用钢尺量 用钢尺量，l为桩长 用水平尺量

续表

项目	序号	检查项目	允许偏差或允许值		检查方法
			单位	数值	
一般项目	6	电焊接桩：焊缝质量 电焊结束后停歇时间 上下节平面偏差 节点弯曲矢高	见表 9-10 min mm	 >1.0 <10 <1/1000l	见表 9-10 秒表测定 用钢尺量 用钢尺量，l 为两节桩长
	7	硫黄胶泥接桩：胶泥浇注时间 浇注后停歇时间	min min	<2 >7	秒表测定 秒表测定
	8	桩顶标高	mm	±50	水准仪
	9	停锤标准	设计要求		现场实测或查沉桩记录

9.5.5　钢桩

（1）施工前应检查进入现场的成品钢桩，成品钢桩的质量检验标准如表 9-9 所示。

表 9-9　　成品钢桩的质量检验标准

项目	序号	检查项目	允许偏差或允许值		检查方法
			单位	数值	
主控项目	1	钢桩外径或断面尺寸：桩端 桩身		±0.5%D±1D	用钢尺量，D 为外径或边长
	2	矢高		<1/1000l	用钢尺量，l 为桩长
一般项目	1	长度	mm	+10	用钢尺量
	2	端部平整度	mm	≤2	用水平尺量
	3	H 形钢桩的方正度 h>300 h<300 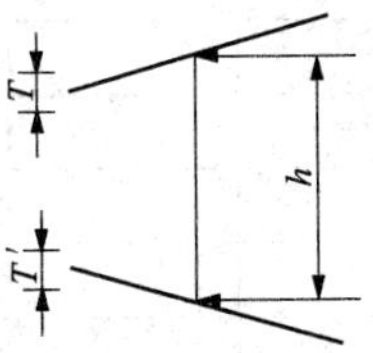	mm mm	$T+T'\leqslant 8$ $T+T'\leqslant 6$	用钢尺量，h、T、T' 见图示
	4	端部平面与桩中心线的倾斜值	mm	≤2	用水平尺量

（2）施工中应检查钢桩的垂直度、沉入过程、电焊连接质量、电焊后的停歇时间、桩顶锤击后的完整状况。电焊质量除常规检查外，应做 10%的焊缝探伤检查。

（3）施工结束后应做承载力检验。

（4）钢桩施工的质量检验标准如表 9-10 所示。

表 9-10　　钢桩施工的质量检验标准

项目	序号	检查项目	允许偏差或允许值		检查方法
			单位	数值	
主控项目	1	桩位偏差	见表 9-3		用钢尺量
	2	承载力	按基桩检测技术规范		按基桩检测技术规范
一般项目	1	电焊接桩焊接： （1）上下端部错口 （外径≥700mm） （外径<700mm）。	mm mm mm mm	≤3 ≤2 ≤0.5 2	用钢尺量 用钢尺量 焊缝检查仪 焊缝检查仪

续表

项目	序号	检查项目	允许偏差或允许值		检查方法
			单位	数值	
一般项目	1	（2）焊缝咬边深度。	mm	≤0.5	焊缝检查仪
		（3）焊缝加强层高度。	mm	2	焊缝检查仪
		（4）焊缝加强层宽度。	mm	2	焊缝检查仪
		（5）焊缝电焊质量外观。	无气孔，无焊瘤，无裂缝		直观
		（6）焊缝探伤检验	满足设计要求		按设计要求
	2	电焊结束后停歇时间	min	＞1.0	秒表测定
	3	节点弯曲矢高		$<1/1000l$	用钢尺量，l 为两节桩长
	4	桩顶标高	mm	±50	水准仪
	5	停锤标准	设计要求		用钢尺量或查沉桩记录

9.5.6 混凝土灌注桩

（1）施工前应对水泥、砂、石子（如现场搅拌）、钢材等原材料进行检查，对施工组织设计中制定的施工顺序、监测手段（包括仪器、方法）也应进行检查。

（2）施工中应对成孔、清渣、放置钢筋笼、灌注混凝土等全过程进行检查，人工挖孔桩还应复验孔底持力层土（岩）性。嵌岩桩必须有桩端持力层的岩性报告。

（3）施工结束后，应检查混凝土强度，并应做桩体质量及承载力的检验。

（4）混凝土灌注桩钢筋笼的质量检验标准如表 9-11 所示，混凝土灌注桩的质量检验标准如表 9-12 所示。

表 9-11　混凝土灌注桩钢筋笼的质量检验标准　mm

项目	序号	检查项目	允许偏差或允许值	检查方法
主控项目	1	主筋间距	±10	用钢尺量
	2	长度	±100	用钢尺量
一般项目	1	钢筋材质检验	设计要求	抽样送检
	2	箍筋间距	±20	用钢尺量
	3	直径	±10	用钢尺量

表 9-12　混凝土灌注桩的质量检验标准

项目	序号	检查项目	允许偏差或允许值		检查方法
			单位	数值	
主控项目	1	桩位	见表 9-3		基坑开挖前量护筒，开挖后量桩中心
	2	孔深	mm	＋300	只深不浅，用重锤测，或测钻杆、套管长度，嵌岩桩应确保进入设计要求的嵌岩深度
	3	桩体质量检验	按基桩检测技术规范。如钻芯取样，大直径嵌岩桩应钻至尖下50cm		按基桩检测技术规范
	4	混凝土强度	设计要求		试件报告或钻芯取样送检
	5	承载力	按基桩检测技术规范		按基桩检测技术规范
一般项目	1	垂直度	见表 9-3		测套管或钻杆，或用超声波探测，干施工时吊垂球

续表

项目	序号	检查项目	允许偏差或允许值		检查方法
			单位	数值	
一般项目	2	桩径	见表 9-3		井径仪或超声波检测，干施工时用钢尺量，人工挖孔桩不包括内衬厚度
	3	泥浆相对密度（黏土或砂性土中）	1.15～1.20		用比重计测，清孔后在距孔底 50cm 处取样
	4	泥浆面标高（高于地下水位）	m	0.5～1.0	目测
	5	沉渣厚度：端承桩 摩擦桩	mm mm	⩽50 ⩽150	用沉渣仪或重锤测量
	6	混凝土坍落度：水下灌注 干施工	mm mm	160～220 70～100	坍落度仪
	7	钢筋笼安装深度	mm	±100	用钢尺量
	8	混凝土充盈系数	>1		检查每根桩的实际灌注量
	9	桩顶标高	mm	+30 −50	水准仪，需扣除桩顶浮浆层及劣质桩体

基础训练

1. 桩基础施工前的准备工作有哪些？
2. 桩锤类型有哪些？各适用于哪些场合？
3. 桩锤质量如何选择？
4. 桩架如何选择？
5. 打桩顺序如何确定？
6. 简述打入桩的主要工艺过程。
7. 桩的接头形式有哪些？各适用于哪些场合？
8. 打桩质量如何控制？

参 考 文 献

［1］ 王玮，孙武. 基础工程施工［M］. 北京：中国建筑工业出版社，2010.
［2］ 毕守一，钟汉华. 基础工程施工［M］. 郑州：黄河水利出版社，2009.
［3］ 孔定娥. 基础工程施工［M］. 合肥：合肥工业出版社，2010.
［4］ 刘福臣，李纪彩，周鹏. 地基与基础工程施工［M］. 南京：南京大学出版社，2012.
［5］ 冉瑞乾. 建筑基础工程施工［M］. 北京：中国电力出版社，2011.
［6］ 董伟. 地基与基础工程施工［M］. 重庆：重庆大学出版社，2013.